大数据教程
——数据分析原理和方法

林正炎　张　朋　梁克维　庞天晓　著

科学出版社

北京

内 容 简 介

本书试图较全面地介绍大数据技术的基本原理和方法，包括以统计模型为主的各类数据模型以及它们的计算方法，同时还将介绍这些方法在一些领域(如人工智能)中的应用.

本书可作为高等院校从事大数据及相关专业或对它们有兴趣的本科生、研究生、教师的参考书或教材；也可供从事数据科学、人工智能研究与开发的科技人员阅读、参考.

图书在版编目(CIP)数据

大数据教程：数据分析原理和方法/林正炎等著. —北京：科学出版社，2020.12
ISBN 978-7-03-063298-2

Ⅰ.①大… Ⅱ.①林… Ⅲ.①数据处理 Ⅳ.①TP274

中国版本图书馆 CIP 数据核字 (2019) 第 255518 号

责任编辑：胡庆家　范培培/责任校对：彭珍珍
责任印制：吴兆东/封面设计：无极书装

科学出版社 出版
北京东黄城根北街 16 号
邮政编码：100717
http://www.sciencep.com

北京建宏印刷有限公司 印刷
科学出版社发行　各地新华书店经销
*
2020 年 12 月第 一 版　开本：720×1000　1/16
2022 年 2 月第二次印刷　印张：24 3/4　插页：8
字数：500 000
定价：148.00 元
(如有印装质量问题，我社负责调换)

前　言

　　本书试图较全面地介绍大数据技术的基本原理和方法, 包括以统计模型为主的各类数据模型以及它们的计算方法, 同时还将介绍这些方法在一些领域 (如人工智能) 中的应用.

　　大数据正在开辟一个人类的新纪元. 人们用它来描述和定义信息爆炸时代产生的海量数据, 并命名与之相关的技术发展与创新. 数据, 已经渗透到当今每一个行业和业务职能领域, 成为社会生产中新兴的重要生产资料, 它的应用开发已经成为国家的重要战略, 对于提升国家的整体竞争优势至关重要. 一个国家拥有数据的规模、活性及解释运用的能力将成为提高综合国力的重要组成部分. 对数据的占有和控制甚至将成为陆权、海权、空权之外的另一种国家核心资产. 各国都高度重视大数据对引领产业腾飞和学科发展的重要意义. 大数据不仅会给技术科学、自然科学乃至社会科学带来根本性的变革, 也会给人们的生活方式和工作方式带来全新的变化, 包括为我们看待世界提供了一种全新的方法, 即决策行为将日益基于数据分析做出, 而不是像过去更多凭借经验和直觉做出. 伴随大数据技术的进步, 互 (物) 联网已经深入人们生活的各个角落; 区块链技术加快了数据市场的到来; 人工智能正在以人们难以预料的速度突飞猛进, 可能极大地颠覆我们的认知, 并彻底改变社会生活的各个方面.

　　大数据如此重要, 以至于其获取、储存、管理、处理、分析、共享乃至呈现, 都成为当前重要的研究课题. 无处不在的信息感知和采集终端为我们收集了海量的数据; 数理统计、应用数学技术的发展, 为我们提供了各种有效的统计和数学模型; 而以云计算为代表的计算技术的不断进步, 处理大规模复杂数据能力的日益增强, 为我们提供了强大的数据处理能力, 这都为我们构建起了一个与物质世界相平行的数字世界.

　　但是大数据领域的核心是数据的科学分析与有效处理. 挖掘和分析大数据中的信息并得到有效的应用, 离不开数学模型以及处理这些模型的方法, 离不开科学计算、概率统计、优化处理的理论与技术. 但是, 大数据除了数据海量这一基本特征以外, 还常有以下几个特征. 首要特征是数据的多样性、数据结构的特殊性 (半结构化、非结构化、高维度、多母体). 数据类型繁多, 包括网络日志、音频、视频、图片、地理位置信息等, 而且对结果的呈现也常要求不同形式, 如可视化. 另一个特征是有效数据的稀疏性, 数据价值密度相对较低. 随着物联网的广泛应用, 信息感知无处不在, 信息海量, 但价值密度较低, 如何通过强大的机器算法更迅速地完成数据的价值"提纯", 是大数据时代亟待解决的难题. 再一个特征是时效性, 处理速度常需快速. 最后一个特征是数据的动态性、流动性. 因此大数据对于传统的数据分析的理论与方法、计算的理论与方法提出了极大的挑战. 与此同时, 基于大数据应用的广阔前景, 各种行业、各类学科都迫切需要数据科学技术的创新和应用, 因此人们必须创建一套能适应大数据处理需求的理论和方法.

　　数据分析是大数据技术的核心, 因此本书着重介绍各种数据分析方法, 包括回归分析、分类方法、聚类分析等统计方法. 针对大数据常常以高维或超高维的形式出现有效数据呈现稀疏性的特征, 书中给出了各类降维和数据压缩的统计或数学方法. 我们还介绍了人工智能的核心技术之一的数据学习 (训练) 的若干重要方法, 包括神经网络和深度学习等.

　　计算机技术在数据处理的各个环节都起着至关重要的作用. 为此, 本书介绍了数据的预处理和存储, 以及若干常用的计算方法, 包括最大期望算法、贝叶斯算法、隐马尔可夫方法等.

　　实际中的"数据"除了以数字 (包括向量、矩阵等) 形式呈现外, 还可能以其他各种方式出现, 如文字、图像、声音等; 对于分析得到的结果, 除了以数字形式表达外, 人们也常常希望能以其他方式给出, 如表格、图像、声音等. 书中介绍了处理这些"数据"的某些办法, 如可视化方法等.

　　为了使读者深入了解书中介绍的各种数据模型及它们的应用, 我们在给出模型和方法的同时, 尽量列举一些例子; 在第 12 章, 我们给出了三个实际案例, 介绍如何应用书中提及的某些数据处理方法解决实际中遇到的问题.

　　大数据人才的缺失已经成为一个空前突出的问题. 为此几乎所有的高等院校乃至中学都开设了大数据类的课程; 数百所高校纷纷开设了大数据等相关专业. 但是能适用于这类专业课程的合适教程十分稀缺. 虽然国内外已经出版了大量大数据方面的书籍, 但是多数都是泛泛介绍大数据的重要性、大数据的特点和在各个领域的应用, 很少涉及大数据的方法和技术. 目前也陆续出版了不少介绍大数据的方法和技术的书籍, 但是它们大多数都侧重于某一个方向. 如有的偏重于计算技术, 譬如介绍机器学习的方法; 有的则偏重于数理统计的理论和方法, 譬如主要介绍多元分析、回归分析等; 也有少量较为全面介绍大数据方法和技术的书籍, 但似乎很难深入. 本书试图为读者提供一个进入大数据领域的入门途径, 使读者在学习书中的方法后能够较快地应用于解决实际课题.

　　本书可作为高等院校从事大数据及相关专业或对它们有兴趣的教师、研究生、本科生的参考书或教材; 也可供从事大数据、人工智能研究与开发的科技人员阅读、参考. 有些较为深入的内容, 我们加了"*", 初学者可暂时不读.

　　本书的撰写和出版得到了浙江大学数学科学学院的资助和国内外统计界、计算界很多同仁的指教. 科学出版社胡庆家编辑为本书的出版做了大量工作, 本书还得到中央高校基本科研业务费专项资金等的资助, 在此一并表达深切的谢意.

　　大数据热潮的凶猛超出了人们的预想, 大数据的定义、包含的内容、基本处理方法、实际应用的领域等都还没有一个较为确切严密的界定, 它们都处在不断的变动和发展之中. 因此计划撰写这样一本教程, 实在是一个大胆的尝试, 意在抛砖引玉. 虽然我们的目的是期望较为全面地介绍大数据技术的基本方法, 但是一定还有许多尚未提及的重要方法; 对于书中给出的各种模型、算法, 也可能有需要修正的地方. 恳望读者不吝赐教, 以期在再版时改进.

作　者

2018 年 10 月于浙江大学

目　　录

第1章 引　言

1.1　什么是大数据

大数据已经以多种形式渗透到我们的工作和生活之中. 譬如, 使用搜索引擎在网上查找信息就是在与大数据产品进行着交互. 建立在大数据基础上的数据科学给我们的社会生活的各个方面带来深刻的变革.

大多数大数据方法都不是新的. 统计学是一门古老的学科, 它的起源可以追溯到 18 世纪的数学家, 如拉普拉斯 (1749—1827) 和贝叶斯 (1702—1761). 机器学习是一门新兴学科, 但已经有很多深入的研究和广泛的应用. 计算机科学从几十年前诞生起就在改变着我们的生活, 现在已没有人认为它是新的学科. 那么, 为什么大数据和数据科学被视为一个新的趋势呢? 大数据的新颖性并非植根于最新的科学知识, 而是源于一个重要的颠覆性的技术演变: 数据化. 数据化使以前从未量化过的世界得以进入数据时代. 从个人层面来看: 商业网络、书籍、电影、食物、体育运动、购物、出行等等, 无不存在持续的数据化. 当我们在社交网络上与人交流时, 我们的思想也在数据化. 在商务层面, 公司正在把以前丢弃的半结构化数据, 如网络活动日志、计算机网络活动记录、机械信号等进行数据化. 非结构化数据, 如书面报告、电子邮件以及语音记录等, 现在不仅只是用于存档, 还能加以分析利用.

1.1.1　大数据概论

数据化并不是大数据革命的唯一要素. 另一个要素是数据分析的普遍化. 当大数据的概念还没有提出来的时候, Google、雅虎、IBM 或 SAS 等大公司是这一领域的参与者. 在 21 世纪初, 这些公司庞大的计算资源使它们能够利用分析技术开发和创新产品, 对自己的业务做出决策, 从而占据优势. 如今, 这些公司与其他公司 (还有个人) 之间在分析技术上的差距正在缩小. 云计算允许任何个人在短时间内分析大量数据. 实现解决方案所需的大多数关键算法不难找到, 而且分析技术是免费的, 因为开源开发是该领域的标准做法. 因此, 几乎任何个人或公司都可以使用丰富的数据来做出基于数据的决策.

1.1.2　大数据的特点

首先我们了解一下大数据的特点. 高德纳分析员道格·莱尼曾在其相关研究的演讲中指出, 数据增长有三个方向的挑战和机遇: 量, 即数据量的大小; 速, 即数据输入、输出的速度; 类, 即数据的多样性. 在莱尼的理论基础上, IBM 提出大数据的 4V 特征, 得到了业界的广泛认可.

(1) 数量 (volume), 即数据巨大. 大数据时代人人都是数据的生产者, 大量自动或者人工产生的数据通过互联网汇集在一起, 从 TB 级别跃升到 PB 级别.

(2) 多样性 (variety), 即数据类型繁多. 不仅包含着原始的结构化数据, 还包含文本、音频、图片、视频、模拟信号等不同类型数据产生的半结构化和非结构化数据.

(3) 速度 (velocity), 即处理速度快. 著名的 "1 秒定律", 就是说对处理速度方面一般要在秒级时间范围内给出分析结果, 时间太长就失去价值了. 这个速度要求是大数据处理技术和传统的数据挖掘技术最大的区别.

(4) 真实性 (veracity), 即追求高质量的数据. 数据的真实性对于决策方案的选择有决定的意义, 数据量的巨大的确可以反映事物本身的特征, 但是要是真实性有所欠缺, 一切都是毫无意义的.

数据科学是统计学的进化和扩展. 它将计算机科学的方法添加到统计学工具库中, 所以能够处理大量的数据. 在 Laney 和 Kart 的研究报告中, 作者筛选了数百个数据科学家、统计学家和商业智能分析师的工作描述, 以便区分这些职务之间的差异. 数据科学家与统计学家的主要区别是前者具有处理大数据以及在机器学习、计算和算法构建方面的经验和能力. 他们的工具也有所不同, 数据科学家的工作描述更频繁地提到了使用 Hadoop, Pig, Spark, R, Python 和 Java 等软件. 本书将介绍 Python 语言, 它是一种很好的数据科学语言, 因为它有许多可用的数据科学库, 而且得到了专业软件的广泛支持. 例如, 几乎每个流行的 NoSQL 数据库都有一个特定于 Python 的 API.

1.1.3 大数据带来的利益

在商业和非商业环境中使用大数据几乎无处不在. 几乎每个行业的商业公司都使用大数据来深入了解客户、流程、员工和产品. 许多公司使用数据科学为客户提供更好的用户体验以及交叉销售、向上销售和个性化产品. 互联网广告是一个很好的例子, 它从互联网用户那里收集数据, 使相关的商业信息与浏览互联网的人相匹配. 《点球成金: 赢得不公平游戏的艺术》[①] 一书中的中心主题是人力资源分析. 该书 (和电影) 告诉我们, 在决策中用相关变量代替传统球探的随机信号彻底改变了美国棒球联盟的管理运行方式. 依靠统计数据, 球队可以雇佣合适的廉价球员, 并可以让他们去对抗最合适的对手. 金融机构使用数据科学来预测股票市场、确定贷款风险, 并学习如何吸引新客户. 目前世界上至少有 50% 的交易是基于量化交易

---

① 该书的英文名为 "Moneyball: The Art of Winning an Unfair Game". 2011 年被拍成电影 "点球成金 (Moneyball)", 获得了 2012 年第 84 届奥斯卡金像奖等一系列的影视大奖.

算法自动执行的, 这些都是在大数据和数据科学的帮助下实现的.

政府也意识到大数据的价值. 许多政府组织不仅依靠内部的数据科学家挖掘有价值的信息, 还与公众分享他们的数据. 政府组织中的数据科学家研究各种项目, 例如, 识别电信欺诈和其他犯罪活动. 爱德华·斯诺登向我们提供了一个著名的例子, 他泄露了美国国家安全局和英国政府通信总部的内部文件, 显示了他们如何使用大数据和数据科学来监控数百万人. 这些组织从广泛的应用程序, 例如, Google 地图、愤怒的小鸟、电子邮件和短信, 以及许多其他数据来源中收集了 5 亿条数据记录, 然后应用数据科学技术来提取信息.

高校使用大数据和数据科学以提高学生的学习效率. 大规模开放在线课程 (MOOC, 慕课) 的兴起产生了大量数据, 使得高校可以研究这种类型的学习如何补充传统课程. 慕课对于致力于成为一名数据科学家的人士是一项宝贵的财富. 大数据和数据科学领域变化很快, 但可以通过跟随顶尖大学的慕课课程更新知识.

1.1.4　大数据的类型

在大数据和数据科学研究中会遇到许多不同类型的数据, 并且每种数据往往需要不同的工具和技术. 主要的数据类别包括:

(1) 结构化数据. 结构化数据是依赖于数据模型并保存于固定字段中的数据. 因此通常很容易将结构化数据存储在数据库或 Excel 文件里的表中.

(2) 非结构化数据. 非结构化数据是没有预定义的数据模型, 数据结构不规则或不完整的数据. 其内容取决于上下文并且是变化的. 电子邮件、微信谈话记录是非结构化数据的例子.

(3) 自然语言. 自然语言是一种特殊类型的非结构化数据. 它的处理具有挑战性, 因为需要具体的数据科学技术和语言学知识. 自然语言处理社区在实体识别, 主题识别, 摘要、文本填写和情感分析方面取得了成功, 但在一个领域中训练的模型并不能很好地扩展到其他领域. 即使是最先进的技术也无法破译每一段文字的含义.

(4) 机器生成数据. 机器生成的数据是由计算机、进程、应用程序或其他机器自动创建的信息, 无需人为干预. 机器生成的数据正在成为主要的数据资源. Wikibon 预测, 2020 年工业互联网的市场价值将达到约 5400 亿美元. IDC(International Data Corporation) 估计, 2020 年连接的物联网的数量将是互联网的 26 倍.

(5) 图形数据和网络数据. 在图论中, 图是用于模拟对象之间的成对关系的数学结构. 简而言之, 图形或网络数据是关注对象关系或邻接的数据. 图结构使用节点、边和属性来表示和存储图形数据. 基于图形的数据是表示社交网络的自然方式, 其结构允许计算特定指标, 例如, 人的影响力和两个人之间的最短路径.

(6) 音频、视频和图像. 它们是对数据科学家构成特定挑战的数据类型, 是对人类微不足道的任务. 例如, 识别图片中的对象, 对计算机来说则构成了一项挑战.

(7) 流媒体. 虽然流数据几乎可以采用任何之前所述的形式, 但它具有额外的属性. 当事件发生时数据以流的形式载入系统而不是批量加载到数据存储中.

1.2 数据分析过程

数据科学通常被定义为一种方法, 通过该方法可以从大数据中找出可操作的策略. 在没有数据支持的情况下, 决策是基于实践或直觉的. 这是一个重要的差异. 我们通过学习大数据代表的复杂环境, 打开了从数据推断知识, 到应用这些知识的可能性. 总的来说, 数据科学允许我们采用四种不同的策略来使用大数据.

(1) 现实探索. 它可以通过被动或主动的方式收集数据. 在后一种情况下, 数据代表了世界对我们行为的反应. 在后续行动做决策时, 对这些响应的分析非常有价值. 此策略的最佳示例之一是使用 A/B 测试进行网站开发: 最佳按钮大小和颜色是什么? 最佳答案只能通过现实探索来找到.

(2) 模式发现. 分而治之是一种用于解决复杂问题的启发式方法. 但是, 如何在实际问题中运用这种常识并不容易. 这种策略可以自动分析已数据化的问题, 发现有用的模式和自然集群, 可以大大简化其解决方案. 在程序化广告或数字营销等领域中, 使用这种技术进行用户画像是一个重要步骤.

(3) 预测未来事件. 从统计学的早期开始, 一个重要的问题就是如何构建数据模型以便预测未来. 预测分析允许针对未来事件做出自主决策. 当然, 现实中总会有不可预测的事件, 不可能在任何环境中预测未来. 但是, 识别可预测事件本身就是宝贵的知识. 例如, 零售业通过分析天气、历史销售以及交通状况等数据, 预测并优化下一周零售店的工作计划.

(4) 了解人与世界. 目前很多大公司和政府正在投入大量资金进行研究, 例如, 理解自然语言、计算机视觉、心理学和神经科学. 这些领域的科学进展对大数据和数据科学很重要, 因为做出最佳决策前, 有必要深入了解推动人们决策和行为的真实过程. 自然语言理解和视觉对象识别的深度学习方法的发展是这种研究的一个很好的例子.

1.3 专业领域知识

数据分析涉及多方面领域且要用到许多不同的学科知识. 例如:

(1) 计算机科学;

(2) 统计学;

(3) 数学;

(4) 机器学习;

(5) 专业领域知识;

(6) 沟通和演讲技巧;

(7) 数据可视化.

1.3.1 统计学

统计学通过搜索数据, 对数据筛选整理, 运用多种统计方法对数据进行分析来探索研究对象的特征和本质或者预测对象未来.

概率论与数理统计 (包括抽样调查等) 是统计学的基础课程, 这些课程在数据分析过程中很重要. 如在获取数据时, 我们往往无法获取所有的样本, 如何选取具有代表性的样本进行分析是抽样调查课程的重要内容.

统计学的适用范围覆盖很广, 被广泛应用于各个领域. 大数据时代, 对传统统计学提出了巨大的挑战, 也为传统统计学的迅速发展提供了契机. 为了更好地对大数据进行分析, 对数据的收集整理方法、数据的分析方法、结果的处理都需要作出改进.

1.3.2 数据挖掘

数据挖掘的目的就是从数据中挖掘出隐含的信息. 随着社会的发展, 产生的数据越来越多, 数据隐含的信息量很大, 但是常常难以直接得到. 大数据技术就是为了从数据中得到一些可靠有用的信息. 数据挖掘算法和统计方法一样面临着挑战和机遇. 常见的算法有 Adaboost(一种迭代算法)、KNN、K-均值算法 (聚类算法)、支持向量机、Apriori(关联规则挖掘中的算法) 等.

1.3.3 机器学习

机器学习是目前数据分析的主要内容之一, 包括很多在实际中非常有用的算法. 常见的算法主要有决策树算法、随机森林算法、神经网络算法、朴素贝叶斯算法、K-均值算法等等, 本书后面几章将对数据分析过程中一些常见算法及其应用做详细介绍.

实际中的数据很多无法被标识. 根据输入数据 (训练数据) 的有无被标识将机器学习分为监督学习、无监督学习和半监督学习. 在监督式学习中, 输入数据有一个明确的标识, 常用于分类问题和回归问题, 常见的算法有逻辑斯谛回归. 在无监督学习中, 数据不被特别标识. 半监督学习是处理既有标识的数据又有未标识的数据的情况.

不同的学习模式, 适用不同领域, 适合不同的模型选择. 强化学习也是重要的机器学习之一, 在该模式下, 输入数据作为对模型的反馈, 直接反馈到模型. 强化学习更多地应用在机器人控制及其他需要进行系统控制的领域.

1.3.4   人工智能

人工智能是研究、开发用于模拟、延伸和扩展人的智能的理论、方法、技术及应用的一门新的技术科学. 它是计算机科学的一个分支, 其目的是了解智能的实质, 并生产出一种能以人类智能相似的方式做出反应的智能机器. 该领域的研究包括机器人、语言识别、图像识别、自然语言处理和专家系统等. 所以人工智能是一门极富挑战性的科学, 涉及计算机科学、统计学、数学、生物学、心理学、神经科学和哲学等多个学科. 它从诞生以来, 理论和技术日益成熟, 应用领域也不断扩大. 可以设想, 未来人工智能带来的科技产品, 将会是人类智慧的 "容器". 但人工智能不是人的智能, 它只是对人的意识、思维的信息过程进行模拟, 能像人那样思考, 甚至可能超过人的智能. 人工智能也可认为是数据智能, 即用大量的数据作导向, 让需要机器来做判别的问题最终转化为数据问题.

1.3.5   数学

数学是研究数量、结构、变化、空间以及信息等概念的一门基础学科, 它在大数据的研究和开发中有十分重要的作用. 数学知识尤其是高等数学中的矩阵、向量、因式分解、特征值、方程组求解以及概率论、随机过程和优化理论等在数据分析中尤为重要.

这些专业知识既有区别又有联系. 对各领域知识的了解有助于更好的数据分析.

1.4   数据科学家做什么?

也许可以通过不同领域中数据科学的应用来说明这个问题.

1.4.1   学术界

学术界里数据科学家是一个接受过某类专业学科训练, 可以处理大数据、解决计算问题, 能够克服数据的混乱、复杂性和规模, 同时能够提出解决现实世界问题的统计等模型的学者. 在各个专业的学术研究中, 数据处理问题都具有重要的共性. 跨专业的研究人员联合起来, 才可以解决来自不同领域的现实问题. 这些研究者都可以称作数据科学家.

1.4.2   工业界

数据科学家在工业界看起来像什么? 这取决于资历水平以及是否特别谈论互联网行业. 首席数据科学家应该制订公司的数据战略, 涉及的事情包括很多, 从决定收集和记录数据的设备和基础设施、顾客的隐私问题, 到决定哪些数据将向用户开放、如何使用数据用于制订决策, 以及如何将数据重新构建到产品中. 他应该管理一个由工程师和分析师组成的团队, 并且应该与公司的领导层进行沟通, 包括CEO, CTO 和产品经理. 还应关注专利创新解决方案和设定研究目标.

更一般地, 数据科学家要知道如何从数据中提取知识和解释数据, 这需要掌握统计学和机器学习的工具和方法. 他会花很多时间收集和整理数据, 因为数据常常需要清洗. 此过程需要耐心以及统计学和软件工程上的技能.

一旦数据清洗完毕, 下面关键的部分是结合数据可视化和数据思维的探索性进行数据分析. 他会寻找模式、构建模型和算法, 去了解产品使用情况和产品的整体健康状况, 或用作设计原型, 最终融入新产品中. 他还要设计实验, 这是数据驱动决策的关键部分, 要用清晰的语言和数据可视化工具与其他团队成员、工程师和领导进行沟通. 这样即使同事们对数据没有深刻的了解, 也会理解其含义.

第 2 章 大数据的预处理、存储和计算

现实世界中的数据常常是不完整的、不一致的 "脏" 数据, 如果直接进行数据分析, 结果往往不能令人满意, 甚至很差. 为了提高数据分析的质量和减少分析所需的时间, 需要先对数据进行预处理.

2.1 数据的预处理

大数据的预处理就是一个数据的整理过程, 从字面上理解是将已存储的数据进行一个去 "脏" 的过程. 这是因为在数据采集的过程中, 人为错误、设备限制、环境干扰等各种问题都会造成数据含有错误和垃圾信息, 而且这些干扰和错误是无法避免的. 关于数据质量问题的分类见图 2.1.

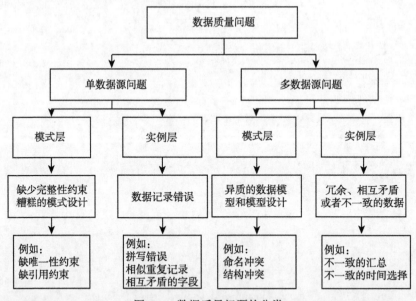

图 2.1 数据质量问题的分类

大数据的预处理有多种方法: 数据清理、数据集成、数据变换、数据归约等. 数据清理是指通过填补缺失的数据、光滑噪声数据、识别或删除离群的不一致数据, 来 "清理" 数据, 从而达到如下目标: 格式标准化、异常数据清除、错误纠正、数据去重. 数据集成是指将多个数据源中的数据结合起来并存储, 建立统一的数据

仓库. 数据变换是指通过平滑聚集、数据概化、规范化等方式将数据转换成适用于数据挖掘的形式. 而数据归约是指在尽可能保持数据原貌的情况下, 最大限度地精简数据量. 通过数据归约可以让数据规模变小, 但仍然保持原数据的完整性, 能够产生同样或接近的分析结果.

下面主要介绍数据清洗. 在此之前, 先介绍数据源、数据格式和数据形式.

2.1.1 数据源

数据源 (date source) 顾名思义, 就是数据的来源, 即提供某种所需要数据的器件或原始媒体. 数据对象的集合就是数据集. 数据集中的每一个数据对象可以用一组刻画对象的基本特征属性来描述, 为此, 数据集可以看作一个文件, 其中数据对象是文件的记录, 而每一个特征对应一个属性. 数据集中的数据可以根据数据的格式和形式进行分类.

大数据的数据源无所不在. 物联网、云计算、互联网等都是大数据的重要来源. 例如, 社交网站会产生大量的文本、图片、音频等不同形式的数据, 通过对这些数据分析可以发现人与人之间的隐含关系; 根据物联网中的购买纪录、浏览历史、商品评论可以分析用户的消费行为, 甚至喜爱兴趣, 也可以根据用户使用情况来进行合理的广告投放. 安全领域、能源领域、医疗领域也是大数据的主要来源. 例如, 安全领域中可以通过信用卡和电信公司的数据来杜绝欺诈行为; 能源领域中可以通过声波检测数据来开发海洋深处的资源; 医疗保健中可以通过患者以往的医疗记录、数据来诊断和预测病情.

2.1.2 数据格式

数据按格式可以分为: 结构化、非结构化与半结构化三类.

1) 结构化数据

结构化数据 (structured data) 是指可以用关系型数据表示和存储的数据, 即存储在数据库里, 可以用二维的表结构来进行逻辑表达和实现的数据. 其特点是: 数据以行为单位, 一行数据表示一个实体的信息, 每一行数据的属性是相同的. 例如, 一个班级的学生数据, 每一行是一位学生的信息, 描述学生的信息有姓名、学号、年龄等相同属性 (表 2.1).

表 2.1 学生信息的结构化数据

姓名	学号	年龄	性别	⋯
李某	0001	17	男	⋯
王某	0002	16	女	⋯
⋮	⋮	⋮	⋮	

2) 非结构化数据

非结构化数据 (unstructured data) 就是没有固定结构模式的数据. 各种文档、图片、视频/音频等都属于非结构化数据. 对于这类数据, 一般直接进行整体存储, 而且通常会存储为二进制的数据格式.

3) 半结构化数据

半结构化数据 (semi-structured data) 是介于完全结构化数据 (如关系型数据库) 和完全无结构的数据 (如声音、图像文件等) 之间的数据. 它一般是自描述的, 数据的结构和内容混在一起, 没有明显的区分, 所以, 虽然数据是结构化的, 但是结构变化很大, 不能够简单地建立一个表和它对应, 需要了解数据的细节; 也不能将数据简单地组织成一个文件按照非结构化数据处理. 例如, 员工的简历, 无法像表 2.1 那样将每个员工用统一的属性一一列出. 因为每个员工的简历不相同: 有的员工的简历很简单, 只包括教育情况; 有的员工的简历却很复杂, 可能包括工作情况、婚姻情况、出入境情况、户口迁移情况、党籍情况、技术技能等等, 甚至还会有一些无法预料的信息. 当然直接将简历作为文件保存也不妥, 比如要了解某一员工的婚姻情况, 就要打开文件进行搜索, 而且作为文件保存也不方便员工某些属性的扩展.

2.1.3　数据形式

大数据按照数据形式主要分为批量数据、流式数据、交互式数据、图数据四种形式.

1) 批量数据

批量数据具有以下特征：数据体量大, 以静态的形式存储, 更新少, 存储时间长, 可以重复利用; 数据精度高, 具有宝贵的信息; 价值密度低, 需要通过合理的算法抽取有用价值; 数据处理耗时, 不提供用户与系统的交互手段. 社交网络、搜索引擎、电子商务以及安全领域、公共服务都是批量数据的典型应用场所. Google 研发的 Google 文件系统 GFS 和 MapReduce 编程模型, 以及基于这两项的 Hadoop 项目都是大数据批量处理系统.

2) 流式数据

流式数据是无穷数据序列, 序列中每个数据连续不断、来源各异、格式复杂, 而且数据的产生是实时的、不可预知的, 物理顺序不一, 甚至数据流中会包含错误和垃圾信息. 流式数据还具有用完即弃的特点. 与传统的存储查询的数据模式不同, 流式数据处理系统要求具有很好的伸缩性来适应不确定的流入数据流, 还要具有很好的容错能力、异构数据分析能力和保存动态属性能力. 数据采集和金融银行业都是典型的流式数据应用场所. 数据采集包括日志采集、传感器采集、Web 数据采集等, 通过主动获取实时数据, 及时挖掘有价值信息, 目前应用于智能交通、环境监测、灾难预警等. 金融银行日常运作中也会产生大量的流式数据, 如股票、期货等. 这些运营数据具有短时效性, 数据结构复杂, 一般都会有及时响应的处理需求, 帮助做出实时决策. 流式数据的典型处理系统有 Twitter 的 Storm, Facebook 的 Scribe, Linkedin 的 Samza, Cloudera 的 Flume 以及 Apache 的 Nutch 等.

3) 交互式数据

交互式数据以对话的方式输入, 存储在系统中的数据文件能及时灵活修改, 处理的结果可以立即被使用, 且便于控制, 可以用人机交互的方式实现交互式数据的处理. 例如, 互联网搜索引擎、QQ、微信等都实现了用户和平台的交互. 最典型的交互式数据处理系统有 Google 的 Dremel 系统.

4) 图数据

图数据可以很好地表示事物之间的关系. 这些关系可实例化构成各种类型的图, 如标签图、特征图等. 图数据的种类繁多, 每个领域都可使用图来表示该领域的数据. 互联网领域可以用图表示人与人的关系、社会群体的关系; 交通领域可以用图在动态交通网络中查找最短路径. 目前主要的图数据库有 Google 的 Pregel 系统、Neo4j 系统和微软的 Trinity 系统等.

传统数据和大数据的差异　从数据规模而言, 传统数据处理的对象通常以 MB 为单位, 而大数据则是以 TB, PB 为处理单位; 从数据格式而言, 传统数据的类型单一, 只有一种或是少数几种而且是以结构化数据为主的数据类型, 而大数据则种类繁多, 并且包含结构化、半结构化以及非结构化的数据; 从模式和数据关系而言, 传统数据是先有模式才会产生数据, 而大数据一般无法预先确定模式, 模式只有在数据出现之后才能确定, 而且模式随着数据量的增长处于不断的演变中; 从处理对象而言, 传统的数据仅仅把数据作为处理的对象, 但大数据是将数据作为一种资源来辅助其他诸多领域; 从处理工具而言, 传统数据是一个工具可适用于所有数据, 而大数据不存在适合所有数据的工具.

2.2　数　据　清　洗

数据清洗是预处理最重要的步骤, 是发现并纠正数据文件中可识别错误的第一道程序. 该步骤针对数据审查过程中发现的问题, 选用适当方法进行 “清理”, 使 “脏” 数据变为 “干净” 数据, 有利于后续的建模和分析 (图 2.2).

一般情况下, 数据清洗可以分为两类: 有监督和无监督. 有监督是指在专家的指导下收集数据信息, 分析错误和去重; 无监督则是用样本训练算法, 使其获得一些经验, 以后可以利用这些经验自动进行数据清洗.

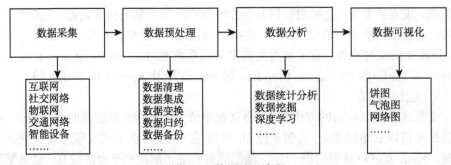

图 2.2   数据处理流程

2.2.1   数据清洗的系统框架

数据清洗的一般性系统框架有五个部分:

(1) 准备. 通过分析信息环境了解数据所处的信息环境特点; 根据需求分析来明确数据清洗的要求和具体的任务目标, 完成数据接口的配置等. "准备" 部分要形成完整的数据清洗方案, 并整理归档.

(2) 检测. 进行相似重复记录、不完整记录、逻辑错误、异常数据等数据质量问题的检测, 对检测结果进行统计, 获得较全面的数据质量信息, 将相关信息整理归档.

(3) 定位. 对数据进一步追踪分析, 包括数据质量评估, 问题数据的根源分析, 数据质量问题所带来的影响判定等, 进而确定数据质量问题的性质和等级, 给出数据修正方案. 根据 "定位" 的分析情况, 可能需要返回 "检测".

(4) 修正. 在定位分析的基础上, 对检测出的数据质量问题进行修正, 具体包括问题数据标记、不可用数据删除、重复记录合并、缺失数据估计与填充等, 且对数据修正过程进行记录, 以便日后的管理.

(5) 验证. 验证修正后的数据与任务目标的符合程度, 如果结果与任务目标不符合, 则做进一步 "定位" 分析和 "修正" 工作, 甚至返回 "准备" 中, 重新调整相应准备工作.

2.2.2   待清洗数据的主要类型

残缺数据   主要是缺失一些应该有的信息. 造成数据缺失的原因有多种. ① 信息暂时无法获取. 例如, 由于手机定位的延迟, 而无法马上获得使用者的位置信息. ② 信息被拒绝提供或者无法提供. 例如, 未婚者的配偶姓名、儿童的固定收入状况等. ③ 信息被遗漏. 可能是因为数据采集设备的故障、存储介质的故障、传输媒介的故障而丢失, 也可能是因为输入时认为不重要或对数据理解错误而人为造成的遗漏. 例如, 在遇到同时填写手机号码和固定电话时, 往往会只填写其中的一项而空缺另一项.

错误数据 这一类问题产生的主要原因是业务系统不够健全, 在接收输入后没有进行判断直接写入数据库. 可分为格式内容的错误和逻辑关系的错误两大类. 格式内容的错误有显示格式不一致、内容中含不该存在的字符、内容与该字段要求不符等等. 例如, 在姓名处出现名在前姓在后, 身份证号处少写了几位数字或者多写了几位数字, 联系电话处写了电子邮箱. 逻辑关系的错误包括不合理内容、内容矛盾等等. 例如, 在年龄处填写 1000 的数值; 在婚姻处填写了未婚, 却在配偶处填写了信息.

重复数据 产生这一类问题的主要原因是重复多次数据录入. 例如, 在租房信息中, 业务员为了抢业务会各自录入同一个房源信息. 值得注意的是, 很多重复数据不能盲目删除, 例如, 姓名处经常会有同名同姓的, 城市道路中也会出现相同的路名.

2.2.3 数据检测算法和清洗算法

1. 偏差检测 (discrepancy detection)

导致偏差的因素可能有多种, 例如, 输入表单中某些可选字段的不合理设计、记录数据的设备和系统所产生的非人为错误、不愿意泄露信息而人为的数据输入错误以及数据退化 (过时的地址等). 特别是偏差也可能源于不一致的数据表示或者编码的不一致使用, 例如, 日期 "2018/01/05" 和 "05/01/2018".

如何进行偏差检测和数据变换 (纠正偏差), 一般根据唯一性规则、连续性规则和空值规则进行偏差检测. 唯一性规则是指给定数据属性的每个值都必须不同于该属性的其他值. 连续性规则是指数据属性的最低和最高值之间没有缺失的值, 并且所有的值还必须是唯一的. 空值规则是指空白、问号、特殊符号或表示空值条件的其他字符串的使用规则, 即说明如何记录空值条件. 例如, 数值属性存放 0, 字符属性存放空白或其他使用方便的约定 (诸如 "不知道" 或 "?" 这样的项应当转换成空白).

目前有不少软件工具可以帮助偏差检测, 并进行数据变换来纠正数据中的错误. 例如, 邮政编码或者电话号码的拼写检查; 将诸如 "不知道" 或 "?" 这样的空值项自动转换成空白纪录等.

2. 数据缺失处理

数据缺失可分为三类: 完全随机缺失 (missing completely at random, MCAR)、随机缺失 (missing at random, MAR) 和非随机缺失 (missing not at random, MNAR). 完全随机缺失是指某一属性缺失值不依赖于其他任何原因的完全随机缺失. 例如, 信息调查表在运输存储过程中遗失导致的缺失, 这与表单内容与填表人的各种属性都不相关; 随机缺失是指某一属性的缺失与其他属性相关但与该属性本身的取值无关. 例如, 学生信息中学号的缺失, 这与学生的性别年龄有关, 而与学号的值无关. 而非随机缺失是指某一属性的缺失和该属性本身的取值相关. 例如, 统计收入信息时的缺失, 原因常为低收入和高收入人群不愿意透露自己的收入信息, 收入缺失与填写人收入相关. 目前大部分填补缺失值的方法都基于完全随机缺失和随机缺失.

对数据分析来说, 必须进行缺失值的处理, 其原因有: ① 数据丢失了有用信息; ② 数据所表现出的不确定性更加显著, 降低了蕴涵的确定性成分; ③ 包含空值的数据会使建模和分析过程陷入混乱, 导致不可靠的输出.

处理不完整数据集的方法主要有

(1) 删除存在缺失值的对象. 删除存在属性缺失的对象 (元组、记录), 从而得到一个完备的信息表. 这种方法简单易行, 特别是在类标号缺失时通常使用该方法. 这种方法有明显的缺点: 它是通过减少历史数据来换取信息的完备, 往往缺失了隐藏在删除对象中的信息.

(2) 人工填写缺失值. 一般来说, 该方法很费事, 并且当数据集很大、缺失值很多时该方法是无法执行的.

(3) 用特殊值替代. 将缺失的属性值用一种不同于其他的任何属性值的特殊属性值来替代. 例如, 所有的空值都用 "unknown" 或 "$-\infty$" 填充. 尽管该方法简单, 但会导致严重的数据偏离, 一般不推荐使用.

(4) 使用属性的中心度量 (如均值或中位数) 填充. 对于正常的 (对称的) 数据分布而言, 可以使用均值, 而倾斜数据分布可以使用中位数. 其基本的出发点都是以最大概率可能的取值来补充缺失的属性值, 但也增加了数据的噪声.

(5) 用最可靠的值填充缺失值. 可以用回归 (regression)、期望值最大化方法 (expectation maximization, EM)、贝叶斯方法 (Bayes method) 或决策树归纳法 (decision tree induction, DTI) 来确定缺失值. 目前, 该方法是最流行的策略. 与其他方法相比, 它使用已有数据的大部分信息来预测缺失值. 其缺点是, 利用已有信息预测引入了自相关, 会对后续处理造成影响.

3. 噪声数据处理

噪声 (noise) 是指数据集中的干扰数据, 即不准确的数据. 数学上, 噪声可表示为被测量变量的随机误差或方差.

在数据建模和分析处理中, 很多算法, 特别是线性算法, 都是通过迭代来获取最优解的. 如果数据中含有大量的噪声数据, 将会大大地影响数据的收敛速度, 甚至对于训练生成模型的准确性也会有很大的影响.

不同的数据集有不同的去噪处理方法. 最常用的方法是通过对数据的光滑化来进行去噪. 数据光滑化技术主要包括:

(1) 分箱 (binning). 根据数据的 "近邻"(即周围的值) 对有序的数据值进行光滑化. 如图 2.3 所示, 首先对数据 {1, 35, 8, 65, 17, 21} 排序, 然后将排好序的 6 个数据分到 3 个箱中. 计算每个箱中 2 个数的均值 (或者中值, 或者极值), 用该值替代箱中的所有数.

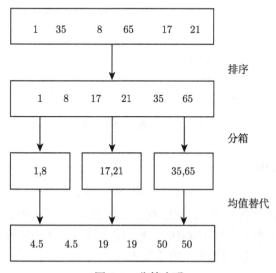

图 2.3　分箱去噪

(2) 回归 (regression). 通过回归分析来拟合一个光滑函数从而光滑化数据中的噪声. 例如, 线性回归可以得到拟合数据的 "最佳" 直线或者超平面 (图 2.4).

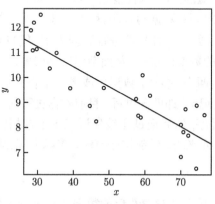

图 2.4　回归分析去噪

(3) 离群点分析 (outlier analysis). 通过删除离群点来对数据进行光滑化. 一般可采用聚类方法来检测离群点. 聚类将类似的数据组织成 "群" 或 "簇", 而落在簇集合之外的数据被视为离群点 (图 2.5).

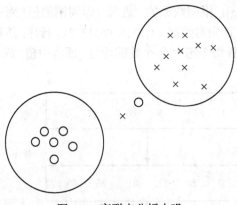

图 2.5   离群点分析去噪

4. 数据去重处理

数据去重是指删除重复数据. 在一个数据文件集合中, 找出重复的数据并将其删除, 只保存唯一的数据单元. 在删除重复数据的同时, 要考虑数据的重建, 即保留数据文件与唯一数据单元之间的索引信息. 这样虽然文件的部分内容被删除, 但当需要时, 仍然可以将完整的文件内容重建出来.

数据去重的好处:

(1) 节省存储空间. 通过重复数据删除, 可以大大降低需要的存储介质数量, 能减少数据存储的成本, 同时为后续的数据建模分析提供更好的数据质量.

(2) 提升写入性能. 磁盘的写入性能是有限的, 如果在写入数据的时候就进行数据去重, 可以避免一部分的数据写入磁盘, 从而提升写入性能.

(3) 节省网络带宽. 如果在客户端进行数据去重, 仅将新增的数据传输到存储系统, 可以减少网络上的数据传输量, 从而节省网络带宽.

数据去重可以针对两个 (多个) 数据集或者一个合并后的数据集, 需要检测出标识同一个实体的重复记录, 即匹配过程. 目前数据去重的基本思想是排序和合并, 先将数据库中的记录排序, 然后通过比较邻近记录是否相似来检测记录是否重复, 主要的算法有: 优先队列算法、近邻排序算法、多趟近邻排序算法.

2.2.4   数据清洗评估

数据清洗的评估实质上是对清洗后的数据质量进行评估. 数据质量维度为度量数据质量提供了一种重要的、有效的、可行的途径和标准, 主要有 12 种维度[17]: ① 数据规范; ② 数据完整性准则; ③ 重复; ④ 准确性; ⑤ 一致性和同步; ⑥ 及时性和可用性; ⑦ 易用性和可维护性; ⑧ 数据覆盖; ⑨ 表达质量; ⑩ 可理解性、相关性和可信度; ⑪ 数据衰变; ⑫ 效用性. 数据质量评估至少包含如下两个方面.

(1) 数据对用户必须是可信的, 包括精确性、完整性、一致性、有效性、唯一性等指标.

(a) 精确性：描述数据是否与其对应的客观实体的特征相一致;

(b) 完整性：描述数据是否存在缺失记录或缺失字段;

(c) 一致性：描述同一实体的同一属性的值在不同的系统是否一致;

(d) 有效性：描述数据是否满足用户定义的条件或在一定的域值范围内;

(e) 唯一性：描述数据是否存在重复记录.

(2) 数据对用户必须是可用的, 包括时间性、稳定性等指标.

(a) 时间性：描述数据是当前数据还是历史数据;

(b) 稳定性：描述数据是否是稳定的, 是否在其有效期内.

2.3 云存储和云计算 *

大数据与云计算 (cloud computing) 密不可分. 大数据无法用单台计算机处理, 必须依托云存储的分布式数据库、虚拟化存储和云计算的分布式处理等技术对海量数据进行分布式数据分析和挖掘.

云计算是分布式计算 (distributed computing)、并行计算 (parallel computing)、效用计算 (utility computing)、网络存储 (network storage technologies)、虚拟化 (virtualization)、负载均衡 (load balance) 等传统计算机和网络技术发展融合的产物. 云计算通过网络将庞大的计算处理程序自动分拆成多个较小的子程序, 再交由多台服务器所组成的庞大系统经计算分析之后将处理结果回传给用户. 所以它是动态、可伸缩、被虚拟化的为用户服务的网络计算方式.

云计算的五大特点

1) 大规模、分布式

"云" 的基础设施架构在大规模的服务器集群之上. 如 Google 云计算、Amazon、IBM、微软、阿里等都拥有上百万级的服务器规模. 而依靠这些分布式的服务器所构建起来的 "云" 能够为使用者提供前所未有的计算能力.

2) 虚拟化

云计算都会采用虚拟化技术. 用户并不需要关注具体的硬件实体, 只需要选择一家云服务提供商, 注册一个账号, 登录到它们的云控制台, 去购买和配置你需要的服务 (例如, 云服务器、云存储、CDN 等), 再为你的应用做一些简单的配置之后, 就可以让你的应用对外服务了. 传统的方式是要在企业的数据中心去部署一套应用所需的硬件和软件设备, 这显然是复杂和烦琐的. 在云计算上还可以随时随地通过用户终端或移动设备来控制计算资源, 这就好像是云服务商为每一个用户都提供了一个 IDC (internet data center) 一样.

3) 高可用性和扩展性

可扩展性表达了云计算能够无缝地扩展到大规模的集群之上, 甚至包含数千个节点同时处理. 高可用性代表了云计算能够容忍节点的错误, 即便不幸发生很大一部分节点失效的情况, 也不会影响程序的正确运行.

4) 按需服务, 更加经济

用户可以根据自己的需要来购买服务, 也可以按使用量来进行计费. 这能大大节省计算成本, 而资源的整体利用率也将得到明显的改善.

5) 安全

网络安全已经成为当前社会必须面对的问题. 使用云服务可以有效地应对那些来自网络的恶意攻击, 从而降低安全风险.

云计算已经成了互联网公司们争奇斗艳的新舞台, 像 Google、IBM、Amazon 等都发布了自己的云计算平台和服务. 其中 Google 的云计算基础架构模式包括四个系统: 分布式的锁机制 Chubby、Google File System 分布式文件系统、针对 Google 应用程序特点提出的 MapReduce 编程模式和大规模分布式数据库 BigTable; 而 IBM 推出了蓝云计算平台, 采用的是 Xen 和 PowerVM 虚拟化软件, Linux 操作系统映像以及 Hadoop 软件.

云计算的兴起对信息存储产生了重要影响, 在这种新型服务模式下, 产生了云存储的概念. 它是在云计算概念上延伸和发展出来的一个新的概念, 不但能够给云计算服务提供专业的存储解决方案, 而且还可以独立地发布存储服务. 云存储通过集群应用、网格技术或分布式文件系统等功能, 将网络中大量不同类型的存储设备通过应用软件集合起来协同工作, 共同对外提供数据存储和业务访问功能. 云存储可分为三类: 公共云存储、内部云存储和混合云存储. 云存储的结构模型一般由四层组成, 分别为: 存储层、基础管理层、应用接口层和访问层.

与传统备份软件相比, 云备份服务的对象是广域网范围内的大规模用户, 由于云备份处理的数据量极大, 广域网范围内的大规模用户所产生的备份数据很容易达到 TB 甚至 PB 级; 而且云备份服务系统比一般的备份软件对可信性的要求更高. 所以, 不论从短期还是长期来看, 云存储都可以为用户减少成本. 因为要构建自己的服务器来存储, 除了必须购买硬件和软件, 还要管理这些硬件和软件的维护和更新.

习　题　2

2.1　鸢尾花 (iris) 是 R 中自带的数据集, 包含 150 种鸢尾花的信息, 每 50 种取自三个鸢尾花种之一 (setosa,versicolour 或 virginica). 每个花的特征用下面的 5 种属性描述: 萼片长度 (Sepal.Length)、萼片宽度 (Sepal.Width)、花瓣长度 (Petal.Length)、花瓣宽度 (Petal.Width)、

类 (Species).

需要注意的是: 属性 Species 是字符变量, 非连续, 可能无法直接进行后续的数据分析. 请采用 one-hot 编码定义哑变量, 来处理离散变量 Species. 然后, 采用区间缩放法对其他属性的数据进行无量纲化, 使不同规格的数据转换到同一规格.

2.2　地震观测站的信息 (attenu) 是 R 中自带的数据集, 包含 182 个数据样本, 每个样本有 5 个属性: 编号 (event)、级数 (mag)、站台号 (station)、震源距 (dist)、最大加速度 (accel). 属性 station 有缺失数据存在, 请采用人工填写进行缺失值填补. 其次, 对其他的属性数据进行异常值处理, 例如, 属性 dist 的数据中的异常值.

2.3　空气质量 (airquality) 是 R 中自带的数据集, 包含 153 个数据样本, 每个样本有 6 个属性: 臭氧 (ozone)、太阳能 (solar)、风 (wind)、温度 (temp)、月 (month)、日 (day). 由于属性 Ozone 和 Solar 存在缺失数据, 分别采用均值、中位数或者直接删除三种方法进行缺失值填补.

2.4　R 中自带的 esoph 数据集记录了食管癌的病例信息. 它包含了 88 个病例样本, 每个样本有 5 个属性, 其中 3 个是因子、2 个是数据, 分别为 agegp, alcgp, tobgp, ncases 和 ncontrols. 对 3 个因子属性的数据进行分箱处理, 转化为数据型数据.

第 3 章 数据可视化

数据可视化将技术与艺术完美结合, 借助图形化的手段, 清晰有效地表达信息. 一方面, 数据赋予可视化以价值; 另一方面, 可视化增加数据的灵性, 两者相辅相成, 帮助用户从信息中提取知识, 从知识中收获价值. 本节将简单介绍数据可视化的基本原理, 以及实现过程, 然后介绍数据可视化的工具和方法.

3.1 基 本 原 理

数据可视化是利用计算机图形学和图像处理技术, 将数据转换成图形或图像在屏幕上显示出来, 并进行交互处理的理论、方法和技术. 可视化将不可见或难以直接显示的数据转化为可感知的图形、符号、颜色、纹理等, 增强数据识别效率, 传递有效信息. 可视化包括时间可视化、空间可视化等.

可视化的功能体现在多个方面, 如整理归档、揭示关系、观察趋势、传播规律等. 但从宏观角度来看, 可视化主要有三个功能: 信息记录、支持对信息的推理和分析、信息传播和协同.

3.2 实 现 过 程

数据可视化流程主要涉及问题提出及抽象、数据采集、数据处理及变换、可视化映射及用户感知等方面. 而数据的表示及转换、数据到可视化要素的映射以及人机交互也正是可视化的核心. 不同的论著关于数据可视化的实现过程可能有稍微差别, 但一般的数据可视化的流程可以分为以下几个步骤:

(1) 提出问题. 首先明确研究的问题, 了解需求所在.

(2) 获取数据. 根据实际需要采集数据, 选取具有实际分析意义的数据.

(3) 对采集到的数据进行处理、清洗、整合. 这一过程对数据的质量提出了要求, 包括数据的完整性、正确性等. 对于海量数据而言, 未经处理的原始数据中包含大量的无效数据, 这些数据在到达存储过程之前就应该被过滤掉, 需要进行数据清洗和整理, 需要对缺失数据进行处理等.

(4) 数据分析. 对整理完后的数据可以进行简单的描述性分析, 提取常见的数据统计特征, 如均值、标准差、偏度、峰度、分位数等. 进一步, 可以对数据深入分析, 利用数据挖掘算法得到想要的信息.

(5) 图形化展现. 针对不同维度、不同类型的数据, 根据使用目的选择适当的图表类型, 选择不同的可视化方法, 用可视化工具将结果图形化展现, 使得用户有很好的认知, 能表达出信息, 清晰易读. 然后可以修改图上的文字字体、颜色, 添加图例等元素使得图形更美观, 达到更好的视觉效果.

3.3 可视化工具

为绘制图形, 需要用到一些数据可视化工具. 超文本标识语言 (HTML) 为可视化提供基本的架构; JavaScript 是一种动态脚本编程语言; 可伸缩矢量图形 (SVG) 是用于描述二维矢量图形的一种图形格式. 图片的数字化, 将图片存储为数据. 矢量图与位图这两种方案不同, 矢量图中简单的集合图形, 只需要几个特征数值就可以确定, 节省空间且具有伸缩性. 层叠样式表 (CSS) 可以帮助我们装饰网页.

在《实用数据分析》[45] 中提到的 D3 (data-driven documents, 数据导向文件) 是斯坦福可视化小组开发的一个项目, 它是采用 HTML, JavaScript, SVG 和 CSS 的方式对数据进行可视化的有力工具.

Excel 是常用的也是入门级的可视化工具, 是快速分析数据的理想工具, 能够绘制一些常见的图形. 但是对于复杂的图形需要借助其他可视化工具.

我们也可以通过一些软件编程实现制作, 例如, R, MATLAB 等, 主要用于统计分析, 能够绘制精美的图形.

可视化工具还有 Tangle, Processing, Tableau, PolyMaps, Weka 等. Weka 是一个能根据属性分类和集群大量数据的优秀工具, 能生成一些简单的图表. PolyMaps 是一个地图库, 可以创建地图独特的风格. Tableau 是一款企业级的大数据可视化工具; Tableau 可以轻松创建图形、表格和地图. 它可以连接数据库, 呈现动态的数据变化, 简单易用.

关于这些工具的具体介绍和应用方法以及它们之间的区别这里不深入探讨, 有兴趣的读者可查阅相关书籍.

3.4 数据可视化方法

如何对数据进行可视化, 通过图形直观清楚地看出隐含在数据中的信息? 下面对常见的图形做简单介绍.

1. 散点图

散点图是很常见也很简单的一种图形, 它可以分析两个变量之间的关系. 这些关系各式各样, 包括正相关、负相关、线性相关、不相关、非线性相关等. 在散点图中可以拟合曲线, 进而进行回归分析, 得到一个简明的方程. 这不仅可以观察到过去的发展状况, 而且可以预测未来.

2. 饼图

饼图很好地展现了各部分占总数值的百分比, 例如见图 3.1.

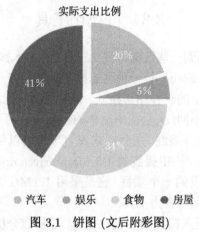

实际支出比例

● 汽车　● 娱乐　● 食物　● 房屋

图 3.1　饼图 (文后附彩图)

3. 直方图与条形图

直方图与条形图的区别: 直方图 (如图 3.2 所示) 的各矩形之间一般无间隔, 横轴上的数据可能是连续型数据, 用面积表示各组频数的多少, 矩形的高度表示每一组的频数或频率, 宽度则表示各组的组距, 当宽都相等时, 可用长方形的高比较频数大小. 条形图 (如图 3.3 所示) 条与条一般分开排列, 横轴上的数据一般是项目之类的分类数据, 条形的长度表示各类别频数的多少, 能够看出各组之间的差别, 有水平条形图和垂直条形图.

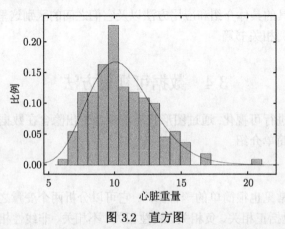

图 3.2　直方图

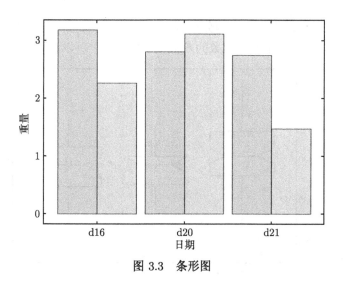

图 3.3 条形图

4. 线图

从线图 (图 3.4) 中可以看出数量增减变化的趋势. 在时间序列数据中, 可以看出某一指标随时间的变化而变化的情况, 从而预测其发展趋势. 线图有单线图、多线图.

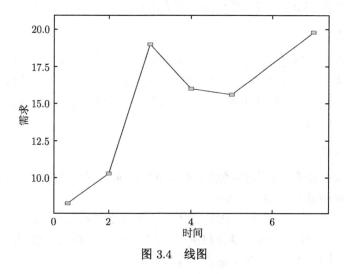

图 3.4 线图

5. 箱线图

这种图形运用 5 个简单的统计量: 上四分位数、下四分位数、中位数、最大值、最小值来描述数据特征, 可以粗略地看出数据的分布情况. 最小值大于上四分位数

1.5 倍的四分位数差或者小于下四分位数 1.5 倍的四分位数差的值为异常值 (四分位数差即上四分位数和下四分位数的差值). 从图 3.5 中可以直观地看出异常值.

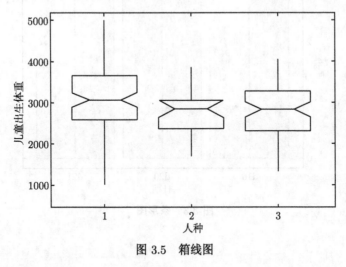

图 3.5   箱线图

6. 漏斗图

漏斗图可以用来很好地展示某物从一个阶段进入另一个阶段的变化情况, 是对业务流程 (如顾客从浏览商品到交易完成的流程) 的一种表现形式.

7. 气泡图

气泡图与散点图相似. 使用气泡代替数据点, 不同之处在于, 气泡图允许在图表中额外加入一个表示大小的变量, 气泡的大小表示另一个维度. 例如, 一个包含三个变量的气泡图: x 轴代表城市人口百分比, y 轴代表总人口, 气泡大小代表感染艾滋病的人口数.

8. 交互动画

交互动画是指在动画作品播放时支持事件响应和交互功能的一种动画. 最典型的交互式动画就是 FLASH 动画.

图 3.1—图 3.5 均来自于《SPSS 统计分析基础教程》[29], SPSS 软件是一种统计分析软件, 该书介绍了软件的操作和使用, 详细地阐述了报表呈现和图形展示的内容. 关于图片中展示的具体含义这里不作解释.

除了常见的这些图形外还有树图、流程图、热力图、等高线图、地图等展现方式.

第 4 章 回归与分类 (一)

回归分析 (regression analysis) 使用方程来表达感兴趣的变量 (称为响应变量或因变量) 与一系列相关变量 (称为预测变量、解释变量或自变量) 之间的关系, 是预测响应变量的一个有用的工具. 回归分析方法广泛应用于各种领域和各种学科, 例如, 工程学、物理学、经济学、管理学、生命科学等等. 在现实生活中, 有些变量之间的关系不能用数学函数来确切刻画, 但具有一定的 "趋势性" 关系. 例如, 人的身高 x 与体重 y 这两个变量, 它们之间不具有确定性的关系, 但人的身高越高, 往往体重也越重. 这种变量之间的关系称为 "相关关系". 父亲身高 x 与儿子身高 y 之间也具有相关关系. 回归分析的研究对象是具有相关关系的变量, 研究目的是寻求它们之间客观存在的依赖关系.

分类 (classification) 是预测定性响应变量的一个有用的工具. 分类问题在生活中非常常见. 例如, 在经济学中根据人均国民收入、人均工农业产值、人均消费水平等多项指标对世界上所有国家的经济发展状况进行分类. 分类问题一般可分成两种: 一种是对当前研究的问题已知它的类别数目及各类的特征, 我们的目的是要将另一些未知类别的个体正确地归类到其中某一类; 另一种是事先不知道研究的对象应分为几类, 更不知道观测到的个体的具体分类情况. 我们的目的是要通过对观测数据进行分析, 选定一种度量个体接近程度的统计量, 确定分类数目, 建立一种分类方法, 并按接近程度对观测对象给出合理的分类. 前者是本章和第 5 章所关心的问题, 而后者是第 6 章的聚类分析要解决的问题.

大部分的分类方法先从预测定性响应变量的不同类别的概率大小开始, 将分类问题看作概率大小估计的一个结果. 例如, 逻辑斯谛回归, 它通过回归模型估计类别概率, 从而达到实现分类的目的. 还有一些方法, 如 k 最近邻法、决策树等, 既可以用来处理回归问题, 也可以用来处理分类问题. 从这些角度看, 分类与回归有很多相似之处, 这也是我们把回归与分类放在一起介绍的主要原因. 本章将介绍一些经典的回归与分类方法. 而第 5 章将介绍若干机器学习中常用的回归与分类方法.

4.1 线 性 回 归

线性回归模型是一类简单的统计模型. 许多回归分析的新方法都可看作线性回归的推广或扩展. 我们先介绍线性回归模型的一般形式, 然后介绍模型参数的统计推断问题 (参数估计和假设检验), 最后介绍模型的评价、诊断以及模型的应用.

4.1.1　模型介绍

假设响应变量 y 的取值可看成由两部分组成: 由预测变量 x 决定的部分 (记为 $f(x)$) 以及其他未加考虑的因素所产生的影响, 后者被称为随机误差, 记作 ε. 因此, 我们有下列模型:

$$y = f(x) + \varepsilon.$$

这里, 函数 f 表达了 x 提供给 y 的系统信息. 特别地, 若 $f(x) = \beta_0 + \beta_1 x$, 则

$$y = \beta_0 + \beta_1 x + \varepsilon. \tag{4.1.1}$$

称 (4.1.1) 式为一元线性回归模型, 称 β_0 为回归常数, β_1 为回归系数. 有时, 把 β_0 和 β_1 统称为回归系数. 常设 $E(\varepsilon) = 0$. 称

$$E(y|x) = f(x) = \beta_0 + \beta_1 x$$

为回归函数, 它刻画了在平均意义下响应变量与预测变量之间的相依关系. 回归的首要问题是估计回归函数 (对于线性回归模型, 等价于估计回归系数).

记 $(x_i, y_i)\ (i = 1, \cdots, n)$ 为来自 (x, y) 的样本. 若 (4.1.1) 成立, 则 (x_i, y_i) 应满足关系式

$$y_i = \beta_0 + \beta_1 x_i + \varepsilon_i, \quad i = 1, \cdots, n. \tag{4.1.2}$$

基于以上样本信息, 应用适当的统计方法, 可得到 β_0 和 β_1 的点估计 $\hat{\beta}_0$ 和 $\hat{\beta}_1$. 称

$$\hat{y} = \hat{\beta}_0 + \hat{\beta}_1 x \tag{4.1.3}$$

为 (经验) 回归方程, 它其实是回归函数的一个估计.

注 4.1　在经典的回归分析中, 通常假设预测变量是确定性变量, 因为它的取值往往是人为设计或者可精确测量的. 当然, 预测变量也可以是随机变量. 但为了分析上的方便, 本章假设预测变量是确定性变量.

注 4.2　"回归" 一词的由来: 英国统计学家 Galton 为了研究父代与子代身高的关系, 收集了 1078 对父亲及儿子身高的数据. 以 x 表示父亲身高, y 表示儿子身高, 将 1078 对数据 (x_i, y_i) 画在直角坐标图纸上, 他发现散点图大致呈直线形状. 即总的趋势是: 当父亲身高增加时, 儿子的身高也倾向于增加. 但经过进一步的分析, Galton 发现了一个有趣的现象——回归效应. 根据样本, 他计算得到 $\bar{x} = 68$(单位: 英寸①, 下同), $\bar{y} = 69$, 即子代身高平均增加了 1 英寸. 这样, 若父亲身高为 x, 则儿子的平均身高大致应为 $x + 1$. 但 Galton 发现, 当父亲身高为 72 时, 儿子的平

---

① 1 英寸 ≈ 2.54 厘米.

均身高仅为 71; 而当父亲身高为 64 时, 儿子的平均身高为 67. Galton 认为: 大自然具有一种约束力, 使人类身高的分布在一定时期内相对稳定而不产生两极分化, 这就是所谓的回归效应.

例 4.3 一个公司的商品销售量与其广告费有密切关系, 一般说来在其他因素 (如产品质量等) 保持不变的情况下, 它用在广告上的费用越高, 商品销售量也会越多. 为了进一步研究这种关系, 根据过去的记录 $(x_i, y_i), i = 1, \cdots, n$, 采用线性回归模型 (4.1.1), 假定计算出 $\hat{\beta}_0 = 1608.5$, $\hat{\beta}_1 = 20.1$, 于是得到回归方程

$$\hat{y} = 1608.5 + 20.1x.$$

这告诉我们: 广告费每增加一个单位, 该公司的销售量就大约 (平均) 增加 20.1 个单位.

在实际问题中, 影响响应变量的主要因素往往有很多, 这就需要考虑含多个预测变量的回归问题. 假设响应变量 y 和 p 个预测变量 $x_1, \cdots, x_p$ 满足如下的多元线性回归模型:

$$y = \beta_0 + \beta_1 x_1 + \cdots + \beta_p x_p + \varepsilon =: f(\boldsymbol{x}) + \varepsilon, \tag{4.1.4}$$

这里, $f(\boldsymbol{x})$ 表示多元线性回归模型的回归函数. 若 $(x_{i1}, \cdots, x_{ip}, y_i)$ $(i = 1, \cdots, n)$ 为样本, 则它们满足关系式

$$y_i = \beta_0 + \beta_1 x_{i1} + \cdots + \beta_p x_{ip} + \varepsilon_i =: f(\boldsymbol{x}_i) + \varepsilon_i, \quad i = 1, \cdots, n. \tag{4.1.5}$$

引入矩阵符号:

$$\boldsymbol{Y} = \begin{pmatrix} y_1 \\ y_2 \\ \vdots \\ y_n \end{pmatrix}, \quad \boldsymbol{X} = \begin{pmatrix} 1 & x_{11} & \cdots & x_{1p} \\ 1 & x_{21} & \cdots & x_{2p} \\ \vdots & \vdots & & \vdots \\ 1 & x_{n1} & \cdots & x_{np} \end{pmatrix}, \quad \boldsymbol{\beta} = \begin{pmatrix} \beta_0 \\ \beta_1 \\ \vdots \\ \beta_p \end{pmatrix}, \quad \boldsymbol{\varepsilon} = \begin{pmatrix} \varepsilon_1 \\ \varepsilon_2 \\ \vdots \\ \varepsilon_n \end{pmatrix}.$$

则 (4.1.5) 可简写为

$$\boldsymbol{Y} = \boldsymbol{X}\boldsymbol{\beta} + \boldsymbol{\varepsilon}. \tag{4.1.6}$$

通常, 称 $\boldsymbol{Y}$ 为观测向量, $\boldsymbol{\beta}$ 为回归系数向量, $\boldsymbol{\varepsilon}$ 为模型的误差向量, 称 $\boldsymbol{X}$ 为设计矩阵. $\boldsymbol{X}$ 是 $n \times (p+1)$ 矩阵, 这里假设 $n > p + 1$.

关于随机误差向量 $\boldsymbol{\varepsilon}$, 常假定它满足高斯–马尔可夫假设:

(1) 均值为零, 即 $E(\varepsilon_i) = 0$;

(2) 方差齐性, 即 $\mathrm{Var}(\varepsilon_i) = \sigma^2$;

(3) 彼此不相关, 即 $\mathrm{Cov}(\varepsilon_i, \varepsilon_j) = 0$, $i \neq j$.

这三条假设分别要求: 模型误差不包含任何系统的趋势; 每一个 y_i 在其均值附近波动的程度是一致的; 不同次的观测 (即 $y_i, i = 1, \cdots, n$) 是不相关的. 高斯–马尔可夫假设也可写成矩阵形式:

$$E(\boldsymbol{\varepsilon}) = \boldsymbol{0}, \ \mathrm{Cov}(\boldsymbol{\varepsilon}) = \sigma^2 \boldsymbol{I}_n, \tag{4.1.7}$$

其中 $\boldsymbol{I}_n$ 表示 n 阶的单位阵. 将 (4.1.6) 和 (4.1.7) 合写在一起, 即可得到基本的多元线性回归模型:

$$\boldsymbol{Y} = \boldsymbol{X}\boldsymbol{\beta} + \boldsymbol{\varepsilon}, \ E(\boldsymbol{\varepsilon}) = \boldsymbol{0}, \ \mathrm{Cov}(\boldsymbol{\varepsilon}) = \sigma^2 \boldsymbol{I}_n. \tag{4.1.8}$$

取定了多元线性回归模型后, 需要利用样本估计回归系数向量 $\boldsymbol{\beta}$, 进而得到 (经验) 回归方程

$$\hat{y} = \hat{f}(\boldsymbol{x}) = \hat{\beta}_0 + \hat{\beta}_1 x_1 + \cdots + \hat{\beta}_p x_p. \tag{4.1.9}$$

回归分析具有如下的应用:

(1) 描述变量之间的关系. 建立了响应变量和预测变量之间的回归方程后, 可以用这个方程来刻画响应变量和预测变量之间的依赖关系.

(2) 分析变量之间的关系和重要性. 消除预测变量 $x_1, \cdots, x_p$ 量纲的影响后, 假设得到一个比较满意的回归方程 (4.1.9). 回归系数 β_i 的估计 $\hat{\beta}_i$ 的大小在一定程度上反映了预测变量 x_i 对响应变量 y 的影响大小. 粗略来说, 当 $\hat{\beta}_i > 0$ 时, y 与 x_i 是正相关关系; 当 $\hat{\beta}_i < 0$ 时, y 与 x_i 是负相关关系; $|\hat{\beta}_i|$ 越大, 表明 x_i 这个预测变量对 y 越重要.

(3) 预测. 得到一个满意的回归方程 (4.1.9) 后, 对于预测变量的一组特定值 $(x_{01}, \cdots, x_{0p})$, 可以得到响应变量的预测值 $\hat{y}_0 = \hat{f}(\boldsymbol{x}_0) = \hat{\beta}_0 + \hat{\beta}_1 x_{01} + \cdots + \hat{\beta}_p x_{0p}$.

4.1.2   参数估计

回归分析的首要目标是估计回归函数. 对于线性回归模型, 这等价于估计 $\boldsymbol{\beta}$. 有许多方法可以进行参数估计, 它们各有千秋. 其中, 最小二乘方法 (least squares method) 是最经典的估计方法之一. 下面将采用最小二乘方法对 $\boldsymbol{\beta}$ 进行估计, 所得到的估计被称为最小二乘估计 (least squares estimator, LSE). 这个方法是寻找 $\boldsymbol{\beta}$ 的一个估计, 使得模型的误差平方和 $\sum_{i=1}^{n} \varepsilon_i^2 = \|\boldsymbol{\varepsilon}\|^2 = \|\boldsymbol{Y} - \boldsymbol{X}\boldsymbol{\beta}\|^2$ 达到最小. 记

$$Q(\boldsymbol{\beta}) = \|\boldsymbol{Y} - \boldsymbol{X}\boldsymbol{\beta}\|^2 = \boldsymbol{Y}^{\mathrm{T}}\boldsymbol{Y} - 2\boldsymbol{Y}^{\mathrm{T}}\boldsymbol{X}\boldsymbol{\beta} + \boldsymbol{\beta}^{\mathrm{T}}\boldsymbol{X}^{\mathrm{T}}\boldsymbol{X}\boldsymbol{\beta}.$$

对 $\boldsymbol{\beta}$ 求导, 并令导函数等于 $\boldsymbol{0}$, 可得方程组

$$\boldsymbol{X}^{\mathrm{T}}\boldsymbol{X}\boldsymbol{\beta} = \boldsymbol{X}^{\mathrm{T}}\boldsymbol{Y}. \tag{4.1.10}$$

这个方程组被称为正规方程组 (或正则方程组). 这个方程组有唯一解的充要条件是 $\boldsymbol{X}^{\mathrm{T}}\boldsymbol{X}$ 的秩是 $p+1$, 这等价于 $\boldsymbol{X}$ 的秩是 $p+1$ (即 $\boldsymbol{X}$ 是列满秩的). 通常, 我们总是假定 $\boldsymbol{X}$ 是列满秩的, 于是得到 (4.1.10) 的唯一解

$$\hat{\boldsymbol{\beta}} = (\boldsymbol{X}^{\mathrm{T}}\boldsymbol{X})^{-1}\boldsymbol{X}^{\mathrm{T}}\boldsymbol{Y}. \tag{4.1.11}$$

以上的讨论只能说明 $\hat{\boldsymbol{\beta}}$ 是 $Q(\boldsymbol{\beta})$ 的一个驻点, 但未必就是最小值点. 下面来说明 $\hat{\boldsymbol{\beta}}$ 确实是 $Q(\boldsymbol{\beta})$ 的最小值点. 对任意的 $\boldsymbol{\beta} \in \mathbb{R}^{p+1}$, 有

$$\begin{aligned}
\|\boldsymbol{Y} - \boldsymbol{X}\boldsymbol{\beta}\|^2 &= \|\boldsymbol{Y} - \boldsymbol{X}\hat{\boldsymbol{\beta}} + \boldsymbol{X}(\hat{\boldsymbol{\beta}} - \boldsymbol{\beta})\|^2 \\
&= \|\boldsymbol{Y} - \boldsymbol{X}\hat{\boldsymbol{\beta}}\|^2 + \|\boldsymbol{X}(\hat{\boldsymbol{\beta}} - \boldsymbol{\beta})\|^2 + 2(\hat{\boldsymbol{\beta}} - \boldsymbol{\beta})^{\mathrm{T}}\boldsymbol{X}^{\mathrm{T}}(\boldsymbol{Y} - \boldsymbol{X}\hat{\boldsymbol{\beta}}).
\end{aligned}$$

因为 $\hat{\boldsymbol{\beta}}$ 满足正规方程组 (4.1.10), 所以 $\boldsymbol{X}^{\mathrm{T}}(\boldsymbol{Y} - \boldsymbol{X}\hat{\boldsymbol{\beta}}) = \boldsymbol{0}$. 这意味着对任意的 $\boldsymbol{\beta} \in \mathbb{R}^{p+1}$, 有

$$\|\boldsymbol{Y} - \boldsymbol{X}\boldsymbol{\beta}\|^2 = \|\boldsymbol{Y} - \boldsymbol{X}\hat{\boldsymbol{\beta}}\|^2 + \|\boldsymbol{X}(\hat{\boldsymbol{\beta}} - \boldsymbol{\beta})\|^2 \geqslant \|\boldsymbol{Y} - \boldsymbol{X}\hat{\boldsymbol{\beta}}\|^2,$$

这说明 $\hat{\boldsymbol{\beta}}$ 的确是 $Q(\boldsymbol{\beta})$ 的最小值点.

σ^2 是线性回归模型中的另一个重要参数, 它的大小其实提供了关于响应变量的预测精度的一个上界. 此外, 关于 $\boldsymbol{\beta}$ 的进一步的统计推断, 如置信区间、假设检验等, 都依赖于 σ^2 的点估计. 接下来我们就来估计它. 记

$$\hat{\varepsilon}_i = y_i - \hat{y}_i, \quad i = 1, \cdots, n,$$

称它们为残差 (residual). 用

$$\mathrm{RSS} = \sum_{i=1}^{n} \hat{\varepsilon}_i^2$$

表示残差平方和 (residual sum of squares, RSS). 对于模型误差的方差 σ^2, 可用

$$\hat{\sigma}^2 = \mathrm{RSS}/(n - p - 1) \tag{4.1.12}$$

去估计它. 可以证明 $\hat{\sigma}^2$ 是 σ^2 的一个无偏估计. 称 $\hat{\sigma} = \sqrt{\hat{\sigma}^2}$ 为残差标准误 (residual standard error, RSE). RSE 除了在 $\boldsymbol{\beta}$ 的统计推断中扮演重要角色, 还可用于模型准确性的评估.

注 4.4 对于一元线性回归模型, 预测变量只有一个, 假设样本为 (x_i, y_i), $i = 1, \cdots, n$. 于是一元线性回归模型可写为

$$y_i = \beta_0 + \beta_1 x_i + \varepsilon_i, \quad i = 1, \cdots, n.$$

这时的正规方程组为

$$\begin{pmatrix} n & \sum\limits_{i=1}^{n} x_i \\ \sum\limits_{i=1}^{n} x_i & \sum\limits_{i=1}^{n} x_i^2 \end{pmatrix} \begin{pmatrix} \beta_0 \\ \beta_1 \end{pmatrix} = \begin{pmatrix} \sum\limits_{i=1}^{n} y_i \\ \sum\limits_{i=1}^{n} x_i y_i \end{pmatrix}.$$

当设计矩阵 X 是列满秩时, 即 x_i $(i = 1, \cdots, n)$ 不全相等时, $\sum_{i=1}^{n}(x_i - \bar{x})^2 \neq 0$, 于是 β_0 和 β_1 的 LSE 为

$$\begin{cases} \hat{\beta}_0 = \bar{y} - \hat{\beta}_1 \bar{x}, \\ \hat{\beta}_1 = \dfrac{\sum\limits_{i=1}^{n}(x_i - \bar{x})(y_i - \bar{y})}{\sum\limits_{i=1}^{n}(x_i - \bar{x})^2}. \end{cases}$$

在回归分析中, LSE 之所以沿用至今, 是因为 LSE 具有良好的理论性质.

定理 4.5　对于线性回归模型 (4.1.8), 回归系数 β 的最小二乘估计 $\hat{\beta}$ 具有下列性质:

(1) $E(\hat{\beta}) = \beta$;

(2) $\mathrm{Cov}(\hat{\beta}) = \sigma^2 (X^\mathrm{T} X)^{-1}$.

设 c 是 $p+1$ 维的常数向量, 对于线性函数 $c^\mathrm{T} \beta$, 称 $c^\mathrm{T} \hat{\beta}$ 为 $c^\mathrm{T} \beta$ 的 LSE.

定理 4.6 (高斯–马尔可夫定理)　对于线性回归模型 (4.1.8), 在 $c^\mathrm{T} \beta$ 的所有线性无偏估计中[1], 最小二乘估计 $c^\mathrm{T} \hat{\beta}$ 是唯一的最小方差线性无偏估计 (best linear unbiased estimator, BLUE).

注 4.7　若模型的误差向量的协方差矩阵不是 $\sigma^2 I_n$, 而是普通的协方差矩阵 Σ (假设 Σ 是正定矩阵). 那么 β 的 BLUE 将不再是 $\hat{\beta}$ (除非 $\Sigma = \sigma^2 I_n$), 而是加权最小二乘估计 (weighted least squares estimator, WLSE)

$$\tilde{\beta} = (X^\mathrm{T} \Sigma^{-1} X) X^\mathrm{T} \Sigma^{-1} Y.$$

但通常情况下 Σ 是未知的, 需要事先估计它.

如果误差向量 ε 服从正态分布, $\varepsilon \sim N(\mathbf{0}, \sigma^2 I_n)$, 那么有下列的正态线性回归模型:

$$Y = X\beta + \varepsilon, \quad \varepsilon \sim N(\mathbf{0}, \sigma^2 I_n). \tag{4.1.13}$$

对上述模型, 可以得到 $\hat{\beta}$ 和 RSS 的如下性质.

---

[1] 线性估计是指这个估计量是 $y_1, \cdots, y_n$ 的线性函数.

定理 4.8 对于正态线性回归模型 (4.1.13), 有

(1) $\hat{\boldsymbol{\beta}} \sim N(\boldsymbol{\beta}, \sigma^2(\boldsymbol{X}^{\mathrm{T}}\boldsymbol{X})^{-1})$;

(2) $\mathrm{RSS}/\sigma^2 \sim \chi^2(n-p-1)$;

(3) $\hat{\boldsymbol{\beta}}$ 与 RSS 相互独立.

若用 $(\boldsymbol{A})_{ij}$ 表示矩阵 $\boldsymbol{A}$ 的第 (i,j) 位置的元素, 那么有如下推论.

推论 4.9 对于正态线性回归模型 (4.1.13), 有

$$\hat{\beta}_i \sim N(\beta_i, \sigma^2((\boldsymbol{X}^{\mathrm{T}}\boldsymbol{X})^{-1})_{i+1,i+1}), \quad i=0,1,\cdots,p.$$

对于回归参数, 我们除了对它的大小 (点估计) 感兴趣外, 往往还想了解它的取值范围 (置信区间). 在模型误差的正态性假设下, 由推论 4.9 可知

$$\frac{\hat{\beta}_i - \beta_i}{\sigma\sqrt{((\boldsymbol{X}^{\mathrm{T}}\boldsymbol{X})^{-1})_{i+1,i+1}}} \sim N(0,1).$$

利用 (4.1.12) 以及定理 4.8 的 (2) 和 (3) 可推得

$$\frac{\hat{\beta}_i - \beta_i}{\hat{\sigma}\sqrt{((\boldsymbol{X}^{\mathrm{T}}\boldsymbol{X})^{-1})_{i+1,i+1}}} \sim t(n-p-1).$$

称 $\hat{\sigma}\sqrt{((\boldsymbol{X}^{\mathrm{T}}\boldsymbol{X})^{-1})_{i+1,i+1}}$ 为 $\hat{\beta}_i$ 的标准误 (standard error), 记为

$$\mathrm{se}(\hat{\beta}_i) = \hat{\sigma}\sqrt{((\boldsymbol{X}^{\mathrm{T}}\boldsymbol{X})^{-1})_{i+1,i+1}},$$

$\mathrm{se}(\hat{\beta}_i)$ 衡量了 $\hat{\beta}_i$ 的估计精度. 给定置信水平 $1-\alpha$, 对固定的 $i \in \{0,1,\cdots,p\}$, β_i 的置信区间为

$$(\hat{\beta}_i - t_{\alpha/2}(n-p-1)\mathrm{se}(\hat{\beta}_i), \hat{\beta}_i + t_{\alpha/2}(n-p-1)\mathrm{se}(\hat{\beta}_i)).$$

若 $\alpha = 0.05$, $n-p-1$ 较大, 则 β_i 的置信水平为 0.95 的近似置信区间为

$$(\hat{\beta}_i - 2\mathrm{se}(\hat{\beta}_i), \hat{\beta}_i + 2\mathrm{se}(\hat{\beta}_i)).$$

例 4.10 一个试验容器靠蒸汽供应热量, 使其保持恒温. 在表 4.1 中, 预测变量 x 表示容器周围空气单位时间的平均温度 (℃), y 表示单位时间内消耗的蒸汽量 (L), 共观测了 25 个时间单位.

为了了解预测变量 x 与响应变量 y 之间的相依关系, 用 R 中的 lm() 函数进行最小二乘估计, 得到

$$\hat{\beta}_0 = 13.623 \ (\mathrm{se}(\hat{\beta}_0) = 0.581), \quad \hat{\beta}_1 = -0.080 \ (\mathrm{se}(\hat{\beta}_1) = 0.011).$$

由此得到回归方程

$$\hat{y} = 13.623 - 0.080x.$$

图 4.1 是样本的散点图以及回归直线图. 此外, 用 R 中的 confint() 函数可求出 β_1 的置信水平为 0.95 的置信区间为 $(-0.102, -0.058)$, β_0 的置信水平为 0.95 的置信区间为 $(12.420, 14.826)$.

表 4.1　蒸汽数据

序号	y/L	x/°C	序号	y/L	x/°C	序号	y/L	x/°C
1	10.98	35.3	10	9.14	57.5	19	6.83	70
2	11.13	29.7	11	8.24	46.4	20	8.88	74.5
3	12.51	30.8	12	12.19	28.9	21	7.68	72.1
4	8.40	58.8	13	11.88	28.1	22	8.47	58.1
5	9.27	61.4	14	9.57	39.1	23	8.86	44.6
6	8.73	71.3	15	10.94	46.8	24	10.36	33.4
7	6.36	74.4	16	9.58	48.5	25	11.08	28.6
8	8.50	76.7	17	10.09	59.3			
9	7.82	70.7	18	8.11	70			

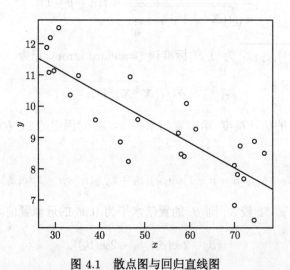

图 4.1　散点图与回归直线图

4.1.3　假设检验

在实践中, 响应变量与预测变量的真实依赖关系是未知的. 所以在进行线性回归时, 我们通常需要注意以下两点:

(1) 预测变量 $x_1, \cdots, x_p$ 中是否至少有一个预测变量与响应变量 y 有线性相依关系?

(2) 所有预测变量都与响应变量 y 有线性相依关系吗? 还是仅仅只有个别预测变量对 y 有线性相依关系?

问题 (1) 涉及回归方程的显著性检验, 而问题 (2) 涉及回归系数的显著性检验. 要解决这两个问题, 我们需要知道误差向量 ε 的概率分布. 通常假设 $\varepsilon \sim N(\mathbf{0}, \sigma^2 \boldsymbol{I}_n)$, 即将基于正态线性回归模型 (4.1.13) 进行假设检验.

所谓回归方程的显著性检验, 其实就是检验预测变量 $x_1, \cdots, x_p$ 在整体上是否对响应变量有显著的线性相依关系, 即检验以下假设:

$$H_0: \quad \beta_1 = \cdots = \beta_p = 0.$$

若拒绝原假设 H_0, 则认为至少有一个预测变量对响应变量 y 有显著的线性相依关系. 若接受原假设, 则认为相对于模型误差而言, 所有预测变量对响应变量 y 的线性相依关系是不显著的. 为构造检验统计量, 先介绍两个记号. 称

$$\text{TSS} = \sum_{i=1}^{n} (y_i - \bar{y})^2$$

为总平方和 (total sum of squares, TSS) 或称总偏差平方和, 称

$$\text{ESS} = \sum_{i=1}^{n} (\bar{y} - \hat{y}_i)^2$$

为解释平方和 (explained sum of squares, ESS) 或回归平方和. 回归方程的显著性检验的检验统计量为

$$F_H = \frac{\text{ESS}/p}{\text{RSS}/(n-p-1)}.$$

可以证明: 若 H_0 为真, 则 $F_H \sim F(p, n-p-1)$; 若 H_0 不真, 则 F_H 的取值有偏大的趋势. 因此, 给定显著性水平 α, 若 $F_H > F_\alpha(p, n-p-1)$, 则拒绝 H_0, 否则接受 H_0.

不难证明

$$\text{TSS} = \text{RSS} + \text{ESS},$$

其中, 回归平方和 ESS 反映了预测变量对响应变量变动平方和的贡献, RSS 反映了模型误差对响应变量变动平方和的贡献. 因此, 检验统计量 F_H 是把预测变量的平均贡献和模型误差的平均贡献进行比较. 当回归平方和相对于误差平方和比较大时, 就有充分的理由相信预测变量对响应变量有显著的线性相依关系, 从而拒绝原假设. 当回归平方和相对于误差平方和比较小时, 没有充分的理由认为预测变量比模型误差对响应变量有更显著的线性相依关系, 因此接受原假设. 下面的方差分析表 (表 4.2) 给出了回归方程的显著性检验的分析过程.

表 4.2　方差分析表

方差来源	平方和	自由度	均方	F 值	$P(F > F_H)$
回归	ESS	p	ESS$/p$	F_H	p
误差	RSS	$n-p-1$	RSS$/(n-p-1)$		
总计	TSS	$n-1$			

在表 4.2 中, $P(F > F_H)$ 表示 $P(F(p, n-p-1) > F_H)$. 当

$$p = P(F(p, n-p-1) > F_H) < \alpha \tag{4.1.14}$$

时拒绝原假设, 其中, α 为事先给定的显著性水平. (4.1.14) 式等价于 $F_H > F_\alpha(p, n-p-1)$.

回归方程的显著性检验是对预测变量 $x_1, \cdots, x_p$ 的一个整体性检验. 如果假设检验的结果是拒绝原假设, 这意味着 y 与 $x_1, \cdots, x_p$ 这个整体有线性相依关系. 但是, 这不能排除 y 与其中的某些预测变量无线性相依关系, 即某些 $\beta_j = 0$. 于是在回归方程的显著性检验被拒绝后, 还应对每个预测变量逐一做显著性检验, 即检验单个预测变量 x_j 是否对响应变量 y 有显著的线性相依关系, 这等价于检验

$$H_j: \quad \beta_j = 0.$$

由推论 4.9, 可知 $\hat{\beta}_j \sim N(\beta_j, \sigma^2 c_{j+1,j+1})$, 其中 $c_{j+1,j+1}$ 表示矩阵 $(\boldsymbol{X}^{\mathrm{T}}\boldsymbol{X})^{-1}$ 的第 $j+1$ 个对角元. 若 H_j 为真, 则 $\hat{\beta}_j/(\sigma\sqrt{c_{j+1,j+1}}) \sim N(0,1)$. 此外, 定理 4.8 告诉我们 RSS$/\sigma^2 \sim \chi^2(n-p-1)$ 且与 $\hat{\beta}_j$ 独立, 所以

$$t_j = \frac{\hat{\beta}_j}{\hat{\sigma}\sqrt{c_{j+1,j+1}}} \overset{H_j}{\sim} t(n-p-1).$$

显然, 若 H_j 不真, 则 $|t_j|$ 的取值有变大的趋势. 所以, 给定显著性水平 α, 若 $|t_j| > t_{\alpha/2}(n-p-1)$, 则拒绝 H_j, 否则接受 H_j.

注 4.11　对回归常数 β_0 进行显著性检验通常是没有必要的, 因为 β_0 无论是否通过 t 检验都没有实际意义.

例 4.12　表 4.3 给出了煤净化的一组数据. 其中, y 表示净化后煤溶液中所含杂质的重量, x_1 表示输入净化过程的溶液所含的煤与杂质的比, x_2 表示溶液的 pH 值, x_3 表示溶液流量. 通过这一组实验数据来分析 x_1, x_2, x_3 对 y 是否有线性相依关系.

用 R 中的 lm() 函数进行回归分析, 得到回归方程的显著性检验的 F 统计量为 23.83, 相应的 p 值为 0.0002. 取假设检验的显著性水平为 0.05, 那么根据以上分析结果, 认为预测变量 x_1, x_2, x_3 整体上对响应变量 y 有显著的线性相依关系. 而 x_1, x_2, x_3 的回归系数的显著性检验的 t 值分别为 $-7.502, 3.167, -2.274$, 相应的 p

值分别为 $6.91 \times 10^{-5}, 0.013, 0.053$. 所以, 根据现有样本数据可认为 x_1 和 x_2 对 y 有显著的线性相依关系, 但 x_3 对 y 的线性相依关系并不显著, 可在线性模型中去掉预测变量 x_3.

表 4.3 煤净化数据

序号	x_1	x_2	x_3	y	序号	x_1	x_2	x_3	y
1	1.5	6	1315	243	7	2	7.5	1575	183
2	1.5	6	1315	261	8	2	7.5	1575	207
3	1.5	9	1890	244	9	2.5	9	1315	216
4	1.5	9	1890	285	10	2.5	9	1315	160
5	2	7.5	1575	202	11	2.5	6	1890	104
6	2	7.5	1575	180	12	2.5	6	1890	110

4.1.4 模型评价与诊断

1. 模型评价

在建立了一个线性回归模型后, 我们会很自然地想要量化模型与数据的拟合程度. 评估线性回归的拟合质量通常使用以下两个指标: 残差标准误 $\hat{\sigma}$ 和 R^2 统计量. 由 (4.1.12) 可知残差标准误

$$\hat{\sigma} = \sqrt{\mathrm{RSS}/(n-p-1)}.$$

由于响应变量的每个观测都带有误差项 ε, 所以即使我们知道真正的回归函数 $f(\boldsymbol{x}) = \beta_0 + \beta_1 x_1 + \cdots + \beta_p x_p$, 也不能期待仅用 $x_1, \cdots, x_p$ 就能对 y 作出完美的预测, 因为 y 还依赖于 ε 且无法用 $x_1, \cdots, x_p$ 去预测 ε. $\hat{\sigma}$ 是对 ε 的标准差的一个估计. 大体而言, 它其实是响应值偏离真正的回归函数的平均值.

对于例 4.10, $\hat{\sigma} = 0.890$. 也就是说, 单位时间内实际消耗的蒸汽量平均偏离真正的回归函数 (或真正的回归平面) 约 0.890 个单位. 从另一方面理解, 即使线性模型正确且 β_0 和 β_1 的真实值已知, 任何基于容器周围空气单位时间的温度对实际消耗的蒸汽量的预测仍将平均偏离约 0.890 个单位. 当然, 这 0.890 个单位的预测误差是否可以接受取决于问题的具体情境. 在这个例子里, 响应变量的均值是 9.424 个单位, 所以预测误差百分比为 $0.890/9.424 = 9.44\%$, 看起来是可以接受的.

$\hat{\sigma}$ 还被认为是模型与样本数据之间失拟 (lack of fit) 的度量. 如果用该模型得到的预测值都非常接近真实值, 即对每一个 $i = 1, \cdots, n$, 都有 $\hat{y}_i \approx y_i$, 那么 $\hat{\sigma}$ 的值将会很小. 因此我们可以得出这样的结论: 该模型很好地拟合了样本数据. 另外, 如果在一个或者多个观测中, $\hat{y}_i$ 与 y_i 相差很大, 那么 $\hat{\sigma}$ 的值可能是相当大的, 这表明该模型未能很好地拟合样本数据. 值得注意的是, $\hat{\sigma}$ 是模型与数据的失拟程度的一个绝对度量, 这是因为 $\hat{\sigma}$ 的大小依赖于响应变量 y 的量纲.

R^2 统计量是衡量模型与数据失拟程度的另一个标准. 它的定义如下

$$R^2 = \frac{\text{ESS}}{\text{TSS}} = 1 - \frac{\text{RSS}}{\text{TSS}}.$$

显然, R^2 是一个没有量纲的量, 取值总是介于 0 和 1 之间. 总平方和 TSS 衡量了响应变量 y 的总方差, 可以认为是在执行回归分析之前响应变量中的固有变异性. 而 RSS 衡量的是进行回归后仍无法解释的变异性. 因此, TSS − RSS 衡量的是响应变量进行回归后被解释 (或被消除) 的变异性. R^2 度量的是响应变量的变异中能被预测变量解释的比例. R^2 统计量接近 1 说明当前的回归可以解释响应变量的大部分变异, R^2 统计量接近 0 说明当前的回归没有解释太多响应变量的变异, 这可能是因为所采用的线性模型是错误的, 也可能是因为 σ^2 较大, 抑或两者兼有. 对于例 4.10, $R^2 = 0.714$, 说明以 x 为预测变量的线性回归能对响应变量不到 3/4 的变异作出解释. 值得注意的是, 在实际应用中 R^2 并非越大越好. 若进行回归分析的主要目的是寻求了解响应变量与预测变量之间的相依关系, 那么通常情况下我们倾向于选择 R^2 大的回归模型. 若进行回归分析的主要目的是预测以后的响应变量, 那么从预测的稳定性角度考虑, R^2 不大的回归模型也是可以接受的.

2. 模型诊断

在多元线性回归模型 (4.1.8) 中, 我们对模型作了三个最基本的假设:

(a) 线性假设: 响应变量与预测变量之间具有线性相依关系;

(b) 方差齐性假设: $\text{Var}(\varepsilon_i) = \sigma^2$, $i = 1, \cdots, n$;

(c) 不相关性假设: $\text{Cov}(\varepsilon_i, \varepsilon_j) = 0$, $i \neq j$.

在对回归系数进行区间估计和显著性检验, 以及对模型进行回归方程的显著性检验的时候, 我们还对模型误差作了进一步的假设:

(d) 正态性假设: $\varepsilon_i \sim N(0, \sigma^2)$, $i = 1, \cdots, n$.

如果这些假设不成立, 那么前面讨论的最小二乘估计的统计性质以及统计推断结果就有可能是不成立的. 因此, 在实际问题中, 需要考察样本数据是否满足或者基本满足这些假设. 这就是模型诊断的内容.

注 4.13   在模型 (4.1.8) 中, 我们其实还作了模型误差的零均值假设. 但在模型含有截距项的情形下, 最小二乘方法会自动调整截距项的估计使模型的残差满足零均值. 所以, 无需特意诊断模型误差的 "零均值假设".

因为这些假设都与模型误差 ε_i 有关, 而残差 $\hat{\varepsilon}_i$ 可看成 ε_i 的一个估计, 所以可以通过残差来分析以上四个基本假设是否成立或合理. 正因为这个原因, 这部分的内容也被称为残差分析. 用

$$\hat{\varepsilon} = \boldsymbol{Y} - \hat{\boldsymbol{Y}} = (\boldsymbol{I}_n - \boldsymbol{X}(\boldsymbol{X}^{\mathrm{T}}\boldsymbol{X})^{-1}\boldsymbol{X}^{\mathrm{T}})\boldsymbol{Y} = (\boldsymbol{I}_n - \boldsymbol{X}(\boldsymbol{X}^{\mathrm{T}}\boldsymbol{X})^{-1}\boldsymbol{X}^{\mathrm{T}})\boldsymbol{\varepsilon}$$

表示残差向量, 它有如下性质.

定理 4.14 对于线性回归模型 (4.1.8), 有

(1) $E(\hat{\boldsymbol{\varepsilon}}) = \boldsymbol{0}$, $\mathrm{Cov}(\hat{\boldsymbol{\varepsilon}}) = \sigma^2(\boldsymbol{I}_n - \boldsymbol{X}(\boldsymbol{X}^{\mathrm{T}}\boldsymbol{X})^{-1}\boldsymbol{X}^{\mathrm{T}})$;

(2) $\mathrm{Cov}(\hat{\boldsymbol{Y}}, \hat{\boldsymbol{\varepsilon}}) = \boldsymbol{0}$;

(3) 若进一步假设 $\boldsymbol{\varepsilon} \sim N(\boldsymbol{0}, \sigma^2\boldsymbol{I}_n)$, 则 $\hat{\boldsymbol{\varepsilon}} \sim N(\boldsymbol{0}, \sigma^2(\boldsymbol{I}_n - \boldsymbol{X}(\boldsymbol{X}^{\mathrm{T}}\boldsymbol{X})^{-1}\boldsymbol{X}^{\mathrm{T}}))$.

通常, $\boldsymbol{H} := \boldsymbol{X}(\boldsymbol{X}^{\mathrm{T}}\boldsymbol{X})^{-1}\boldsymbol{X}^{\mathrm{T}}$ 称为帽子矩阵, 是一个对称幂等矩阵. 因为 $\mathrm{Var}(\hat{\varepsilon}_i) = \sigma^2(1 - h_{ii})$ (h_{ii} 表示矩阵 $\boldsymbol{H}$ 的第 i 个对角元), 为非齐性, 这有碍于 $\hat{\varepsilon}_i$ 的实际应用. 因此考虑所谓的学生化残差

$$r_i = \frac{\hat{\varepsilon}_i}{\hat{\sigma}\sqrt{1 - h_{ii}}}, \quad i = 1, \cdots, n.$$

即使在 $\boldsymbol{\varepsilon} \sim N(\boldsymbol{0}, \sigma^2\boldsymbol{I}_n)$ 的条件下, r_i 的概率分布仍然比较复杂, 但可近似地认为 r_i 相互独立且服从 $N(0,1)$. 由定理 4.8 可知 $\{r_i, i \geqslant 1\}$ 与 $\{\hat{y}_i, i \geqslant 1\}$ 独立 ($\{\hat{\varepsilon}_i, i \geqslant 1\}$ 与 $\{\hat{y}_i, i \geqslant 1\}$ 也独立).

残差图是以某种残差 (学生化残差 r_i 或普通残差 $\hat{\varepsilon}_i$) 为纵坐标, 以其他变量为横坐标的散点图. $\hat{\varepsilon}_i$ 作为模型误差 ε_i 的估计应与 ε_i 差别不大, 故根据残差图性状是否与残差应有的性质相一致, 就可以对模型假设的合理性提供一些有用的信息. 下面以响应变量的拟合值 $\hat{y}_i$ 为横坐标, 以学生化残差 r_i 为纵坐标的残差图为例讨论残差图的具体应用. 值得一提的是, 通常情况下, 以普通残差 $\hat{\varepsilon}_i$ 为纵坐标和以学生化残差 r_i 为纵坐标的残差图形状大致相同, 以某个预测变量 x_j 为横坐标或者以序号 i 为横坐标和以拟合值 $\hat{y}_i$ 为横坐标的残差图形状也大致相同.

若线性假设成立, 那么 ε_i 不包含来自预测变量的任何信息, 因此残差图不应呈现任何有规则的形状, 否则有理由怀疑线性假设不成立. 若方差齐性假设成立, 那么残差图上的点是 "均匀" 散布的, 否则, 残差图通常会呈现 "喇叭形" 或 "倒喇叭形" 或两者兼而有之的形状. 若不相关性假设成立, 那么残差图上的点不呈现规则性, 否则, 散点图将呈现 "集团性" 或 "剧烈交错性" 等形状. 若正态性假设成立, 那么学生化残差 r_i 可近似看成相互独立且服从 $N(0,1)$. 所以, 在以 r_i 为纵坐标, $\hat{y}_i$ 为横坐标的残差图上, 平面上的点 $(\hat{y}_i, r_i)$ $(i = 1, \cdots, n)$ 大致应落在宽度为 4 的 $|r_i| \leqslant 2$ 区域内 (这个概率应在 95% 左右), 且不呈现任何趋势.

图 4.2 为 4 张残差图. 其中左上角的残差图带有明显的曲线规律性, 这表明线性假设不合理, 模型中可能漏了其他的预测变量. 右上角的残差图中残差的波动幅度越来越大, 残差图呈喇叭形, 这表明方差齐性假设不合理. 左下角的残差图带有明显的正负号集团性, 这表明不相关性假设不合理. 右下角的残差图是一张理想的残差图, 它均匀散布、不呈现任何有规则的形状, 且 95% 的点都落在 $|r_i| \leqslant 2$ 的区域内.

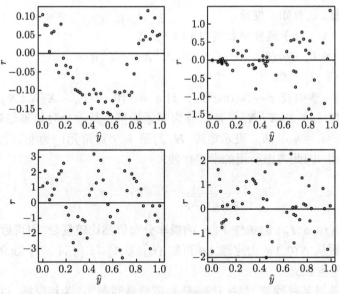

图 4.2   残差图

如果残差图的诊断结果表明模型的线性假设不合理, 那么可以考虑在模型中增加新的预测变量或已有的预测变量的高次项, 如 $x_1^2, x_2^2, x_1 x_2$ 等. 如果方差齐性假设不合理, 那么可以考虑对响应变量作适当的函数变换 (例如, 开根号、取对数、求倒数变换) 使新的响应变量具有近似相等的方差, 或者采用加权最小二乘估计. 若不相关性假设不合理, 那么通常考虑对响应变量作 "差分", 使新的响应变量具有近似独立性. 若正态性假设不合理, 则通常对响应变量作正态性变换——Box-Cox 变换[1].

对于例 4.10, 相应的残差图见图 4.3. 此图无明显的规律性, 且绝大部分的点都

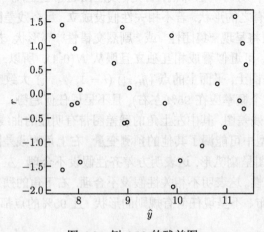

图 4.3   例 4.10 的残差图

落在 $|r_i| \leqslant 2$ 的区域内, 这表明在该例中应用一元线性回归模型是合理的.

4.1.5 预测

建立回归方程通常有两个目的: ① 揭示预测变量与响应变量之间的相依关系; ② 对响应变量进行预测. 所谓预测, 就是对给定的预测变量值, 预测对应的响应变量的大小 (称为点预测) 和范围 (称为区间预测), 这是回归分析最重要的应用之一. 把线性回归模型写成如下形式:

$$y_i = \boldsymbol{x}_i^{\mathrm{T}} \boldsymbol{\beta} + \varepsilon_i, \quad i = 1, \cdots, n,$$

其中

$$\boldsymbol{x}_i = (1, x_{i1}, \cdots, x_{ip})^{\mathrm{T}}, \quad \boldsymbol{\beta} = (\beta_0, \beta_1, \cdots, \beta_p)^{\mathrm{T}}.$$

假设模型误差 $\varepsilon_1, \cdots, \varepsilon_n$ 满足高斯–马尔可夫假设. 给定预测变量值

$$\boldsymbol{x}_0 = (1, x_{01}, \cdots, x_{0p})^{\mathrm{T}},$$

相应的响应变量值 y_0 可表示为

$$y_0 = \boldsymbol{x}_0^{\mathrm{T}} \boldsymbol{\beta} + \varepsilon_0,$$

y_0 是未知的, 我们对 y_0 的大小和范围感兴趣.

注意到 y_0 由两部分组成: $\boldsymbol{x}_0^{\mathrm{T}} \boldsymbol{\beta}$ 和 ε_0. 自然地, 可以用 $\boldsymbol{x}_0^{\mathrm{T}} \hat{\boldsymbol{\beta}}$ 去估计 $\boldsymbol{x}_0^{\mathrm{T}} \boldsymbol{\beta}$; 因为 ε_0 是均值为零的随机变量且无法观测, 因此用 0 去估计它. 由此, 可把

$$\hat{y}_0 = \boldsymbol{x}_0^{\mathrm{T}} \hat{\boldsymbol{\beta}} + 0 = \boldsymbol{x}_0^{\mathrm{T}} \hat{\boldsymbol{\beta}}$$

作为 y_0 的一个点预测. $\hat{y}_0$ 的预测精度如何呢? 我们来计算它的标准差. 容易看出

$$\mathrm{Var}(\hat{y}_0) = \sigma^2 \boldsymbol{x}_0^{\mathrm{T}} (\boldsymbol{X}^{\mathrm{T}} \boldsymbol{X})^{-1} \boldsymbol{x}_0.$$

因此 $\hat{y}_0$ 的标准差为 $\sigma \sqrt{\boldsymbol{x}_0^{\mathrm{T}} (\boldsymbol{X}^{\mathrm{T}} \boldsymbol{X})^{-1} \boldsymbol{x}_0}$. 由于 σ 是未知参数, 因此用 $\hat{\sigma}$ 代替它, 得到

$$\hat{\sigma} \sqrt{\boldsymbol{x}_0^{\mathrm{T}} (\boldsymbol{X}^{\mathrm{T}} \boldsymbol{X})^{-1} \boldsymbol{x}_0}.$$

上式被称为 $\hat{y}_0$ 的标准误, 记为 $\mathrm{se}(\hat{y}_0)$. 通常用 $\mathrm{se}(\hat{y}_0)$ 度量 $\hat{y}_0$ 的预测偏差, 并用

$$(\hat{y}_0 - 2\mathrm{se}(\hat{y}_0), \hat{y}_0 + 2\mathrm{se}(\hat{y}_0))$$

作为 y_0 的预测概率为 0.95 的近似预测区间.

用例 4.10 中的回归方程进行预测. 给定 7 个 x 值: $25, 35, 45, 55, 65, 75, 80$, 相应的响应变量的预测值及标准误见表 4.4.

表 4.4   预测值和标准误

x 值	25	35	45	55	65	75	80
y 的预测值	11.627	10.829	10.031	9.232	8.434	7.636	7.237
标准误	0.341	0.257	0.195	0.180	0.221	0.295	0.339

图 4.4 的实线由表 4.4 中的 7 个预测值连接而成 (它其实就是图 4.1 中的回归直线), 两条虚线表示相应的预测概率为 0.95 近似置信带. 可以看出, 当进行样本内预测时 (即 x 值落在训练数据的预测变量的取值范围内), 置信带偏窄, 即预测偏差偏小; 当进行样本外预测时 (即 x 值落在训练数据的预测变量的取值范围外), 置信带偏宽, 即预测偏差会偏大. 训练数据是指构建回归方程的样本数据. 在例 4.10 的训练数据中, 预测变量的取值范围为 [28.1, 76.7].

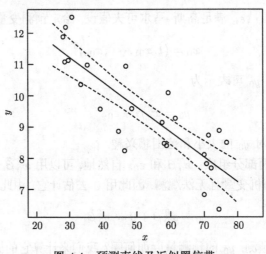

图 4.4   预测直线及近似置信带

4.2   线性回归的推广 *

4.1 节介绍了线性模型. 线性模型易于描述、容易实现, 统计推断的理论成果也相对成熟. 但需注意的是, 线性模型假设: ① 响应变量与预测变量之间的相依关系是线性的 (或经过函数变换后是线性的); ② 响应变量与预测变量之间的关系是加性的. 线性假设是指无论预测变量 x_j 取何值, x_j 变化一个单位所引起的响应变量 y 的变化大小是恒定的. 加性假设是指预测变量 x_j 的变化对响应变量 y 的影响与其他预测变量的取值无关.

在实际情形中, 响应变量和预测变量之间的真实关系可能并不满足线性假设或加性假设. 这时, 我们需要借助其他的回归分析方法进行统计建模. 本节将介绍四种回归方法, 分别是: 多项式回归、样条回归、局部回归和广义加性模型. 多项式回归是线性回归的一个很自然的推广, 与 4.1 节的线性回归一样, 它是一种参数回归方法 (即假设回归函数有具体的函数形式). 样条回归和局部回归是拟合非线性回归函数的两种方法, 它们都是非参数回归方法 (即对回归函数的形式不作具体假设). 广义加性模型是多元线性回归模型的一个推广.

4.2.1 多项式回归

若认为响应变量与预测变量之间的线性关系与样本数据所呈现的特征差别较大, 就需要改变回归模型, 而最便于选择的模型便是多项式模型. 以一元回归问题为例进行介绍. 假设回归函数 $f(x)$ 是 x 的 t 次多项式, 即假定回归模型为

$$y = \beta_0 + \beta_1 x + \cdots + \beta_t x^t + \varepsilon. \tag{4.2.1}$$

这个模型可以用来描述响应变量与预测变量之间的非线性相依关系. 但此模型本质上仍是线性回归模型, 因为它的回归函数是回归系数 $\beta_0, \beta_1, \cdots, \beta_t$ 的线性函数. 令

$$x_1 = x, \ x_2 = x^2, \ \cdots, \ x_t = x^t,$$

则可将 (4.2.1) 化为 t 元线性回归模型

$$y = \beta_0 + \beta_1 x_1 + \cdots + \beta_t x_t + \varepsilon.$$

基于样本观测: $(x_i, y_i), i = 1, \cdots, n,$ 可以利用 4.1 节的最小二乘法对此模型进行统计推断.

注 4.15 在实际应用中, 对多项式阶数 t 的选择不宜过大, 一般不大于 3 或者 4. 这是因为 t 越大, 多项式曲线就会越曲折, 以至于在 x 的取值的边界处会呈现异样的形状.

例 4.16 某种合金钢的主要成分是金属 A 与 B, 经过试验和分析, 发现这两种金属成分之和 x 与膨胀系数 y 之间有一定的数量关系, 表 4.5 是一组试验数据.

表 4.5 试验数据

序号	x	y	序号	x	y	序号	x	y
1	37.0	3.40	6	39.5	1.83	11	42.0	2.35
2	37.5	3.00	7	40.0	1.53	12	42.5	2.54
3	38.0	3.00	8	40.5	1.70	13	43.0	2.90
4	38.5	3.27	9	41.0	1.80			
5	39.0	2.10	10	41.5	1.90			

从图 4.5 中的散点图可以看出: y 开始时随 x 的增加而降低, 而当 x 超过一定值后, y 又随 x 的增加而上升. 因而可假定 y 与 x 之间是二次多项式关系. 用 R 中的 lm() 进行回归分析, 得到

$$\hat{\beta}_0 = 257.070, \quad \hat{\beta}_1 = -12.620, \quad \hat{\beta}_2 = 0.156,$$

且回归模型的显著性检验的 p 值为 4.668×10^{-4}, 两个预测变量 x 和 x^2 的回归系数的显著性检验的 p 值分别为 3.18×10^{-4} 和 3.46×10^{-4}. R^2 统计量为 0.784. 最后, 得到回归方程

$$\hat{y} = 257.070 - 12.620x + 0.156x^2.$$

相应的回归曲线见图 4.5.

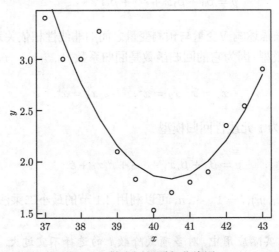

图 4.5   散点图与回归曲线图

模型 (4.2.1) 放宽了 4.1 节的线性回归模型中响应变量与预测变量之间的线性假设. 接下来, 放宽响应变量与预测变量之间的加性假设. 假设现在有两个预测变量 x_1 和 x_2, 在经典的线性回归模型中, 假设

$$y = \beta_0 + \beta_1 x_1 + \beta_2 x_2 + \varepsilon.$$

这意味着, 无论 x_2 的值是多少, x_1 每增加一个单位将导致 y 总是增加 β_1 个单位, 这个增加值与 x_2 毫无关系. 这种假设有时候是不合理的. 举个例子, 假设我们想研究工厂的生产力. 我们希望根据生产线数 (x_1) 和工人总数 (x_2) 预测生产的商品数 (y). 直观上看, 生产线数量的增加对商品总产量的影响应与工人总数有关. 因为如果没有工人操作生产线, 那么增加生产线数量是无法提高商品产量的. 这表明, 我

们应该用包含生产线数和工人总数之间的交互项 (即 x_1x_2) 来预测商品数量. 因此,
一个较合理的模型为

$$y = \beta_0 + \beta_1 x_1 + \beta_2 x_2 + \beta_3 x_1 x_2 + \varepsilon. \tag{4.2.2}$$

x_1x_2 被称为交互项 (interaction term), 它反映了 x_1 和 x_2 对 y 的交互效应. 上述模
型可改写为

$$y = \beta_0 + (\beta_1 + \beta_3 x_2)x_1 + \beta_2 x_2 + \varepsilon$$
$$=: \beta_0 + \tilde{\beta}_1 x_1 + \beta_2 x_2 + \varepsilon,$$

其中, $\tilde{\beta}_1 = \beta_1 + \beta_3 x_2$. 因为 $\tilde{\beta}_1$ 随 x_2 变化, 所以 x_1 对 y 的边际效应不再是常数, 即
调整 x_2 的值将改变 x_1 对 y 的影响. 由于模型 (4.2.2) 仍是一个线性回归模型, 可
以用 4.1 节的最小二乘法对此模型进行统计推断.

例 4.17 假设某工厂的生产线数 x_1(条)、工人总数 x_2(人) 以及生产的商品
数 y(箱) 的试验数据如表 4.6.

表 4.6 商品生产相关数据

序号	x_1	x_2	y	序号	x_1	x_2	y
1	1	3	100	5	3	7	280
2	1	4	120	6	3	9	330
3	2	4	180	7	4	10	380
4	2	5	200	8	4	12	400

若不考虑交互效应, 采用模型 $y = \beta_0 + \beta_1 x_1 + \beta_2 x_2 + \varepsilon$ 拟合数据, 残差标准误
$\hat{\sigma} = 11.180$. 若在模型中考虑交互效应, 即采用模型 (4.2.2) 拟合数据, 则残差标准
误 $\hat{\sigma} = 6.209$, 回归系数的估计为

$$\hat{\beta}_0 = -48.448, \quad \hat{\beta}_1 = 70.002, \quad \hat{\beta}_2 = 29.006, \quad \hat{\beta}_3 = -3.657.$$

相应的回归方程为

$$\hat{y} = -48.448 + 70.002x_1 + 29.006x_2 - 3.657x_1x_2.$$

回归方程的显著性检验的 p 值为 5.097×10^{-6}, 三个回归系数 (不包括 β_0) 的显著
性检验的 p 值分别为 $5.62 \times 10^{-4}, 3.505 \times 10^{-3}$ 和 0.025, 它们都通过了显著性检验
(取显著性水平为 0.05).

4.2.2 样条回归

前面介绍的多项式回归可看成一种特殊的基函数 (basis function) 回归方法.
基函数回归的基本原理是对预测变量 x 的函数或变换 $b_1(x), \cdots, b_t(x)$ 进行回归建

模, 以模型

$$y = \beta_0 + \beta_1 b_1(x) + \cdots + \beta_t b_t(x) + \varepsilon \tag{4.2.3}$$

来替代普通的线性模型. 在建模之前, 基函数的形式是事先确定的. 例如, 对于多项式回归, 基函数就是 $b_j(x) = x^j$. 样条回归其实也是一种特殊的基函数回归. 在介绍它之前, 先来了解一下分段多项式回归.

分段多项式回归的基本思想是在预测变量 x 的不同区域各自拟合低阶的多项式函数. 例如, 分段三次多项式回归在 x 的不同区域分别拟合如下模型:

$$y = \beta_0 + \beta_1 x + \beta_2 x^2 + \beta_3 x^3 + \varepsilon,$$

其中, 回归系数 $\beta_0, \beta_1, \beta_2$ 和 β_3 在 x 的不同区域内都不必相同. 回归系数发生变化 (x) 的临界点称为结点 (knot). 无结点的分段三次多项式回归就是 4.1 节中当 $t = 3$ 时的多项式回归. 只有一个结点 c 的分段三次多项式具有如下形式:

$$y = \begin{cases} \beta_{01} + \beta_{11} x + \beta_{21} x^2 + \beta_{31} x^3 + \varepsilon, & x < c, \\ \beta_{02} + \beta_{12} x + \beta_{22} x^2 + \beta_{32} x^3 + \varepsilon, & x \geqslant c. \end{cases}$$

也就是说, 要拟合两个不同的多项式函数, 其中一个是在满足 $x < c$ 的子集上, 另一个是在满足 $x \geqslant c$ 的子集上. 在每一个子集上, 都可用最小二乘的方法拟合多项式函数.

现在假设有 K 个结点, 那么将利用训练数据拟合 $K + 1$ 个不同的三次多项式, 整个模型中将有 $4(K + 1)$ 个自由回归参数. 但需注意的是, 这样拟合出来的多项式在结点处通常是不连续的. 也就是说, 整体的回归函数不是一个连续函数, 这显然在绝大部分情形下是不合理的. 所以, 需要对每一个三次多项式函数添加一个连续性的约束. 但这往往还不够, 因为三次多项式函数尽管在结点处连续, 但有可能不够光滑, 导致出现尖角或斜率变化过大等情况. 因此, 还需要对回归函数在结点处的一阶导数和二阶导数添加约束, 使得回归函数具有足够的光滑性. 对分段三次多项式施加的每一个约束都有效地释放了模型中的一个自由回归参数. 所以, 最后模型中将有 $4(K + 1) - 3K = K + 4$ 个自由回归参数.

分段拟合一个三次多项式并添加多个约束使得多项式函数足够光滑的做法显得有些烦琐了. 事实上, 可以采用一种等价的做法: 用基函数回归方法, 即可以用基函数表示三次样条. 一个带有 K 个结点的三次样条回归模型可以表示为

$$y = \beta_0 + \beta_1 b_1(x) + \cdots + \beta_{K+3} b_{K+3}(x) + \varepsilon. \tag{4.2.4}$$

这个模型可以采用最小二乘的方法来拟合.

正如可以有许多方法来表示多项式一样, 在 (4.2.4) 中也可以选择不同的基函数得到等价的三次样条. 最直接的做法是以三次多项式的基 (即 x, x^2, x^3) 为基础, 然后在每个结点处添加一个截断幂基 (truncated power basis). 截断幂基的定义为

$$h(x, \xi) = \begin{cases} (x - \xi)^3, & x > \xi, \\ 0, & x \leqslant \xi, \end{cases}$$

其中 ξ 是结点. 可以证明: 在 $t = 3$ 的 (4.2.3) 添加一项 $\beta_4 h(x, \xi)$ 会使得三次多项式在 ξ 处的三阶导数不连续, 而函数本身、一阶导数以及二阶导数都是连续的. 换句话说, 为了拟合带有 K 个结点的三次样条, 只需把 $x, x^2, x^3, h(x, \xi_1), \cdots, h(x, \xi_K)$ 作为预测变量来建立回归模型, 其中 $\xi_1, \cdots, \xi_K$ 是结点. 这样, 三次样条回归模型也只需估计 $K + 4$ 个回归参数 (含截距项).

遗憾的是, 样条在边界处或者在作样本外预测时有较大的方差. 图 4.6 中的红色实线为例 4.16 中数据的三次样条回归曲线, 两条红色虚线为相应的 (置信水平为 0.95 的) 置信带, 显然在边界处置信带比较宽. 自然样条 (natural spline) 可缓解这一问题. 自然样条是附加了边界约束的样条回归: 回归函数在边界区域是线性的. 这个附加的约束条件使得自然样条在边界处产生更稳定的估计. 图 4.6 中的蓝色实线为例 4.16 中数据的自然样条回归曲线, 两条蓝色虚线为相应的 (置信水平为 0.95 的) 置信带. 显然, 它在边界区域的置信带比三次样条的置信带窄一些. 在这里, 我们并不打算给出回归系数的估计大小, 因为曲线回归的主要目的是预测 (而 4.1 节的线性回归的主要目的是统计推断, 即分析预测变量与响应变量之间的相依关系), 并不关心模型的具体形式 (模型的具体形式也无明显的统计解释). 在得到图 4.6 的过程中, 我们使用了 R 中的 splines 包.

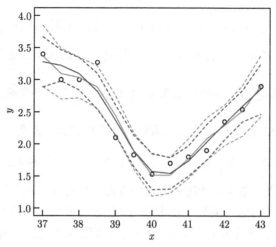

图 4.6　三次样条 (红色实线) 与自然样条 (蓝色实线), 结点个数 $K = 3$ (文后附彩图)

在做样条回归时, 有两个很自然的问题: ① 应设置多少个结点? ② 结点应选在什么位置? 对于第一个问题, 若结点个数过多, 样条的回归曲线将非常曲折; 反之, 若结点个数过少, 样条的回归曲线将过于平坦. 在实践中, 一种较主观的方法是尝试多个不同的结点个数, 然后从中选择形状最理想的回归曲线和相应的结点个数. 另一种较客观的方法是使用交叉验证法 (见 4.2.5 节), 选择测试均方误差 (见 4.2.5 节) 最小的样条回归所对应的 K 值作为结点数. 在图 4.6 中, 我们主观地设置了 3 个结点. 对于第二个问题, 实践证明: 令结点在数据上呈现均匀分布是一种行之有效的方式. 在图 4.6 中, 我们选择了预测变量的 25%, 50%, 75%分位数作为 3 个结点位置.

接下来介绍另一种样条回归方法——光滑样条回归. 给定训练数据, 若想拟合一条光滑回归曲线, 实际上需要做的是找到某个函数, 不妨记为 $g(x)$, 使它与训练数据能很好地吻合. 也就是说, 需要使 $\sum_{i=1}^{n}(y_i - g(x_i))^2$ 尽可能小. 但是, 这样做会导致一个问题: 如果对 $g(x_i)$ 不添加任何约束条件, 只要选择 g 在每个 y_i 处做插值, 就可得到一个取值为 0 的 $\sum_{i=1}^{n}(y_i - g(x_i))^2$. 这样得到的函数对数据严重过拟合, 极度欠光滑. 实际上, 真正需要的 g 是能够让 $\sum_{i=1}^{n}(y_i - g(x_i))^2$ 尽可能小, 同时也要让回归曲线尽量光滑. 如何保证 g 是光滑的呢? 有许多方法可以做到这一点, 其中一种方法是最小化以下的 “损失 + 惩罚” 函数:

$$\sum_{i=1}^{n}(y_i - g(x_i))^2 + \lambda \int [g''(t)]^2 \mathrm{d}t, \tag{4.2.5}$$

其中 λ 是一个非负的调节参数 (tuning parameter). 通过最小化 (4.2.5) 得到的函数 g 就是所谓的光滑样条.

在 (4.2.5) 中, $\sum_{i=1}^{n}(y_i - g(x_i))^2$ 是损失函数, 它的作用是使得 g 尽可能拟合训练数据. 而 $\lambda \int [g''(t)]^2 \mathrm{d}t$ 是惩罚函数, 它的作用是对 g 的波动性进行惩罚. 如果 g 非常光滑 (譬如, 一条近似的直线), 那么 $g'(t)$ 就会接近于一个常数, 从而 $\int [g''(t)]^2 \mathrm{d}t$ 就会取较小的值. 相反地, 若 g 跳跃性太强, 则 $g'(t)$ 就会频繁变动, 导致 $\int [g''(t)]^2 \mathrm{d}t$ 取值过大. 在 (4.2.5) 中, $\lambda \int [g''(t)]^2 \mathrm{d}t$ 会让 g 变光滑. λ 值越大, 函数 g 越光滑. 当 $\lambda = \infty$ 时, g 会变成一条尽可能接近所有训练数据的直线, 即最小二乘回归直线. 当 $\lambda = 0$ 时, (4.2.5) 中的惩罚函数不起作用, 函数 g 会变得非常跳跃且在每个训练数据点上做插值. 对于适度大小的 λ, g 会尽可能接近训练数据且同时让 g 保持足够的光滑性.

通过最小化 (4.2.5) 得到的函数 g 具有一些特殊的性质: 在不同的 $x_1, \cdots, x_n$ 处, g 是带结点的三次多项式函数, 并且在每个结点处的一阶导数和二阶导数是连续的. 另外, 它在两个边界结点 (即最小值结点和最大值结点) 之外的区域是线性的. 也就是说, 通过最小化 (4.2.5) 得到的函数 g 是一个带有结点 $x_1, \cdots, x_n$ 的自然三次样条. 需要注意的是, 这里的自然三次样条与前面介绍的基于基函数方法的自然三次样条略有区别. 这里的自然三次样条不需要事先确定结点的个数和位置, 而是把所有的 $x_1, \cdots, x_n$ 当成结点. 此外, 这里的自然三次样条可看作前文介绍的自然三次样条的一个收缩版本, 调节参数 λ 控制着收缩的程度. 在应用中, 我们可以通过交叉验证的方法选择 λ 值.

最后, 对例 4.16 中的数据应用光滑样条回归方法, 并用留一交叉验证的方法 (见 4.2.5 节) 选择 λ, 选择出的 λ 值为 0.690×10^{-2}, 相应的回归曲线见图 4.7. 在图 4.7 中, 我们使用了 R 中的 splines 包进行光滑样条拟合.

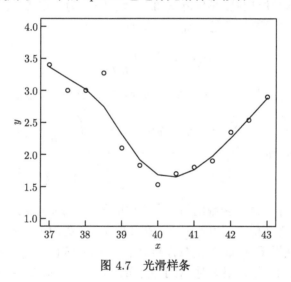

图 4.7　光滑样条

4.2.3　局部回归

局部回归方法是一种非参数回归方法. 非参数回归模型的拟合方法大致可分为两类: 一类是基于基函数 (如前面介绍的样条函数) 逼近的整体型方法; 另一类是基于光滑思想的局部拟合方法. 本节介绍光滑方法中的局部常数和局部多项式拟合方法.

非参数回归模型的一般形式为

$$y = m(x) + \varepsilon, \tag{4.2.6}$$

其中对函数 m 只做一些连续性或光滑性的要求. 非参数回归模型不假定回归函数的具体形式从而增加了模型的灵活性和适应性, 在利用观测数据拟合函数 m 的过程中, 能更充分地体现让数据自身说话的特点. 假定 $E(\varepsilon) = 0$, $\mathrm{Var}(\varepsilon) = \sigma^2$. 我们的目标是利用训练样本 (x_i, y_i) $(i = 1, \cdots, n)$ 去估计回归函数 $m(x)$. 我们先来介绍局部常数拟合方法.

1. Nadaraya-Watson **估计方法**

Nadaraya-Watson (N-W) 估计方法是回归函数的一种非参数拟合方法. 对于任意给定的 $x_0 \in \mathcal{D}$ ($\mathcal{D}$ 为预测变量 x 的取值范围), 通过一个合适的函数 (称为核函数) 利用预测变量的观测值在 x_0 处产生权值 (一般使越靠近 x_0 的预测变量的观测值的权值越大), 基于这些权值对相应的响应变量的观测值进行加权平均, 得到回归函数 $m(x)$ 在 x_0 点处的估计. 其中加权平均的范围和权值由一个称为带宽 (bandwidth) 的参数所控制. 具体方法如下: 设 $K(t)$ 为给定的核函数, 通常取为对称单峰的概率密度函数且满足 $\lim_{|t| \to \infty} K(t) = 0$. 令

$$K_h(t) = \frac{1}{h} K\left(\frac{t}{h}\right),$$

其中 $h > 0$ 为带宽. 对于任一 $x_0 \in \mathcal{D}$, 回归函数 $m(x)$ 在 x_0 点的 N-W 估计定义为

$$\hat{m}_{\mathrm{NW}}(x_0) = \frac{\sum_{i=1}^{n} K_h(x_i - x_0) y_i}{\sum_{i=1}^{n} K_h(x_i - x_0)} = \frac{\sum_{i=1}^{n} K\left(\dfrac{x_i - x_0}{h}\right) y_i}{\sum_{i=1}^{n} K\left(\dfrac{x_i - x_0}{h}\right)}.$$

带宽 h 的大小对回归函数的估计有重要的影响. 当 h 接近 0 时, 除非 x_0 等于预测变量的某个观测值, 譬如除 x_j 外, 在其他 $i \neq j$ 处, $(x_i - x_0)/h$ 都将很大, 故 $K((x_i - x_0)/h)$ 接近于 0, 即 $\hat{m}_{\mathrm{NW}}(x_j)$ 接近于 $K(0) y_j / K(0) = y_j$, 因此 $\hat{m}_{\mathrm{NW}}(x_j)$ 只是原数据的再表示. 当 h 很大时, 对于所有的 $i = 1, \cdots, n$, $(x_i - x_0)/h$ 都很小, 故 $\hat{m}_{\mathrm{NW}}(x_j)$ 接近于 $\sum_{i=1}^{n} K(0) y_j / \sum_{i=1}^{n} K(0) = \frac{1}{n} \sum_{i=1}^{n} y_i = \bar{y}$, 即 $\hat{m}_{\mathrm{NW}}(x)$ 近似一条水平直线. 由此可见, h 越大, 估计的回归函数曲线 $y = \hat{m}_{\mathrm{NW}}(x)$ 越光滑, 从而可能导致欠拟合 (见 4.2.5 节); h 越小, 估计的回归函数曲线 $y = \hat{m}_{\mathrm{NW}}(x)$ 的波动越大, 从而可能导致过拟合 (见 4.2.5 节). 因此, 选择大小合适的 h 是非参数回归中的一个重要课题.

在核光滑方法中, 常用的核函数有

(1) 高斯核: 标准正态分布的概率密度函数,

$$K(t) = \frac{1}{\sqrt{2\pi}} \exp\left(-\frac{1}{2} t^2\right).$$

(2) 对称 Beta 函数族

$$K(t) = \frac{1}{\text{Beta}\left(\frac{1}{2}, \gamma+1\right)}(1-t^2)_+^\gamma, \quad \gamma = 0, 1, 2, \cdots,$$

其中 $\text{Beta}(\cdot, \cdot)$ 为 Beta 函数, $(1-t^2)_+^\gamma$ 表示函数 $(1-t^2)^\gamma$ 的正部. 特别地,

$$\gamma = 0: \quad K(t) = \frac{1}{2}I_{[-1,1]}(t) \quad (\text{Uniform 核}),$$

$$\gamma = 1: \quad K(t) = \frac{3}{4}(1-t^2)_+ \quad (\text{Epanechnikov 核}),$$

$$\gamma = 2: \quad K(t) = \frac{15}{16}(1-t^2)_+^2 \quad (\text{Biweight 核}),$$

$$\gamma = 3: \quad K(t) = \frac{35}{32}(1-t^2)_+^3 \quad (\text{Triweight 核}).$$

下面介绍 N-W 估计的一些理论性质, 包括逐点相合性、渐近偏差与渐近方差等. 设 $f(x)$ 为预测变量 x 的概率密度函数.

定理 4.18 在一些正规条件下, 在 x_0 处, 有

$$E(\hat{m}_{\text{NW}}(x_0)) - m(x_0) = c_1 h^2 + o(h^2) + O((nh)^{-1}),$$

其中

$$c_1 = \left(\frac{1}{2}m''(x_0) + \frac{m'(x_0)f'(x_0)}{f(x_0)}\right)\int_{-\infty}^{+\infty} t^2 K(t)\mathrm{d}t. \tag{4.2.7}$$

定理 4.19 在一些正规条件下, 在 x_0 处, 有

$$\text{Var}(\hat{m}_{\text{NW}}(x_0)) = c_2(nh)^{-1} + o((nh)^{-1}),$$

其中

$$c_2 = \frac{\sigma^2}{f(x_0)}\int_{-\infty}^{+\infty} K^2(t)\mathrm{d}t. \tag{4.2.8}$$

与参数模型不同, 非参数模型在一般情况下不存在回归函数的无偏估计, 由上述两个定理可知, 较小的光滑参数会使回归函数估计的偏差减小, 但会使其方差增大, 而光滑方法是通过调节光滑参数, 达到偏差与方差的一个权衡. 在有偏估计场合, 度量估计精度的一个合理的指标是均方误差 (mean squared error, MSE), 它同时考虑了估计的偏差与方差. 对于一个未知参数 θ, 它的一个估计 $\hat{\theta}$ 的均方误差定义为

$$\text{MSE}(\hat{\theta}) = E(\hat{\theta} - \theta)^2.$$

下面的定理给出了 N-W 估计的均方误差的收敛速度.

定理 4.20　在一些正规条件下, 在 x_0 处, 有

$$\mathrm{MSE}(\hat{m}_{\mathrm{NW}}(x_0)) = c_1^2 h^4 + c_2(nh)^{-1} + o(h^4 + (nh)^{-1}),$$

其中 c_1 和 c_2 分别如 (4.2.7) 和 (4.2.8) 所示.

对于给定的 $x_0 \in \mathcal{D}$, 如果选择光滑参数 $h(x_0)$, 使定理 4.20 中的均方误差的主项达到最小, 则可得到

$$h(x_0) = \left(\frac{c_2}{4c_1^2}\right)^{1/5} n^{-1/5},$$

此时,

$$\mathrm{MSE}(\hat{m}_{\mathrm{NW}}(x_0)) = c_3 n^{-4/5} + o(n^{-4/5}),$$

其中

$$c_3 = 5\left(\frac{c_2}{4}\right)^{4/5} c_1^{2/5}.$$

需指出的是, 在有限样本情况下, 当 x_0 为 $\mathcal{D}$ 的边界区域的点时, N-W 估计在边界区域的偏差会较大, 此现象称为边界效应.

2. 局部多项式拟合方法

N-W 估计可看成下面的加权最小二乘问题:

$$\min_{a(x_0)} \sum_{i=1}^{n} (y_i - a(x_0))^2 K_h(x_i - x_0).$$

N-W 估计其实是将回归函数在每一点的局部视为常数, 通过加权最小二乘方法得到回归函数在该点处的估计, 因此也被称为局部常数估计. 为了得到一个更优的估计, 一个很自然的想法就是在每一点的局部, 利用 $p\,(p \geqslant 1)$ 次多项式逼近回归函数, 基于加权最小二乘方法得到回归函数在各点的估计. 这就是下面要介绍的局部多项式光滑方法. 有关这方面的系统的研究成果可参考文献 [?].

设 $m(x)$ 有 p 阶连续导数, 对于任意给定的 $x_0 \in \mathcal{D}$, 由 Taylor 公式, 在 x_0 的邻域内,

$$
\begin{aligned}
m(x) &\\
&\approx m(x_0) + m'(x_0)(x - x_0) + \frac{m''(x_0)}{2}(x - x_0)^2 + \cdots + \frac{m^{(p)}(x_0)}{p!}(x - x_0)^p \\
&= \sum_{j=0}^{p} \beta_j(x_0)(x - x_0)^j,
\end{aligned}
$$

其中 $\beta_j(x_0) = m^{(j)}(x_0)/j!$, $j = 0, 1, \cdots, p$. 局部多项式估计利用加权最小二乘方法在 x_0 的局部拟合上述多项式, 再以此拟合的多项式在 x_0 处的值 (即 $\hat{\beta}_0(x_0) = \hat{m}(x_0)$) 为回归函数 $m(x_0)$ 在 x_0 处的估计值. 具体来说, 选择参数 $\beta_j(x_0)$, $j = 0, 1, \cdots, p$, 使得

$$\sum_{i=1}^{n} \left(y_i - \sum_{j=0}^{p} \beta_j(x_0)(x_i - x_0)^j \right)^2 K_h(x_i - x_0)$$

达到最小. 令

$$\boldsymbol{X}(x_0) = \begin{pmatrix} 1 & x_1 - x_0 & \cdots & (x_1 - x_0)^p \\ 1 & x_2 - x_0 & \cdots & (x_2 - x_0)^p \\ \vdots & \vdots & & \vdots \\ 1 & x_n - x_0 & \cdots & (x_n - x_0)^p \end{pmatrix}, \quad \boldsymbol{Y} = \begin{pmatrix} y_1 \\ y_2 \\ \vdots \\ y_n \end{pmatrix}, \quad \boldsymbol{\beta}(x_0) = \begin{pmatrix} \beta_0(x_0) \\ \beta_1(x_0) \\ \vdots \\ \beta_p(x_0) \end{pmatrix},$$

$$\boldsymbol{W}(x_0) = \mathrm{diag}\left(K_h(x_1 - x_0), K_h(x_2 - x_0), \cdots, K_h(x_n - x_0)\right).$$

应用加权最小二乘方法, 得 $\boldsymbol{\beta}(x_0)$ 的加权最小二乘估计为

$$\hat{\boldsymbol{\beta}}(x_0) = \left(\boldsymbol{X}^{\mathrm{T}}(x_0) \boldsymbol{W}(x_0) \boldsymbol{X}(x_0) \right)^{-1} \boldsymbol{X}^{\mathrm{T}}(x_0) \boldsymbol{W}(x_0) \boldsymbol{Y}.$$

由于

$$\beta_j(x_0) = m^{(j)}(x_0)/j!, \quad j = 0, 1, \cdots, p,$$

故 $m(x_0)$ 在 x_0 的各阶导数的估计为

$$\hat{m}^{(j)}(x_0) = j!\hat{\beta}_j(x_0), \quad j = 0, 1, \cdots, p.$$

特别地, 取 $j = 0$, 可得回归函数 $m(x_0)$ 在 x_0 处的估计

$$\hat{m}(x_0) = \hat{\beta}_0(x_0).$$

显然, N-W 估计是局部零次多项式估计.

当利用核光滑方法估计回归函数或者其导数时, 首先要确定带宽 h 的值, 它直接控制着估计得到的函数的光滑度.

最后, 对例 4.16 中的数据应用局部回归方法进行拟合, 其中对局部多项式 $(p \geqslant 1)$ 拟合使用了 R 中 KernSmooth 包的 locpoly() 函数. 拟合结果见图 4.8.

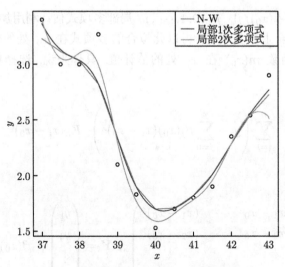

图 4.8　散点图与拟合曲线 (文后附彩图)

窗宽 $h = 0.5$, 高斯核函数. 红、蓝、绿三色线分别表示局部 0 次、1 次、2 次拟合曲线

4.2.4　广义加性模型

前面介绍的多项式回归 (4.2.1)、样条回归 (4.2.3) 以及局部回归 (4.2.6) 都是基于单个预测变量 x 的模型. 这里将讨论基于多个预测变量 $x_1, \cdots, x_p$ 的模型, 它可看成对多元线性回归模型的一个推广.

广义加性模型 (generalized additive model, GAM) 提供了一个推广标准线性回归模型的一般框架. 在这个框架里, 每一个预测变量都被一个它的非线性函数所取代, 同时仍保持预测变量之间的可加性. 具体来说, 把多元线性回归模型

$$y = \beta_0 + \beta_1 x_1 + \cdots + \beta_p x_p + \varepsilon$$

中的 $\beta_j x_j$ 替换为一个非线性函数 $f_j(x_j)$, 得到一个新的模型

$$y = \beta_0 + f_1(x_1) + \cdots + f_p(x_p) + \varepsilon.$$

这就是一个广义加性模型. 之所以称它为 "加性模型", 是因为对于此模型, 我们将基于 x_j 的样本数据独立拟合 $f_j, j = 1, \cdots, p$, 然后再把 p 个拟合出来的函数进行加总. 拟合 f_j 的方法有很多, 例如, 可用前文介绍的自然样条、光滑样条、多项式回归、局部回归等方法.

广义加性模型有以下优缺点:

(1) 广义加性模型可以对每一个预测变量 x_j 拟合一个非线性函数 f_j, 因此可自动地对预测变量和响应变量进行非线性关系的建模.

(2) 非线性拟合可能会提高响应变量的预测精度.

(3) 由于模型是加性的, 所以在保持其他预测变量不变的情形下可以分析每个预测变量 x_j 对响应变量 y 的单独效应. 因此, 如果我们对预测变量和响应变量之间的统计推断感兴趣, 广义加性模型是一个很好的模型选项.

(4) 广义加性模型的主要缺点在于 "加性", 它忽略了预测变量之间的交互效应. 若要弥补这一缺陷, 可以在模型中增加形如 $f_{jk}(x_j, x_k)$ 的低维交互函数.

要想摆脱广义加性模型在模型形式上的设定缺陷, 可使用第 5 章将介绍的随机森林等更一般的方法. 广义加性模型可以视为介于线性模型和完全非参数模型之间的一类折中的方法.

例 4.21 我们把广义加性模型应用到 R 中 ISLR 库的 Wage 数据集. Wage 数据集含有 10 个预测变量, 响应变量为工资 (wage). 我们只选用其中的两个预测变量: 年份 (year) 和年龄 (age). 这个数据集的样本容量为 3000, 表 4.7 给出了前 6 组观测数据.

表 4.7 Wage 数据集中的前 6 组观测数据

序号	年份	年龄	工资
1	2009	26	78.39247
2	2007	59	160.4097
3	2003	29	132.8608
4	2009	22	87.98103
5	2005	54	158.1737
6	2003	46	118.8844

用 R 中 gam 包的 gam() 函数进行统计分析, 两个非线性函数 f_1 和 f_2 都采用自然样条拟合. 图 4.9 分别给出了工资与年份、工资与年龄的曲线关系. 从图 4.9 中

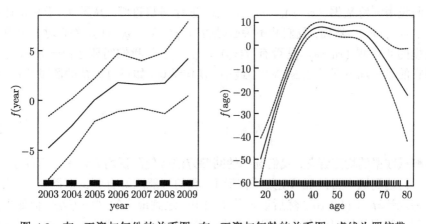

图 4.9 左: 工资与年份的关系图; 右: 工资与年龄的关系图. 虚线为置信带

可看出, 当年龄固定时, 工资会随着年份的增长有略微的增长, 这可能是通货膨胀的缘故; 当年份固定时, 工资在年龄的中间段达到最高, 在年轻或者年纪很大时工资都会偏低.

4.2.5   回归性能的度量

以上几个小节介绍了多种回归分析方法. 为什么要介绍这么多种不同的方法, 而不是只选择介绍其中最优的方法呢? 这是因为在统计学中没有任何一种方法能在各种数据集里完胜其他所有的方法. 对某个特定的数据集, 某一种回归方法也许表现优于其他方法, 但换一个数据集, 其他的回归方法就可能表现得更好. 因此, 对于每个给定的数据集, 我们需要判断哪种方法能产生最佳的回归结果.

为了比较回归方法对一个数据集的回归效果, 我们通常用这种方法对响应变量的预测能力作为衡量指标, 即需要一个指标去度量预测值与实际观测值之间的接近程度. 最常用的度量指标是均方误差, 它的定义是

$$\text{MSE} = \frac{1}{n} \sum_{i=1}^{n} (y_i - \hat{f}(x_i))^2, \tag{4.2.9}$$

其中 $\hat{f}(x_i)$ 是在第 i 个观测点上应用 $\hat{f}$ 后得到的预测值. 如果预测的响应值与真实的响应值很接近, 则 MSE 会很小. 反之, 则 MSE 会比较大. 由于 (4.2.9) 是用拟合模型的训练数据计算出来的, 因此把它称为训练均方误差 (training MSE). 一般来说, 我们不太关心回归方法在训练数据上的表现, 而是关心把回归方法应用到测试数据后的预测效果. 为什么后者是我们真正关心的? 假设我们开发一个算法, 用过去 6 个月的股票收益数据建立一个模型, 显然我们不会关心用这个模型预测上周的股票价格的表现会如何, 而是关心用它预测明天或下个月的股票价格的表现会如何.

假设用训练数据 $(x_i, y_i), i = 1, \cdots, n$ 进行回归建模, 得到 $\hat{f}$, 于是可计算出 $\hat{f}(x_1), \cdots, \hat{f}(x_n)$. 然而, 我们并不关心是否有 $\hat{f}(x_i) = y_i$, 而是关心对一个没有参与建模的新观测 (x_0, y_0), 是否有 $\hat{f}(x_0) = y_0$. 于是我们需要选出一种回归方法, 使得它的测试均方误差 (test MSE)最小. 换句话说, 如果有大量的测试数据, 可以计算

$$\text{Ave}(\hat{f}(x_0) - y_0)^2, \tag{4.2.10}$$

它是测试数据的均方误差. 我们选择的回归方法应使测试均方误差尽可能小.

如何达到这个目的呢? 在某些情形下, 我们可能刚好有测试数据集, 那么就可以容易地计算出 (4.2.10), 然后选择使 (4.2.10) 达到最小的回归方法. 但如果遇上没有测试数据的情况该怎么办呢? 这时我们可能会认为可以通过最小化训练均方

误差来选择回归方法, 因为训练均方误差与测试均方误差应是紧密相关的. 但这个想法有个问题: 一个回归方法的训练均方误差最小时, 并不能保证相应的测试均方误差也能达到最小. 许多回归方法在估计回归系数或者回归函数的时候都是以最小化训练均方误差为目标的. 对于这一类方法, 它们的训练均方误差会很小, 但测试均方误差却往往很大. 图 4.10 给出了这样一个例子. 在该图的左图中, 真实的回归函数为 $y = x^3$, 红色直线为一元线性拟合, 蓝色曲线为三次多项式拟合, 绿色曲线为自然样条拟合. 在这三个模型中, 一元线性回归模型最简单, 自然样条回归模型最复杂. 当模型的复杂度增加后, 拟合的曲线与实际观测的数据更接近了. 绿色曲线与实际数据匹配度最高, 但我们可以发现绿色曲线拟合真正的回归函数 (黑色曲线) 并不理想, 绿色曲线过于曲折了. 当所建立的模型产生一个较小的训练均方误差却有一个较大的测试均方误差时, 就称该数据被过拟合 (over-fitting) 了. 红色直线与实际数据的匹配度最低, 它拟合真正的回归函数 (黑色曲线) 也不好, 红色直线的曲折度不够. 当所建立的模型产生一个较大的训练均方误差, 即数据距离拟合的曲线 (或直线) 较远时, 就称数据欠拟合 (under-fitting). 在图 4.10 的右图中, 随着模型的复杂度增加, 训练均方误差越来越小; 而测试均方误差一开始随着模型复杂度的增加而减少, 但在某个水平后却随着模型复杂度的增加而增加了. 测试均方误差的曲线呈现 U 形.

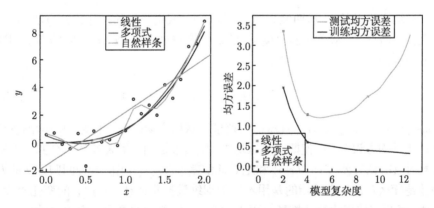

图 4.10   左: 真实的回归函数为黑色曲线, 红色、蓝色、绿色线分别由线性、多项式和自然样条方法拟合得到; 右: 训练均方误差与测试均方误差曲线 (文后附彩图)

在实践中, 计算训练均方误差相对容易, 而计算测试均方误差却相对较难, 因为测试数据不易获得. 解决这一问题的一个常用方法是交叉验证 (cross-validation, CV), 它的基本思想是用训练数据估计测试均方误差. 具体地, 这种方法把训练数据分成 k 份, 把其中的第 i 份数据作为测试集, 而用剩余的 $k - 1$ 份数据作为训练集训练回归模型, 然后计算此模型在 i 份数据上的测试均方误差. 让 i 取遍 $1, \cdots, k$,

得到 k 个测试均方误差, 最后取其平均作为该回归方法的测试均方误差. 把训练数据分成 k 份的交叉验证被称为 k 折交叉验证. 特别地, 若 $k = 1$, 这种方法也叫留一交叉验证 (leave-one-out cross-validation, LOOCV). 图 4.11 以 $k = 10$ 为例描述交叉验证的基本思想和步骤.

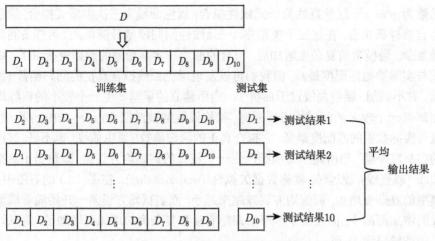

图 4.11   10 折交叉验证示意图

测试均方误差的 U 形曲线表明, 回归方法 (或更一般的统计建模方法) 在预测性能上存在着博弈. 从数学的角度看, 给定一个测试观测 (x_0, y_0), 它的期望测试均方误差 $E(\hat{f}(x_0) - y_0)^2$ 可分解成

$$E(\hat{f}(x_0) - y_0)^2 = \text{Var}(\hat{f}(x_0)) + [E(\hat{f}(x_0)) - f(x_0)]^2 + \text{Var}(\varepsilon). \tag{4.2.11}$$

记 $\text{Bias}(\hat{f}(x_0)) = E(\hat{f}(x_0)) - f(x_0)$. 与期望测试均方误差这一概念相对应的统计版本就是测试均方误差. 要使期望测试均方误差达到最小, 需要选择一个回归方法使得它同时具有低方差 $\text{Var}(\hat{f}(x_0))$ 和绝对低偏差 $|\text{Bias}(\hat{f}(x_0))|$. 一种回归方法的方差和偏差是什么意思? 方差指的是用不同的训练数据集估计 f 时, $\hat{f}$ 的变化程度. 一般来说, 复杂度越高的统计模型有更大的方差. 偏差指的是用一个简单的模型去逼近一个现实问题时所带来的误差. 一般来说, 复杂度越高的统计模型具有更小的偏差. 因此, 一般情况下, 当所使用的模型越复杂时, 模型的方差会增加, 偏差会减少. 这两个量的相对变化速度决定了测试均方误差整体的增加或减少. (4.2.11) 中显现的偏差、方差和均方误差之间的关系被称为偏差–方差权衡 (bias-variance trade-off). 图 4.12 是偏差–方差权衡的一种常见情形.

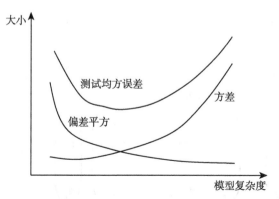

图 4.12 偏差–方差的权衡

4.3 时间序列分析

在人们的社会活动和科学试验中, 经常会碰到按照一定的顺序观察得到的数据, 如股票市场的每日波动, 气象变化, 某化工生产过程按小时观测的产量, 等等, 且这些数据之间具有相依性. 从统计意义上来看, 所谓时间序列就是将某一指标在不同时间上的不同数值, 按照时间的先后次序排列而成的数列. 这种数列由于受到各种偶然因素的影响, 往往表现出某种随机性, 彼此之间存在着统计上的依赖关系. 我们可以通过对时间序列的研究来认识所研究系统的结构特征 (如波动的周期、振幅、趋势等), 揭示其运行规律, 进而用以预测, 控制其未来行为, 修正或重新设计系统. 下面介绍几种常见的时间序列模型.

4.3.1 AR(p) 模型

p 阶自回归 (auto-regression, AR) 模型 (简记为 AR(p) 模型) 是最常用的模型之一, 其形式为

$$x_t = \sum_{j=1}^{p} a_j x_{t-j} + \varepsilon_t, \quad t \geqslant 0. \tag{4.3.1}$$

此处假设 $\{\varepsilon_t\}$ 为零均值的白噪声 (即均值为零, 方差为常数的平稳序列), 同时假设自回归阶数 p 已知. 若阶数 p 未知, 可以用一些常见的准则, 例如, 用 BIC[①]准则来选择阶数. 接下来考虑回归系数 $\boldsymbol{a} = (a_1, \cdots, a_p)^{\mathrm{T}}$ 和零均值白噪声 $\{\varepsilon_t\}$ 的方差 σ^2 的估计问题. 实际计算时, 首先要对观测数据 $x_1, \cdots, x_n$ 进行中心化的预处理:

$$y_t = x_t - \bar{x}_n, \quad t = 1, \cdots, n, \quad \bar{x}_n = \frac{1}{n} \sum_{j=1}^{n} x_j.$$

---

① BIC $= -2 \ln$ (模型的极大似然函数值) $+ (\ln n) \times$ 模型中参数的个数.

为方便起见假设数据 $x_1, \cdots, x_n$ 已经过中心化的处理.

1. Yule-Walker 估计

由 (4.3.1) 容易看出, AR(p) 模型的自回归系数 a 由自协方差函数 $\gamma_t = E(x_{t+1}x_1)$ ($t = 0, 1, \cdots, p$) 通过 Yule-Walker 方程

$$
\begin{pmatrix} \gamma_1 \\ \gamma_2 \\ \vdots \\ \gamma_p \end{pmatrix} = \begin{pmatrix} \gamma_0 & \gamma_1 & \cdots & \gamma_{p-1} \\ \gamma_1 & \gamma_0 & \cdots & \gamma_{p-2} \\ \vdots & \vdots & & \vdots \\ \gamma_{p-1} & \gamma_{p-2} & \cdots & \gamma_0 \end{pmatrix} \begin{pmatrix} a_1 \\ a_2 \\ \vdots \\ a_p \end{pmatrix} =: \mathbf{\Gamma}_p \begin{pmatrix} a_1 \\ a_2 \\ \vdots \\ a_p \end{pmatrix}
$$

唯一决定. 白噪声的方差

$$
\sigma^2 = \gamma_0 - (a_1\gamma_1 + \cdots + a_p\gamma_p).
$$

从观测数据 $x_1, \cdots, x_n$ 构造出样本自协方差函数的估计:

$$
\hat{\gamma}_k = \frac{1}{n} \sum_{j=1}^{n-k} x_j x_{j+k}, \quad k = 0, 1, \cdots, p,
$$

所以 AR(p) 模型的自回归系数和白噪声方差的矩估计

$$
(\hat{a}_1, \cdots, \hat{a}_p)^{\mathrm{T}}, \quad \hat{\sigma}^2
$$

就由样本 Yule-Walker 方程

$$
\begin{pmatrix} \hat{\gamma}_1 \\ \hat{\gamma}_2 \\ \vdots \\ \hat{\gamma}_p \end{pmatrix} = \begin{pmatrix} \hat{\gamma}_0 & \hat{\gamma}_1 & \cdots & \hat{\gamma}_{p-1} \\ \hat{\gamma}_1 & \hat{\gamma}_0 & \cdots & \hat{\gamma}_{p-2} \\ \vdots & \vdots & & \vdots \\ \hat{\gamma}_{p-1} & \hat{\gamma}_{p-2} & \cdots & \hat{\gamma}_0 \end{pmatrix} \begin{pmatrix} \hat{a}_1 \\ \hat{a}_2 \\ \vdots \\ \hat{a}_p \end{pmatrix}
$$

和

$$
\hat{\sigma}^2 = \hat{\gamma}_0 - (\hat{a}_1\hat{\gamma}_1 + \cdots + \hat{a}_p\hat{\gamma}_p)
$$

决定. 在实际中, 对于较大的 p, 为了加快计算速度, 可采用如下的 Levinson 递推方法:

$$
\begin{cases}
\hat{\sigma}_0^2 = \hat{\gamma}_0, \\
\hat{a}_{1,1} = \hat{\gamma}_1/\hat{\sigma}_0^2, \\
\hat{\sigma}_k^2 = \hat{\sigma}_{k-1}^2(1 - \hat{a}_{k,k}^2), \\
\hat{a}_{k+1,k+1} = \dfrac{\hat{\gamma}_{k+1} - \hat{\gamma}_k\hat{a}_{k,1} - \hat{\gamma}_{k-1}\hat{a}_{k,2} - \cdots - \hat{\gamma}_1\hat{a}_{k,k}}{\hat{\gamma}_0 - \hat{\gamma}_1\hat{a}_{k,1} - \hat{\gamma}_2\hat{a}_{k,2} - \cdots - \hat{\gamma}_k\hat{a}_{k,k}}, \\
\hat{a}_{k+1,j} = \hat{a}_{k,j} - \hat{a}_{k+1,k+1}\hat{a}_{k,k+1-j}, \quad 1 \leqslant j \leqslant k, k \leqslant p.
\end{cases}
$$

最后得到矩估计:

$$(\hat{a}_1, \cdots, \hat{a}_p) = (\hat{a}_{p,1}, \cdots, \hat{a}_{p,p}), \quad \hat{\sigma}^2 = \hat{\sigma}_p^2.$$

对于上述估计, 有如下的理论性质.

定理 4.22 如果 AR(p) 模型 (4.3.1) 中的 $\{\varepsilon_t\}$ 是独立同分布的随机变量序列, 服从 $N(0, \sigma^2)$, 则当 $n \to \infty$ 时,

(a) $\hat{\sigma}^2 \to \sigma^2$, $\hat{a}_j \to a_j$ a.s., $1 \leqslant j \leqslant p$;

(b) $\sqrt{n}(\hat{a}_1 - a_1, \cdots, \hat{a}_p - a_p)^{\mathrm{T}} \xrightarrow{d} N(\mathbf{0}, \sigma^2 \mathbf{\Gamma}_p^{-1})$;

(c) $\sqrt{n} \sup_{1 \leqslant j \leqslant p} |\hat{a}_j - a_j| = O(\sqrt{\ln \ln n})$ a.s., $\sqrt{n}|\hat{\sigma}^2 - \sigma^2| = O(\sqrt{\ln \ln n})$ a.s.

在上述定理中, 若用 σ_{jj} 表示矩阵 $\sigma^2 \mathbf{\Gamma}_p^{-1}$ 的第 j 个对角元, 则可知 $\sqrt{n}(\hat{a}_j - a_j) \xrightarrow{d} N(0, \sigma_{jj})$. 于是 a_j 的置信水平为 0.95 的渐近置信区间为

$$(\hat{a}_j - 1.96\sqrt{\sigma_{jj}}/\sqrt{n}, \hat{a}_j + 1.96\sqrt{\sigma_{jj}}/\sqrt{n}).$$

在实际问题中, σ_{jj} 是未知的, 可以用 $\hat{\sigma}^2 \hat{\mathbf{\Gamma}}_p^{-1}$ 的第 j 个对角元 $\hat{\sigma}_{jj}$ 代替, 得到 a_j 的置信水平为 0.95 的近似置信区间为

$$(\hat{a}_j - 1.96\sqrt{\hat{\sigma}_{jj}}/\sqrt{n}, \hat{a}_j + 1.96\sqrt{\hat{\sigma}_{jj}}/\sqrt{n}).$$

2. 最小二乘估计

记

$$S(a_1, \cdots, a_p) = \sum_{t=p+1}^{n} (x_t - a_1 x_{t-1} - \cdots - a_p x_{t-p})^2.$$

最小二乘方法是寻找 $a_1, \cdots, a_p$ 使得 $S(a_1, \cdots, a_p)$ 达到最小. 记

$$\boldsymbol{Y} = \begin{pmatrix} x_{p+1} \\ x_{p+2} \\ \vdots \\ x_n \end{pmatrix}, \quad \boldsymbol{X} = \begin{pmatrix} x_p & x_{p-1} & \cdots & x_1 \\ x_{p+1} & x_p & \cdots & x_2 \\ \vdots & \vdots & & \vdots \\ x_{n-1} & x_{n-2} & \cdots & x_{n-p} \end{pmatrix}.$$

若 $\boldsymbol{X}^{\mathrm{T}}\boldsymbol{X}$ 为正定矩阵, 则自回归系数 $\boldsymbol{a}$ 的最小二乘估计 $\hat{\boldsymbol{a}}$ 是唯一的,

$$\hat{\boldsymbol{a}} = (\boldsymbol{X}^{\mathrm{T}}\boldsymbol{X})^{-1}\boldsymbol{X}^{\mathrm{T}}\boldsymbol{Y}.$$

白噪声方差 σ^2 的最小二乘估计为

$$\hat{\sigma}^2 = \frac{1}{n-p} S(\hat{a}_1, \cdots, \hat{a}_p).$$

对于上述估计, 有如下的理论性质.

定理 4.23 如果 AR(p) 模型 (4.3.1) 中的 $\{\varepsilon_t\}$ 是独立同分布的随机变量序列, 服从 $N(0, \sigma^2)$, 则当 $n \to \infty$ 时,

$$\sqrt{n}(\hat{a}_1 - a_1, \cdots, \hat{a}_p - a_p)^{\mathrm{T}} \xrightarrow{d} N(\mathbf{0}, \sigma^2 \mathbf{\Gamma}_p^{-1}).$$

矩估计具有容易计算的优点, 但也往往有估计精度不高的缺点. Yule-Walker 估计实际上是矩估计, 可以证明最小二乘估计和 Yule-Walker 估计接近. 所以它们都存在估计精度不高的问题. 通常, 极大似然估计的估计精度会比较高, 但对 $\{\varepsilon_t\}$ 为正态白噪声情形, 极大似然估计和最小二乘估计是一样的.

4.3.2 MA(q) 模型

设 $x_1, \cdots, x_n$ 满足 q 阶滑动平均 (moving average, MA) 模型 (简记为 MA(q) 模型), 即

$$x_t = \varepsilon_t + \sum_{j=1}^{q} b_j \varepsilon_{t-j}, \quad t \geqslant 1, \tag{4.3.2}$$

其中 $\{\varepsilon_t\}$ 是独立同分布的白噪声, 数学期望为 0, 方差为 σ^2, 待估参数 $\boldsymbol{b} = (b_1, \cdots, b_q)^{\mathrm{T}}$ 满足可逆条件

$$B(z) := 1 + \sum_{j=1}^{q} b_j z^j \neq 0, \quad |z| \leqslant 1. \tag{4.3.3}$$

假设 q 已知, 考虑 $\boldsymbol{b}$ 和 σ^2 的估计.

1. 矩估计

记 $b_0 = 1$, 可知参数 $\boldsymbol{b}$ 满足方程组

$$\gamma_k = \sigma^2(b_0 b_k + b_1 b_{k+1} + \cdots + b_{q-k} b_q), \quad 0 \leqslant k \leqslant q, \tag{4.3.4}$$

其中 γ_k 是自协方差函数. 理论上说, $\boldsymbol{b}$ 和 σ^2 的矩估计可以通过解非线性方程组 (4.3.4) 得到. 但是实际求解 (4.3.4) 却不容易, 而且得到的解也可能不唯一和不满足可逆条件 (4.3.3).

可以用线性迭代方法解 (4.3.4). 先利用观测数据计算出样本自协方差函数 $\hat{\gamma}_k, k = 0, 1, \cdots, q$. 给定 $\boldsymbol{b}$ 和 σ^2 的初值:

$$\boldsymbol{b}(0) = (b_1(0), \cdots, b_q(0))^{\mathrm{T}}, \quad \sigma^2(0),$$

用

$$\boldsymbol{b}(j) = (b_1(j), \cdots, b_q(j))^{\mathrm{T}}, \quad \sigma^2(j),$$

表示第 j 次的迭代值. 由 (4.3.4) 得到

$$
\begin{cases}
\sigma^2(j) = \dfrac{\hat{\gamma}_0}{1 + b_1^2(j-1) + \cdots + b_q^2(j-1)}, \\
b_k(j) = \dfrac{\hat{\gamma}_k}{\sigma^2(j)} - [b_1(j-1)b_{k+1}(j-1) + \cdots + b_{q-k}(j-1)b_q(j-1)], \\
\qquad 1 \leqslant k \leqslant q-1, \\
b_q(j) = \dfrac{\hat{\gamma}_q}{\sigma^2(j)}.
\end{cases}
$$

对给定的迭代精度 $\delta > 0$, 当第 j 次迭代值 $\boldsymbol{b}(j)$ 和 $\sigma^2(j)$ 满足

$$
\sum_{k=0}^{q} \left| \hat{\gamma}_k - \sigma^2(j) \sum_{t=0}^{q-k} b_t(j) b_{t+k}(j) \right| < \delta
$$

时, 停止迭代. 最后以第 j 次的迭代结果作为 $\boldsymbol{b}$ 和 σ^2 的估计. 通常还需要验证可逆条件 (4.3.3) 是否成立. 如果多项式 $\hat{B}(z) = 1 + \sum_{j=1}^{q} \hat{b}_j z^j$ 在单位圆内有根, 就需要改变初值重新进行迭代计算, 直到达到目的.

除了上面的线性迭代方法, 还可以使用 Newton-Raphson 算法, 但是这种方法同样不能保证可逆 条件 (4.3.3) 的成立. 由于 MA(q) 序列的自协方差函数在 q 后截尾, 定义

$$
\tilde{\gamma}_k = \begin{cases} \hat{\gamma}_k, & 0 \leqslant k \leqslant q, \\ 0, & k > q, \end{cases} \qquad \tilde{\boldsymbol{\Gamma}}_k = (\tilde{\gamma}_{l-j})_{l,j=1,\cdots,k}.
$$

记

$$
\boldsymbol{A} = \begin{pmatrix}
0 & 1 & 0 & \cdots & 0 & 0 \\
0 & 0 & 1 & \cdots & 0 & 0 \\
\vdots & \vdots & \vdots & & \vdots & \vdots \\
0 & 0 & 0 & \cdots & 0 & 1 \\
0 & 0 & 0 & \cdots & 0 & 0
\end{pmatrix}_{q \times q}, \quad
\boldsymbol{C} = \begin{pmatrix} 1 \\ 0 \\ \vdots \\ 0 \end{pmatrix}_{q \times 1},
$$

$$
\hat{\boldsymbol{\Omega}}_k = \begin{pmatrix}
\tilde{\gamma}_1 & \tilde{\gamma}_2 & \cdots & \tilde{\gamma}_k \\
\tilde{\gamma}_2 & \tilde{\gamma}_3 & \cdots & \tilde{\gamma}_{k+1} \\
\vdots & \vdots & & \vdots \\
\tilde{\gamma}_q & \tilde{\gamma}_{q+1} & \cdots & \tilde{\gamma}_{q+k-1}
\end{pmatrix}, \quad
\boldsymbol{\gamma}_q = \begin{pmatrix} \tilde{\gamma}_1 \\ \tilde{\gamma}_2 \\ \vdots \\ \tilde{\gamma}_q \end{pmatrix}, \quad
\hat{\boldsymbol{\Pi}} = \lim_{k \to \infty} \hat{\boldsymbol{\Omega}}_k \tilde{\boldsymbol{\Gamma}}_k^{-1} \hat{\boldsymbol{\Omega}}_k^{\mathrm{T}},
$$

则可以定义矩估计

$$
(\hat{b}_1, \cdots, \hat{b}_q)^{\mathrm{T}} = \frac{1}{\hat{\sigma}^2} (\boldsymbol{\gamma}_q - \boldsymbol{A}\hat{\boldsymbol{\Pi}}\boldsymbol{C}), \quad \hat{\sigma}^2 = \hat{\gamma}_0 - \boldsymbol{C}^{\mathrm{T}}\hat{\boldsymbol{\Pi}}\boldsymbol{C}. \tag{4.3.5}
$$

对于以上的估计量, 有以下的理论结果.

定理 4.24   如果模型 (4.3.2) 中的 $\{\varepsilon_t\}$ 是独立同分布的白噪声, 数学期望为 0, 方差为 σ^2, 则几乎必然地, 当 n 充分大后由 (4.3.5) 计算的 $\hat{b}_1, \cdots, \hat{b}_q$ 满足可逆条件 (4.3.3).

2. 新息估计

对于 MA(q) 模型, 设 $\hat{x}_1 = 0$,

$$\hat{x}_{k+1} = L(x_{k+1}|x_k, \cdots, x_1)$$

是用 $x_1, \cdots, x_k$ 预报 x_{k+1} 时的最佳线性预报. 称

$$\hat{\varepsilon}_{k+1} = x_{k+1} - L(x_{k+1}|x_k, \cdots, x_1)$$

为样本新息, 用

$$\nu_k = E(\hat{\varepsilon}_{k+1}^2)$$

表示预测的均方误差. 可以证明: 用样本新息 $\hat{\varepsilon}_1, \cdots, \hat{\varepsilon}_m$ 对 x_{m+1} 所做的最佳线性预报

$$\hat{x}_{m+1} = \sum_{j=1}^{q} \theta_{m,j}\hat{\varepsilon}_{m+1-j}, \quad m \geqslant q \tag{4.3.6}$$

和用 $x_1, \cdots, x_m$ 对 x_{m+1} 所做的最佳线性预报是一样的.

对于 MA(q) 序列 (4.3.2), 白噪声 $\{\varepsilon_t\}$ 正是这个 MA(q) 序列的新息序列: ε_m 是用所有的历史资料 $x_{m-k}(k=1,2,\cdots)$ 预测 x_m 时的预测误差. 所以当 m 取较大值时, $\hat{\varepsilon}_m = x_m - \hat{x}_m$ 是 ε_m 的近似.

根据这样的想法, 对较大的 t, MA(q) 模型 (4.3.2) 的近似是

$$x_t \approx \hat{\varepsilon}_t + b_1\hat{\varepsilon}_{t-1} + \cdots + b_q\hat{\varepsilon}_{t-q}$$
$$= x_t - \hat{x}_t + b_1\hat{\varepsilon}_{t-1} + \cdots + b_q\hat{\varepsilon}_{t-q},$$

所以有

$$\hat{x}_t \approx b_1\hat{\varepsilon}_{t-1} + \cdots + b_q\hat{\varepsilon}_{t-q}.$$

和 (4.3.6) 比较, 可看出取 $\hat{b}_j = \theta_{m,j}$ 作为 b_j 的估计是合理的. 同样地, 以 ν_m 的估计作为 σ^2 的估计也是合理的. 这种估计被称为新息估计. 具体计算方法如下.

给定观测数据 $x_1, \cdots, x_n$, 取 $m = o(n^{1/3})$. 计算样本自协方差函数 $\hat{\gamma}_0, \hat{\gamma}_1, \cdots, \hat{\gamma}_m$. $\boldsymbol{b}$ 和 σ^2 的新息估计

$$(\hat{b}_1, \cdots, \hat{b}_q) = (\hat{\theta}_{m,1}, \cdots, \hat{\theta}_{m,q}), \quad \hat{\sigma}^2 = \hat{\nu}_m$$

由下面的递推公式得到

$$
\begin{cases}
\hat{\nu}_0 = \hat{\gamma}_0, \\
\hat{\theta}_{n,n-k} = \hat{\nu}_k^{-1}\left[\hat{\gamma}_{n-k} - \sum_{j=0}^{k-1}\hat{\theta}_{k,k-j}\hat{\theta}_{n,n-j}\hat{\nu}_j\right], & 0 \leqslant k \leqslant n-1, \\
\hat{\nu}_n = \hat{\gamma}_0 - \sum_{j=0}^{n-1}\hat{\theta}_{n,n-j}^2\hat{\nu}_j, & 1 \leqslant n \leqslant m,
\end{cases}
$$

其中, 约定 $\sum_{j=0}^{-1}(\cdot) = 0$. 递推次序是

$$
\hat{\nu}_0; \ \hat{\theta}_{1,1}, \hat{\nu}_1; \ \hat{\theta}_{2,2}, \hat{\theta}_{2,1}, \hat{\nu}_2; \ \hat{\theta}_{3,3}, \hat{\theta}_{3,2}, \hat{\theta}_{3,1}, \hat{\nu}_3; \ \cdots.
$$

对于以上的新息估计, 有以下的理论结果.

定理 4.25 对于 MA(q) 模型 (4.3.2), 若 $\{\varepsilon_t\}$ 是独立同分布的白噪声, 数学期望为 0, 方差为 σ^2 且满足 $E(\varepsilon_t^4) < \infty$, 那么当 $n \to \infty$ 时,

$$
\sqrt{n}(\hat{b}_1 - b_1, \cdots, \hat{b}_q - b_q)^{\mathrm{T}} \xrightarrow{d} N(\mathbf{0}, \mathbf{A}),
$$

其中 $q \times q$ 矩阵

$$
\mathbf{A} = (a_{ij}), \quad a_{ij} = \sum_{k=1}^{\min(i,j)} b_{i-k}b_{j-k}, \quad b_0 \equiv 1.
$$

此外, 有

$$
\hat{\nu}_m \xrightarrow{p} \sigma^2, \quad m \to \infty.
$$

4.3.3 ARMA(p, q) 模型

对于中心化后的平稳观测数据 $x_1, \cdots, x_n$, 如果拟合 AR(p) 模型和 MA(q) 模型的效果都不理想, 可以考虑自回归滑动平均 (auto-regressive and moving average, ARMA) ARMA(p, q) 模型. 假设 $x_1, \cdots, x_n$ 满足如下的可逆 ARMA(p, q) 模型:

$$
x_t = \sum_{j=1}^{p} a_j x_{t-j} + \varepsilon_t + \sum_{j=1}^{q} b_j \varepsilon_{t-j}, \quad t = \max(p,q)+1, \cdots,
$$

其中 $\{\varepsilon_t\}$ 是白噪声, 数学期望为 0, 方差为 σ^2, 未知参数 $\mathbf{a} = (a_1, \cdots, a_p)^{\mathrm{T}}, \mathbf{b} = (b_1, \cdots, b_q)^{\mathrm{T}}$ 使得多项式

$$
A(z) = 1 - \sum_{j=1}^{p} a_j z^j, \quad B(z) = 1 + \sum_{j=1}^{q} b_j z^j
$$

互素, 并且满足

$$
A(z)B(z) \neq 0, \quad |z| \leqslant 1.
$$

以下仍然用 $\hat{\gamma}_k$ 表示样本自协方差函数, 且假设 p, q 的大小是已知的. 我们的目的是估计 $\mathbf{a}, \mathbf{b}$ 和 σ^2.

1. 矩估计方法

容易看出 ARMA(p, q) 的自协方差函数满足推广的 Yule-Walker 方程

$$
\begin{pmatrix} \gamma_{q+1} \\ \gamma_{q+2} \\ \vdots \\ \gamma_{q+p} \end{pmatrix} = \begin{pmatrix} \gamma_q & \gamma_{q-1} & \cdots & \gamma_{q-p+1} \\ \gamma_{q+1} & \gamma_q & \cdots & \gamma_{q-p+2} \\ \vdots & \vdots & & \vdots \\ \gamma_{q+p-1} & \gamma_{q+p-2} & \cdots & \gamma_q \end{pmatrix} \begin{pmatrix} a_1 \\ a_2 \\ \vdots \\ a_p \end{pmatrix}.
$$

这是参数 a 的估计方程, 其中的 $p \times p$ 矩阵 (记为 $\boldsymbol{\Gamma}_p$) 可证明是可逆的. 从它可得到 a 的矩估计

$$
\begin{pmatrix} \hat{a}_1 \\ \hat{a}_2 \\ \vdots \\ \hat{a}_p \end{pmatrix} = \begin{pmatrix} \hat{\gamma}_q & \hat{\gamma}_{q-1} & \cdots & \hat{\gamma}_{q-p+1} \\ \hat{\gamma}_{q+1} & \hat{\gamma}_q & \cdots & \hat{\gamma}_{q-p+2} \\ \vdots & \vdots & & \vdots \\ \hat{\gamma}_{q+p-1} & \hat{\gamma}_{q+p-2} & \cdots & \hat{\gamma}_q \end{pmatrix}^{-1} \begin{pmatrix} \hat{\gamma}_{q+1} \\ \hat{\gamma}_{q+2} \\ \vdots \\ \hat{\gamma}_{q+p} \end{pmatrix},
$$

其中的 $p \times p$ 矩阵记为 $\hat{\boldsymbol{\Gamma}}_p^{-1}$. 可证明, 当白噪声 $\{\varepsilon_t\}$ 是独立同分布时, $\hat{\gamma}_k$ a.s. 收敛到 γ_k. 于是当 $n \to \infty$ 时,

$$
\det(\hat{\boldsymbol{\Gamma}}_p) \xrightarrow{p} \det(\boldsymbol{\Gamma}_p) \neq 0.
$$

所以当 n 充分大后, 可认为 $\hat{\boldsymbol{\Gamma}}_p$ 也是可逆的, 这时矩估计是唯一的. 在上述条件下, 矩估计是强相合的:

$$
\lim_{n \to \infty} \hat{a}_j = a_j \text{ a.s.}, \quad 1 \leqslant j \leqslant p.
$$

下面估计 MA(q) 部分的参数. 由于

$$
z_t := x_t - \sum_{j=1}^{p} a_j x_{t-j}, \quad t = p+1, \cdots, n
$$

满足 MA(q) 模型

$$
z_t = \varepsilon_t + \sum_{j=1}^{q} b_j \varepsilon_{t-j},
$$

所以得到 $\hat{a}_1, \cdots, \hat{a}_p$ 后,

$$
\hat{z}_t = x_t - \sum_{j=1}^{p} \hat{a}_j x_{t-j} \quad (t = p+1, \cdots, n)
$$

是一个 MA(q) 序列的近似观测值. 它的样本自协方差函数为

$$\hat{\gamma}_z(k) = \sum_{j=0}^{p}\sum_{l=0}^{p} \hat{a}_j \hat{a}_l \hat{\gamma}_{k+j-l}, \quad k=0,1,\cdots,q, \tag{4.3.7}$$

其中定义 $\hat{a}_0 = -1$. 将 (4.3.7) 看成一个 MA(q) 序列的样本自协方差函数, 前面介绍的方法可以估计出 MA(q) 部分的参数 b 和 σ^2.

2. 自回归逼近法

首先为数据建立 AR 模型, 得到 AR 模型的自回归系数的估计 $(\hat{a}_1, \cdots, \hat{a}_p)$ 后, 计算残差

$$\hat{\varepsilon}_t = x_t - \sum_{j=1}^{p} \hat{a}_j x_{t-j}, \quad t=p+1,\cdots,n.$$

然后写出近似的 ARMA(p,q) 模型

$$x_t = \sum_{j=1}^{p} a_j x_{t-j} + \hat{\varepsilon}_t + \sum_{k=1}^{q} b_k \hat{\varepsilon}_{t-k}, \quad t=L+1,\cdots,n,$$

这里 $L = \max(p,q)$, a_j, b_k 是待估参数. 最后对目标函数

$$Q(a,b) = \sum_{t=L+1}^{n}\left(x_t - \sum_{j=1}^{p} a_j x_{t-j} - \sum_{k=1}^{q} b_k \hat{\varepsilon}_{t-k}\right)^2$$

极小化, 得到最小二乘估计 $(\hat{a}_1,\cdots,\hat{a}_p,\hat{b}_1,\cdots,\hat{b}_q)$. σ^2 的最小二乘估计为

$$\hat{\sigma}^2 = \frac{1}{n-L-p-q}Q(\hat{a},\hat{b}).$$

下面是 a, b 的最小二乘估计的计算方法. 记

$$\boldsymbol{Y}=\begin{pmatrix}x_{L+1}\\x_{L+2}\\\vdots\\x_n\end{pmatrix}, \quad \boldsymbol{X}=\begin{pmatrix}x_L & x_{L-1} & \cdots & x_{L+1-p}\\x_{L+1} & x_L & \cdots & x_{L+2-p}\\\vdots & \vdots & & \vdots\\x_{n-1} & x_{n-2} & \cdots & x_{n-p}\end{pmatrix},$$

$$\boldsymbol{\varepsilon}=\begin{pmatrix}\hat{\varepsilon}_L & \hat{\varepsilon}_{L-1} & \cdots & \hat{\varepsilon}_{L+1-q}\\\hat{\varepsilon}_{L+1} & \hat{\varepsilon}_L & \cdots & \hat{\varepsilon}_{L+2-q}\\\vdots & \vdots & & \vdots\\\hat{\varepsilon}_{n-1} & \hat{\varepsilon}_{n-2} & \cdots & \hat{\varepsilon}_{n-q}\end{pmatrix}, \quad \boldsymbol{\beta}=\begin{pmatrix}\boldsymbol{a}\\\boldsymbol{b}\end{pmatrix}.$$

则可将目标函数写成

$$Q(\boldsymbol{a}, \boldsymbol{b}) = \|\boldsymbol{Y} - (\boldsymbol{X} \; \boldsymbol{\varepsilon})\boldsymbol{\beta}\|^2.$$

于是最小二乘估计由正规方程组

$$(\boldsymbol{X} \; \boldsymbol{\varepsilon})^{\mathrm{T}} (\boldsymbol{X} \; \boldsymbol{\varepsilon})\boldsymbol{\beta} = (\boldsymbol{X} \; \boldsymbol{\varepsilon})^{\mathrm{T}} \boldsymbol{Y}$$

决定. 若 $(\boldsymbol{X} \; \boldsymbol{\varepsilon})^{\mathrm{T}} (\boldsymbol{X} \; \boldsymbol{\varepsilon})$ 满秩, 则 $\boldsymbol{a}, \boldsymbol{b}$ 的最小二乘估计为

$$\begin{pmatrix} \hat{\boldsymbol{a}} \\ \hat{\boldsymbol{b}} \end{pmatrix} = ((\boldsymbol{X} \; \boldsymbol{\varepsilon})^{\mathrm{T}} (\boldsymbol{X} \; \boldsymbol{\varepsilon}))^{-1} (\boldsymbol{X} \; \boldsymbol{\varepsilon})^{\mathrm{T}} \boldsymbol{Y} = \begin{pmatrix} \boldsymbol{X}^{\mathrm{T}} \boldsymbol{X} & \boldsymbol{X}^{\mathrm{T}} \boldsymbol{\varepsilon} \\ \boldsymbol{\varepsilon}^{\mathrm{T}} \boldsymbol{X} & \boldsymbol{\varepsilon}^{\mathrm{T}} \boldsymbol{\varepsilon} \end{pmatrix}^{-1} \begin{pmatrix} \boldsymbol{X}^{\mathrm{T}} \boldsymbol{Y} \\ \boldsymbol{\varepsilon}^{\mathrm{T}} \boldsymbol{Y} \end{pmatrix}.$$

例 4.26   *2000 年 1 月到 2012 年 10 月新西兰奥克兰市的月度总降水数据* (NZRainfall.csv)[①]. *我们考虑用 ARMA 模型进行拟合.* 图 4.13 是奥克兰市从 2000 年 1 月到 2012 年 10 月的月度总降水量的时序图.

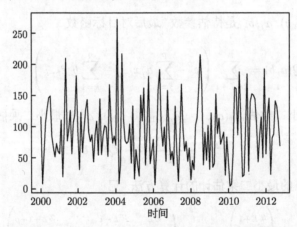

图 4.13   奥克兰市从 2000 年 1 月到 2012 年 10 月的月度总降水量

为了选择阶数 p 和 q, 采用 BIC 准则画出阶数图 (图 4.14).

从图 4.14 中可以看出, ARMA(6,0) 拟合数据较妥 (此时 BIC 达到最小值), 因为只有 a_6 比较显著. 因此用 ARMA(6,0) 拟合数据 (用 R 的 forecast 包的 ARIMA() 函数), 所得结果如下.

---

① 该数据可从网上 http://new.censusatschool.org.nz/resource/time-series-data-sets-2013/下载到.

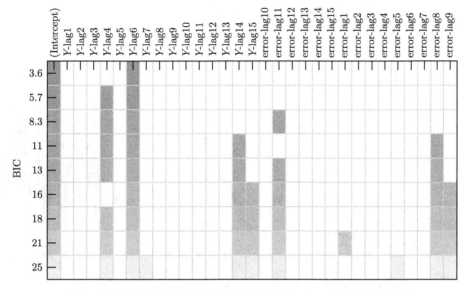

图 4.14 奥克兰市降水数据基于 BIC 选择 ARMA 模型的阶数图

```
Series: x
ARIMA(6,0,0) with non-zero mean
Coefficients:
          ar1      ar2     ar3      ar4      ar5      ar6     mean
       0.0492  -0.1317  0.0592  -0.1874  -0.0094  -0.2264  91.1905
s.e.   0.0783   0.0789  0.0783   0.0779   0.0787   0.0785   2.7308

sigma^2 estimated as 2467:    log likelihood=-816.59
AIC=1649.18      AICc=1650.17     BIC=1673.47


Training set error measures:
                      ME       RMSE        MAE        MPE      MAPE
Training set   -0.06327458   48.52667   39.03354  -75.95084  101.9811
                     MASE       ACF1
Training set   0.7319498   0.01667434
```

从参数估计的结果看, $\hat{a}_6 = -0.2264$ 的确是比较 (统计) 显著的参数. 下面是与残差有关的三张图 (图 4.15): 残差的柱状图、正态 Q-Q 图以及残差时序图.

因为从图 4.15 看不出残差有什么特别的地方, 所以可认为用 ARMA(6,0) 拟合 Auckland 的月度总降水量数据是合适的.

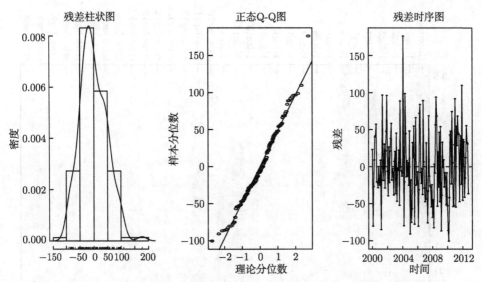

图 4.15　ARMA 模型的残差柱状图、正态 Q-Q 图以及残差时序图

4.4　逻辑斯谛回归

　　逻辑斯谛回归 (Logistic regression) 是统计中的经典分类方法. 在逻辑斯谛回归中, 响应变量是定性变量 (假设只取两个值), 而预测变量可以是定量变量, 也可以是定性变量. 对于定性变量, 可以通过定义 "哑变量" 的方法把它数量化. 例如, 假设响应变量 Y 表示信用卡持有人的违约状态, 那么它取两个值: 违约和未违约. 可以按照以下方式进行数量化:

$$Y = \begin{cases} 1, & \text{违约}, \\ 0, & \text{未违约}. \end{cases}$$

假设我们现在感兴趣的是基于一个人的年收入 (X_1) 和月信用卡余额 (X_2) 预测其违约状态 (若预测变量中存在定性变量, 先通过上述方式把它数量化). 记 $\boldsymbol{X} = (X_1, X_2)^{\mathrm{T}}$. 如果能建立 $p(\boldsymbol{X}) = P(Y = 1|\boldsymbol{X})$ 与 $\boldsymbol{X}$ 之间的关系, 就可以利用 $\hat{p}(\boldsymbol{X})$ 的大小对信用卡用户进行分类. 例如, 如果 $\hat{p}(\boldsymbol{X}) > 0.5$, 把此个体归类为违约, 否则归类为不违约.

　　简单起见, 假设预测变量只有 1 个 (推广到多个预测变量的情形是容易的). 那么该怎么建立 $p(X) = P(Y = 1|X)$ 与 X 之间的关系呢? 先试试使用熟悉的线性回归模型来为概率大小建模:

$$p(X) = \beta_0 + \beta_1 X.$$

这个模型有个致命的缺陷: $p(X)$ 表示概率大小, 它的取值范围为 $[0,1]$, 而 $\beta_0 + \beta_1 X$ 的取值范围很可能不受 $[0,1]$ 这个范围的限制, 甚至有可能取值范围为 $(-\infty, \infty)$.

我们需要找到一个函数建立针对 $p(X)$ 的模型, 使得对任意的 X 值, 该函数的输出结果都在 0 到 1 之间. 有许多函数可以满足这个要求, 例如, 随机变量的分布函数的反函数. 这里采用逻辑斯谛函数:

$$p(X) = \frac{e^{\beta_0 + \beta_1 X}}{1 + e^{\beta_0 + \beta_1 X}}. \tag{4.4.1}$$

上式等价于

$$\frac{p(X)}{1 - p(X)} = e^{\beta_0 + \beta_1 X}. \tag{4.4.2}$$

称 $\dfrac{p(X)}{1 - p(X)}$ 为发生比 (odd), 它的取值范围为 $(0, \infty)$, 其值接近于 0 表示违约概率非常低, 接近于 ∞ 则表示违约概率非常高. 对 (4.4.2) 两边取对数, 可得

$$\log\left(\frac{p(X)}{1 - p(X)}\right) = \beta_0 + \beta_1 X. \tag{4.4.3}$$

等式的左边称为对数发生比 (log-odd) 或分对数 (logit). 于是, 逻辑斯谛回归模型 (4.4.1) 可看成分对数变换下关于 X 的一个线性模型.

接下来讨论模型 (4.4.1) 中的系数估计问题. 一般采用极大似然的方法估计逻辑斯谛回归模型中的系数. 其基本思想是: 寻找 β_0, β_1 的一个估计, 使得由 (4.4.1) 得到的每个人的违约预测概率 $\hat{p}(x_i)$ 最大可能地与违约的观测情况接近. 也就是说, 求出的 $\hat{\beta}_0, \hat{\beta}_1$ 代入 (4.4.1) 中, 使得所有违约人的预测值接近于 1, 而未违约人的预测值接近于 0. 这个思想用似然函数来表达的话, 可表示为

$$L(\beta_0, \beta_1) = \prod_{i: y_i = 1} p(x_i) \prod_{i': y_{i'} = 0} (1 - p(x_{i'})),$$

所得到的系数估计 $\hat{\beta}_0, \hat{\beta}_1$ 应使似然函数值最大. 在逻辑斯谛回归中, 通常采用梯度下降法或者牛顿迭代法求系数估计.

有了 $\hat{\beta}_0, \hat{\beta}_1$, 就可以用

$$\hat{p}(X) = \frac{e^{\hat{\beta}_0 + \hat{\beta}_1 X}}{1 + e^{\hat{\beta}_0 + \hat{\beta}_1 X}}$$

来预测概率大小并作分类了. 例如, 对于前面提到的信用卡违约的例子, 如果某人的 $\hat{p}(X) > 0.5$, 则预测这个人的违约状况为违约. 若这家公司希望对预测一个人是否发生违约风险持谨慎态度, 则可以选择一个更小的阈值来进行分类, 例如, 当 $\hat{p}(X) > 0.2$ 时就预测这个人的违约状况为违约.

有时会遇到响应变量多于两类的情形, 例如, 某急诊室里患者的患病情况可分成三类: 中风、服药过量、癫痫发作. 在这种情况下, 可以建立 $P(Y = 中风|X)$ 和 $P(Y = 服药过量|X)$ 关于 X 的模型, 而 $P(Y = 癫痫发作|X)$ 关于 X 的模型可通过

$$P(Y = 癫痫发作|X) = 1 - P(Y = 中风|X) - P(Y = 服药过量|X)$$

得到. 前面讨论的两类逻辑斯谛回归模型可以推广到多类, 但这种方法在实际中并不常用, 4.5 节要介绍的判别分类是解决多分类问题时更常用的方法.

把逻辑斯谛分类方法应用到 R 软件中的 ISLR 库里的 Smarket 数据集. 这个数据集收集了从 2001 年年初到 2005 年年末共 1250 天里 S&P500 股票指数的投资回报率相关数据. 数据集中共有 9 个变量, Year 记录年份, Lag1 到 Lag5 记录了过去 5 个交易日里每个交易日的投资回报率, Volume 记录了前一个交易日的股票成交量 (单位: 十亿美元), Today 记录了当日的投资回报率, Direction 记录当日的市场走势, 它有两个值: Up(涨) 和 Down(跌). 表 4.8 给出了这个数据集的前 6 组观测数据.

表 4.8   Smarket 数据集的前 6 组观测数据

No.	Year	Lag1	Lag2	Lag3	Lag4	Lag5	Volume	Today	Direction
1	2001	0.381	−0.192	−2.624	−1.055	5.010	1.1913	0.959	Up
2	2001	0.959	0.381	−0.192	−2.624	−1.055	1.2965	1.032	Up
3	2001	1.032	0.959	0.381	−0.192	−2.624	1.4112	−0.623	Down
4	2001	−0.623	1.032	0.959	0.381	−0.192	1.2760	0.614	Up
5	2001	0.614	−0.623	1.032	0.959	0.381	1.2057	0.213	Up
6	2001	0.213	0.614	−0.623	1.032	0.959	1.3491	1.392	Up

把 2001~2004 年的数据当成训练数据集, 把 2005 年的数据取为测试数据集. 然后在训练数据集上拟合逻辑斯谛回归模型 (用 R 中的 glm() 函数), 得到模型的参数估计如下.

```
Call:
glm(formula = Direction ~ Lag1 + Lag2 + Lag3 + Lag4 + Lag5 +
    Volume, family = binomial, data = Smarket[train, ])


Deviance Residuals:
    Min      1Q  Median      3Q     Max
 -1.302  -1.190   1.079   1.160   1.350


Coefficients:
              Estimate  Std. Error  z value  Pr(> |z|)
```

(Intercept)	0.191213	0.333690	0.573	0.567
Lag1	-0.054178	0.051785	-1.046	0.295
Lag2	-0.045805	0.051797	-0.884	0.377
Lag3	0.007200	0.051644	0.139	0.889
Lag4	0.006441	0.051706	0.125	0.901
Lag5	-0.004223	0.051138	-0.083	0.934
Volume	-0.116257	0.239618	-0.485	0.628

相应的逻辑斯谛回归方程为

$$\hat{p}(X) = \frac{e^{0.191-0.054\text{Lag1}-0.046\text{Lag2}+0.007\text{Lag3}+0.006\text{Lag4}-0.004\text{Lag5}-0.116\text{Volume}}}{1 + e^{0.191-0.054\text{Lag1}-0.046\text{Lag2}+0.007\text{Lag3}+0.006\text{Lag4}-0.004\text{Lag5}-0.116\text{Volume}}}.$$

利用上述的逻辑斯谛回归方程对测试数据集中的 Direction 进行预测. 采用 0.5 作为阈值, 即当预测值大于 0.5 时, 判断市场上涨 (Up), 否则判断市场下跌 (Down). 预测结果见表 4.9. 相应的测试错误率为 $(97 + 34)/252 = 52\%$. 这个结果自然是比较糟糕的, 因为它比随机猜想还糟糕.

表 4.9   逻辑斯谛预测结果, 预测变量为 Lag1, $\cdots$, Lag5, Volume

预测涨跌	实际涨跌	
	跌 (Down)	涨 (Up)
跌 (Down)	77	97
涨 (Up)	34	44

为了改进模型, 我们保留 6 个预测变量中与响应变量的相依关系最显著的那 2 个, 即 Lag1 和 Lag2, 删除剩余的 4 个, 然后重新进行拟合, 得到逻辑斯谛回归方程为

$$\hat{p}(X) = \frac{e^{0.032-0.056\text{Lag1}-0.044\text{Lag2}}}{1 + e^{0.032-0.056\text{Lag1}-0.044\text{Lag2}}}.$$

然后把这个回归方程应用于测试数据集, 得到预测结果如表 4.10 所示.

表 4.10   逻辑斯谛预测结果, 预测变量为 Lag1 和 Lag2

预测涨跌	实际涨跌	
	跌 (Down)	涨 (Up)
跌 (Down)	35	35
涨 (Up)	76	106

现在的结果有了明显改进: 测试错误率降到 $(35 + 76)/252 = 44\%$ 了, 即 56% 的市场涨跌能被准确预测了. 其中, 当应用逻辑斯谛回归模型预测市场下跌时, 准确率为 50%; 当预测市场上涨时, 准确率为 58%.

4.5 判别分类

假设观测分成 K 类, $K \geqslant 2$. 也就是说, 定性的响应变量可以取 K 个不同的无序值. 设 π_k 为一个随机观测属于第 k 类的先验 (prior) 概率, $f_k(X) = P(X = x|Y = k)$ 表示第 k 类观测的 X 的密度函数. 如果第 k 类的观测在 $X = x$ 附近有很大的可能性, 那么 $f_k(x)$ 的值会很大, 反之 $f_k(x)$ 的值会很小. 贝叶斯定理告诉我们

$$p_k(x) := P(Y = k|X = x) = \frac{\pi_k f_k(x)}{\displaystyle\sum_{l=1}^{K} \pi_l f_l(x)}. \tag{4.5.1}$$

上述等式涉及 $\pi_k, f_k(x)$. 通常 π_k 的估计是容易求得的: 取变量 Y 的一些随机样本, 分别计算属于第 k 类的样本占总样本的比例. 对 $f_k(x)$ 的估计要麻烦些, 除非假设它们的密度函数有比较简单的形式. 称 $p_k(x)$ 为 $X = x$ 的观测属于第 k 类的后验 (posterior) 概率, 即给定观测的预测变量值时, 观测属于第 k 类的概率. 很自然地, 将把一个待判别的 x 分类到使得 $p_k(x)$ 达到最大的那个类. 这种方法被称为贝叶斯分类器 (Bayes classifier). 在一个二分类问题中, 只有两个可能的响应值, 一个称为类 1, 另一个称为类 2. 如果 $P(Y = 1|X = x) > 0.5$, 则贝叶斯分类器将该观测分到类 1, 否则分到类 2.

4.5.1 线性判别分析

简单起见, 假设预测变量只有 1 个. 此外, 假设 $f_k(x)$ 是正态的, 即

$$f_k(x) = \frac{1}{\sqrt{2\pi}\sigma_k} \exp\left\{-\frac{1}{2\sigma_k^2}(x - \mu_k)^2\right\}, \quad x \in \mathbb{R}, \tag{4.5.2}$$

其中 μ_k 和 σ_k^2 是第 k 类的预测变量的均值和方差. 再假设 $\sigma_1^2 = \cdots = \sigma_K^2$, 即所有 K 个类的方差是相同的, 简记为 σ^2. 将 (4.5.2) 代入 (4.5.1), 得到

$$p_k(x) = \frac{\pi_k \dfrac{1}{\sqrt{2\pi}\sigma} \exp\left\{-\dfrac{1}{2\sigma^2}(x - \mu_k)^2\right\}}{\displaystyle\sum_{l=1}^{K} \pi_l \dfrac{1}{\sqrt{2\pi}\sigma} \exp\left\{-\dfrac{1}{2\sigma^2}(x - \mu_l)^2\right\}}. \tag{4.5.3}$$

贝叶斯分类器将观测 x 分到使得 (4.5.3) 达到最大的那一类. 对 (4.5.3) 取对数, 并做一些整理, 可知贝叶斯分类器其实是将观测 x 分到使得

$$\delta_k(x) = x\frac{\mu_k}{\sigma^2} - \frac{\mu_k^2}{2\sigma^2} + \log \pi_k \tag{4.5.4}$$

达到最大的那一类. 例如, 假设 $K = 2$, $\pi_1 = \pi_2$, 则当 $2x(\mu_1 - \mu_2) > \mu_1^2 - \mu_2^2$ 时, 贝叶斯分类器将观测分入类 1, 否则分入类 2. 此时贝叶斯决策边界为

$$x = \frac{\mu_1^2 - \mu_2^2}{2(\mu_1 - \mu_2)} = \frac{\mu_1 + \mu_2}{2}.$$

在实际中, 即使很确定每一类的 X 服从一个正态分布, 但仍需估计参数 $\mu_1, \cdots,$ μ_K, $\pi_1, \cdots, \pi_K$ 和 σ^2. 线性判别分析 (linear discriminant analysis, LDA) 是在贝叶斯分类器的基础上, 将 π_k, μ_k, σ^2 的估计代入 (4.5.4) 的一种分类方法. 常常使用如下参数估计:

$$\hat{\mu}_k = \frac{1}{n_k} \sum_{i:y_i=k} x_i, \quad \hat{\sigma}^2 = \frac{1}{n-K} \sum_{k=1}^{K} \sum_{i:y_i=k} (x_i - \hat{\mu}_k)^2,$$

其中 n 为观测总量, n_k 为属于第 k 类的观测量. $\hat{\mu}_k$ 即为第 k 类观测的样本均值, $\hat{\sigma}^2$ 可看成 K 类样本方差的加权平均. 对于参数 π_k, LDA 用属于第 k 类观测的比例去估计 π_k, 即

$$\hat{\pi}_k = \frac{n_k}{n}.$$

因此, LDA 分类器将观测 x 分入使得

$$\hat{\delta}_k(x) = x\frac{\hat{\mu}_k}{\hat{\sigma}^2} - \frac{\hat{\mu}_k^2}{2\hat{\sigma}^2} + \log \hat{\pi}_k \tag{4.5.5}$$

达到最大的那一类. 分类器名称中的 "线性" 一词是判别函数 (4.5.5) 中的 $\hat{\delta}_k(x)$ 是 x 的线性函数的缘故.

接下来把 LDA 分类器推广至多元预测变量的情形. 假设 $\boldsymbol{X} = (X_1, \cdots, X_p)^{\mathrm{T}}$ 服从多元正态分布. 同时假设当 $\boldsymbol{X}$ 属于不同的类时, 它的均值向量不同但协方差矩阵相同. 多元正态随机向量中的每一个预测变量都服从一元正态分布, 且每两个预测变量之间都可能存在一些相关性. 假设 p 维随机向量 $\boldsymbol{X}$ 服从多元正态分布, 记为 $\boldsymbol{X} \sim N(\boldsymbol{\mu}, \boldsymbol{\Sigma})$, 其中 $\boldsymbol{\mu}$ 是 $\boldsymbol{X}$ 的均值向量, $\boldsymbol{\Sigma}$ 是 $\boldsymbol{X}$ 的协方差矩阵. 则 $\boldsymbol{X}$ 的密度函数可写为

$$f(\boldsymbol{x}) = \frac{1}{(2\pi)^{p/2}|\boldsymbol{\Sigma}|^{1/2}} \exp\left\{-\frac{1}{2}(\boldsymbol{x} - \boldsymbol{\mu})^{\mathrm{T}}\boldsymbol{\Sigma}^{-1}(\boldsymbol{x} - \boldsymbol{\mu})\right\}, \quad \boldsymbol{x} \in \mathbb{R}^p.$$

在预测变量的维度 $p > 1$ 的情况下, LDA 分类器假设第 k 类的随机观测服从一个多元正态分布 $N(\boldsymbol{\mu}_k, \boldsymbol{\Sigma})$, 其中 $\boldsymbol{\mu}_k$ 是与类有关的均值向量, $\boldsymbol{\Sigma}$ 是所有 K 类共同的协方差矩阵. 将第 k 类的密度函数 $f_k(\boldsymbol{x})$ 代入 (4.5.3), 通过一些简单的运算, 可知贝叶斯分类器将 $\boldsymbol{x}$ 分入使得

$$\delta_k(\boldsymbol{x}) = \boldsymbol{x}^{\mathrm{T}}\boldsymbol{\Sigma}^{-1}\boldsymbol{\mu}_k - \frac{1}{2}\boldsymbol{\mu}_k^{\mathrm{T}}\boldsymbol{\Sigma}^{-1}\boldsymbol{\mu}_k + \log \pi_k \tag{4.5.6}$$

达到最大的那一类. 上述判别函数其实是 (4.5.4) 的向量形式.

在实际中, 需要估计 $\boldsymbol{\mu}_1, \cdots, \boldsymbol{\mu}_K, \pi_1, \cdots, \pi_K$ 和 $\boldsymbol{\Sigma}$. 估计的方法与一维情形相似, 故不展开详述. 得到参数估计 $\hat{\boldsymbol{\mu}}_1, \cdots, \hat{\boldsymbol{\mu}}_K, \hat{\pi}_1, \cdots, \hat{\pi}_K$ 和 $\hat{\boldsymbol{\Sigma}}$ 后, 把它们代入 (4.5.6), 得到

$$\hat{\delta}_k(\boldsymbol{x}) = \boldsymbol{x}^{\mathrm{T}} \hat{\boldsymbol{\Sigma}}^{-1} \hat{\boldsymbol{\mu}}_k - \frac{1}{2} \hat{\boldsymbol{\mu}}_k^{\mathrm{T}} \hat{\boldsymbol{\Sigma}}^{-1} \hat{\boldsymbol{\mu}}_k + \log \hat{\pi}_k.$$

对一个新的观测 $\boldsymbol{X} = \boldsymbol{x}$, LDA 将观测分入使得 $\hat{\delta}_k(\boldsymbol{x})$ 达到最大的那一类.

下面把 LDA 应用到 Smarket 数据集, 对 2005 年以前的观测进行拟合 (用 R 的 MASS 包的 lda() 函数), 拟合结果如下.

```
Call:
lda(Direction ~ Lag1 + Lag2, data = Smarket[train, ])
Prior probabilities of groups:
      Down          Up
   0.491984      0.508016


Group means:
          Lag1          Lag2
Down   0.04279022    0.03389409
Up    -0.03954635   -0.03132544


Coefficients of linear discriminants:
           LD1
Lag1   -0.6420190
Lag2   -0.5135293
```

LDA 的输出结果表明两个先验概率的估计为 $\hat{\pi}_1 = 0.492, \hat{\pi}_2 = 0.508$, 两个类平均值的估计为 $\hat{\boldsymbol{\mu}}_1 = (0.043, 0.034)^{\mathrm{T}}, \hat{\boldsymbol{\mu}}_2 = (-0.040, -0.031)^{\mathrm{T}}, (-0.642, -0.514)^{\mathrm{T}}$ 是 (4.5.6) 中 $\boldsymbol{x}$ 的系数向量. 接下来用 LDA 进行预测, 预测结果见表 4.11, 其预测结果与逻辑斯谛回归的预测结果一致. LDA 的测试错误率为 44%, 即 56% 的市场涨跌能被准确预测. 其中, 当应用 LDA 预测市场下跌时, 准确率为 50%; 当预测市场上涨时, 准确率为 58%.

表 4.11　LDA 预测结果, 预测变量为 Lag1 和 Lag2

预测涨跌	实际涨跌	
	跌 (Down)	涨 (Up)
跌 (Down)	35	35
涨 (Up)	76	106

4.5.2   二次判别分析

LDA 假设每一类观测服从一个多元正态分布, 其中所有 K 类的协方差矩阵是相同的. 二次判别分析 (quadratic discriminant analysis, QDA) 是另一种判别分析方法. 与 LDA 类似, QDA 分类器也是假设每一类的随机观测都服从一个正态分布, 然后把参数估计代入贝叶斯分类器进行类别预测. 但是, 与 LDA 不同的是, QDA 假设每一类观测都有自己的协方差矩阵, 即假设来自第 k 类的随机观测服从 $N(\boldsymbol{\mu}_k, \boldsymbol{\Sigma}_k)$, 其中 $\boldsymbol{\Sigma}_k$ 是第 k 类的协方差矩阵. 在这种假设下, 贝叶斯分类器把观测 $\boldsymbol{X} = \boldsymbol{x}$ 分入使得

$$\begin{aligned}\delta_k(\boldsymbol{x}) &= -\frac{1}{2}(\boldsymbol{x} - \boldsymbol{\mu}_k)^{\mathrm{T}} \boldsymbol{\Sigma}_k^{-1}(\boldsymbol{x} - \boldsymbol{\mu}_k) + \log \pi_k \\ &= -\frac{1}{2}\boldsymbol{x}^{\mathrm{T}} \boldsymbol{\Sigma}_k^{-1} \boldsymbol{x} + \boldsymbol{x}^{\mathrm{T}} \boldsymbol{\Sigma}_k^{-1} \boldsymbol{\mu}_k - \frac{1}{2}\boldsymbol{\mu}_k^{\mathrm{T}} \boldsymbol{\Sigma}_k^{-1} \boldsymbol{\mu}_k + \log \pi_k \end{aligned} \quad (4.5.7)$$

达到最大的那一类. 将 $\boldsymbol{\Sigma}_k, \boldsymbol{\mu}_k, \pi_k$ 的估计 $\hat{\boldsymbol{\Sigma}}_k, \hat{\boldsymbol{\mu}}_k, \hat{\pi}_k$ 代入 (4.5.7), 即可得 QDA 的判别函数

$$\hat{\delta}_k(\boldsymbol{x}) = -\frac{1}{2}\boldsymbol{x}^{\mathrm{T}} \hat{\boldsymbol{\Sigma}}_k^{-1} \boldsymbol{x} + \boldsymbol{x}^{\mathrm{T}} \hat{\boldsymbol{\Sigma}}_k^{-1} \hat{\boldsymbol{\mu}}_k - \frac{1}{2}\hat{\boldsymbol{\mu}}_k^{\mathrm{T}} \hat{\boldsymbol{\Sigma}}_k^{-1} \hat{\boldsymbol{\mu}}_k + \log \hat{\pi}_k. \quad (4.5.8)$$

给定一个观测 $\boldsymbol{X} = \boldsymbol{x}$, QDA 将 $\boldsymbol{x}$ 分入使得 $\hat{\delta}_k(\boldsymbol{x})$ 达到最大的那一类. 由于 (4.5.8) 是 $\boldsymbol{x}$ 的二次函数, 所以这种分类方法被称为二次判别分析.

在实际问题中, 该何时用 LDA 进行分类, 何时用 QDA 进行分类呢? 这其实是一个偏差–方差权衡的问题. 当有 p 个预测变量时, LDA 的协方差矩阵有 $p(p+1)/2$ 个参数, 而 QDA 的 K 个协方差矩阵有 $Kp(p+1)/2$ 个参数. 所以 LDA 没有 QDA 分类器光滑, LDA 拥有更小的方差和更大的预测偏差. 一般而言, 如果训练观测数据量相对较少, 宜选择 LDA, 它可以降低模型的方差; 如果训练数据集很大, 此时宜选择 QDA.

下面把 QDA 应用到 Smarket 数据集. 对 2005 年以前的观测进行拟合 (用 R 的 MASS 包的 qda() 函数), 拟合结果如下.

```
Call:
qda(Direction ~ Lag1 + Lag2, data = Smarket[train, ])

Prior probabilities of groups:
     Down          Up
  0.491984      0.508016

Group means:
                Lag1          Lag2
Down        0.04279022    0.03389409
```

Up   -0.03954635   -0.03132544

QDA 的输出同样给出了两个先验概率的估计和两个类平均值的估计. 用 QDA 进行预测, 结果见表 4.12. QDA 的测试错误率为 40%, 即 60% 的市场涨跌能被准确预测. 其中, 当应用 QDA 预测市场下跌时, 准确率为 60%; 当预测市场上涨时, 准确率也为 60%.

表 4.12   QDA 预测结果, 预测变量为 Lag1 和 Lag2

预测涨跌	实际涨跌	
	跌 (Down)	涨 (Up)
跌 (Down)	30	20
涨 (Up)	81	121

4.6 k 最近邻分类

k 最近邻 (k-nearest neighbor, KNN) 法于 1968 年由 Cover 和 Hart[43] 提出, 是一种基本的回归与分类方法, 但这里我们只讨论分类问题. k 最近邻法首先给定一个训练数据集, 其中的观测类别是给定的. 分类时, 对新的观测, 根据其 k 个最近邻的训练数据的类别, 通过多数表决等方式进行类别预测. 因此, k 最近邻法不具有显式的学习过程. k 的选择、距离度量以及决策规则是 k 最近邻法的三个基本要素.

k 最近邻法简单、直观: 给定一个训练数据集, 对新的观测数据, 在训练数据集中找到与该观测数据最邻近的 k 个数据, 这 k 个数据的多数属于哪个类, 就把该观测数据分到这个类. 具体算法如下:

算法 4.1 (KNN)

1: 输入: 训练数据集

$$T = \{(\boldsymbol{x}_1, y_1), \cdots, (\boldsymbol{x}_n, y_n)\},$$

其中, $\boldsymbol{x}_i \in \mathbb{R}^p$ 为训练数据的特征向量 (即预测变量向量), $y_i \in \{c_1, \cdots, c_L\}$ 为训练数据的类别. 待分类数据的特征向量为 $\boldsymbol{x}$;

2: 过程:

(a) 根据给定的距离度量, 在训练数据集 T 中找到与 $\boldsymbol{x}$ 最邻近的 k 个点, 涵盖这 k 个点的 $\boldsymbol{x}$ 的邻域记作 $N_k(\boldsymbol{x})$;

(b) 在 $N_k(\boldsymbol{x})$ 中根据分类决策规则 (如多数表决) 决定 $\boldsymbol{x}$ 的类别 y:

$$y = \arg\max_{c_j} \sum_{\boldsymbol{x}_i \in N_k(\boldsymbol{x})} I\{y_i = c_j\}, \quad i = 1, \cdots, N; \ j = 1, \cdots, L;$$

3: 输出: 待分类数据 $\boldsymbol{x}$ 所属的类别 y.

特征空间中两个训练数据点 $\boldsymbol{x}_i = (x_{i1}, \cdots, x_{ip})^{\mathrm{T}}$ 和 $\boldsymbol{x}_j = (x_{j1}, \cdots, x_{jp})^{\mathrm{T}}$ 的距离通常采用欧氏距离:

$$L_2(\boldsymbol{x}_i, \boldsymbol{x}_j) = \left(\sum_{m=1}^{p} |x_{im} - x_{jm}|^2 \right)^{1/2}.$$

当然, 也可以采用其他距离, 例如, 更一般的 L_q 距离:

$$L_q(\boldsymbol{x}_i, \boldsymbol{x}_j) = \left(\sum_{m=1}^{p} |x_{im} - x_{jm}|^q \right)^{1/q}, \quad q \geqslant 1.$$

k 的选择对最近邻分类器的性能有着本质的影响. 当 $k = 1$ 时, 最近邻分类器虽然偏差较低但方差很大, 决策边界很不规则. 当 k 变大时, 方差较低但偏差却增大, 将得到一个接近线性的决策边界. 在实际中, 可用交叉验证的方法选择 k 的大小.

k 最近邻法的分类决策规则往往采用多数表决, 即由训练数据集中的 k 个最邻近的观测数据中的多数类决定待分类数据的类别. 多数表决规则 (majority voting rule) 有如下统计解释: 如果分类的损失函数为 0-1 损失函数, 分类函数为

$$f : \mathbb{R}^p \to \{c_1, \cdots, c_L\}.$$

那么误分类的概率为

$$P(Y \neq f(\boldsymbol{X})) = 1 - P(Y = f(\boldsymbol{X})),$$

其中, $\boldsymbol{X}$ 是 $\boldsymbol{x}_i$ 的总体, Y 是 y_i 的总体. 对给定的待分类数据 $\boldsymbol{x}$, 其最近邻的 k 个训练数据点构成集合 $N_k(\boldsymbol{x})$. 如果涵盖 $N_k(\boldsymbol{x})$ 的区域的类别是 c_j, 那么误分类率为

$$\frac{1}{k} \sum_{\boldsymbol{x}_i \in N_k(\boldsymbol{x})} I\{y_i \neq c_j\} = 1 - \frac{1}{k} \sum_{\boldsymbol{x}_i \in N_k(\boldsymbol{x})} I\{y_i = c_j\}.$$

要使误分类率最小, 即经验风险最小, 就要使 $\sum_{\boldsymbol{x}_i \in N_k(\boldsymbol{x})} I\{y_i = c_j\}$ 最大, 所以多数表决规则等价于经验风险最小化.

下面把 KNN 应用到 Smarket 数据集. 仍把 2005 年以前的数据当成训练数据集, 2005 年的数据当成测试数据集 (用 R 的 class 包的 knn() 函数). 取 $k = 1$, 预测结果见表 4.13.

表 4.13 KNN 预测结果, 其中 $k = 1$, 预测变量为 Lag1 和 Lag2

预测涨跌	实际涨跌	
	跌 (Down)	涨 (Up)
跌 (Down)	43	58
涨 (Up)	68	83

当 $k = 1$ 时的预测结果不大理想, 因为此时 KNN 的测试错误率为 50%, 即只有 50% 的市场涨跌能被准确预测. 当 $k = 3$ 时, 预测结果见表 4.14. 这时预测结果有所改进, KNN 的测试错误率为 46.4%, 即 53.6% 的市场涨跌能被准确预测.

表 4.14   KNN 预测结果, 其中 $k = 3$, 预测变量为 Lag1 和 Lag2

预测涨跌	实际涨跌	
	跌 (Down)	涨 (Up)
跌 (Down)	48	54
涨 (Up)	63	87

习 题 4

4.1   对于正态线性回归模型

$$\boldsymbol{Y} = \boldsymbol{X}\boldsymbol{\beta} + \boldsymbol{\varepsilon}, \quad \boldsymbol{\varepsilon} \sim N(\boldsymbol{0}, \sigma^2 \boldsymbol{I}_n),$$

证明: $\boldsymbol{\beta}$ 的最小二乘估计与极大似然估计是一致的.

4.2   对于线性回归模型 $\boldsymbol{Y} = \boldsymbol{X}\boldsymbol{\beta} + \boldsymbol{\varepsilon}$, 假设模型中含有截距项, 证明:

(1) $\sum_{i=1}^{n}(y_i - \hat{y}_i) = 0$;

(2) $\sum_{i=1}^{n}\hat{y}_i(y_i - \hat{y}_i) = 0$.

4.3   考虑一个通过原点的回归直线, 即线性回归模型为

$$y_i = \beta x_i + \varepsilon_i, \quad i = 1, \cdots, n,$$

$E(\varepsilon_i) = 0, \mathrm{Var}(\varepsilon_i) = \sigma^2$, 各 ε_i 互不相关.

(1) 写出 β 和 σ^2 的最小二乘估计 $\hat{\beta}$ 和 $\hat{\sigma}^2$;

(2) 记响应变量 y 在 x_0 处的响应值为 y_0, 预测值为 $\hat{y}_0 = \hat{\beta}x_0$, 求 $\mathrm{Var}(\hat{y}_0 - y_0)$.

4.4   在动物学研究中, 有时需要找出某种动物的体积与重量的关系. 因为重量相对容易测量, 而测量体积比较困难. 我们可以利用重量预测体积. 下面是某种动物的 18 个随机样本的重量 x (单位: kg) 与体积 y (单位: $10^{-3}\mathrm{m}^3$) 的数据:

x	y	x	y
17.1	16.7	15.8	15.2
10.5	10.4	15.1	14.8
13.8	13.5	12.1	11.9
15.7	15.7	18.4	18.3
11.9	11.6	17.1	16.7
10.4	10.2	16.7	16.6
15.0	14.5	16.5	15.9
16.0	15.8	15.1	15.1
17.8	17.6	15.1	14.5

(1) 画出散点图;

(2) 求回归直线 $\hat{y} = \hat{\beta}_0 + \hat{\beta}_1 x$; 并画出回归直线的图像;

(3) 对重量 $x_0 = 15.3$ 的这种动物, 预测它的体积 y_0.

4.5 在化学工业的可靠性研究中, 对象是某种产品 A. 在制造时单位产品中必须含有 0.50 的有效氯气. 已知产品中的氯气随着时间增加而减少, 在产品到达用户之前的最初 8 周内, 氯气含量衰减到 0.49. 但由于随后出现了许多无法控制的因素 (如库房环境、处理设备等), 因而在后 8 周理论的计算对有效氯气的进一步预报是不可靠的. 为有利于管理, 需要决定产品所含的有效氯气随时间的变化规律. 在一段时间内观测若干盒产品得到的数据如下表所示.

序号	生产后的时间 x	有效氯气 y	序号	生产后的时间 x	有效氯气 y
1	8	0.49	9	22	0.40
2	10	0.48	10	24	0.42
3	10	0.47	11	26	0.41
4	12	0.46	12	28	0.40
5	14	0.43	13	30	0.40
6	16	0.43	14	32	0.41
7	18	0.45	15	34	0.40
8	20	0.42	16	36	0.38

(1) 试分别用多项式回归、样条回归以及局部回归方法进行统计建模;

(2) 对测试数据集 $\{(x,y): (38, 0.40), (40, 0.39), (42, 0.39), (44, 0.39)\}$ 计算以上三种建模方法的测试均方误差.

4.6 设 ARMA(1,1) 序列 $x_t = ax_{t-1} + \varepsilon_t + b\varepsilon_{t-1}$, $|a| \neq 1$, $\{\varepsilon_t\}$ 独立同分布, 均值为 0, 方差为 σ^2. 证明:

$$\gamma_0 = \sigma^2(1 + 2ab + b^2)/(1 - a^2).$$

4.7 我国 1979~2018 年 GDP 的年增长率见下表. 请对此数据集进行时间序列建模, 并对 2019~2022 年我国的 GDP 增长率进行预测.

年份	1979	1980	1981	1982	1983	1984	1985	1986	1987	1988
增长率/%	7.6	7.8	5.2	9.1	10.9	15.2	13.5	8.8	11.6	11.3
年份	1989	1990	1991	1992	1993	1994	1995	1996	1997	1998
增长率/%	4.1	3.8	9.2	14.2	13.5	12.6	10.5	9.6	8.8	7.8
年份	1999	2000	2001	2002	2003	2004	2005	2006	2007	2008
增长率/%	7.1	8.0	7.5	8.3	10.0	10.1	10.4	11.6	11.9	9.6
年份	2009	2010	2011	2012	2013	2014	2015	2016	2017	2018
增长率/%	9.2	10.4	9.2	7.9	7.8	7.3	6.9	6.7	6.8	6.6

4.8 在一次关于公共交通的社会调查中, 一个调查项目是 "是乘坐公共汽车上下班还是骑自行车上下班". 因变量 $y = 1$ 表示主要乘公共汽车上下班, $y = 0$ 表示主要骑自行车上下班. 自变量 x_3 是性别 (1 表示男性, 0 表示女性), x_2 是年龄, x_3 是月收入 (单位: 元). 调查对象为工薪族群体, 数据见下表. 试建立逻辑斯谛回归模型.

序号	x_1	x_2	x_3	y	序号	x_1	x_2	x_3	y
1	0	18	3400	0	15	1	20	4000	0
2	0	21	4800	0	16	1	25	4800	0
3	0	23	3800	1	17	1	27	5200	0
4	0	23	3800	1	18	1	28	6000	0
5	0	28	4800	1	19	1	30	3800	1
6	0	31	3400	0	20	1	32	4000	0
7	0	36	6000	1	21	1	33	7200	0
8	0	42	4000	1	22	1	33	4000	0
9	0	46	3800	1	23	1	38	4800	0
10	0	48	4800	0	24	1	41	6000	0
11	0	55	7200	1	25	1	45	7200	1
12	0	56	8400	1	26	1	48	4000	0
13	0	58	7200	1	27	1	52	6000	1
14	1	18	3400	0	28	1	56	7200	1

4.9   根据经验, 今天与昨天的湿度差 x_1 及今天的压温差 (气压与温度之差) x_2 是预报明天是否下雨的两个重要因素. 现有一批已收集的数据资料, 如下表所示. 今测得 $(x_1, x_2) = (8.1, 2.0)$, 试分别用线性判别分析、二次判别分析以及 k 最近邻分类方法预报明天是否下雨.

雨天		非雨天	
x_1(温度差)	x_2(压温差)	x_1(温度差)	x_2(压温差)
−1.9	3.2	0.2	0.2
−6.9	10.4	−0.1	7.5
5.2	2.0	0.4	14.6
5.0	2.5	2.7	8.3
7.3	0.0	2.1	0.8
6.8	12.7	−4.6	4.3
0.9	−15.4	−1.7	10.9
−12.5	−2.5	−2.6	13.1
1.5	1.3	2.6	12.8
3.8	6.8	−2.8	10.0

第 5 章　回归与分类 (二)

本章将介绍回归与分类的其他一些机器学习方法：决策树 (decision tree)、Bagging、随机森林 (random forest, RF)、Adaboost 和支持向量机 (support vector machine, SVM). 这些方法既可用来处理回归问题, 又可用来处理分类问题. 但后四种方法更常用于分类问题, 所以对于后四种方法我们只从分类的角度介绍它们.

决策树采用 "分而治之" 的策略处理问题, 这种方法简单且易于解释. 我们将从回归和分类两个角度介绍决策树. Bagging、随机森林、Adaboost 这三种方法都是集成学习方法. 集成学习的基本思想可由中国的一句歇后语形象地阐释: "三个臭皮匠顶个诸葛亮." 集成学习的具体做法是先建立多个个体学习器 (例如, 决策树), 然后再将这些个体学习器按照某种策略进行整合, 最后通过投票法 (处理分类问题时) 或平均法 (处理回归问题时) 产生响应变量的预测. 这些整合后的学习器通常可以极大地提升模型的预测性能 (但同时会损失一些模型的可解释性).

决策树的基本思想最早由 Hunt 于 1962 年提出, 后由他的学生 Quinlan 将之发扬光大. Bagging 是 Bootstrap aggregating 的缩写, 该方法由 Breiman 于 1996 年提出. 随机森林由 Breiman 于 2001 年提出. Adaboost 是 Adaptive boosting 的缩写, 该方法由 Freund 和 Schapire 于 1997 年提出. 支持向量机由 Cortes 和 Vapnik 于 1995 年提出.

5.1　决　策　树

本节将介绍基于树的回归和分类方法. 这些方法主要是根据分层和分割的方式把预测变量空间划分为一些简单区域. 对于给定的待预测的观测, 用它所属区域中的训练观测的平均值或众数对其进行预测. 由于划分预测变量空间的分裂规则可以被形容为一棵树, 所以此类方法被称为决策树方法.

决策树具有非常直观的结构, 让我们能根据安排在树形结构里的一系列规则来对响应变量进行预测. 建模的响应变量可以是数值型的, 此时利用决策树来处理回归问题; 建模的响应变量也可以是类别型的, 此时利用决策树来处理分类问题. 决策树应用于回归问题时叫回归树 (regression tree), 应用于分类问题时则称为分类树 (classification tree). 决策树的主要优点是模型具有可读性, 预测得速度快. 学习时, 利用训练观测, 根据一定的原则建立决策树模型, 得到新的观测后, 可利用决策树模型进行预测.

5.1.1 回归树

为引入回归树, 我们来看一个简单的例子. 假设我们要用工龄 (记为 X_1, 单位: 年) 和上一年度的出勤数 (记为 X_2, 单位: 星期) 来预测某企业一线工人的年薪 (记为 y, 单位: 万元). 图 5.1 表示相应的回归树. 它是由树顶端的一系列分裂规则构成的. 顶部分裂点将工龄小于 3 的观测分配到左边的分支, 将工龄大于等于 3 的观测分配到右边的分支. 符合工龄小于 3 的工人的年薪的平均值为他们的年薪预测值. 这部分工人的平均年薪为 5(万元), 所以预测值为 5(万元). 而工龄大于等于 3 的观测被分到右边的分支后, 再根据上一年度的出勤数进一步细分: 若上一年度的出勤数小于 35, 则年薪预测值为 7(万元); 否则, 年薪预测值为 8(万元).

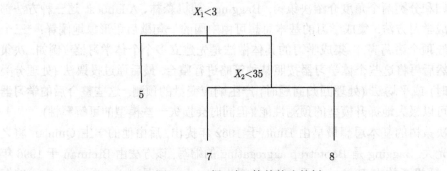

图 5.1 一棵 (个) 简单的决策树

这棵树将工人们归入三个关于预测变量 X_1 和 X_2 的区域: 工龄小于 3 的, 工龄不小于 3 且上一年度出勤数小于 35 的, 工龄不小于 3 且上一年度出勤数不小于 35 的. 记 $\boldsymbol{X} = (X_1, X_2)^{\mathrm{T}}$, 这三个区域可记为

$$R_1 = \{\boldsymbol{X}|X_1 < 3\}, \quad R_2 = \{\boldsymbol{X}|X_1 \geqslant 3, X_2 < 35\}, \quad R_3 = \{\boldsymbol{X}|X_1 \geqslant 3, X_2 \geqslant 35\}.$$

图 5.2 画出了这些区域. 在这三个区域中, 年薪预测值分别为 5(万元)、7(万元) 和 8(万元).

在图 5.2 中, 区域 R_1, R_2 和 R_3 被称为树的叶节点 (leaf node). 在图 5.1 中, 决策树是从上到下绘制而成的, 叶节点位于树的底部. 沿树将预测变量空间 (即 $X_1, \cdots, X_p$ 的可能取值构成的集合) 分开的点被称为内节点 (internal node). 在图 5.1 中, 文字 $X_1 < 3$ 和 $X_2 < 35$ 标示出了两个内节点. 树内部各节点的连接部分被称为树枝.

一般情况下, 我们记 $\boldsymbol{X} = (X_1, \cdots, X_p)^{\mathrm{T}}$. 那么, 建立回归树的过程大致可分为两步:

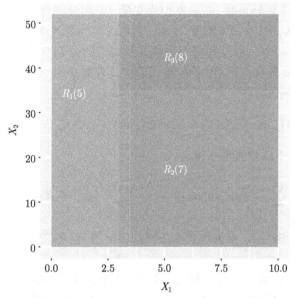

图 5.2　根据图 5.1 将工人划分为三个区域, 对应的年薪预测值分别为:

5, 7, 8(文后附彩图)

(1) 将预测变量空间分割成 J 个互不相容的区域 $R_1, \cdots, R_J$.

(2) 对落入区域 R_j 的每个观测作同样的预测, 预测值取为 R_j 上训练数据的平均响应值.

举个例子, 若在第一步中得到两个区域 R_1 和 R_2, R_1 上的训练数据的平均响应值为 5, R_2 上训练数据的平均响应值为 7. 那么, 对于给定的观测 $\boldsymbol{x} = (x_1, \cdots, x_p)^{\mathrm{T}}$, 若 $\boldsymbol{x} \in R_1$, 则给出的预测值为 5; 若 $\boldsymbol{x} \in R_2$, 则给出的预测值为 7.

建立回归树的第一步是至关重要的. 如何构建区域 $R_1, \cdots, R_J$ 呢? 理论上, 区域的形状可以是任意的, 但出于简化模型和增加模型的可解释性的考虑, 通常将预测变量空间划分为高维矩形, 或称为盒子. 划分区域的目标是找到使模型的残差平方和 RSS 最小的矩形区域 $R_1, \cdots, R_J$. 这里, RSS 的定义是

$$\sum_{j=1}^{J} \sum_{i \in R_j} (y_i - \hat{y}(R_j))^2,$$

其中 $\hat{y}(R_j)$ 是第 j 个矩形区域中训练观测的平均响应值. 遗憾的是, 要考虑将预测变量空间划分为 J 个矩形区域的所有可能性在计算上往往是不可行的. 因此, 一般采用一种自上而下、贪婪的方法: 递归二叉分裂. 自上而下指的是它从树的顶端开始依次分裂预测变量空间, 每个分裂点产生两个新的分支. 贪婪指的是在构建树的每一过程中, "最优" 分裂仅限于某一局部过程, 而不是针对全局过程.

在执行递归二叉分裂时, 先选择预测变量 X_j 和分割点 s, 将预测变量空间分为两个区域 $\{X|X_j < s\}$ 和 $\{X|X_j \geqslant s\}$, 使 RSS 尽可能地减少. 也就是说, 考虑所有预测变量 $X_1, \cdots, X_p$ 以及与每个预测变量对应的分割点的所有取值, 然后选择其中的一对预测变量和分割点, 使构造出的树具有最小的 RSS. 具体地, 对 j 和 s, 定义一对半 (超) 平面:

$$R_1(j, s) = \{X|X_j < s\}, \quad R_2(j, s) = \{X|X_j \geqslant s\}.$$

寻找 j 和 s, 使得下式取到最小值

$$\sum_{i:\boldsymbol{x}_i \in R_1(j,s)} (y_i - \hat{y}(R_1))^2 + \sum_{i:\boldsymbol{x}_i \in R_2(j,s)} (y_i - \hat{y}(R_2))^2,$$

其中 $\hat{y}(R_1)$ 表示 $R_1(j, s)$ 中训练观测的平均响应值, $\hat{y}(R_2)$ 表示 $R_2(j, s)$ 中训练观测的平均响应值.

重复上述步骤, 继续寻找分割数据集的最优预测变量和最优分割点, 使随之产生的区域的 RSS 达到最小. 此时被分割的不再是整个预测变量空间, 而是之前确定的两个区域之一. 这样我们将得到三个区域. 接着仍以最小化 RSS 为准则进一步分割三个区域中的一个. 这一过程不断持续, 直到符合某个停止准则, 例如, 当所有区域包含的观测个数都不大于 5 时, 分裂停止.

区域 $R_1, \cdots, R_J$ 产生后, 就可以确定某一给定观测所属的区域, 并用这一区域的训练观测的平均响应值对其进行预测.

上述方法会在训练集中取得良好的预测效果, 却很有可能造成数据的过拟合, 导致在测试集上表现不佳. 主要的原因在于这种方法产生的树可能过于复杂. 一棵分裂点更少、规模更小 (即区域 $R_1, \cdots, R_J$ 的个数更少) 的树将会有更小的方差和更好的可解释性 (以增加微小的偏差为代价). 针对上述问题, 一个可能的解决办法是: 仅当分裂能使得残差平方和 RSS 的减少量超过某阈值时, 才分裂树的节点. 这种策略能生成较小的树, 但可能会引发一个短视问题: 一些起初看起来不值得的分裂却可能在后面的过程中成为非常好的分裂 (即能使 RSS 大幅度减少).

因此, 一种更好的策略是先生成一棵很大的树 T_0, 然后通过剪枝 (prune) 得到子树 (sub-tree). 那么该如何剪枝呢? 直观上看, 剪枝的目的是选出测试误差 (指在测试集上的预测误差) 最小的子树. 子树的测试误差可以通过交叉验证或者验证集来计算. 但由于可能的子树数量极其庞大, 对每一棵子树都用交叉验证或者验证集计算其测试误差将太过复杂. 因此需要从所有可能的子树中先选出一小部分, 然后再进行剪枝.

成本复杂性剪枝 (cost complexity pruning) 可以完成上述任务. 这种方法不是考虑每一棵可能的子树, 而是考虑以非负调节参数 α 标记的一列子树. 每一个 α

的取值对应一棵子树 $T \subset T_0$. 当 α 值给定时, 其对应的子树需使下式

$$\sum_{m=1}^{|T|} \sum_{i:x_i \in R_m} (y_i - \hat{y}(R_m))^2 + \alpha|T| \tag{5.1.1}$$

最小. 这里的 $|T|$ 表示树的叶节点个数, R_m 是第 m 个叶节点对应的矩形 (预测向量空间中的一个子集), $\hat{y}(R_m)$ 是与 R_m 对应的响应预测值 (R_m 中训练观测的平均响应值). 调节参数 α 在子树的复杂性和树与训练数据的拟合度之间控制权衡. 当 $\alpha = 0$ 时, 子树 T 即为原树 T_0. 当 α 增大时, 叶节点数多的树将为它的复杂性付出代价, 所以使 (5.1.1) 取到最小值的子树规模会变小.

在 (5.1.1) 中, 当 α 从 0 开始逐渐增大时, 树枝以一种嵌套的模式被修剪. 因此容易获得与 α 对应的子树序列. 可以用交叉验证或者验证集来挑选最优的 α, 从而确定相应的最优子树. 把完整地建立一棵回归树的算法概括如下:

算法 5.1 (回归树)

1: 利用递归二叉分裂在训练集中生成一棵大树, 当叶节点包含的观测值个数小于某个阈值时才停止;

2: 对大树进行成本复杂性剪枝, 得到一列 (相对) 最优子树, 子树是 α 的函数;

3: 利用 K 折交叉验证选择最优的 α. 具体做法是, 先将训练集分成 K 折, 然后对所有的 $k = 1, \cdots, K$:

  (a) 对训练集上所有不属于第 k 折的数据重复步骤 1 和步骤 2, 得到与 α 对应的子树;

  (b) 求出上述子树在第 k 折上的测试均方误差, 并选取使测试均方误差达到最小的 α 值;

4: 在步骤 2 中找到与选出的 α 值相对应的子树.

作为一个例子, 我们将对 MASS 库中的 Boston 数据集建立一棵回归树. R 中的 tree 程序包可以用来做决策树分析, 构建决策树的函数是 tree(). Boston 数据集中含有 13 个预测变量: crim, zn, indus, chas, nox, rm, age, dis, rad, tax, ptratio, black, lstat. 我们来解释其中几个比较重要的变量的含义: rm 表示每栋房子的平均房间数, dis 表示与波士顿的五个就业中心的加权平均距离, lstat 表示社会经济地位较低的个体所占的比例, 响应变量是 medv(单位: 千美元), 表示房价的中位数. 样本容量是 506. 表 5.1 给出了这个数据集中的前 6 组观测数据.

表 5.1　Boston 数据集中的前 6 组观测数据

序号	crim	zn	indus	chas	nox	rm	age
1	0.00632	18	2.31	0	0.538	6.575	65.2
2	0.02731	0	7.07	0	0.469	6.421	78.9
3	0.02729	0	7.07	0	0.469	7.185	61.1
4	0.03237	0	2.18	0	0.458	6.998	45.8
5	0.06905	0	2.18	0	0.458	7.147	54.2
6	0.02985	0	2.18	0	0.458	6.430	58.7

序号	dis	rad	tax	ptratio	black	lstat	medv
1	4.0900	1	296	15.3	396.90	4.98	24.0
2	4.9671	2	242	17.8	396.90	9.14	21.6
3	4.9671	2	242	17.8	392.83	4.03	34.7
4	6.0622	3	222	18.7	394.63	2.94	33.4
5	6.0622	3	222	18.7	396.90	5.33	36.2
6	6.0622	3	222	18.7	394.12	5.21	28.7

随机选择一半的数据作为训练集, 另一半的数据作为测试集. 然后用训练集构造一棵回归树. 输出结果如下.

```
Regression tree:
tree(formula = medv ~ ., data = Boston, subset = train)
Variables actually used in tree construction:
[1]  ''lstat''  ''rm''    ''dis''
Number of terminal nodes:      8
Residual mean deviance:  12.65 = 3099 / 245
Distribution of residuals:

     Min.    1stQu.    Median      Mean    3rdQu      Max.
 -14.10000   -2.04200  -0.05357  0.00000  1.96000  12.60000
```

需要说明的是, 由于随机抽样的原因, 读者自行运行 R 代码产生的结果可能会与本书的结果不同 (此说明适用于本章所有由 R 代码产生的结果). 这个输出结果告诉我们, 在创建回归树时只用到了三个变量: lstat, rm, dis, 这棵树共有 8 个叶节点. 图 5.3 画出了这棵树.

这棵树表明 lstat 值越小, 对应的房价就越贵. 这棵树预测: 在社会经济地位较高的郊区 (lstat< 9.715), 大房子 (rm⩾ 7.437) 的房价中位数是 46380 美元. 接下来用交叉验证的方法对树进行剪枝, 剪枝后的树只有 5 个叶节点, 见图 5.4.

把剪枝后的回归树应用于测试集. 图 5.5 为预测值与观测值的散点图. 另外, 回归树的测试均方误差为 26.83, 其平方根为 5.180. 这意味着这个模型在测试集上的预测值与真实房价的中位数的差异在 5180 美元以内.

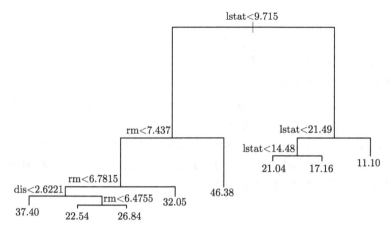

图 5.3 由 Boston 的训练集创建的回归树

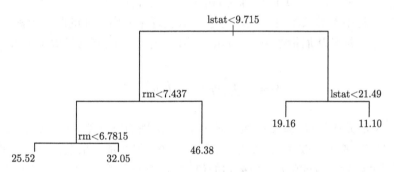

图 5.4 由 Boston 的训练集创建的剪枝后的回归树

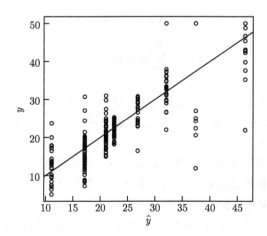

图 5.5 测试集的响应变量的预测值与观测值的散点图, 图中直线的斜率为 1

5.1.2　分类树

分类树 (classification tree) 和回归树十分相似, 它们的区别在于: 分类树被用于预测定性变量 (即类别变量) 而非定量变量. 在回归树中, 对一给定观测值, 响应预测值取它所属的叶节点的训练观测的平均响应值. 而对于分类树来说, 响应预测值取它所属的叶节点的训练观测中最常出现的类别.

分类树的构造过程和回归树是相似的. 与回归树一样, 分类树也采用递归二叉分裂方法. 但在分类树中, RSS 无法作为二叉分裂的准则. 一个很自然的替代指标是分类错误率 (classification error rate). 既然要将给定区域内的观测都分到此区域的训练观测最常出现的类别中, 那么分类错误率可以定义如下: 此区域的训练观测中非最常见类别所占的比例, 其数学表达式为

$$E_m = 1 - \max_k \hat{p}_{mk},$$

其中 $\hat{p}_{mk}$ 表示第 m 个区域的训练观测中第 k 类所占的比例. 但分类错误率在构建分类树的过程中不够敏感, 因此在实践中, 人们通常采用下面的两个指标.

第一个指标是基尼指数 (Gini index), 第 m 个节点的基尼指数定义为

$$G_m = \sum_{k=1}^{K} \hat{p}_{mk}(1 - \hat{p}_{mk}),$$

这里, K 表示类别总数. 基尼指数衡量了 K 个类别的总方差. 容易看出, 若所有的 $\hat{p}_{mk}$ 的取值都接近 0 或 1, 那么基尼指数会很小. 那么基尼指数会很小. 因此基尼指数可用来衡量节点的纯度. 如果它的值较小, 意味着第 m 个节点所包含的观测值几乎来自同一类别.

另一个指标是互熵 (cross-entropy), 它的定义为

$$D_m = - \sum_{k=1}^{K} \hat{p}_{mk} \log \hat{p}_{mk}.$$

由于 $0 \leqslant \hat{p}_{mk} \leqslant 1$, 可知 $0 \leqslant -\hat{p}_{mk} \log \hat{p}_{mk}$. 显然, 如果所有的 $\hat{p}_{mk}$ 的取值都接近于 0 或 1, 那么互熵的取值接近于 0. 因此, 与基尼指数类似, 若第 m 个节点的纯度较高, 则互熵的值较小.

因为基尼指数和互熵这两个指标对节点的纯度更敏感, 所以在构建分类树的过程中常用它们来衡量特定分裂点的分裂效果. 但若我们的目标是追求更高的预测准确性的话, 此时建议选择分类错误率这一指标.

作为一个例子, 我们将对 ISLR 库中的 Carseats 数据集构建一棵分类树. 这个数据集收集了 400 家不同商店里的儿童汽车座椅的销售数据. 它含有 10 个预测变

量: CompPrice, Income, Advertising, Population, Price, ShelveLoc, Age, Education, Urban, US. 响应变量是 Sales(单位：千台), 表示儿童汽车座椅的销量. 因为响应变量是定量变量, 所以先把它变换为定性变量. 定义

$$\text{High} = \begin{cases} \text{Yes}, & \text{Sales} > 8, \\ \text{No}, & \text{Sales} \leqslant 8. \end{cases}$$

表 5.2 给出了这个数据集中的前 6 组观测数据.

表 5.2　Carseats 数据集中的前 6 组观测数据

序号	Sales	CompPrice	Income	Advertising	Population	Price
1	9.50	138	73	11	276	120
2	1.22	111	48	16	260	83
3	10.06	113	35	10	269	80
4	7.40	117	100	4	466	97
5	4.15	141	64	3	340	128
6	10.81	124	113	13	501	72

序号	ShelveLoc	Age	Education	Urban	US	High
1	Bad	42	17	Yes	Yes	Yes
2	Good	65	10	Yes	Yes	Yes
3	Medium	59	12	Yes	Yes	Yes
4	Medium	55	14	Yes	Yes	No
5	Bad	38	13	Yes	No	No
6	Bad	78	16	No	Yes	Yes

　　随机选择一半的数据作为训练集, 另一半作为测试集. 接下来, 用训练集构造一棵分类树. 为了追求预测准确性, 采用分类错误率作为二叉分裂准则. 输出结果如下.

```
Classification tree:
tree(formula = High ~ . - Sales, data = Carseats, subset = train)
Variables actually used in tree construction:
[1] ''ShelveLoc'' ''Price'' ''Income'' ''Age'' ''Advertising''
[6] ''CompPrice'' ''Population''
Number of terminal nodes:    19
Residual mean deviance:    0.4282 = 77.51 / 181
Misclassification error rate:    0.105 = 21 / 200
```

这个输出结果告诉我们: 在创建分类树时用到了除 Education, Urban 和 US 外的其他 7 个预测变量; 这棵树共有 19 个叶节点. 图 5.6 画出了这棵分类树.

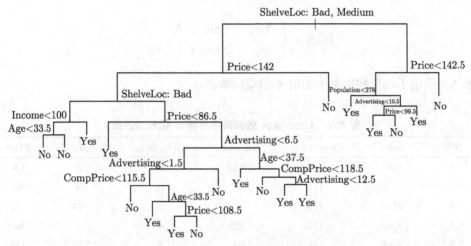

图 5.6   由 Carseats 的训练集创建的分类树

这棵分类树过于庞大, 下面采用成本复杂性方法对树进行剪枝. 剪枝后的树只有 9 个叶节点, 见图 5.7.

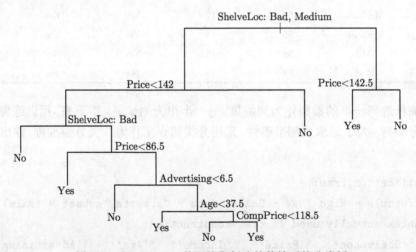

图 5.7   由 Carseats 的训练集创建的剪枝后的分类树

把剪枝后的分类树应用到测试集上, 预测结果见表 5.3, 这棵分类树在测试集上的预测准确率为 $(94 + 60)/200 = 77\%$.

表 5.3   剪枝后的分类树在测试集上的预测表现

预测结果	实际结果	
	No	Yes
No	94	24
Yes	22	60

5.1.3   决策树的优缺点

与传统的回归与分类方法相比, 决策树有很多优点:

(1) 决策树解释性强, 在这方面甚至比线性回归更方便;

(2) 有人相信决策树比传统的回归和分类方法更接近人的决策模式;

(3) 决策树可以用图形表示, 非专业人士也可轻松解释它 (尤其当树的规模比较小的时候);

(4) 决策树可以直接处理定性的预测变量而不需要创建哑变量 (dummy variable).

当然, 决策树也有一些缺点, 例如, 树的预测准确性一般不太高. 但是, 通过下面即将介绍的 Bagging、随机森林和 Adaboost 等方法把多棵决策树进行集成, 可以显著提升决策树的预测性能.

5.2   Bagging 分类

这一节将介绍基于决策树的 Bagging 分类方法. Bagging 是集成学习 (ensemble learning) 中的一种方法. 因此, 在介绍 Bagging 之前, 先来了解什么是集成学习, 为何需要集成学习, 以及集成学习的优点是什么. 我们从分类的角度来介绍集成学习.

集成学习就是通过构建并整合多棵分类树来完成分类任务, 有时也被称为多分类器系统或基于委员会的学习等. 图 5.8 展示了集成学习的一般结构: 先产生一组 (个体) 分类树, 然后再用某种策略将它们整合成一棵树, 不妨称为集成树, 最后利用集成树进行预测输出.

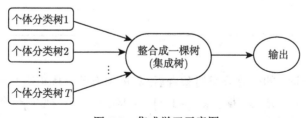

图 5.8   集成学习示意图

集成学习将多棵分类树整合在一起, 这些树可能有些性能比较好, 有些却比较差. 在一般经验中, 如果把好坏不均的东西掺在一起, 那么通常结果会是比最坏的要好一些, 比最好的却要差一些. 集成树把多棵树整合起来, 如何能获得比最好的那棵分类树更好的性能呢?

考虑一个简单的例子, 在二分类任务中, 假定三棵分类树在三个测试观测上的表现如表 5.4—表 5.6 所示, 其中 "√" 表示分类正确, "×" 表示分类错误. 集成树通过投票法 (即少数服从多数原则) 产生预测结果. 在表 5.4 中, 每棵分类树都只有 66.6% 的预测准确率, 但集成树的预测准确率却达到了 100%. 在表 5.5 中, 三棵分类树没有差别, 集成之后预测准确率没有提高. 在表 5.6 中, 每棵分类树的预测准确率都只有 33.3%, 集成树的预测表现更糟糕. 这个例子告诉我们: 要想获得好的集成树, 个体分类树应 "好而不同", 即个体分类树要有一定的 "准确性", 即预测性能不能太差, 同时要有 "多样性", 即个体分类树之间要有差异.

表 5.4   集成性能提升

	测试数据 1	测试数据 2	测试数据 3
分类树 1	√	√	×
分类树 2	×	√	√
分类树 3	√	×	√
集成树	√	√	√

表 5.5   集成不起作用

	测试数据 1	测试数据 2	测试数据 3
分类树 1	√	√	×
分类树 2	√	√	×
分类树 3	√	√	×
集成树	√	√	×

表 5.6   集成起负作用

	测试数据 1	测试数据 2	测试数据 3
分类树 1	√	×	×
分类树 2	×	√	×
分类树 3	×	×	√
集成树	×	×	×

经 "好而不同" 的个体分类树整合后, 集成树有什么优点呢? 我们来做个简单的分析. 考虑一个二分类问题 $y \in \{-1, 1\}$ 和真实函数 f. 把 T 个个体分类树记为 $h_1, \cdots, h_T$, 假设它们的分类错误率都为 ϵ, 即

$$P(h_i(\boldsymbol{x}) \neq f(\boldsymbol{x})) = \epsilon, \quad i = 1, \cdots, T.$$

记集成树为 H. 假设集成树通过投票法来整合这 T 个个体分类树: 若有超过半数的个体分类树分类正确, 则集成树就分类正确, 即

$$H(\boldsymbol{x}) = \text{sign}\left(\sum_{i=1}^{T} h_i(\boldsymbol{x})\right).$$

若这 T 个个体分类树是相互独立的, 那么由 Hoeffding 不等式可知: 集成树的分类错误率为

$$\begin{aligned} P(H(\boldsymbol{x}) \neq f(\boldsymbol{x})) &= \sum_{k=0}^{\lfloor T/2 \rfloor} \binom{T}{k}(1-\epsilon)^k \epsilon^{T-k} \\ &\leqslant \exp\left(-\frac{1}{2}T(1-\epsilon)^2\right), \end{aligned}$$

其中, $\lfloor \cdot \rfloor$ 为取整符号. 上式告诉我们: 随着集成树中的个体分类树数目 T 的增大, 集成树的分类错误率将呈指数级下降.

但是, 需要注意的是, 上面的分析有一个关键的假设: 个体分类树之间相互独立. 在现实中, 个体分类树是为解决同一个分类问题而训练出来的, 它们很难相互独立. 事实上, 个体分类树的分类 "准确性" 和 "多样性" 本身就存在矛盾. 一般情况下, 当准确性很高以后, 要增加多样性就需要牺牲准确性. 如何产生并整合 "好而不同" 的个体分类树是集成学习研究的核心问题.

根据个体分类树的生成方式, 目前集成树的产生方法大致可分为两大类: 个体分类树之间不存在强依赖关系、可同时生成的并行化方法; 个体分类树之间存在强依赖关系、必须串行生成的序列化方法. 前者的代表是 Bagging 和随机森林, 后者的代表是 Boosting (本章将介绍的 Adaboost 是 Boosting 的一个特例). 我们接下来介绍 Bagging.

Bagging 主要关注降低预测模型的方差. 它是如何实现这一目的的呢? 我们知道: 给定 n 个独立随机变量 $Z_1, \cdots, Z_n$, 假设它们的方差都为 σ^2, 那么样本均值 $\overline{Z} = \sum_{i=1}^{n} Z_i/n$ 的方差为 σ^2/n. 因此, 要降低某种统计学习方法的方差从而增加预测准确性, 一种很自然的方法就是: 从总体中抽取多个训练集, 对每个训练集分别建立预测模型, 再对由此得到的全部预测模型求平均, 得到一个集成模型. 也就是说, 可以用 B 个独立的训练集训练出 B 个模型: $\hat{f}^1(\boldsymbol{x}), \cdots, \hat{f}^B(\boldsymbol{x})$, 然后对它们求平均, 得到一个低方差的模型:

$$\hat{f}_{\text{avg}}(\boldsymbol{x}) = \frac{1}{B}\sum_{b=1}^{B} \hat{f}^b(\boldsymbol{x}).$$

但是在实际中, 往往不容易得到多个训练集, 导致上述方法不可行. 自助抽样法 (Bootstrap) 可以帮我们解决这个问题. 我们可以从一个单一的训练集中重复抽样, 这样就能生成 B 个不同的自助抽样训练集. 然后, 用第 b 个自助抽样训练集训练出模型 $\hat{f}^{*b}(\boldsymbol{x})$, $b = 1, \cdots, B$, 最后进行平均:

$$\hat{f}_{\text{bag}}(\boldsymbol{x}) = \frac{1}{B} \sum_{b=1}^{B} \hat{f}^{*b}(\boldsymbol{x}).$$

这就是 Bagging.

在分类问题中, 对于一个给定的测试观测, 先记录全部 B 棵个体分类树对这个测试观测的预测结果, 然后采取投票法进行预测输出, 即将 B 个预测结果中出现频率最高的类别作为最后的预测结果.

大量的实践表明, B 的大小不是一个对 Bagging 起决定作用的参数, B 值很大时也不会产生过拟合. 在处理实际问题的时候, 往往取足够大的 B 值, 使分类错误率能够大幅降低并稳定下来.

值得一提的是, 自助抽样法还给 Bagging 带来了另一个优点: 无需使用交叉验证法就能直接估计 Bagging 的测试误差 (指在测试集上的分类错误率). 我们来解释一下. 给定一棵树, 它只使用了训练集中约三分之二的数据[①], 剩下的约三分之一的训练数据被称为此树的袋外 (out-of-bag, OOB) 观测, 可以用所有将第 i 个观测作为 OOB 观测的树来预测第 i 个观测的响应值. 这样, 便会产生约 $B/3$ 个对第 i 个观测的 (响应值) 预测. 可以对这些 (响应值) 预测执行投票法, 便可得到第 i 个观测的 OOB 预测. 用这种方法可以求出训练集中所有观测的 OOB 预测, 并由此计算分类错误率. 这个分类错误率就是对 Bagging 的测试误差的一个有效估计.

由于 Bagging 主要关注降低预测模型的方差, 因此它比未剪枝决策树、神经网络等易受样本扰动的学习器在模型预测的准确性上要更优. 但它也是有缺点的. 我们知道决策树的优点之一是它能够得到漂亮且易于解释的图形, 然而, 当大量的决策树被整合后, 就无法仅用一棵树来展现相应的统计学习过程, 也不清楚哪些变量在分类过程中比较重要. 因此 Bagging 对预测准确性的提升是以牺牲模型的可解释性为代价的.

虽然 Bagging 分类树比个体分类树在模型解释方面要困难得多, 但我们可以用基尼指数对各预测变量的重要性做一个大致的分析. 在 Bagging 分类树的建模过程中, 可以对某一给定的预测变量在一棵个体分类树上因分裂导致基尼指数的减少量进行加总, 再在所有 B 棵个体分类树上求平均值. 这个平均值越大就说明这个预测

---

① 考虑一个含有 m 个观测的数据集 D, 我们采用有放回抽样得到另一个含有 m 个观测的数据集 D', 那么对 D 中的任一观测, 它在 D' 中不出现的概率为 $(1 - 1/m)^m \to 1/e \approx 0.368 \ (m \to \infty)$.

变量越重要. 另外, 还可以把一个特定的预测变量取为随机数, 然后计算个体分类树的预测准确率的降低程度, 最后在所有 B 棵个体分类树上求平均值. 这个平均值越大也说明这个预测变量越重要.

接下来把 Bagging 分类方法应用到 ISLR 库中的 Carseats 数据集. 调用 R 中的 randomForest 程序包进行 Bagging 分类 (Bagging 其实是随机森林的一个特例), 函数 randomForest() 可以帮我们完成 Bagging 分类. 随机选择一半的样本作为训练集, 另一半作为测试集. 个体分类树的总数 B 取为 randomForest() 默认的 500. 用 Bagging 方法得到的 Bagging 分类树的基本信息如下.

```
randomForest(formula = High ~ . - Sales, data = Carseats, mtry = 10,
                           importance = TRUE, subset = train)
Type of random forest:  classification
Number of trees:  500
No.  of variables tried at each split:  10
 OOB estimate of error rate:  24.5%

Confusion matrix:
    No   Yes   class.error
No  97   23    0.1916667
Yes 26   54    0.3250000
```

测试误差的 OOB 估计为 24.5%. 把这棵 Bagging 分类树应用于测试集, 看看这棵树的预测效果如何. 预测结果见表 5.7. 这棵 Bagging 分类树在测试集上的预测准确率达到了 $(105 + 62)/200 = 83.5\%$, 比 5.1 节单棵分类树的预测表现要好.

表 5.7 Bagging 分类树在测试集上的预测表现

预测结果	实际结果	
	No	Yes
No	105	22
Yes	11	62

最后来了解一下各预测变量的重要性. 从图 5.9 可以看出, 无论从平均预测准确率减少量 (mean decrease of prediction accuracy) 还是平均基尼指数减少量 (mean decrease of Gini index) 来衡量, Price(价格) 和 ShelveLoc(货架位置) 是对 Sales(销量) 最重要的两个预测变量.

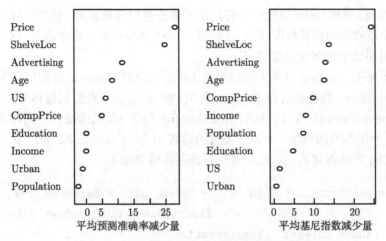

图 5.9　Bagging 分类树中各预测变量的重要性

5.3　随机森林分类

　　随机森林 (random forest, RF)是对 Bagging 的一个改进. 随机森林在以决策树为基础构建 Bagging 分类树的基础上, 进一步在决策树的训练过程中引入了预测变量的随机选择, 从而达到对树的去相关 (decorrelating), 实现对 Bagging 的改进. 在随机森林中, 需要对自动抽样训练集建立一系列的个体分类树, 这与 Bagging 类似. 但是, 在建立这些个体分类树时, 每考虑树上的一个分裂点, 都要从全部的 p 个预测变量中选出其中的 $q(1 \leqslant q \leqslant p)$ 个预测变量作为候选变量. 这个分裂点所用的预测变量只能从这 q 个变量中选择. 在每个分裂点处都重新进行抽样, 选出 q 个预测变量. 若 $q = p$, 则随机森林就是 Bagging. 通常我们取 $q = \sqrt{p}$.

　　换言之, 在建立随机森林的过程中, 对树上的每一个分裂点来说, 算法将大部分可用的预测变量排除在考虑范围之外. 这听起来可能有些疯狂, 但这么做还是非常有道理的. 假设数据集中有一个很强的预测变量和其他一些中等强度的预测变量. 那么在 Bagging 方法中, 大多 (甚至可能是所有) 的个体分类树都会将最强的预测变量用于顶部分裂点. 这造成 Bagging 中所有的个体分类树看起来都很相似, 导致它们的预测输出具有高度相关性. 问题是, 与对不相关的变量求平均相比, 对高度相关的变量求平均所带来的方差减少量是无法与前者相提并论的. 在这种情况下, Bagging 分类树与单棵分类树相比不会带来方差的大幅度降低.

　　随机森林通过强迫每个分裂点仅考虑预测变量的一个子集, 克服了上述的困难. 如此一来, 最强的那个预测变量不会出现在大约 $(p - q)/p$ 比例的分裂点上, 所以其他预测变量就有更多入选分裂点的机会. 这一过程可以被认为是对个体分类树的去相关. 这样得到的集成树有更小的模型方差, 因此预测结果更加稳定、可靠.

随机森林简单、容易实现、计算成本小. 它在很多现实任务中展现出强大的性能, 被誉为 "代表集成学习技术水平的方法". 可以看出, 随机森林对 Bagging 只做了一个小改动, Bagging 中分类树的 "多样性" 仅来自样本扰动 (通过对初始训练集进行多次抽样), 而随机森林中分类树的多样性不仅来自样本扰动, 还来自预测变量的扰动, 这就使得最终的集成分类树可通过个体分类树之间的差异性的增加而得到进一步的提升.

随机森林与 Bagging 一样, 不会因为 B 的增大而造成过拟合, 所以在实践中应取足够大的 B, 使分类错误率能降低到一个稳定的水平.

接下来把随机森林方法应用到 ISLR 库中的 Carseats 数据集. 调用 R 中的 randomForest 程序包进行随机森林分类, 函数 randomForest() 可以帮我们完成随机森林分类. 与前面的做法一样, 随机选择一半的样本作为训练集, 另一半作为测试集. 个体分类树的总数 B 仍取为 randomForest() 默认的 500, q 取为 3 (因为 $\sqrt{p} = \sqrt{10} \approx 3$). 用随机森林方法得到的随机森林分类树的基本信息如下.

```
randomForest(formula = High ~ . - Sales, data = Carseats, mtry = 3,
                            importance = TRUE, subset = train)
Type of random forest:  classification
Number of trees:  500
No.  of variables tried at each split:  3

OOB estimate of error rate:  19.5%
Confusion matrix:
     No  Yes  class.error
No   93  17   0.1545455
Yes  22  68   0.2444444
```

测试误差的 OOB 估计为 19.5%. 把得到的随机森林分类树应用于测试集, 看看它的预测效果如何. 预测结果见表 5.8. 这棵随机森林分类树在测试集上的预测

表 5.8 随机森林分类树在测试集上的预测表现

预测结果	实际结果	
	No	Yes
No	105	12
Yes	21	62

准确率达到了 $(105 + 62)/200 = 83.5\%$. 在 $q = 3$ 时, 随机森林分类树与 Bagging 分

类树相比, 预测性能没有得到提升, 这主要是因为在这个特定的例子里 Bagging 分类树的表现已足够好.

最后我们来了解一下各预测变量的重要性. 从图 5.10 可以看出, 无论从平均预测准确率减少量还是平均基尼指数减少量来衡量, Price(价格) 和 ShelveLoc(货架位置) 是对 Sales(销量) 最重要的两个预测变量.

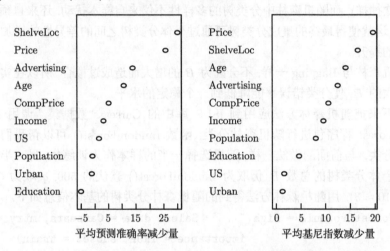

图 5.10　随机森林分类树中各预测变量的重要性

5.4 AdaBoost 分类

我们先来介绍 Boosting 的含义. Boosting 是一族可将弱分类器提升为强分类器的算法. 这族算法的工作机制如下: 先从初始训练集训练出一个 (弱) 分类器, 再根据这个分类器的表现对训练样本分布进行调整, 使得先前分类器错分的训练样本在后续训练中得到更多的关注, 然后基于调整后的样本分布来训练下一个分类器. 如此重复进行, 直至获得的分类器的数目达到事先给定的值 T, 最终将这 T 个分类器进行加权整合, 得到一个强分类器.

AdaBoost 是 Boosting 族算法中最著名的代表. 它的具体算法见算法 5.2, 其中 $y_i \in \{-1, 1\}$, f 表示真实的分类函数.

在 AdaBoost 算法 5.2 的 "过程" 中, 步骤 (a) 初始化样本权值分布, 步骤 (c) 基于分布 $\mathcal{D}_t$ 从数据集 D 中训练出分类器 h_t, 步骤 (d) 给出 h_t 的分类误差, 步骤 (f) 确定分类器 h_t 的权重, 步骤 (g) 更新样本分布, 其中 Z_t 是规范化因子, 以确保 $\mathcal{D}_{t+1}$ 是一个概率分布.

算法 5.2 (AdaBoost)

1: 输入: 训练集 $D = \{(\boldsymbol{x}_1, y_1), \cdots, (\boldsymbol{x}_m, y_m)\}$; 分类器算法 $\mathfrak{L}$; 训练轮数 T;

2: 过程:

(a) $\mathcal{D}_1(\boldsymbol{x}) = 1/m$;

(b) 对 $t = 1, \cdots, T$, 执行;

(c) $h_t = \mathfrak{L}(D, \mathcal{D}_t)$;

(d) $\epsilon_t = P_{\boldsymbol{x} \sim \mathcal{D}_t}(h_t(\boldsymbol{x}) \neq f(\boldsymbol{x}))$;

(e) 如果 $\epsilon_t > 0.5$, 则停止; 否则, 继续执行;

(f) $\alpha_t = \dfrac{1}{2} \ln\left(\dfrac{1 - \epsilon_t}{\epsilon_t}\right)$;

(g) 令

$$
\begin{aligned}
\mathcal{D}_{t+1} &= \frac{\mathcal{D}_t(\boldsymbol{x}) \exp(-\alpha_t f(\boldsymbol{x}) h_t(\boldsymbol{x}))}{Z_t} \\
&= \frac{\mathcal{D}_t(\boldsymbol{x})}{Z_t} \times \begin{cases} \exp(-\alpha_t), & h_t(\boldsymbol{x}) = f(\boldsymbol{x}), \\ \exp(\alpha_t), & h_t(\boldsymbol{x}) \neq f(\boldsymbol{x}), \end{cases}
\end{aligned}
$$

其中 Z_t 是某一常数, 具体的定义见 (5.4.4);

(h) 循环结束;

3: 输出: $H(\boldsymbol{x}) = \mathrm{sign}\left(\sum_{t=1}^{T} \alpha_t h_t(\boldsymbol{x})\right)$.

接下来我们来理解这个算法背后的理论基础. AdaBoost 算法有多种推导方式, 比较容易理解的一种方式是基于 "加性模型" (additive model), 即分类器的线性组合

$$
H(\boldsymbol{x}) = \mathrm{sign}\left(\sum_{t=1}^{T} \alpha_t h_t(\boldsymbol{x})\right)
$$

来最小化指数损失函数

$$
l_{\exp}(H|\mathcal{D}) = E_{\boldsymbol{x} \sim \mathcal{D}}[\mathrm{e}^{-f(\boldsymbol{x})H(\boldsymbol{x})}].
$$

因为 $H(\boldsymbol{x})$ 能令指数损失函数最小, 考虑 $l_{\exp}(H|\mathcal{D})$ 关于 $H(\boldsymbol{x})$ 的偏导数:

$$
\frac{\partial l_{\exp}(H|\mathcal{D})}{\partial H(\boldsymbol{x})} = -\mathrm{e}^{-H(\boldsymbol{x})} P(f(\boldsymbol{x}) = 1|\boldsymbol{x}) + \mathrm{e}^{H(\boldsymbol{x})} P(f(\boldsymbol{x}) = -1|\boldsymbol{x}).
$$

令上式为 0 可解得

$$
H(\boldsymbol{x}) = \frac{1}{2} \ln \frac{P(f(\boldsymbol{x}) = 1|\boldsymbol{x})}{P(f(\boldsymbol{x}) = -1|\boldsymbol{x})}.
$$

因此, 若排除 $P(f(\boldsymbol{x}) = 1|\boldsymbol{x}) = P(f(\boldsymbol{x}) = -1|\boldsymbol{x})$ 这种情形, 则有

$$
\begin{aligned}
\operatorname{sign}(H(\boldsymbol{x})) &= \operatorname{sign}\left(\frac{1}{2}\ln\frac{P(f(\boldsymbol{x}) = 1|\boldsymbol{x})}{P(f(\boldsymbol{x}) = -1|\boldsymbol{x})}\right)\\
&= \begin{cases} 1, & P(f(\boldsymbol{x}) = 1|\boldsymbol{x}) > P(f(\boldsymbol{x}) = -1|\boldsymbol{x}),\\ -1, & P(f(\boldsymbol{x}) = 1|\boldsymbol{x}) < P(f(\boldsymbol{x}) = -1|\boldsymbol{x}) \end{cases}\\
&= \underset{y\in\{-1,1\}}{\arg\max}\, P(f(\boldsymbol{x}) = y|\boldsymbol{x}).
\end{aligned}
$$

这意味着 $\operatorname{sign}(H(\boldsymbol{x}))$ 达到了贝叶斯最优错误率. 换言之, 若指数损失函数最小化, 则分类错误率也将最小化. 这说明指数损失函数是分类任务原本 "0/1 损失函数" 的相合 (consistent) 替代损失函数. 由于这个替代函数有更好的数学性质, 例如, 它是连续可微函数, 因此用它替代 0/1 损失函数作为优化目标.

在 AdaBoost 算法中, 第一个分类器 h_1 是通过直接将分类算法应用于初始数据分布而得, 此后迭代地生成 h_t 和 α_t, 当分类器 h_t 基于分布 $\mathcal{D}_t$ 产生后, 该分类器的权重 α_t 应使得 $\alpha_t h_t$ 能最小化指数损失函数

$$
\begin{aligned}
l_{\exp}(\alpha_t h_t|\mathcal{D}_t) &= E_{\boldsymbol{x}\sim\mathcal{D}_t}\left[\mathrm{e}^{-f(\boldsymbol{x})\alpha_t h_t(\boldsymbol{x})}\right]\\
&= E_{\boldsymbol{x}\sim\mathcal{D}_t}\left[\mathrm{e}^{-\alpha_t}I\{f(\boldsymbol{x}) = h_t(\boldsymbol{x})\} + \mathrm{e}^{\alpha_t}I\{f(\boldsymbol{x}) \neq h_t(\boldsymbol{x})\}\right]\\
&= \mathrm{e}^{-\alpha_t}P_{\boldsymbol{x}\sim\mathcal{D}_t}(f(\boldsymbol{x}) = h_t(\boldsymbol{x})) + \mathrm{e}^{\alpha_t}P_{\boldsymbol{x}\sim\mathcal{D}_t}(f(\boldsymbol{x}) \neq h_t(\boldsymbol{x}))\\
&=: \mathrm{e}^{-\alpha_t}(1 - \epsilon_t) + \mathrm{e}^{\alpha_t}\epsilon_t,
\end{aligned}
$$

其中

$$
\epsilon_t = P_{\boldsymbol{x}\sim\mathcal{D}_t}(f(\boldsymbol{x}) \neq h_t(\boldsymbol{x})).
$$

考虑这个指数损失函数关于 α_t 的偏导数, 得

$$
\frac{\partial l_{\exp}(\alpha_t h_t|\mathcal{D}_t)}{\partial \alpha_t} = -\mathrm{e}^{-\alpha_t}(1 - \epsilon_t) + \mathrm{e}^{\alpha_t}\epsilon_t.
$$

令上式为 0 可解得

$$
\alpha_t = \frac{1}{2}\ln\left(\frac{1 - \epsilon_t}{\epsilon_t}\right), \tag{5.4.1}
$$

它恰是 AdaBoost 算法的 "过程" 的步骤 (f) 里的分类器权重更新公式. 容易求得 $l_{\exp}(\alpha_t h_t|\mathcal{D}_t)$ 关于 α_t 的二阶偏导数为 $\mathrm{e}^{-\alpha_t}(1 - \epsilon_t) + \mathrm{e}^{\alpha_t}\epsilon_t$, 它恒大于 0. 所以 (5.4.1) 中的 α_t 能最小化指数损失函数 $l_{\exp}(\alpha_t h_t|\mathcal{D}_t)$.

AdaBoost 算法在获得 H_{t-1} 之后将样本分布进行调整, 使下一轮的分类器 h_t 能纠正 H_{t-1} 的一些错误. 理想的 h_t 能纠正 H_{t-1} 的全部错误, 即最小化

$$l_{\exp}(H_{t-1} + h_t|\mathcal{D}) = E_{\boldsymbol{x}\sim\mathcal{D}}\left[\mathrm{e}^{-f(\boldsymbol{x})(H_{t-1}(\boldsymbol{x})+h_t(\boldsymbol{x}))}\right]$$
$$= E_{\boldsymbol{x}\sim\mathcal{D}}\left[\mathrm{e}^{-f(\boldsymbol{x})H_{t-1}(\boldsymbol{x})}\mathrm{e}^{-f(\boldsymbol{x})h_t(\boldsymbol{x})}\right]. \tag{5.4.2}$$

注意到 $f^2(\boldsymbol{x}) = h_t^2(\boldsymbol{x}) = 1$, 式 (5.4.2) 可使用 $\mathrm{e}^{-f(\boldsymbol{x})h_t(\boldsymbol{x})}$ 的 Taylor 展开式得

$$l_{\exp}(H_{t-1} + h_t|\mathcal{D}) \approx E_{\boldsymbol{x}\sim\mathcal{D}}\left[\mathrm{e}^{-f(\boldsymbol{x})H_{t-1}(\boldsymbol{x})}\left(1 - f(\boldsymbol{x})h_t(\boldsymbol{x}) + \frac{f^2(\boldsymbol{x})h_t^2(\boldsymbol{x})}{2}\right)\right]$$
$$= E_{\boldsymbol{x}\sim\mathcal{D}}\left[\mathrm{e}^{-f(\boldsymbol{x})H_{t-1}(\boldsymbol{x})}\left(1 - f(\boldsymbol{x})h_t(\boldsymbol{x}) + \frac{1}{2}\right)\right].$$

于是, 理想的分类器为

$$h_t(\boldsymbol{x}) = \underset{h}{\arg\min}\, E_{\boldsymbol{x}\sim\mathcal{D}}\left[\mathrm{e}^{-f(\boldsymbol{x})H_{t-1}(\boldsymbol{x})}\left(1 - f(\boldsymbol{x})h(\boldsymbol{x}) + \frac{1}{2}\right)\right]$$
$$= \underset{h}{\arg\max}\, E_{\boldsymbol{x}\sim\mathcal{D}}\left[\mathrm{e}^{-f(\boldsymbol{x})H_{t-1}(\boldsymbol{x})}f(\boldsymbol{x})h(\boldsymbol{x})\right]$$
$$= \underset{h}{\arg\max}\, E_{\boldsymbol{x}\sim\mathcal{D}}\left[\frac{\mathrm{e}^{-f(\boldsymbol{x})H_{t-1}(\boldsymbol{x})}}{E_{\boldsymbol{x}\sim\mathcal{D}}[\mathrm{e}^{-f(\boldsymbol{x})H_{t-1}(\boldsymbol{x})}]}f(\boldsymbol{x})h(\boldsymbol{x})\right],$$

其中, $E_{\boldsymbol{x}\sim\mathcal{D}}[\mathrm{e}^{-f(\boldsymbol{x})H_{t-1}(\boldsymbol{x})}]$ 是一个常数. 令 $\mathcal{D}_t$ 表示一个概率分布:

$$\mathcal{D}_t(\boldsymbol{x}) = \frac{\mathcal{D}(\boldsymbol{x})\mathrm{e}^{-f(\boldsymbol{x})H_{t-1}(\boldsymbol{x})}}{E_{\boldsymbol{x}\sim\mathcal{D}}[\mathrm{e}^{-f(\boldsymbol{x})H_{t-1}(\boldsymbol{x})}]}.$$

根据数学期望的定义, 这等价于令

$$h_t(\boldsymbol{x}) = \underset{h}{\arg\max}\, E_{\boldsymbol{x}\sim\mathcal{D}}\left[\frac{\mathrm{e}^{-f(\boldsymbol{x})H_{t-1}(\boldsymbol{x})}}{E_{\boldsymbol{x}\sim\mathcal{D}}[\mathrm{e}^{-f(\boldsymbol{x})H_{t-1}(\boldsymbol{x})}]}f(\boldsymbol{x})h(\boldsymbol{x})\right]$$
$$= \underset{h}{\arg\max}\, E_{\boldsymbol{x}\sim\mathcal{D}_t}[f(\boldsymbol{x})h(\boldsymbol{x})].$$

由于 $f(\boldsymbol{x}), h(\boldsymbol{x}) \in \{-1, 1\}$, 因此

$$f(\boldsymbol{x})h(\boldsymbol{x}) = 1 - 2I\{f(\boldsymbol{x}) \neq h(\boldsymbol{x})\},$$

则理想的分类器

$$h_t(\boldsymbol{x}) = \underset{h}{\arg\min}\, E_{\boldsymbol{x}\sim\mathcal{D}_t}[I\{f(\boldsymbol{x}) \neq h(\boldsymbol{x})\}].$$

由此可见, 理想的 h_t 将在分布 $\mathcal{D}_t$ 下最小化分类误差. 因此, 弱分类器将基于分布 $\mathcal{D}_t$ 来训练, 且针对 $\mathcal{D}_t$ 的分类误差应小于 0.5. 这在一定程度上类似 "残差逼近" 的

思想. 考虑到 $\mathcal{D}_t$ 和 $\mathcal{D}_{t+1}$ 的关系, 有

$$\mathcal{D}_{t+1}(\boldsymbol{x}) = \frac{\mathcal{D}(\boldsymbol{x})\mathrm{e}^{-f(\boldsymbol{x})H_t(\boldsymbol{x})}}{E_{\boldsymbol{x}\sim\mathcal{D}}[\mathrm{e}^{-f(\boldsymbol{x})H_t(\boldsymbol{x})}]}$$

$$= \frac{\mathcal{D}(\boldsymbol{x})\mathrm{e}^{-f(\boldsymbol{x})H_{t-1}(\boldsymbol{x})}\mathrm{e}^{-f(\boldsymbol{x})\alpha_t h_t(\boldsymbol{x})}}{E_{\boldsymbol{x}\sim\mathcal{D}}[\mathrm{e}^{-f(\boldsymbol{x})H_t(\boldsymbol{x})}]}$$

$$= \mathcal{D}_t(\boldsymbol{x}) \cdot \mathrm{e}^{-f(\boldsymbol{x})\alpha_t h_t(\boldsymbol{x})} \frac{E_{\boldsymbol{x}\sim\mathcal{D}}[\mathrm{e}^{-f(\boldsymbol{x})H_{t-1}(\boldsymbol{x})}]}{E_{\boldsymbol{x}\sim\mathcal{D}}[\mathrm{e}^{-f(\boldsymbol{x})H_t(\boldsymbol{x})}]}$$

$$=: \mathcal{D}_t(\boldsymbol{x}) \cdot \mathrm{e}^{-f(\boldsymbol{x})\alpha_t h_t(\boldsymbol{x})}/Z_t, \tag{5.4.3}$$

其中

$$Z_t = \frac{E_{\boldsymbol{x}\sim\mathcal{D}}[\mathrm{e}^{-f(\boldsymbol{x})H_t(\boldsymbol{x})}]}{E_{\boldsymbol{x}\sim\mathcal{D}}[\mathrm{e}^{-f(\boldsymbol{x})H_{t-1}(\boldsymbol{x})}]}. \tag{5.4.4}$$

(5.4.3) 恰是 AdaBoost 算法的 "过程" 的步骤 (g) 的样本分布更新公式.

于是, 由式 (5.4.1) 和 (5.4.3) 可见, 从基于加性模型迭代式的优化指数损失函数的角度推导出了 AdaBoost 算法.

从偏差–方差权衡的角度看, AdaBoost 主要关注降低偏差, 因此 AdaBoost 能基于泛化性能相当弱的分类器构建出很强的集成分类器.

作为一个例子, 把 AdaBoost 分类方法应用到 ISLR 库中的 Carseats 数据集. 调用 R 中的 adabag 程序包进行 AdaBoost 分类, 函数 boosting() 可以帮我们完成这一任务. 同样地, 随机选择一半的样本作为训练集, 另一半作为测试集. 取迭代次数 $T = 3$, 得到 3 棵 (弱) 分类树. 运行结果告诉我们这 3 棵分类树在集成分类树中的权重分别为 0.848, 0.585, 0.694. 把得到的集成分类树应用于测试集, 预测结果见表 5.9. 预测准确率达到 91.5%, 比 Bagging 和随机森林两种方法都要好很多. 如果采用函数 boosting() 默认的迭代次数 $T = 100$, 则预测准确率达到了惊人的 100%.

表 5.9   AdaBoost 分类树在测试集上的预测表现, 迭代次数 $T = 3$

预测结果	实际结果	
	No	Yes
No	108	10
Yes	7	75

最后来了解一下各预测变量的重要性. 从图 5.11(纵坐标为基尼指数增量) 可以看出, Price(价格) 和 ShelveLoc(货架位置) 是对销量 (Sales) 最重要的两个预测变量.

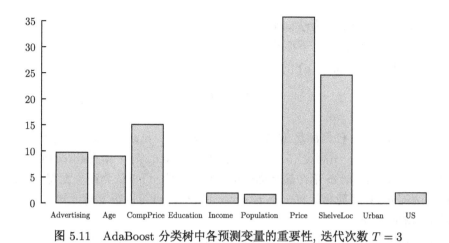

图 5.11 AdaBoost 分类树中各预测变量的重要性, 迭代次数 $T = 3$

5.5 支持向量机分类

支持向量机 (support vector machine, SVM)是 20 世纪 90 年代在计算机界发展起来的一种分类方法. 自推出之后变得越来越受欢迎, 被认为是适用面最广的分类器之一.

支持向量机可看作一类简单、直观的最大间隔分类器 (maximal margin classifier) 的推广. 最大间隔分类器的设计原理较简单, 但对于大部分实际数据, 最大间隔分类器却不易应用, 因为该分类器要求不同类别的观测数据是线性可分的. 基于支持向量机的重要性, 我们将在本节详细介绍它. 作为铺垫, 将先介绍最大间隔分类器, 然后介绍支持向量分类器 (support vector classifier), 它是最大间隔分类器的一个推广, 应用范围比最大间隔分类器要广. 最后, 将介绍支持向量机, 它是支持向量分类器的一个推广, 可应用于线性不可分的数据集.

最大间隔分类器、支持向量分类器以及支持向量机都可简单地叫做 "支持向量机", 为避免混淆, 我们将在这一节中严格区分这三个概念.

5.5.1 最大间隔分类器

我们先来了解超平面 (hyperplane) 这一概念. 在 p 维空间中, 超平面是一个 $p - 1$ 维的平面仿射子空间 (仿射意味着这个子空间无需经过原点). 例如, 在二维空间中, 超平面就是一个平坦的一维子空间, 即一条直线; 在三维空间中, 超平面就是一个平坦的二维子空间, 即一个平面. 在 p 维空间中, 超平面可用如下的线性方程来描述:

$$\boldsymbol{b}^{\mathrm{T}}\boldsymbol{x} + a = 0, \tag{5.5.1}$$

其中 $\boldsymbol{b} = (b_1, \cdots, b_p)^{\mathrm{T}}$ 为法向量, 决定了超平面的方向; a 为位移项, 决定了超平面与原点之间的距离. 下面将超平面记为 $(\boldsymbol{b}, a)$. 样本空间中的任意点 $\boldsymbol{x} = (x_1, \cdots, x_p)^{\mathrm{T}}$ 到超平面 $(\boldsymbol{b}, a)$ 的距离可写为

$$d = \frac{|\boldsymbol{b}^{\mathrm{T}}\boldsymbol{x} + a|}{\|\boldsymbol{b}\|}.$$

在 p 维空间中, 任何满足 (5.5.1) 的点 $\boldsymbol{x} = (x_1, \cdots, x_p)^{\mathrm{T}}$ 都落在超平面上. 假设 $\boldsymbol{x} = (x_1, \cdots, x_p)^{\mathrm{T}}$ 不满足 (5.5.1), 如果 $\boldsymbol{b}^{\mathrm{T}}\boldsymbol{x} + a > 0$, 则 $\boldsymbol{x}$ 落在超平面的某一侧; 如果 $\boldsymbol{b}^{\mathrm{T}}\boldsymbol{x} + a < 0$, 则 $\boldsymbol{x}$ 落在超平面的另一侧. 因此, 可以认为超平面将 p 维空间分成了两部分. 只要简单计算一下 $\boldsymbol{b}^{\mathrm{T}}\boldsymbol{x} + a$ 的符号, 就可以很容易地知道这个点落在超平面的哪一侧.

给定训练集 $D = \{(\boldsymbol{x}_1, y_1), \cdots, (\boldsymbol{x}_m, y_m)\}$, $y_i \in \{-1, 1\}$, 其中 "-1" 代表一个类别, "1" 代表另一个类别. 我们的目标是根据这个训练集构造一个性能优良的分类器. 接下来介绍一种基于分割超平面的方法.

假设可以构建一个超平面, 把类别标签不同的训练样本分割开来. 图 5.12 给出了一个分割超平面的例子 (为了可视化, 我们取预测变量的维数 $p = 2$, 后面不一一说明了). 标记为蓝色和红色的观测分别属于两个不同的类别, 蓝色表示相应的 $y_i = 1$, 红色表示相应的 $y_i = -1$, 黑色直线为分割超平面. 假设分割超平面 $(\boldsymbol{b}, a)$ 能将训练样本正确分类, 则它具有如下性质:

$$\begin{cases} \boldsymbol{b}^{\mathrm{T}}\boldsymbol{x}_i + a > 0, & y_i = 1, \\ \boldsymbol{b}^{\mathrm{T}}\boldsymbol{x}_i + a < 0, & y_i = -1, \end{cases} \quad i = 1, \cdots, m. \tag{5.5.2}$$

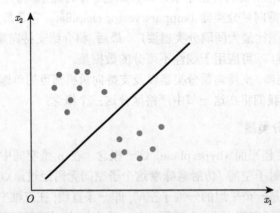

图 5.12　存在分割超平面将两类样本分开 (文后附彩图)

如果分割超平面存在, 就可以用它来构造分类器: 测试观测会被判为哪个类别完全取决于它落在分割超平面的哪一侧. 设 $\boldsymbol{x}^* = (x_1^*, \cdots, x_p^*)^{\mathrm{T}}$ 为一个测试观测.

我们可以根据 $f(x^*) = b^{\mathrm{T}}x^* + a$ 的符号来对测试观测分类: 如果 $f(x^*)$ 的符号为正, 则将测试观测分入 "1" 类; 如果 $f(x^*)$ 的符号为负, 则将测试观测分入 "–1" 类. $|f(x^*)|$ 的大小也是非常有价值的. 如果 $|f(x^*)|$ 的大小距离 0 很远, 即 x^* 距离分割超平面很远, 我们就能对 x^* 的类别归属的判断持更大的把握. 相反, 若 $|f(x^*)|$ 的大小很接近 0, 即 x^* 落在分割超平面的附近不远处, 我们就会对 x^* 的类别归属的判断不那么有信心了. 容易看出, 图 5.12 中基于分割超平面的分类器产生了一个线性决策边界.

一般来说, 如果数据可以被一个超平面分隔开, 那么事实上存在无数个这样的超平面. 这是因为给定一个分割超平面后, 稍微上移、下移或者旋转这个超平面, 只要不触碰这些观测点, 就可仍然将数据区分开. 图 5.13 展示了三个这样的超平面. 接下来的问题就是如何从无数个超平面中合理地挑选出其中的一个.

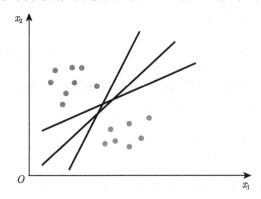

图 5.13 存在多个分割超平面将两类样本分开 (文后附彩图)

一个很自然的考虑是最大间隔超平面 (maximal margin hyperplane). 最大间隔超平面是离训练观测最远的那个分割超平面. 也就是说, 首先计算出每个训练观测到一个特定的分割超平面的垂直距离, 这些距离的最小值就是训练观测到这个分割超平面的距离, 这个距离被称为间隔 (margin). 最大间隔超平面就是间隔最大的那个分割超平面, 即它能使得训练观测到这个分割超平面的间隔达到最大. 接下来只需通过观察测试观测落在最大间隔超平面的哪一侧, 就可以判断测试观测的类别归属了. 这就是最大间隔分类器. 我们希望在训练数据上间隔较大的分类器, 在测试数据上的间隔也能较大, 图 5.14 给出了图 5.13 中数据的最大间隔超平面. 从某种意义上来说, 最大间隔超平面就是能够插入到两个类别数据之间的两个最宽间隔面的 "中线".

观察图 5.14, 可以发现有两个训练观测落在了虚线上, 它们到最大间隔超平面的距离是一样大的. 这两个训练观测就叫做支持向量 (support vector), 因为它们 "支持" 着最大间隔超平面. 容易看出, 只要这两个点的位置稍微移动, 最大间隔超平面就会随之移动. 因此, 最大间隔超平面只由支持向量决定, 跟其他的训练观测无关. 也就是说, 只要其他观测在移动的时候不落到边界面的另一边, 那么其位置的改变就不会影响最大分割超平面.

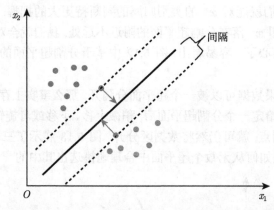

图 5.14   黑色直线为两类样本的最大间隔超平面, 两条黑色虚线为间隔面 (文后附彩图)

一个很重要的问题是如何通过训练观测构建最大间隔分类器. 下面从理论的角度分析这个问题. 先把 (5.5.2) 改写为

$$\begin{cases} b^{\mathrm{T}}x_i + a \geqslant 1, & y_i = 1, \\ b^{\mathrm{T}}x_i + a \leqslant -1, & y_i = -1, \end{cases} \quad i = 1, \cdots, m. \tag{5.5.3}$$

这样的改写是合理的, 因为如果 (5.5.2) 成立的话, 总可以找到一个缩放变换 ($\varsigma b \mapsto \tilde{b}, \varsigma a \mapsto \tilde{a}$) 使得 (5.5.3) 成立. 基于 (5.5.3), 可以得到图 5.15. 此时, 间隔大小为 $1/\|b\|$. 另外, 容易看出 (5.5.3) 可等价地写成

$$y_i(b^{\mathrm{T}}x_i + a) \geqslant 1, \quad i = 1, \cdots, m.$$

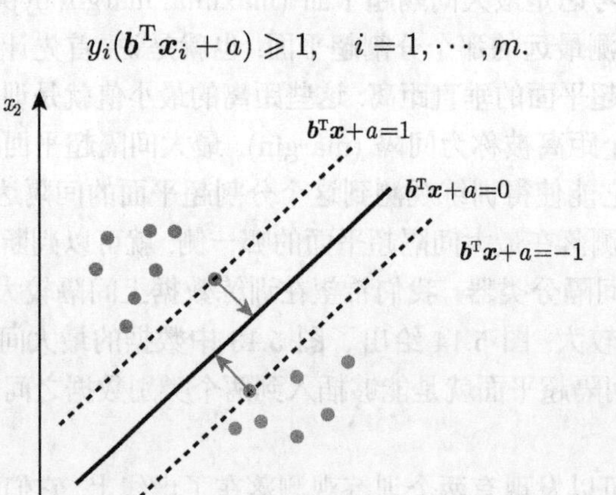

图 5.15   黑色直线为两类样本的最大间隔超平面 (文后附彩图)

显然, 为了最大化间隔, 仅需最小化 $\|\boldsymbol{b}\|^2 = \boldsymbol{b}^{\mathrm{T}}\boldsymbol{b}$. 于是, 为了寻找最大间隔超平面, 只需求解下面的优化问题:

$$\begin{cases} \min\limits_{\boldsymbol{b},a} \ \dfrac{1}{2}\|\boldsymbol{b}\|^2, \\ \text{s.t.} \ y_i(\boldsymbol{b}^{\mathrm{T}}\boldsymbol{x}_i + a) \geqslant 1, \ i = 1, \cdots, m. \end{cases} \tag{5.5.4}$$

注意, 间隔大小貌似仅与 $\boldsymbol{b}$ 有关, 但事实上 a 通过约束隐式地影响着 $\boldsymbol{b}$ 的取值, 进而对间隔大小产生影响. 所以 (5.5.4) 的第一个表达式不仅与 $\boldsymbol{b}$ 有关, 也与 a 有关.

现在, 我们希望通过求解 (5.5.4) 来得到最大间隔超平面所对应的模型

$$f(\boldsymbol{x}) = \boldsymbol{b}^{\mathrm{T}}\boldsymbol{x} + a.$$

因为 (5.5.4) 是一个凸二次规划问题, 所以能直接用现成的优化计算方法求解, 但下面我们将介绍一种更高效的方法.

对 (5.5.4) 使用拉格朗日乘子法可得到其 "对偶问题"(dual problem). 具体来说, 对 (5.5.4) 的每条约束添加拉格朗日乘子 $\alpha_i \geqslant 0$, 则该问题的拉格朗日函数可写为

$$L(\boldsymbol{b}, a, \boldsymbol{\alpha}) = \frac{1}{2}\|\boldsymbol{b}\|^2 + \sum_{i=1}^{m} \alpha_i(1 - y_i(\boldsymbol{b}^{\mathrm{T}}\boldsymbol{x}_i + a)), \tag{5.5.5}$$

其中 $\boldsymbol{\alpha} = (\alpha_1, \cdots, \alpha_m)^{\mathrm{T}}$. 令 $L(\boldsymbol{b}, a, \boldsymbol{\alpha})$ 对 $\boldsymbol{b}$ 和 a 的偏导数为 0 可得

$$\begin{cases} \boldsymbol{b} = \sum\limits_{i=1}^{m} \alpha_i y_i \boldsymbol{x}_i, \\ 0 = \sum\limits_{i=1}^{m} \alpha_i y_i. \end{cases} \tag{5.5.6}$$

将 (5.5.6) 代入 (5.5.5), 即可将 $L(\boldsymbol{b}, a, \boldsymbol{\alpha})$ 中的 $\boldsymbol{b}$ 和 a 消去, 再考虑 (5.5.6) 的约束, 就得到了 (5.5.4) 的对偶问题:

$$\begin{cases} \min\limits_{\boldsymbol{\alpha}} \ \left\{ \sum\limits_{i=1}^{m} \alpha_i - \dfrac{1}{2} \sum\limits_{i=1}^{m} \sum\limits_{j=1}^{m} \alpha_i \alpha_j y_i y_j \boldsymbol{x}_i^{\mathrm{T}} \boldsymbol{x}_j \right\}, \\ \text{s.t.} \ \sum\limits_{i=1}^{m} \alpha_i y_i = 0, \\ \qquad \alpha_i \geqslant 0, \ i = 1, \cdots, m. \end{cases} \tag{5.5.7}$$

解出 $\boldsymbol{\alpha}$ 后, 求出 $\boldsymbol{b}$ 和 a 即可得模型

$$f(\boldsymbol{x}) = \boldsymbol{b}^{\mathrm{T}}\boldsymbol{x} + a = \sum_{i=1}^{m} \alpha_i y_i \boldsymbol{x}_i^{\mathrm{T}} \boldsymbol{x} + a. \tag{5.5.8}$$

注意到 (5.5.3) 中有不等式约束, 因此, 上述过程需满足优化问题中所谓的 KKT (Karush-Kuhn-Tucker) 条件, 即要求

$$\begin{cases} \alpha_i \geqslant 0, \\ y_i f(\boldsymbol{x}_i) - 1 \geqslant 0, \qquad i = 1, \cdots, m. \\ \alpha_i(y_i f(\boldsymbol{x}_i) - 1) = 0, \end{cases} \tag{5.5.9}$$

于是, 对于训练数据 $(\boldsymbol{x}_i, y_i)$, 总有 $\alpha_i = 0$ 或 $y_i f(\boldsymbol{x}_i) = 1$. 若 $\alpha_i = 0$, 则相应的观测 $\boldsymbol{x}_i$ 将不会在 (5.5.8) 的求和中出现, 也就不会对 $f(\boldsymbol{x})$ 有任何影响. 若 $\alpha_i > 0$, 则必有 $y_i f(\boldsymbol{x}_i) = 1$, 所对应的观测 $\boldsymbol{x}_i$ 位于间隔面上, 是一个支持向量. 这显示了最大间隔分类器的一个重要性质: 训练完成后, 大部分的训练数据都无需保留, 最终的模型仅与支持向量有关.

那么, 如何求解式 (5.5.7) 呢? 不难发现, 这是一个二次规划问题, 可使用通用的二次规划算法来求解. 然而, 该问题的计算规模与训练样本数成正比, 这会在实际任务中造成很大的计算成本. 为了避免这个麻烦, 人们通过利用问题本身的特性, 提出了很多高效的算法, SMO (sequential minimal optimization) 是其中一个著名的代表. SMO 的基本思路是先固定 α_i 之外的所有参数, 然后求 α_i 的极值. 由于存在约束 $\sum_{i=1}^m \alpha_i y_i = 0$, 若固定 α_i 之外的其他变量, 则 α_i 可由其他变量导出. 于是, SMO 每次选择两个变量 α_i 和 α_j, 并固定其他参数. 这样, 在参数初始化后, SMO 不断执行如下两个步骤直至收敛:

(1) 选取一对需要更新的 α_i 和 α_j;

(2) 固定 α_i 和 α_j 以外的其他参数, 求解式 (5.5.7), 获得更新后的 α_i 和 α_j.

注意到选取的 α_i 和 α_j 有一个不满足 KKT 条件 (5.5.9), 目标函数就会在迭代后增大[90]). 直观来看, KKT 条件违背的程度越大, 则变量更新后可能导致的目标函数值增幅越大. 于是, SMO 先选取违背 KKT 条件程度最大的变量. 第二个变量应选择一个使目标函数增长最快的变量, 但由于比较各变量所对应的目标函数值增幅的算法复杂度过高, 因此 SMO 采用了一个启发式算法: 使选取的两变量所对应样本之间的间隔最大. 一种直观的解释是, 这样的两个变量有很大的差别, 与对两个相似的变量进行更新相比, 对它们进行更新会带给目标函数值更大的变化.

SMO 算法之所以高效, 是由于在固定其他参数后, 仅优化两个参数的过程能做到非常高效. 具体来说, 仅考虑 α_i 和 α_j 时, (5.5.7) 中的约束可重写为

$$\alpha_i y_i + \alpha_j y_j = c, \quad \alpha_i \geqslant 0, \quad \alpha_j \geqslant 0,$$

其中 $c = -\sum_{k \neq i,j} \alpha_k y_k$. 用 $\alpha_i y_i + \alpha_j y_j = c$ 消去 (5.5.7) 中的变量 α_j, 则得到一个关于 α_i 的二次规划问题, 仅有的约束是 $\alpha_i \geqslant 0$. 不难发现, 这样的二次规划问题具有闭式解, 于是不必调用数值优化算法即可高效地计算出更新后的 α_i 和 α_j.

如何确定偏移项 a 呢? 注意到对任意的支持向量 $(\boldsymbol{x}_s, y_s)$ 都有 $y_s f(\boldsymbol{x}_s) = 1$, 即

$$y_s \left(\sum_{i \in S} \alpha_i y_i \boldsymbol{x}_i^{\mathrm{T}} \boldsymbol{x}_s + a \right) = 1, \tag{5.5.10}$$

其中 $S = \{i|\alpha_i > 0, \ i = 1, \cdots, m\}$ 为所有支持向量的下标集. 理论上, 可选取任意一个支持向量并通过解 (5.5.10) 获得 a. 但现实中常采用一种更鲁棒 (robust) 的做法: 使用所有支持向量求解的平均值

$$a = \frac{1}{|S|} \sum_{s \in S} \left(\frac{1}{y_s} - \sum_{i \in S} \alpha_i y_i \boldsymbol{x}_i^{\mathrm{T}} \boldsymbol{x}_s \right).$$

5.5.2 支持向量分类器

如果分割超平面确实存在, 那么最大间隔分类器是一种非常自然的分类方法. 但是, 在许多情况下, 分割超平面并不存在, 因此也就不存在最大间隔分类器. 图 5.16 给出了一个这样的例子, 我们无法找到最大间隔分类器把两类样本完全区分开来.

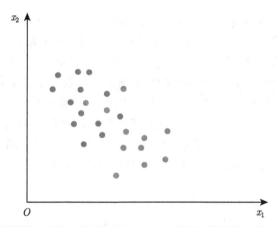

图 5.16   两类样本不能被超平面分开, 最大间隔分类器不可用 (文后附彩图)

另外, 即使分割超平面确实存在, 但基于分割超平面的分类器仍有不可取的时候. 因为基于分割超平面的分类器需要将所有的训练观测都正确分类, 这样的分类器对观测个体是非常敏感的. 图 5.17 给出了一个例子. 在图中, 只增加一个观测就使得最大间隔超平面发生了大幅度的变化, 而且最后得到的最大间隔超平面是不尽如人意的, 因为其间隔很小. 这将是有问题的, 因为一个观测到最大间隔超平面的距离可以看做分类的准确性的度量. 此外, 最大间隔超平面对单个观测的变化极其敏感, 这也说明它可能过拟合了训练数据. 在这种情况下, 为了提高分类器对单个观测分类的稳定性以及为了使大部分训练观测能更好地被分类, 我们可以考虑非完

美分类的超平面分类器. 也就是说, 允许小部分训练观测被误分以保证分类器对其余大部分观测能实现更好的分类, 这样的误分是值得的.

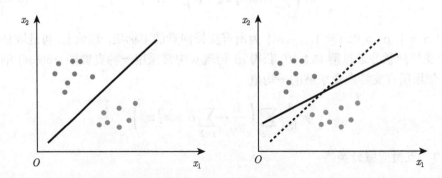

图 5.17 左: 黑色实线为最大间隔超平面; 右: 额外增加了一个红色的观测, 导致最大间隔超平面发生移动. 实线是新的最大间隔超平面, 虚线是没有增加红色观测时的最大间隔超平面 (文后附彩图)

支持向量分类器 (support vector classifier), 也称为软间隔分类器 (soft margin classifier), 就是在做这么一件事情. 与其寻找可能的最大间隔, 要求每个观测不仅落在超平面外正确的一侧, 而且还必须正确地落在某一间隔面以外, 不如允许一些观测落在间隔面错误的一侧, 甚至落在超平面错误的一侧. 图 5.18 给出这样的一个例子. 在左图中, 大部分的观测都落在间隔面以外正确的一侧, 小部分落在了间隔面错误的一侧. 在右图中, 大部分的观测都落在间隔面以外正确的一侧, 小部分落在了间隔面错误的一侧, 甚至还有两个观测点落在了超平面错误的一侧. 刚好落在间隔面上和落在间隔面的错误一侧的观测 (包括那些落在超平面的错误一侧的观测) 叫做支持向量.

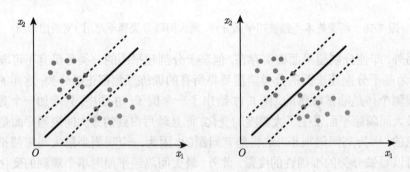

图 5.18 左: 小部分观测落在了间隔面错误的一侧; 右: 小部分观测落在了间隔面错误的一侧, 甚至还有两个观测点落在了超平面错误的一侧 (文后附彩图)

支持向量分类器允许某些观测不满足约束

$$y_i(\boldsymbol{b}^{\mathrm{T}}\boldsymbol{x}_i + a) \geqslant 1. \tag{5.5.11}$$

当然, 在最大化间隔的同时, 不满足约束的观测个数应尽可能少. 于是优化目标可写为

$$\min_{\boldsymbol{b},a} \left\{ \frac{1}{2}\|\boldsymbol{b}\|^2 + C \sum_{i=1}^{m} l_{0/1}(y_i(\boldsymbol{b}^{\mathrm{T}}\boldsymbol{x}_i + a) - 1) \right\}, \tag{5.5.12}$$

其中, $C > 0$ 是调节参数 (tuning parameter), 在间隔大小和越过间隔面的观测个数之间维持权衡关系, $l_{0/1}$ 是 "0/1 损失函数":

$$l_{0/1}(z) = \begin{cases} 1, & z < 0, \\ 0, & z \geqslant 0. \end{cases}$$

显然, 当 $C = \infty$ 时, (5.5.12) 迫使所有的训练观测均满足约束 (5.5.11). 于是, (5.5.12) 等价于 (5.5.4). 当 C 取有限值时, (5.5.12) 允许一些训练观测不满足约束 (5.5.11). 其实, C 还控制着统计学习中的偏差–方差的权衡: 如果 C 较大, 训练观测越过间隔面的成本就会变高, 因此间隔面就比较窄, 并且几乎不会出现穿过间隔面的观测, 这时分类器会高度拟合训练数据, 虽然降低了偏差, 但可能导致较大的方差; 相反, 若 C 较小, 训练观测越过间隔面的成本变小, 间隔面就会变宽, 这会允许较多的观测穿过间隔面, 这时分类器可能对数据拟合不足, 虽然能够降低方差, 但是可能会带来较大的偏差.

然而, $l_{0/1}$ 是一个非凸、非连续函数, 数学性质不太好, 使得 (5.5.12) 不易直接求解. 于是, 人们通常用其他的一些函数来替代 $l_{0/1}$, 称为 "替代损失"(surrogate loss). 替代损失函数一般具有良好的数学性质, 如它们通常是凸的连续函数且是 $l_{0/1}$ 的上界. 下面列出三种常用的替代损失函数.

(1) hinge 损失: $l_{\mathrm{hinge}}(z) = \max(0, 1 - z)$.

(2) 指数损失: $l_{\exp}(z) = \exp(-z)$.

(3) 对率损失: $l_{\log}(z) = \log(1 + \exp(-z))$.

通常采用 hinge 损失. 此时, (5.5.12) 演化为

$$\min_{\boldsymbol{b},a} \left\{ \frac{1}{2}\|\boldsymbol{b}\|^2 + C \sum_{i=1}^{m} \max(0, 1 - y_i(\boldsymbol{b}^{\mathrm{T}}\boldsymbol{x}_i + a)) \right\}. \tag{5.5.13}$$

引入松弛变量 (slack variable) $\xi_i \geqslant 0$, 将 (5.5.13) 写为

$$\begin{cases} \min\limits_{\boldsymbol{b},a,\xi_i} \left\{ \dfrac{1}{2}\|\boldsymbol{b}\|^2 + C\sum\limits_{i=1}^{m} \xi_i \right\}, \\[2mm] \text{s.t. } y_i(\boldsymbol{b}^{\mathrm{T}}\boldsymbol{x}_i + a) \geqslant 1 - \xi_i, \\[2mm] \xi_i \geqslant 0,\ i = 1,\cdots,m. \end{cases} \tag{5.5.14}$$

(5.5.14) 中每个观测都有一个对应的松弛变量, 用以表征该观测不满足约束 (5.5.11) 的程度. 与 (5.5.4) 相似, (5.5.14) 仍是一个二次规划问题. 于是, 可以通过拉格朗日乘子法得到 (5.5.14) 的拉格朗日函数

$$\begin{aligned} &L(\boldsymbol{b},a,\boldsymbol{\alpha},\boldsymbol{\xi},\boldsymbol{\mu}) \\ &= \frac{1}{2}\|\boldsymbol{b}\|^2 + C\sum_{i=1}^{m}\xi_i + \sum_{i=1}^{m}\alpha_i(1 - \xi_i - y_i(\boldsymbol{b}^{\mathrm{T}}\boldsymbol{x}_i + a)) - \sum_{i=1}^{m}\mu_i\xi_i, \end{aligned} \tag{5.5.15}$$

其中, $\alpha_i \geqslant 0,\ \mu_i \geqslant 0$ 是拉格朗日乘子.

对 $L(\boldsymbol{b},a,\boldsymbol{\alpha},\boldsymbol{\xi},\boldsymbol{\mu})$ 分别关于 $\boldsymbol{b},a,\xi_i$ 求偏导数, 并令其为 0, 可得

$$\begin{cases} \boldsymbol{b} = \sum\limits_{i=1}^{m}\alpha_i y_i \boldsymbol{x}_i, \\[2mm] 0 = \sum\limits_{i=1}^{m}\alpha_i y_i, \\[2mm] C = \alpha_i + \mu_i,\ i = 1,\cdots,m. \end{cases} \tag{5.5.16}$$

将 (5.5.16) 代入 (5.5.15) 即可得 (5.5.14) 的对偶问题

$$\begin{cases} \min\limits_{\boldsymbol{\alpha}} \left\{ \sum\limits_{i=1}^{m}\alpha_i - \dfrac{1}{2}\sum\limits_{i=1}^{m}\sum\limits_{j=1}^{m}\alpha_i\alpha_j y_i y_j \boldsymbol{x}_i^{\mathrm{T}}\boldsymbol{x}_j \right\}, \\[2mm] \text{s.t. } \sum\limits_{i=1}^{m}\alpha_i y_i = 0, \\[2mm] 0 \leqslant \alpha_i \leqslant C,\ i = 1,\cdots,m. \end{cases} \tag{5.5.17}$$

对于这个优化问题, 可采用前面提到的 SMO 算法求解.

类似于 (5.5.9), 对支持向量分类器, KKT 条件要求

$$\begin{cases} \alpha_i \geqslant 0,\ \mu_i \geqslant 0, \\ y_i f(\boldsymbol{x}_i) - 1 + \xi_i \geqslant 0, \\ \alpha_i(y_i f(\boldsymbol{x}_i) - 1 + \xi_i) = 0, \\ \xi_i \geqslant 0,\ \mu_i\xi_i = 0, \end{cases} \quad i = 1,\cdots,m.$$

于是, 对于训练观测 $(\boldsymbol{x}_i, y_i)$, 总有 $\alpha_i = 0$ 或 $y_i f(\boldsymbol{x}_i) = 1 - \xi_i$. 若 $\alpha_i = 0$, 则相应的观测 $\boldsymbol{x}_i$ 不会对 $f(\boldsymbol{x})$ 有任何影响; 若 $\alpha_i > 0$, 则必有 $y_i f(\boldsymbol{x}_i) = 1 - \xi_i$, 即相应的观

测 x_i 是支持向量: 由 (5.5.16) 可知, 若 $\alpha_i < C$, 则 $\mu_i > 0$, 进而有 $\xi_i = 0$, 即该观测恰好在最大间隔面上; 若 $\alpha_i = C$, 则 $\mu_i = 0$, 此时若 $\xi_i \leqslant 1$ 则该观测越过间隔面但没有越过超平面, 若 $\xi_i > 1$ 则该观测越过超平面导致被错误分类. 由此可见, 支持向量分类器的最终模型仅与支持向量有关, 即通过采用 hinge 损失函数仍保持了模型的稀疏性.

支持向量分类器的判断规则只由训练观测的一部分 (支持向量) 确定, 这意味着对于距离超平面较远的观测来说, 分类器是非常稳健的. 支持向量分类器的这一特性使得它完全不同于前面介绍过的一些分类方法, 比如线性判别分析 (LDA), LDA 的判别规则取决于组内观测的均值以及根据所有的观测计算的组内协方差矩阵.

5.5.3 支持向量机

支持向量机是支持向量分类器的一个推广. 支持向量机使用了一种特殊的方式, 即核函数 (kernel function)来扩大特征空间. 接下来介绍这种推广.

在响应变量只有两个类别的情况下, 如果两个类别是线性可分的, 使用支持向量分类器进行分类是非常自然的方法. 但是在实际中, 有时候会碰到非线性的分类边界. 例如, 考虑图 5.19 左图中的数据. 很显然, 支持向量分类器或者任何其他的线性分类器应用到这个数据集上, 分类效果都不会很好. 图 5.19 的右图使用了支持向量分类器对数据进行分类, 从分类效果上来看, 支持向量分类器对这个数据集的确是无效的.

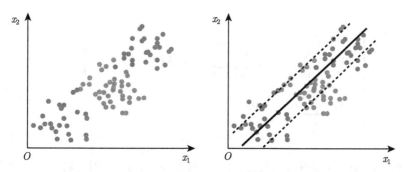

图 5.19 左: 线性不可分的样本; 右: 支持向量分类器的分类效果 (文后附彩图)

在回归分析中, 如果预测变量与响应变量之间的关系是非线性的, 那么使用预测变量的一次项建立的线性回归模型的表现就会大打折扣. 在这种情况下, 可以使用预测变量的二次多项式、三次多项式甚至是更高阶的多项式来扩大特征空间, 然后再建立回归模型. 受此启发, 对于线性不可分的分类问题, 可将样本从原始空间映射到一个更高维的特征空间, 使得样本在这个特征空间里是线性可分的. 幸运的是, 如果原始空间是有限维的, 即特征数有限, 那么一定存在一个高维特征空间使样本可分.

令 $\phi(\boldsymbol{x})$ 表示将 $\boldsymbol{x}$ 映射后的特征向量, 于是, 在特征空间中分割超平面所对应的模型可表示为

$$f(\boldsymbol{x}) = \boldsymbol{b}^{\mathrm{T}}\phi(\boldsymbol{x}) + a,$$

其中 $\boldsymbol{b}$ 和 a 是模型参数. 类似于 (5.5.12), 需要求解如下的优化问题:

$$\min_{\boldsymbol{b},a} \left\{ \frac{1}{2}\|\boldsymbol{b}\|^2 + C\sum_{i=1}^{m} l_{0/1}(y_i(\boldsymbol{b}^{\mathrm{T}}\phi(\boldsymbol{x}_i) + a) - 1) \right\}.$$

通常采用 hinge 损失替代上式中的 $l_{0/1}$. 此时, 上式变成

$$\min_{\boldsymbol{b},a} \left\{ \frac{1}{2}\|\boldsymbol{b}\|^2 + C\sum_{i=1}^{m} \max(0, 1 - y_i(\boldsymbol{b}^{\mathrm{T}}\phi(\boldsymbol{x}_i) + a)) \right\}.$$

引入松弛变量 $\xi_i \geq 0$ 后, 优化问题可写成

$$\begin{cases} \min_{\boldsymbol{b},a,\xi_i} \left\{ \frac{1}{2}\|\boldsymbol{b}\|^2 + C\sum_{i=1}^{m} \xi_i \right\}, \\ \text{s.t. } y_i(\boldsymbol{b}^{\mathrm{T}}\phi(\boldsymbol{x}_i) + a) \geq 1 - \xi_i, \\ \xi_i \geq 0, \ i = 1, \cdots, m. \end{cases}$$

其对偶问题是

$$\begin{cases} \min_{\boldsymbol{\alpha}} \left\{ \sum_{i=1}^{m} \alpha_i - \frac{1}{2}\sum_{i=1}^{m}\sum_{j=1}^{m} \alpha_i\alpha_j y_i y_j \phi^{\mathrm{T}}(\boldsymbol{x}_i)\phi(\boldsymbol{x}_j) \right\}, \\ \text{s.t. } \sum_{i=1}^{m} \alpha_i y_i = 0, \\ 0 \leq \alpha_i \leq C, \ i = 1, \cdots, m. \end{cases} \tag{5.5.18}$$

求解 (5.5.18) 涉及计算 $\phi^{\mathrm{T}}(\boldsymbol{x}_i)\phi(\boldsymbol{x}_j)$, 这是 $\boldsymbol{x}_i$ 与 $\boldsymbol{x}_j$ 映射到特征空间之后的内积. 由于特征空间维数可能很高, 甚至可能是无穷维的, 因此直接计算 $\phi^{\mathrm{T}}(\boldsymbol{x}_i)\phi(\boldsymbol{x}_j)$ 通常是困难的. 为了避开这个麻烦, 可以设想有这样一个函数:

$$\kappa(\boldsymbol{x}_i, \boldsymbol{x}_j) = \phi^{\mathrm{T}}(\boldsymbol{x}_i)\phi(\boldsymbol{x}_j),$$

即 $\boldsymbol{x}_i$ 与 $\boldsymbol{x}_j$ 在特征空间里的内积等于它们在原始样本空间中通过函数 $\kappa(\cdot,\cdot)$ 计算得到的结果. 有了这样的函数, 就不必直接去计算高维甚至无穷维特征空间里的内

积. 于是, (5.5.18) 可重写为

$$
\begin{cases}
\min\limits_{\boldsymbol{\alpha}} \left\{ \sum\limits_{i=1}^{m} \alpha_i - \dfrac{1}{2} \sum\limits_{i=1}^{m} \sum\limits_{j=1}^{m} \alpha_i \alpha_j y_i y_j \kappa(\boldsymbol{x}_i, \boldsymbol{x}_j) \right\}, \\[2mm]
\text{s.t.} \quad \sum\limits_{i=1}^{m} \alpha_i y_i = 0, \\[2mm]
\qquad 0 \leqslant \alpha_i \leqslant C, \ i = 1, \cdots, m.
\end{cases}
\tag{5.5.19}
$$

求解后即可得到

$$
f(\boldsymbol{x}) = \boldsymbol{b}^{\mathrm{T}} \phi(\boldsymbol{x}) + a = \sum_{i=1}^{m} \alpha_i y_i \kappa(\boldsymbol{x}, \boldsymbol{x}_i) + a.
\tag{5.5.20}
$$

这里的 $\kappa(\cdot, \cdot)$ 就是 "核函数". (5.5.20) 告诉我们模型的最优解可通过训练样本的核函数展开, 这一展式亦被称为 "支持向量展式"(support vector expansion).

显然, 若已知映射 $\phi(\cdot)$ 的具体函数形式, 则可写出核函数 $\kappa(\cdot, \cdot)$. 但是在现实任务中, 我们通常不知道 $\phi(\cdot)$ 是什么形式的. 那么, 合适的核函数是否一定存在呢? 什么样的函数能作为核函数使用呢? 下面的定理回答了以上问题.

定理 5.1(核函数) 令 χ 为输入空间, $\kappa(\cdot, \cdot)$ 是定义在 $\chi \times \chi$ 上的对称函数, 则 κ 是核函数当且仅当对于任意的数据 $D = \{\boldsymbol{x}_1, \cdots, \boldsymbol{x}_m\}$, "核矩阵"(kernel matrix)$\boldsymbol{K}$ 总是半正定的:

$$
\boldsymbol{K} = \begin{pmatrix}
\kappa(\boldsymbol{x}_1, \boldsymbol{x}_1) & \cdots & \kappa(\boldsymbol{x}_1, \boldsymbol{x}_j) & \cdots & \kappa(\boldsymbol{x}_1, \boldsymbol{x}_m) \\
\vdots & & \vdots & & \vdots \\
\kappa(\boldsymbol{x}_i, \boldsymbol{x}_1) & \cdots & \kappa(\boldsymbol{x}_i, \boldsymbol{x}_j) & \cdots & \kappa(\boldsymbol{x}_i, \boldsymbol{x}_m) \\
\vdots & & \vdots & & \vdots \\
\kappa(\boldsymbol{x}_m, \boldsymbol{x}_1) & \cdots & \kappa(\boldsymbol{x}_m, \boldsymbol{x}_j) & \cdots & \kappa(\boldsymbol{x}_m, \boldsymbol{x}_m)
\end{pmatrix}.
$$

上述定理表明, 只要一个对称函数所对应的核矩阵是半正定的, 那么它就能作为核函数使用. 事实上, 对于一个半正定矩阵, 总能找到一个与之对应的映射 ϕ. 换言之, 任何一个核函数都隐式地定义了一个称为 "再生核希尔伯特空间"(reproducing kernel Hilbert space, RKHS) 的特征空间.

通过前面的讨论可知, 我们希望样本在特征空间内线性可分 (从而在原始样本空间里实现非线性分割), 因此特征空间的好坏对支持向量机的性能至关重要. 需注意的是, 在不知道特征映射的形式时, 我们并不知道什么样的核函数是合适的. 而核函数也仅是隐式地定义了这个特征空间. 于是 "核函数的选择" 成了支持向量机的最大变数. 若核函数选择不当, 则意味着将样本映射到了一个不合适的特征空间, 很可能导致分类器性能不佳. 表 5.10 列出了几种常用的核函数.

表 5.10   常用核函数

名称	表达式	参数
线性核	$\kappa(\boldsymbol{x}_i, \boldsymbol{x}_j) = \boldsymbol{x}_i^{\mathrm{T}} \boldsymbol{x}_j$	
多项式核	$\kappa(\boldsymbol{x}_i, \boldsymbol{x}_j) = (\boldsymbol{x}_i^{\mathrm{T}} \boldsymbol{x}_j)^d$	$d \geqslant 1$
径向核	$\kappa(\boldsymbol{x}_i, \boldsymbol{x}_j) = \exp(-\gamma \|\boldsymbol{x}_i - \boldsymbol{x}_j\|^2)$	$\gamma > 0$
拉普拉斯核	$\kappa(\boldsymbol{x}_i, \boldsymbol{x}_j) = \exp\left(-\dfrac{\|\boldsymbol{x}_i - \boldsymbol{x}_j\|}{\sigma}\right)$	$\sigma > 0$
Sigmoid 核	$\kappa(\boldsymbol{x}_i, \boldsymbol{x}_j) = \tanh(\beta \boldsymbol{x}_i^{\mathrm{T}} \boldsymbol{x}_j + \theta)$	$\beta > 0, \theta < 0$

若采用线性核 (即 $d = 1$ 时的多项式核), 此时的支持向量机就是前面介绍的支持向量分类器. 径向核 (radial kernel) 也称为高斯核, 如果测试观测 $\boldsymbol{x}^* = (x_1^*, \cdots, x_p^*)^{\mathrm{T}}$ 距离训练观测 $\boldsymbol{x}_i$ 非常远, 则 $\|\boldsymbol{x}^* - \boldsymbol{x}_i\|^2$ 的值就会非常大, 从而 $\kappa(\boldsymbol{x}^*, \boldsymbol{x}_i)$ 会很小. 这意味着在 (5.5.20) 中 $\boldsymbol{x}_i$ 对 $f(\boldsymbol{x}^*)$ 几乎没有任何影响. 回想一下, 对测试观测 $\boldsymbol{x}^*$ 的类别的预测是基于 $f(\boldsymbol{x}^*)$ 的符号的. 也就是说, 距离 $\boldsymbol{x}^*$ 较远的训练观测对测试观测 $\boldsymbol{x}^*$ 的类别的预测几乎没有任何帮助. 就某种意义而言, 径向核函数方法是一种局部方法, 因为只有测试观测周围的训练观测对测试观测的预测类别有影响.

此外, 我们还可以通过函数组合得到核函数. 例如, 若 κ_1 和 κ_2 是核函数, 则对于任意的正数 γ_1, γ_2, 其线性组合 $\gamma_1\kappa_1 + \gamma_2\kappa_2$ 也是核函数; 它们的直积 $\kappa_1 \otimes \kappa_2(\boldsymbol{x}, \boldsymbol{z}) = \kappa_1(\boldsymbol{x}, \boldsymbol{z})\kappa_2(\boldsymbol{x}, \boldsymbol{z})$ 也是核函数; 对于任意函数 $g(\boldsymbol{x})$, $\kappa(\boldsymbol{x}, \boldsymbol{z}) = g(\boldsymbol{x})\kappa_1(\boldsymbol{x}, \boldsymbol{z})g(\boldsymbol{z})$ 也是核函数.

图 5.20 中的左图把多项式核的支持向量机应用在了图 5.19 中的非线性可分的数据集上. 图 5.20 中的右图展示的是径向核函数的支持向量机在图 5.19 中的非线性可分的数据集上的应用. 跟支持向量分类器比起来, 多项式核函数的支持向量机和径向核函数的支持向量机的分类效果都有了很大的提升, 它们都能很好地把两类观测区分开.

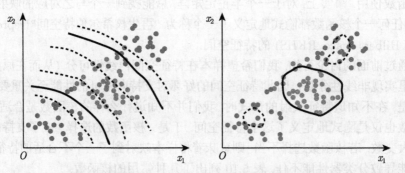

图 5.20   左: 使用多项式核函数的 SVM; 右: 使用径向核函数的 SVM(文后附彩图)

作为一个例子, 把支持向量机方法应用到 ISLR 库中的 Carseats 数据集. 调用 R 中的 e1071 程序包进行 SVM 分类, svm() 函数可以用来拟合支持向量机, 它有两个主要的参数: kernel 和 cost. kernel ="polynomial" 拟合多项式核函数的支持向量机, kernel ="radial" 拟合径向核函数的支持向量机. cost 参数用来设置观测穿过间隔面的成本. 如果 cost 参数值设置较小, 那么间隔面就会很宽, 会有过多的支持向量落在间隔面上或者穿过分割超平面; 如果 cost 参数值设置较大, 那么间隔面就会很窄, 落在间隔面上或者越过分割超平面的支持向量就会变少. 随机选择一半的样本作为训练集, 另一半作为测试集. 如果选择 kernel ="polynomial", 则还需设定 degree 参数来指定多项式核函数的阶数 d; 若选择 kernel ="radial", 则还需指定 gamma 参数为径向核函数中的 γ 赋值. 先使用多项式核函数, 并利用训练集在 degree$\in \{2,3,4\}$, cost$\in \{0.001, 0.01, 0.1, 1, 5, 10, 100\}$ 中选择一对最优的 degree 和 cost (以训练集的分类错误率为衡量标准) 作为最优的分类模型. 结果, 这个最优分类模型选择了 degree= 2, cost= 10, 此时的支持向量机有 101 个支持向量. 然后, 把这个最优分类模型应用于测试集, 得到的预测结果见表 5.11, 预测准确率达到了 84.5%, 比 Bagging 和随机森林两种方法都要稍好, 但比 AdaBoost 方法要差一些.

表 5.11 SVM 在测试集上的表现, 核函数为 $d=2$ 的多项式核, cost 取 10

预测结果	实际结果	
	No	Yes
No	101	16
Yes	15	68

下面采用径向核函数, 并利用训练集在 gamma $\in \{0.5, 1, 2, 3, 4\}$, cost $\in \{0.001, 0.01, 0.1, 1, 5, 10, 100\}$ 中选择一对最优的 gamma 和 cost (以训练集的分类错误率为衡量标准) 作为最优的分类模型. 结果, 这个最优分类模型选择了 gamma $= 0.5$, cost $= 5$, 此时的支持向量机有 193 个支持向量. 然后, 把这个最优分类模型应用于测试集, 得到的预测结果见表 5.12, 预测准确率为 78.5%, 比 Bagging、随机森林、Adaboost 以及多项式核函数的支持向量机四种方法都要差一些. 这主要是因为在训练集上表现最优的模型未必会在测试集上表现最优.

表 5.12 SVM 在测试集上的表现, 核函数为 $\gamma = 0.5$ 的径向核, cost 取 5

预测结果	实际结果	
	No	Yes
No	107	34
Yes	9	50

5.5.4　多分类的支持向量机

前面的讨论都局限于二分类的情形: 即两类别的分类问题. 那么如何把支持向量机推广到更加普遍的情况, 即响应变量有任意多个不同类别的情况呢? 值得注意的是, 支持向量机的基础, 即分割超平面的概念, 并不能自然地应用到类别数大于 2 的情况. 把支持向量机扩展到 $K(K > 2)$ 个类别的方法有很多, 但最普遍的两种方法是一类对一类 (one-versus-one) 的多分类支持向量机和一类对其余 (one-versus-all) 的多分类支持向量机方法.

一类对一类分类方法需要构建 $\binom{K}{2}$ 个支持向量机, 每个支持向量机用来分隔两个类别. 例如, 其中的一个支持向量机用来比较第 i 个类别 (记为 "+1") 和第 j 个类别 (记为 "−1"). 使用所有的 $\binom{K}{2}$ 个支持向量机对一个测试观测进行类别预测, 记录这个测试观测被分到每个类别的次数. 这个测试观测的最终预测类别就是预测次数出现最多的那个类别.

一类对其余分类方法是将支持向量机应用到 $K > 2$ 情形的另一种方法. 用 K 个支持向量机来拟合数据, 每个支持向量机对 K 个类别中的 1 个类别和其他 $K-1$ 个类别进行区分. 记 b_k 和 a_k 为使用支持向量机比较第 k 类 (记为 "+1") 与其他 $K-1$ 类 (记为 "−1") 的时候, 参数拟合的结果. 然后, 把测试观测 x^* 的类别预测为使得 $b_k^{\mathrm{T}} x^* + a_k$ 达到最大值的那个类别.

习　题　5

5.1　以下是关于西瓜的一个数据集 (摘自周志华《机器学习》[32]), 其中色泽、根蒂、敲声、纹理、脐部、触感为 6 个预测变量, 是否好瓜为响应变量. 试分别用基尼指数、互熵和分类错误率作为二叉分裂准则建构一棵分类树.

5.2　使用 ISLR 库中的 Caravan 数据集, 这个数据集收集了购买大篷车保险的投保人信息.

(1) 把这个数据集的前 1000 个数据作为训练集, 剩下的数据作为测试集.

(2) 将变量 Purchase 作为响应变量, 其余变量作为预测变量, 在训练集上分别用 Bagging 和随机森林方法建立分类树, 并观察哪些预测变量比较重要.

(3) 用 AdaBoost 方法预测测试集的响应值. 如果估计出的购买可能性大于 20%, 则预测为购买. 有多少被预测为购买的人真的购买了?

5.3　在二维情形下, 线性决策边界的形式为 $\beta_0 + \beta_1 x_1 + \beta_2 x_2 = 0$. 现在研究非线性决策边界.

(1) 画出曲线 $(1 + x_1)^2 + (2 - x_2)^2 = 4$.

序号	色泽	根蒂	敲声	纹理	脐部	触感	是否好瓜
1	青绿	蜷缩	浊响	清晰	凹陷	硬滑	是
2	乌黑	蜷缩	沉闷	清晰	凹陷	硬滑	是
3	乌黑	蜷缩	浊响	清晰	凹陷	硬滑	是
4	青绿	蜷缩	沉闷	清晰	凹陷	硬滑	是
5	浅白	蜷缩	浊响	清晰	凹陷	硬滑	是
6	青绿	稍蜷	浊响	清晰	稍凹	软黏	是
7	乌黑	稍蜷	浊响	稍糊	稍凹	软黏	是
8	乌黑	稍蜷	浊响	清晰	稍凹	硬滑	是
9	乌黑	稍蜷	沉闷	稍糊	稍凹	硬滑	否
10	青绿	硬挺	清脆	清晰	平坦	软黏	否
11	浅白	硬挺	清脆	模糊	平坦	硬滑	否
12	浅白	蜷缩	浊响	模糊	平坦	软黏	否
13	青绿	稍蜷	浊响	稍糊	凹陷	硬滑	否
14	浅白	稍蜷	沉闷	稍糊	凹陷	硬滑	否
15	乌黑	稍蜷	浊响	清晰	稍凹	软黏	否
16	浅白	蜷缩	浊响	模糊	平坦	硬滑	否
17	青绿	蜷缩	沉闷	稍糊	稍凹	硬滑	否

(2) 在所画的图上, 分别指出 $(1+x_1)^2 + (2-x_2)^2 > 4$ 的点集与 $(1+x_1)^2 + (2-x_2)^2 \leqslant 4$ 的点集.

(3) 假设分类器在 $(1+x_1)^2 + (2-x_2)^2 > 4$ 时把观测分为蓝色的类, 否则分为红色的类. 那么, $(0,0)$ 会被分为哪一类? $(-1,1), (2,2), (3,8)$ 呢?

(4) 试说明 (3) 中的决策边界对 x_1 和 x_2 不是线性的, 但对 x_1, x_1^2, x_2, x_2^2 来说是线性的.

5.4 使用 ISLR 库中的 OJ 数据集.

(1) 创建一个训练集, 它包含数据集中的 800 个随机观测. 把剩下的观测作为测试集.

(2) 把 Purchase 作为响应变量, 其他的变量作为预测变量, 取参数 cost = 0.1, 使用支持向量分类器拟合训练数据. 用 summary() 函数生成描述性统计量, 并且描述你得到的结果.

(3) 训练集和测试集的预测错误率分别是多少?

(4) 用 tune() 函数选择最优的 cost 值, cost 的取值范围为 0.01 到 10.

(5) 用 cost 的新值计算训练集和测试集的预测错误率.

(6) 使用径向核函数的 SVM 重复 (2)—(5) 的过程, gamma 取默认值.

(7) 使用多项式核函数的 SVM 重复 (2)—(5) 的过程, degree 值取为 2.

(8) 总体而言, 对于这个数据集, 哪种方法可以得到最好的结果?

第6章　聚类及相关数据分析

6.1　聚类分析

聚类分析 (cluster analysis) 是一类将数据所对应的研究对象进行分类的统计方法. 这一类方法的共同特点是: 事先不知道类别的个数与结构, 进行分析的依据是对象之间的相似性 (similarity) 或相异性 (dissimilarity). 将这些相似 (相异) 性数据看成对象之间的 "距离" 远近的一种度量, 将距离近的对象归入一类, 同时让不同类之间的对象的距离尽可能远. 这就是聚类分析方法的基本思路.

聚类分析根据分类对象不同分为 Q 型聚类分析和 R 型聚类分析. 前者是指以变量为基础对样本进行聚类, 而后者是指以样本为基础对变量进行聚类. 本节侧重讨论 Q 型聚类, 因为只需将数据矩阵进行转置就可实现 R 型聚类了.

6.1.1　距离的定义

1. 数据标准化

在聚类分析过程中, 大多数数据往往是不适合直接参与运算的, 需要将数据进行标准化, 以消除量纲的影响. 以下介绍几种常用的标准化方法.

(1) 标准化变换. 称

$$x_{ij}^* = \frac{x_{ij} - \bar{x}_j}{s_j}, \quad i = 1, 2, \cdots, n; \ j = 1, \cdots, p$$

为标准化变换, 其中

$$\bar{x}_j = \frac{1}{n} \sum_{k=1}^{n} x_{kj}, \quad s_j = \sqrt{\frac{1}{n-1} \sum_{k=1}^{n} (x_{kj} - \bar{x}_j)^2}.$$

变换后数据的样本均值为 0, 样本标准差为 1, 且标准化后的数据没有量纲.

(2) 极差标准化变换. 称

$$x_{ij}^* = \frac{x_{ij} - \bar{x}_j}{R_j}, \quad i = 1, \cdots, n; \ j = 1, \cdots, p$$

为极差标准化变换, 其中

$$R_j = \max_{1 \leqslant k \leqslant n} x_{kj} - \min_{1 \leqslant k \leqslant n} x_{kj}.$$

变换后数据的样本均值为 0, 极差为 1, 且变换后的数据没有量纲.

(3) 极差正规化变换. 称

$$x_{ij}^* = \frac{x_{ij} - \min\limits_{1 \leqslant k \leqslant n} x_{kj}}{R_j}, \quad i = 1, \cdots, n; \ j = 1, \cdots, p$$

为极差正规化变换, 其中 R_j 定义如上. 变换后, $0 \leqslant x_{ij}^* \leqslant 1$, 极差为 1, 也没有量纲.

2. 样本之间的距离

设 x_{ik} 为第 i 个样本的第 k 个指标, 观测值如表 6.1 所示.

表 6.1　样本观测值

样本	变量			
	x_1	x_2	$\cdots$	x_p
1	x_{11}	x_{12}	$\cdots$	x_{1p}
2	x_{21}	x_{22}	$\cdots$	x_{2p}
$\vdots$	$\vdots$	$\vdots$		$\vdots$
n	x_{n1}	x_{n2}	$\cdots$	x_{np}

在表 6.1 中, 每个样本有 p 个变量, 故每个样本可以看成 $\mathbb{R}^p$ 中的一个点, n 个样本就是 $\mathbb{R}^p$ 中的 n 个点. 在 $\mathbb{R}^p$ 中需要定义某种距离, 第 i 个样本与第 j 个样本之间的距离记为 d_{ij}. 在聚类过程中, 距离较近的点倾向于归为一类, 距离较远的点归为不同类. 定义的距离一般应满足如下 4 个条件:

(1) $d_{ij} \geqslant 0$, 对一切 i, j 成立;

(2) $d_{ij} = 0$ 当且仅当第 i 个样本与第 j 个样本的各变量值相同;

(3) $d_{ij} = d_{ji}$, 对一切 i, j 成立;

(4) $d_{ij} \leqslant d_{ik} + d_{kj}$, 对一切 i, j, k 成立.

最常用的有以下几种距离.

(1) 闵可夫斯基 (Minkowski) 距离

$$d_{ij}(q) = \left(\sum_{k=1}^{p} |x_{ik} - x_{jk}|^q \right)^{1/q}, \quad q > 0.$$

当 $q = 1$ 时, 闵可夫斯基距离就是常见的绝对值距离:

$$d_{ij}(1) = \sum_{k=1}^{p} |x_{ik} - x_{jk}|.$$

当 $q = 2$ 时, 闵可夫斯基距离就是常见的欧几里得 (Euclid) 距离 (也称欧氏距离):

$$d_{ij}(2) = \sqrt{\sum_{k=1}^{p} (x_{ik} - x_{jk})^2}.$$

(2) 切比雪夫 (Chebyshev) 距离

$$d_{ij}(\infty) = \max_{1 \leqslant k \leqslant p} |x_{ik} - x_{jk}|.$$

(3) 马哈拉诺比斯 (Mahalanobis) 距离 (也称马氏距离)

$$d_{ij}(M) = \sqrt{(\boldsymbol{x}_i - \boldsymbol{x}_j)^{\mathrm{T}} \boldsymbol{S}^{-1} (\boldsymbol{x}_i - \boldsymbol{x}_j)},$$

其中 $\boldsymbol{x}_i = (x_{i1}, \cdots, x_{ip})^{\mathrm{T}}$, $\boldsymbol{x}_j = (x_{j1}, \cdots, x_{jp})^{\mathrm{T}}$, $\boldsymbol{S}$ 为样本协方差矩阵. 马哈拉诺比斯距离的优点是既考虑了变量之间的相关性, 又消除了各变量量纲的影响. 其缺点是距离公式中的 $\boldsymbol{S}$ 有时不易确定.

(4) Lance 和 Williams 距离

$$d_{ij}(L) = \sum_{k=1}^{p} \frac{|x_{ik} - x_{jk}|}{x_{ik} + x_{jk}},$$

其中 $x_{ij} > 0, i = 1, \cdots, n; \ j = 1, \cdots, p.$

以上几种距离的定义均要求变量是定量变量, 下面介绍一种定性变量距离的定义方法.

(5) 定性变量样本间的距离.

在数量化的理论中, 常将定性变量称为项目, 而将定性变量的各种不同取 "值" 称为类别. 例如, 性别是项目, 而男或女是这个项目的类别. 设样本

$$\boldsymbol{x}_i = (\delta_i(1,1), \cdots, \delta_i(1,r_1), \delta_i(2,1), \cdots, \delta_i(2,r_2), \cdots, \delta_i(m,1), \cdots, \delta_i(m,r_m)),$$
$$i = 1, \cdots, n,$$

其中 n 为样本容量, m 是项目的个数, r_k 为第 k 个项目的类别数, $r_1 + \cdots + r_m = p$,

$$\delta_i(k,l) = \begin{cases} 1, & \text{第 } i \text{ 个观测的第 } k \text{ 个项目的数据为第 } l \text{ 个类别,} \\ 0, & \text{否则.} \end{cases}$$

称 $\delta_i(k,l)$ 为第 k 个项目之 l 类在第 i 个样本中的反应.

例如, 考虑项目 1 为性别, 其类别为男、女; 项目 2 为外语种类, 其类别为英、日、德、俄; 项目 3 为专业, 其类别为统计、会计、金融; 项目 4 为职业, 其类别为教师、工程师. 现有 2 个观测, 第 1 个人是男性, 所学外语是英语, 所学专业是金融, 其职业是工程师; 第 2 个人是女性, 所学外语是英语, 所学专业是统计, 其职业是教师. 表 6.2 给出了相应的项目、类别和观测的取值情况. 这里 $n = 2, m = 4, r_1 = 2, r_2 = 4, r_3 = 3, r_4 = 2, p = 11.$

表 6.2 项目、类别和观测的取值

观测	性别		外语				专业			职业	
	男	女	英	日	德	俄	统计	会计	金融	教师	工程师
x_1	1	0	1	0	0	0	0	0	1	0	1
x_2	0	1	1	0	0	0	1	0	0	1	0

设有两个样本 x_i, x_j, 若 $\delta_i(k,l) = \delta_j(k,l) = 1$, 则称这两个样本在第 k 个项目的第 l 类别上 1-1 配对; 若 $\delta_i(k,l) = \delta_j(k,l) = 0$, 则称这两个样本在第 k 个项目的第 l 类别上 0-0 配对; 若 $\delta_i(k,l) \neq \delta_j(k,l)$, 则称这两个样本在第 k 个项目的第 l 类别上不配对.

记 m_1 为 x_i 和 x_j 在 m 个项目的所有类别中 1-1 配对的总数, m_0 为 0-0 配对的总数, m_2 为不配对的总数. 显然

$$m_0 + m_1 + m_2 = p.$$

样本 x_i 和 x_j 之间的距离可以定义为

$$d_{ij} = \frac{m_2}{m_1 + m_2}.$$

对于表 6.2 中的数据, $m_0 = 4, m_1 = 1, m_2 = 6$, 因此距离为 $d_{12} = 6/(1+6) = 0.857$.

3. 类之间的距离

假设 $G_1, G_2, \cdots$ 表示类, 用 D_{KL} 表示 G_K 与 G_L 的距离.

(1) 最短距离法.

定义类与类之间的距离为两类最近样本间的距离, 即

$$D_{KL} = \min_{i \in G_K, j \in G_L} d_{ij}.$$

称这种方法为最短距离法.

当在某步骤中, 类 G_K 和 G_L 合并为 G_M 后, 按最短距离法计算新类 G_M 与其他类 G_J 的类间距离, 其递推公式为

$$D_{MJ} = \min\{D_{KJ}, D_{LJ}\}.$$

(2) 最长距离法.

定义类与类之间的距离为两类最远样本间的距离, 即

$$D_{KL} = \max_{i \in G_K, j \in G_L} d_{ij}.$$

称这种方法为最长距离法.

当在某步骤中, 类 G_K 和 G_L 合并为 G_M 后, 则 G_M 与其他类 G_J 的距离为

$$D_{MJ} = \max\{D_{KJ}, D_{LJ}\}.$$

(3) 中间距离法.

类与类之间的距离既不取两类样本的最近距离, 也不取两类样本的最远距离, 而是取介于两者中间的距离, 这种方法称为中间距离法.

设某一步将 G_K 和 G_L 合并为 G_M, 对于任一类 G_J, 考虑由长度大小为 D_{KL}, D_{LJ} 和 D_{KJ} 的 3 条线段组成的三角形, 3 条边不妨仍记为 D_{KL}, D_{LJ} 和 D_{KJ}. 记 D_{KL} 边的中线为 D_{MJ}, 其长度也记为 D_{MJ}, 见图 6.1.

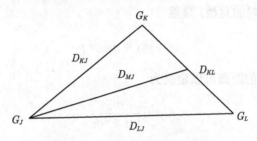

图 6.1　中间距离法的几何表示

由平面几何知识,

$$D_{MJ}^2 = \frac{1}{2}D_{KJ}^2 + \frac{1}{2}D_{LJ}^2 - \frac{1}{4}D_{KL}^2.$$

这就是中间距离法的递推公式.

中间距离法可推广为更一般的情形. 将上述递推公式改为

$$D_{MJ}^2 = \frac{1-\beta}{2}(D_{KJ}^2 + D_{LJ}^2) + \beta D_{KL}^2,$$

其中 $\beta(0 \leqslant \beta \leqslant 1)$ 为参数, 这种方法称为可变法. 当 $\beta = 0$ 时, 递推公式变为

$$D_{MJ}^2 = \frac{1}{2}(D_{KJ}^2 + D_{LJ}^2),$$

它被称为 Mcquitty 相似分析法.

(4) 类平均法.

类平均法有两种定义, 一种是把类与类之间的距离定义为所有样本对之间的平均距离, 即定义 G_K 和 G_L 之间的距离为

$$D_{KL} = \frac{1}{n_K n_L} \sum_{i \in G_K, j \in G_L} d_{ij},$$

其中 n_K 和 n_L 分别为类 G_K 和 G_L 的样本容量, d_{ij} 为 G_K 中样本 i 与 G_L 中的样本 j 之间的距离. 容易得到它的一个递推公式为

$$D_{MJ} = \frac{n_K}{n_M}D_{KJ} + \frac{n_L}{n_M}D_{LJ}.$$

另一种定义方法是定义类与类之间的平方距离为样本对之间平方距离的平均值, 即

$$D^2_{KL} = \frac{1}{n_L n_L} \sum_{i \in G_K, j \in G_L} d^2_{ij}.$$

它的递推公式为

$$D^2_{MJ} = \frac{n_K}{n_M}D^2_{KJ} + \frac{n_L}{n_M}D^2_{LJ}. \tag{6.1.1}$$

类平均法较充分地利用了所有样本之间的信息. 在很多情况下, 它被认为是一种较好的聚类法.

在递推公式 (6.1.1) 中, D_{KL} 的影响没有被反映出来, 为此可将该递推公式进一步推广为

$$D^2_{MJ} = (1-\beta)\left(\frac{n_K}{n_M}D^2_{KJ} + \frac{n_L}{n_M}D^2_{LJ}\right) + \beta D^2_{KL},$$

其中 β $(0 \leqslant \beta \leqslant 1)$ 为参数, 称这种聚类法为可变类平均法.

(5) 重心法.

类与类之间的距离定义为它们的重心 (均值) 之间的欧氏距离. 设 G_K 和 G_L 的重心分别为 $\bar{x}_K$ 和 $\bar{x}_L$, 则 G_K 与 G_L 之间的平方距离为

$$D^2_{KL} = d^2_{\bar{x}_K\bar{x}_L} = (\bar{x}_K - \bar{x}_L)^T(\bar{x}_K - \bar{x}_L). \tag{6.1.2}$$

这种聚类方法称为重心法. 它的递推公式为

$$D^2_{MJ} = \frac{n_K}{n_M}D^2_{KJ} + \frac{n_L}{n_M}D^2_{LJ} - \frac{n_K n_L}{n^2_M}D^2_{KL}.$$

重心法在处理异常值方面比其他聚类法更稳健, 但是在别的方面一般不如类平均法或下面即将介绍的离差平方和法的效果好.

(6) 离差平方和法.

离差平方和法是 Ward 于 1936 年提出来的, 也称为 Ward 方法. 它基于方差分析思想, 如果类分得正确, 则同类样本之间的离差平方和应当较小, 不同类样本之间的离差平方和应当较大.

设类 G_K 和 G_L 合并为新的类 G_M, 则 G_K, G_L, G_M 的离差平方和分别为

$$W_K = \sum_{i \in G_K} (\boldsymbol{x}_i - \bar{\boldsymbol{x}}_K)^{\mathrm{T}} (\boldsymbol{x}_i - \bar{\boldsymbol{x}}_K),$$

$$W_L = \sum_{i \in G_L} (\boldsymbol{x}_i - \bar{\boldsymbol{x}}_L)^{\mathrm{T}} (\boldsymbol{x}_i - \bar{\boldsymbol{x}}_L),$$

$$W_M = \sum_{i \in G_M} (\boldsymbol{x}_i - \bar{\boldsymbol{x}}_M)^{\mathrm{T}} (\boldsymbol{x}_i - \bar{\boldsymbol{x}}_M),$$

其中 $\bar{\boldsymbol{x}}_K, \bar{\boldsymbol{x}}_L$ 和 $\bar{\boldsymbol{x}}_M$ 分别是 G_K, G_L 和 G_M 的重心. 所以 W_K, W_L 和 W_M 反映了各自类内样本的分散程度. 如果 G_K 和 G_L 这两类相距较近, 则合并后所增加的离差平方和 $W_M - W_K - W_L$ 应较小; 否则, 应较大. 于是定义 G_K 和 G_L 之间的平方距离为

$$D_{KL}^2 = W_M - W_K - W_L.$$

这种聚类法称为离差平方和法或 Ward 方法. 它的递推公式为

$$D_{MJ}^2 = \frac{n_J + n_K}{n_J + n_M} D_{KJ}^2 + \frac{n_J + n_L}{n_J + n_M} D_{LJ}^2 - \frac{n_J}{n_J + n_M} D_{KL}^2.$$

G_K 和 G_L 之间的平方距离也可写成

$$D_{KL}^2 = \frac{n_K n_L}{n_M} (\bar{\boldsymbol{x}}_K - \bar{\boldsymbol{x}}_L)^{\mathrm{T}} (\bar{\boldsymbol{x}}_K - \bar{\boldsymbol{x}}_L).$$

可见, 这个距离与由式 (6.1.2) 给出的重心法的距离只相差一个常数倍. 重心法的类间距与两类的样本数无关, 而离差平方和法的类间距与两类的样本数有较大的关系, 两个较大类倾向于有较大的距离, 因而不易合并, 这更符合对聚类的实际要求. 离差平方和法在许多场合下优于重心法, 是一种比较好的聚类法, 但它对异常值很敏感.

注 6.1　统计学家比较喜欢使用类平均法、最长距离法和最短距离法. 但类平均法和最长距离法一般比最短距离法更常用, 因为这两种方法能产生更均衡的谱系图 (dendrogram).

4. 相似系数

聚类分析方法不仅可以用来对样本进行分类, 而且可用来对变量进行分类, 在对变量进行分类时, 常用相似系数来度量变量之间的相似程度.

设 c_{ij} 表示变量 x_i 和 x_j 之间的相似系数, 一般要求:

(1) $c_{ij} = \pm 1$ 当且仅当存在 $a \neq 0$ 使得 $x_i = a x_j$;

(2) $|c_{ij}| \leqslant 1$, 对一切 i, j 成立;

(3) $c_{ij} = c_{ji}$, 对一切 i, j 成立.

$|c_{ij}|$ 越接近于 1, 表示 x_i 和 x_j 的关系越密切, c_{ij} 越接近于 0, 则两者的关系越疏远. 下面介绍两种相似系数.

(1) 夹角余弦. 变量 x_i 和 x_j 的 n 次观测值分别为 $(x_{1i}, \cdots, x_{ni})$ 和 $(x_{1j}, \cdots, x_{nj})$, 则 x_i 与 x_j 的夹角余弦称为两向量的相似系数, 记为 $c_{ij}(1)$, 即

$$c_{ij}(1) = \frac{\sum\limits_{k=1}^{n} x_{ki} x_{kj}}{\sqrt{\sum\limits_{k=1}^{n} x_{ki}^2} \sqrt{\sum\limits_{k=1}^{n} x_{kj}^2}}, \quad i, j = 1, \cdots, p.$$

当 x_i 和 x_j 平行时, $c_{ij} = \pm 1$, 说明这两个向量完全相似; 当 x_i 和 x_j 正交时, $c_{ij}(1) = 0$, 说明这两个向量不相关.

(2) 样本相关系数. 样本相关系数就是对数据作标准化处理后的夹角余弦, 记为 $c_{ij}(2)$, 即

$$c_{ij}(2) = \frac{\sum\limits_{k=1}^{n} (x_{ki} - \bar{x}_i)(x_{kj} - \bar{x}_j)}{\sqrt{\sum\limits_{k=1}^{n} (x_{ki} - \bar{x}_i)^2} \sqrt{\sum\limits_{k=1}^{n} (x_{kj} - \bar{x}_j)^2}}, \quad i, j = 1, \cdots, p.$$

当 $c_{ij}(2) = \pm 1$ 时表示两个向量线性相关.

变量之间常借助相似系数来定义距离. 例如, 令

$$d_{ij}^2 = 1 - c_{ij}^2.$$

6.1.2 系统聚类法

系统聚类法是一种自下而上 (bottom-up) 或称为凝聚法 (agglomerative) 的聚类方法. 它的基本思想是: 开始时将 n 个样本各自作为一类, 并计算样本之间的距离和类与类之间的距离, 然后将距离最近的两类合并为一个新类, 计算新类与其他类的距离; 重复进行两个最近类的合并, 每次减少一个类, 直至所有的样本合并为一类. 系统聚类法的一个优点是它可以输出一个关于各个样本的树形表示, 即谱系图 (dendrogram). 谱系图可看作一棵上下颠倒的树, 它从树叶开始将类聚集到树干上.

把系统聚类法的具体算法概括如下:

算法 6.1 (系统聚类法)

1: 输入: 样本观测 $\{x_1, \cdots, x_n\}$;
2: 过程:
　　　　(a) 将每个观测看作一类, 计算 n 个观测中所有 $\binom{n}{2} = n(n-1)/2$ 对数据的距离 (例如欧氏距离);
　　　　(b) 对 $i = n, \cdots, 2$ 执行 (c) 和 (d);
　　　　(c) 在 i 个类中, 计算任意两个类间的距离 (例如最长距离), 找到距离最小的那一对, 将它们归为一类;
　　　　(d) 对 $i-1$ 个新类, 计算它们两两之间的距离;
　　　　(e) 循环结束;
3: 输出: 谱系图.

　　例 6.2　设有 6 个观测, 每个观测只有一个指标, 这 6 个观测分别是: 1, 2, 6, 8, 11, 13. 观测之间的距离选用欧氏距离计算, 类之间的距离分别采用最短距离法、最长距离法、中间距离法、Mcquitty 相似法、类平均法、重心法和离差平方和法计算. 用 R 中的函数 hclust() 进行聚类. 图 6.2 是分别应用最短距离法、最长距离法、中间距离法和 Mcquitty 相似法得到的谱系图, 图 6.3 是应用类平均法、重心法和离差平方和法得到的谱系图. 谱系图底部的数字表示观测的序号.

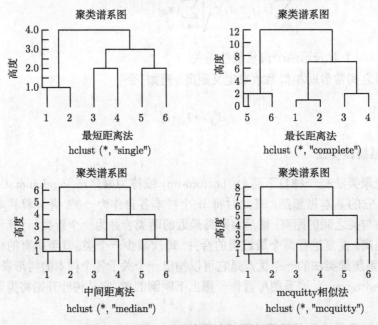

图 6.2　由前 4 种距离方法得到的谱系图

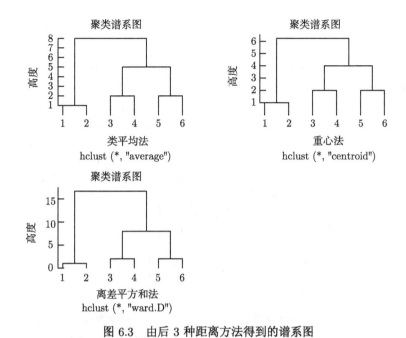

图 6.3 由后 3 种距离方法得到的谱系图

在这些谱系图中, 每片叶子 (在谱系图的最底部) 代表 $1, 2, 6, 8, 11, 13$ 这 6 个观测中的 1 个. 沿着这棵树向上看, 一些树叶开始汇入某些枝条中, 这表示相应的观测是非常相似的. 继续沿着树干往上, 枝条本身也开始同其他叶子或者枝条汇合. 越早 (在树的较低处) 汇合的各组观测越相似, 而越晚 (在接近树顶处) 汇合的各组观测之间的差异会越大.

在聚类过程中类的个数如何确定才是适宜的呢? 这是一个十分困难的问题, 至今仍未找到令人满意的方法, 但这又是一个不可回避的问题. 目前基本的方法有四种:

(1) 给定一个阈值. 通过观察谱系图, 给出一个你认为的阈值 c, 要求类与类之间的距离 (观察谱系图的纵坐标) 要大于 c.

(2) 观察散点图. 对于二维或三维变量的样本, 可以通过观测数据的散点图来确定类的个数.

(3) 使用统计量. 利用一些统计量去分析分类个数如何选择更合适.

(4) 根据谱系图确定分类个数的准则.

通常需要根据研究目的来确定适当的分类方法. 下面是一些根据谱系图来分析的准则.

准则 A: 各类重心的距离必须要大.

准则 B: 确定的类中, 各类所包含的观测都不要太多.

准则 C: 类的个数必须符合实用目的.

准则 D：若采用几种不同的聚类方法处理, 则在各自的聚类谱系图中应发现相同的类.

例 6.2 将类个数分别取为 3 和 2, 采用最长距离法, 相应的谱系图见图 6.4. 图 6.4 把同一类的观测用红线框起来.

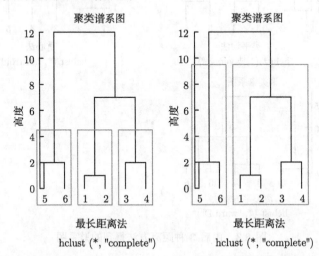

图 6.4　左: 取类个数为 3 时的谱系图; 右: 取类个数为 2 时的谱系图 (文后附彩图)

6.1.3　K–均值聚类

系统聚类法是一种事先不需要规定类数的聚类方法. 接下来要介绍的 K–均值聚类 (K-means clustering) 是一种把数据集分成 K 个类的方法, 这里类数 K 是事先给定的. 也就是说, 在进行 K–均值聚类时, 需要先确定想要得到的类数 K, 然后 K–均值聚类算法会将所有观测分配到 K 个类中.

在介绍 K–均值聚类的思想之前, 先来定义一些符号. 用 $C_1, \cdots, C_K$ 表示在每个类中包含的观测指标的集合, 这些集合满足以下两个性质:

(1) $C_1 \bigcup \cdots \bigcup C_K = \{1, \cdots, n\}$, 即每个观测属于 K 类中的至少一个类;

(2) 对所有的 $k \neq k'$ 有 $C_k \bigcap C_{k'} = \varnothing$, 即类与类之间是无重叠的 (或者说, 没有一个观测是同时属于两个类或更多的类).

K–均值聚类的思想是: 一个好的聚类法可以使类内差异尽可能小. 第 C_k 类的类内差异是对第 C_k 类中观测差异性的度量, 不妨记为 $W(C_k)$. 因此, K–均值聚类需要解决以下的最小化问题:

$$\min_{C_1, \cdots, C_K} \sum_{k=1}^{K} W(C_k). \tag{6.1.3}$$

上式的意思是: 把所有的观测分割到 K 个类中, 使得 K 个类的总的类内差异尽可能小.

为了能通过 (6.1.3) 实现聚类, 需要给类内差异一个定义. 有很多种方法可以定义这个概念, 其中用得最多的是平方欧氏距离, 即定义

$$W(C_k) = \frac{1}{|C_k|} \sum_{i,i' \in C_k} \|\boldsymbol{x}_i - \boldsymbol{x}_{i'}\|^2 = \frac{1}{|C_k|} \sum_{i,i' \in C_k} \sum_{j=1}^p (x_{ij} - x_{i'j})^2, \tag{6.1.4}$$

其中 $|C_k|$ 表示在第 k 个类中的观测的个数. 由 (6.1.3) 和 (6.1.4), 可以得到 K–均值聚类的优化问题:

$$\min_{C_1,\cdots,C_K} \sum_{k=1}^K \frac{1}{|C_k|} \sum_{i,i' \in C_k} \sum_{j=1}^p (x_{ij} - x_{i'j})^2. \tag{6.1.5}$$

现在, 需要找到一种算法来解决 (6.1.5) 的最小化问题, 即将 n 个观测分配到 K 个类中使得 (6.1.5) 的目标函数达到最小值的一种分割方法. 找到这个最优解是非常困难的 (是一个 NP 难问题, 参考文献 [33]), 因为有将近 K^n 种方法可以把 n 个观测分配到 K 个类中. 除非 K 和 n 都很小, 否则这将是一个非常巨大的数字. K–均值聚类算法采用了贪心 (greedy) 策略, 通过迭代优化来近似求解 (6.1.5). 但要注意, 得到的解常常只是一个局部最优解. 把 K–均值聚类的算法概括如下:

算法 6.2 (K–均值聚类算法)

1: 输入: 样本观测 $\{\boldsymbol{x}_1,\cdots,\boldsymbol{x}_n\}$ 和类数 K;
2: 过程:

(a) 为每个观测随机分配一个从 1 到 K 的数字, 这些数字可以看做是对这些观测的初始分类;

(b) 重复执行 (c) 和 (d) 直到类的分配停止更新为止:

(c) 分别计算 K 个类的类重心, 第 k 个类的类重心取为第 k 个类中的所有 p 维观测向量的均值向量;

(d) 将每个观测分配到距离其最近的类重心所在的类中 (用欧氏距离来衡量);

(e) 循环结束;
3: 输出: K 个类 $C_1,\cdots,C_K$.

这个算法可以保证在每次迭代后, (6.1.5) 的目标函数值都会减少 (至少不会增大). 以下这个恒等式有助于理解这个性质:

$$\frac{1}{|C_k|} \sum_{i,i' \in C_k} \sum_{j=1}^p (x_{ij} - x_{i'j})^2 = \frac{1}{|C_k|} \sum_{i,i' \in C_k} \sum_{j=1}^p ((x_{ij} - \bar{x}_{kj}) - (x_{i'j} - \bar{x}_{kj}))^2$$
$$= 2 \sum_{i \in C_k} \sum_{j=1}^p (x_{ij} - \bar{x}_{kj})^2,$$

其中 $\bar{x}_{kj} = \dfrac{1}{|C_k|}\sum_{i \in C_k} x_{ij}$ 是 C_k 类中第 j 个分量的均值. 因此, 在算法 6.2 过程的 (c) 步, 类重心可以使得类内观测的总离差平方和最小; 在过程的 (d) 步, 重新分配观测可以改善 (6.1.5) 的目标函数值. 这意味着当算法运行时, 所得到的聚类分析结果会持续改善, 直到分类结果不再改变为止. 此时分类就已经达到了一个局部最优的状态.

由于 K-均值聚类算法找到的常常只是局部最优解, 所以算法停止时的聚类结果未必是全局最优解, 所得结果依赖于算法 6.2 过程 (a) 中每个观测被随机分配到的初始类形态. 正因为如此, 有必要从不同的随机初始形态开始多次运行这个算法, 然后从中挑选一个最优的方案. 建议随机初始类形态的个数取一个较大值, 例如, 20 或 50, 以避免产生一个不理想的局部最优解.

另外, 要进行 K-均值聚类必须先要确定类数 K, 但选择 K 的问题并非那么简单. 在实际应用中, 通常可以先尝试几种不同的 K 值, 然后从中确定最有用且最容易解释的一个 K. 至于如何选择, 则没有统一的标准答案. 此外, 还可以借鉴系统聚类法的类数确定方案.

例 6.3 利用随机数产生 50 个二维的正态随机数: $x_1, \cdots, x_{50}$, 其中 $x_i = (x_{i1}, x_{i2})$. 然后对前 25 个观测进行如下的位移变换:

$$x_{i1} = x_{i1} + 3, \quad x_{i2} = x_{i2} - 4, \quad i = 1, \cdots, 25.$$

最后得到表 6.3 中的 50 个二维观测. 这个数据集有两个类, 前 25 个观测是一类, 后 25 个观测为另一类, 因为前 25 个观测有一个均值漂移.

表 6.3   50 个二维观测

序号	x_{i1}	x_{i2}	序号	x_{i1}	x_{i2}	序号	x_{i1}	x_{i2}	序号	x_{i1}	x_{i2}
1	2.37	−3.60	14	0.79	−3.97	26	−0.06	0.29	39	1.10	0.37
2	3.18	−4.61	15	4.12	−4.74	27	−0.16	−0.44	40	0.76	0.27
3	2.16	−3.66	16	2.96	−3.81	28	−1.47	0.00	41	−0.16	−0.54
4	4.60	−5.13	17	2.98	−5.80	29	−0.48	0.07	42	−0.25	1.21
5	3.33	−2.57	18	3.94	−2.53	30	0.42	−0.59	43	0.70	1.16
6	2.18	−2.02	19	3.82	−3.85	31	1.36	−0.57	44	0.56	0.70
7	3.49	−4.37	20	3.59	−1.83	32	−0.10	−0.14	45	−0.69	1.59
8	3.74	−5.04	21	3.92	−3.52	33	0.39	1.18	46	−0.71	0.56
9	3.58	−3.43	22	3.78	−4.71	34	−0.05	−1.52	47	0.36	−1.28
10	2.69	−4.14	23	3.07	−3.39	35	−1.38	0.59	48	0.77	−0.57
11	4.51	−1.60	24	1.01	−4.93	36	−0.41	0.33	49	−0.11	−1.22
12	3.39	−4.04	25	3.62	−5.25	37	−0.39	1.06	50	0.88	−0.47
13	2.38	−3.31				38	−0.06	−0.30			

先画出这 50 个二维观测的散点图, 见图 6.5.

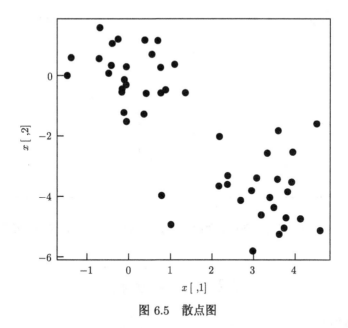

图 6.5 散点图

现在利用 K–均值聚类法进行聚类, R 中的函数 kmeans() 可以完成这一任务. 取 $K = 2$, 重复运行 K–均值聚类算法 20 次, 然后返回最优结果 (用 (6.1.5) 的目标函数值衡量, 越小越好). 所得分类结果 (类标签) 为

> km.out$cluster

[1] 1 1 1 1 1 1 1 1 1 1 1 1 1 1 1 1 1 1 1 1 1 1 1 1 1 2 2 2 2 2 2 2 2 2 2 2

[37] 2 2 2 2 2 2 2 2 2 2 2 2 2 2

容易看出, K–均值聚类法把 50 个观测完美地分配到 2 个类中, 其中前 25 个观测和后 25 个观测各被聚为一类. (6.1.5) 的目标函数值为 79.51. 还可以绘制出包含这些聚类信息的图, 见图 6.6 的左图, 用两种不同的颜色区分两个类. 这个例子的数据是人为产生的, 真实的类数是 2. 但对于现实中的数据, 真实的类数是未知的. 所以在这个例子中, 不妨再取 $K = 3$ 进行聚类, 结果为

> km.out$cluster

[1] 1 1 1 1 2 2 1 1 2 1 2 1 2 1 2 1 1 1 1 2 1 2 1 2 2 1 2 1 2 1 1 3 3 3 3 3 3 3

3 3 3 3

[37] 3 3 3 3 3 3 3 3 3 3 3 3 3 3

(6.1.5) 的目标函数值为 60.37 (这个值比前面的 79.51 小并不奇怪, 因为取了不同的 K 值). 绘制出的聚类结果的图像见图 6.6 的右图, 用三种不同的颜色区分三个类.

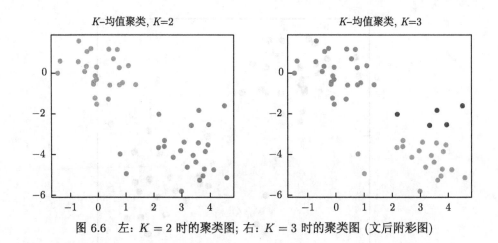

图 6.6   左: $K = 2$ 时的聚类图; 右: $K = 3$ 时的聚类图 (文后附彩图)

6.2   文 本 分 析

6.2.1   基本概念

所谓文本就是一些离散数据 (把字、词等看作离散数据) 的集合, 如商业报告、电子邮件、研究论文、手稿、新闻稿、小说故事等. 确定文本集一般需要指定文本所在的特定语境, 因为文本可以是不同集合的成员, 也可以是相同文本集合的不同子集. 例如, 微软的反垄断诉讼可能出现在不同的文本集合中, 如时事新闻集、法律新闻集或软件公司新闻集等. 文本的格式一般有结构化、半结构化和非结构化三种. 结构化文本需要满足以下条件:

(1) 采用抽象概念的形式描述;

(2) 具有严格结构, 且结构合法性可验证;

(3) 结构与语义一致;

(4) 子集满足相同的文档结构定义;

(5) 结构定义在时间上保持稳定.

例如, XML 文件 (可扩展标记语言) 是典型的结构化文档, 包含可帮助识别的重要文本子部件 (如段落、标题、出版日期、作者姓名、表记录、页眉、脚注等), 具有规范性、结构化、可扩展性及简洁性, 已成为描述结构化文档的标准通用性语言. 不满足结构化文本要求的文本称为非结构化文本, 如微博、推文、新闻报道等. 半结构化文本是介于完全结构化文本和完全无结构化文本之间. 它的结构不完备或者不具有完整的句法结构, 遵循的结构不足以直接解析所表达的内容; 但具有严格的版面布局和特定的标签信息. 例如, HTML 网页、个人简历、招聘信息等都属于半结构化文本.

文本分析, 又称文本挖掘, 是数据挖掘的一个分支. 它从数以百万计不同文件类型和格式的文本数据中, 决定出关键字、主题、类别、语义、标签等. 就是从非结构化数据中检索信息, 并对输出数据进行评估和解释. 因此, 文本分析所处理的对象主体是非结构化数据, 而不是数据挖掘中常见的结构化数值数据, 其研究关键也在于从非结构文本到结构化数据的转化. 为此需对文本进行科学的抽象, 提取特征和属性, 建立相应的数学模型, 用有意义的结构数据来描述和代替文本, 以便计算机能实现对文本的识别、分析和预测. 文本分析的产生背景可以归结为以下四个方面: 数字化的文本数量不断增长 (例如研究报告、学术论文、在线文献库、电子邮件、Web 页面、公司内部公告、会议纪要等); HTML 等带有结构标记的文本为文本挖掘带来机遇和挑战; 新一代搜索引擎的需要 (从以往的通过网络链接进行网页排序到更精确化的语义网); 互联网内容安全 (语句分类、领域分类、安全分类) 的需要. 接下来具体介绍文本分析能解决的问题.

文本分类 是指对文本集按照一定的分类体系或标准进行自动分类标记. 通俗地说, 事先给定几个文件夹, 每个文件夹都有自己的类标志, 比如主题. 文本分类就是自动分析文档并将其放到对应主题的文件夹中 (图 6.7).

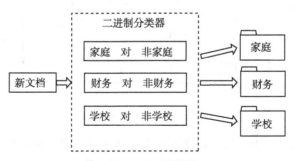

图 6.7　文本分类示意图

在日常生活中, 电子邮件就与文本分类紧密相关. 例如, 自动转发电子邮件到相应的公司部门; 例如, 检测垃圾邮件, 可以通过以往的经验来判断新邮件是否是垃圾邮件. 具体来说, 通过以往邮件对应的文档信息, 建立这些信息和新邮件是否为垃圾邮件的关联关系, 同时给予二进制的标签, 1 表示是垃圾邮件, 0 代表不是. 将这些二进制表示的邮件建成一个表格的形式, 然后就可以采用经典的电子表格模型进行文本分类了 (电子表格模型的具体细节将在 6.2.4 节中详细介绍).

信息检索 对于给定的文档集合和检索线索, 在该文档集合内搜索与线索匹配的文档, 并将查询结果显示出来, 这样的过程称为信息检索. 在一个典型的搜索引擎的实例中, 当用户提交了一些关键词 (线索) 之后, 搜索引擎就会用这些词去和所存储的文档进行匹配, 最后把最佳匹配文档作为检索结果呈现给用户. 具备这个功能的程序称为文档匹配器. 信息检索中最基础的概念是相似度 (在 6.2.4 节和 6.2.6 节介绍).

文档聚类　简单地说, 文档聚类就是从很多文档中, 把一些内容相似的文档聚为一类. 它主要是依据著名的聚类假设: 同类的文本相似度较大, 而不同类的文本相似度较小. 例如, 一个公司想要了解用户投诉, 可以将每一个用户的投诉建成一个文档, 然后运用文档聚类, 将同样类型的投诉文档放在同一个文件夹下, 公司有哪些类型的投诉就一目了然了. 需要指出的是, 文档最终归于哪类与聚类算法和实际样本情况有关.

信息提取　对于非结构化的文档信息, 往往需要单独的过程提取非结构化的数据, 使之转变成结构化的数据, 此过程称为信息提取. 一个典型的例子如图 6.8 所示.

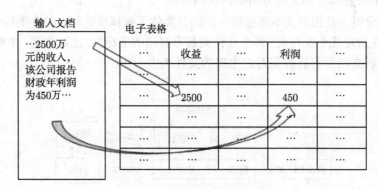

图 6.8　信息提取示意图

预测与评估　预测是从已知样本到未知样本的桥梁. 它寻找一些能够对新样本做出正确判断的广义规则. 预测的同时, 误差和效果评估也是必须要做的. 在机器学习领域中有较为系统和成熟的一整套评估和误差的相关理论. 一个经典的做法是采用 hold out 方法, 将训练样本分出一部分作为测试样本, 判断预测的效果.

6.2.2　处理过程和任务

文本分析的一般处理过程可分为 5 个阶段 (图 6.9). 首先是获取文本, 就是建立文本源. 以获取网络文本为例, 可以通过爬虫程序 (Spider), 根据用户的需求, 抓取网络中的信息, 主要是获取 HTML 形式的网页; 接着是预处理. 不同的文本源, 预处理的方式和步骤也不同. 例如, 前面爬取的网页文本可能包含很多不必要的信息, 比如广告、js 代码、注释等. 需要删除这些不感兴趣的信息; 其次是特征提取. 这个阶段包括特征词和权值的确定, 关键词和摘要的选取, 以及特征信息抽取等; 接着是分析处理, 这包括分类或者聚类, 以及检索等; 最终是分析结果的显示, 包括与用户的交互和评估等. 文本分析的过程中一般会涉及下面的任务.

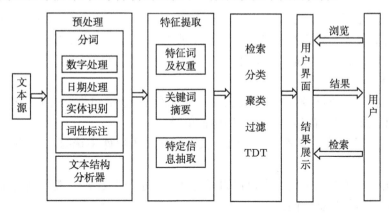

图 6.9　文本分析的一般处理过程

文本挖掘预处理　是非结构化数据结构化的过程. 文本挖掘依赖于各种预处理技术, 其中就包括语言学处理. 例如分词: 英文文本里单词天然有空格隔开, 按照空格很容易进行分词. 但中文由于没有空格, 分词就成了一个需要专门去解决的预处理问题了. 再例如, 词性标注: 常常需要对分词后得到的词进行标注, 哪些是语气助词、哪些是介词等. 预处理还包括文本结构分析, 主要目的是分清层次, 弄清楚文本各个部分之间的关系, 如纵式结构、横式结构、逻辑结构和纵横式结构等.

文本模式挖掘　是文本挖掘的核心功能, 即分析文本集合中各个文本之间共同出现的模式, 致力于在整个语料库中发现概念之间的关联. 例如, 在新闻报道文本集中, 有关公司 Y 及其产品 Z 的新闻数量有所增长, 则暗示着消费者对 Y 公司兴趣的焦点有所增加, 其竞争者对此必须有所关注. 基于模式分析的文本挖掘, 其目的就是发现文本集作为一个整体所反映出各种概念间的关联性. 例如, 在科研论文的文本集中, 一些文章提到蛋白质 $P1$ 和酶 $E1$ 存在联系: 一些文章描述了酶 $E1$ 和酶 $E2$ 有功能上的相似性, 但没有提到蛋白质的名称; 另一些文章将酶 $E2$ 和蛋白质 $P2$ 联系起来. 由此可推断出蛋白质 $P1$ 和 $P2$ 存在某种潜在联系. 这种联系是从整个文本集作为一个整体推断出来的.

挖掘结果可视化　是文本挖掘系统的表示层, 简称浏览. 它充当执行系统的核心知识发现算法的后处理. 它是动态的和基于内容的. 浏览一般以层次结构图来表达, 有些方法还允许用户拖拉、单击或者和概念模式的图形表示直接交互. 一些文本挖掘系统还提供用户操作、创建和关联等求精约束能力, 以便辅助浏览, 得到更有用的结果集.

6.2.3　特征处理

特征项是用于表示文本的基本单位. 它必须具备下面 4 个属性: ① 特征项能够确实标识文本内容; ② 特征项的个数不能太多; ③ 特征项具有区分目标文本与其他文本的能力; ④ 特征项分离要比较容易实现. 常用的文本特征有字、词、短语和概念等.

字　包括单个符号级的字母、数字、特殊符号、空格和单个汉字. 它是构成词组、短语、概念等更高级语义特征的结构单元.

词　是直接通过实体抽取方法, 从原始文本语料库中选择出来的单个字或词组.

短语　从源文本中挑选出特定的词组合在一起, 如成语等, 能得到规模较小但语义相对丰富的特征空间.

概念　是通过人工的、统计的、基于规则的或混合的分类方法在文本上产生的特征. 它是文本本质特征的概括和抽象, 普遍使用复杂的预处理程序来抽取. 概念特征不受词汇语种、多义性、歧义性的影响, 可以由不包含在原始文本中的字词组成. 如一篇关于运动型汽车评论的文本集合可能不包含词组 "速率", 但其概念仍可在概念集中找到. 概念不仅仅属于特定文本所描述的属性, 通常还属于特定的领域, 如体育、金融、材料科学. 利用领域知识可以大大增强预处理、知识发现和表示层操作的能力.

以下面的句子为例说明不同的文本特征:

"文本挖掘是对一个非结构化文本信息进行分析从而获取用户关心或感兴趣、有潜在使用价值的知识的过程. "

字词的文本特征可以是 "非""文本""挖掘""过程" 等; 短语特征可以是 "文本挖掘""非结构化""感兴趣""使用价值" 等; 概念特征可以是 "知识" 等. 在中文文本中可以采用字、词或短语作为表示文本的特征项. 相比较而言, 词比字具有更强的表达能力, 词的切分难度比短语的切分难度小得多. 因此, 大多数中文文本分类系统都会采用词作为特征项. 另外, 如果把大多数的词或者短语都作为特征项, 那么特征向量的维数将变得很大, 导致无法计算. 在这样的情况下, 需要特征选择和特征抽取来减少维数.

1. 特征选择

在预处理过程中, 删除不相关字词的过程称为特征选择. 大多数文本都要删除停用词或功能词. 它们对语义没有贡献, 过滤后往往能删除 90%~99% 的特征. 为了进行过滤, 对每个特征要定义相关性指标, 最简单的度量是特征频率. 实验表明, 仅使用前 10% 最频繁的字词并不会降低系统的性能. 一般来说, 具有中低文本频率的字词包含的信息最丰富. 是否有矛盾? 没有, 因为大多数重要字词的文本频率都很低, 前 10% 已经包含了所有我们关心的中低频率的字词.

2. 特征抽取

特征抽取的本质是建立从原始特征空间到另一个维数更低的特征空间的映射, 从而能在原始特征集中产生新的、更少的合成特征集. 特征抽取的常用方法有: ① 潜在语义分析 (LSA), 对特征空间进行奇异值分解. ② 同义项合并, 把同义词语合并. 目前常采用同义词词林、知网 (HowNet)、概念层次网络 (HNC) 等词典资源来计算词语间的相似度, 再进行同义项合并. 这里要说明一下词语相关性与相似度的区别. 词语相关性是表示两个词语在同一个语境中共现的可能性. 词语相似度表示两个词语在不同的上下文中可以相互交替使用而不改变文本的句法、语义和结构的程度.

6.2.4 文本表示模型

1. 向量空间模型

向量空间模型 (vector space model, VSM) 的基本思想是把文本表示成向量空间中的向量, 对文本内容的处理简化为向量空间中的向量运算, 以空间上的相似度来表达语义的相似度, 直观易懂.

在向量空间模型中, 文本的内容由一些特征项来表达, 记为 $\{t_1, t_2, \cdots, t_n\}$. 那么文本 d 可以表示为 $d = D(t_1, t_2, \cdots, t_n)$, 其中每一特征项 t_k 都被赋予一个权重 w_k, 以表示这个特征项在文本中的重要程度. 如果把 $t_1, t_2, \cdots, t_n$ 看成一个 n 维坐标系, $w_1, w_2, \cdots, w_n$ 为相应的坐标值, 则 $(w_1, w_2, \cdots, w_n)$ 可看成 n 维空间的一个向量, 称 $(w_1, w_2, \cdots, w_n)$ 为文本 d 的向量表示.

向量空间模型的权值计算有不少方法: 基于布尔关系、基于词频 (TF)、基于文档频率 (DF)、基于信息增益、基于卡方分布和基于互信息等. 下面介绍几种常用的方法.

(1) 布尔权值法. 特征项 t_k 的权值 w_k 只有 0 和 1 两种取值, 表示第 k 个特征项在文本 d 中是否出现 (有贡献). 布尔权值法的优点是速度快, 易于表示同义关系. 其缺点是不能表示特征相对文本的重要性, 缺乏定量分析和灵活性, 不能进行模糊匹配.

(2) 词频权值法. 该方法认为文本中包含特征项 t_k 的个数越多, 则 t_k 对文本的贡献越大. 因此, $w_k = f_k$, 其中 f_k 为特征项 t_k 在文本 d 中的词频.

(3) TF-IDF(term frequency-inverse document frequency) 权值法. 它是用统计

的办法来计算第 i 个文本 d_i 的第 k 个权重,

$$w_{ik} = \frac{tf_{ik} \cdot idf_k}{\sqrt{\sum_{k=1}^{n} (tf_{ik} \cdot idf_k)^2}},$$

其中 w_{ik} 表示 t_k 在文本 d_i 中的权值, tf_{ik} 表示在文本 d_i 中 t_k 的词频 (即含 t_k 的个数), $idf_k = \log(N/n_k)$, N 表示文本集中文本的数量, n_k 表示 t_k 的文本频数 (即包含 t_k 的文本总个数). 称 idf_k 为 t_k 的反比文本频数, 它反映了 t_k 在所有文本集的文本中出现的情况, 其值越大说明 t_k 在 d_i 中出现的概率越小.

(4) ITC 权值法. 该方法在 TF-IDF 权值法的基础上弱化了词频差异所带来的影响, ITC 权值法用词频的对数形式代替 TF-IDF 法中的词汇频率, 即

$$w_{ik} = \frac{(\log(1 + tf_{ik}) \cdot idf_k)}{\sqrt{\sum_{k=1}^{n} (\log(1 + tf_{ik}) \cdot idf_k)^2}}.$$

确定了文本特征项和对应的权值后, 就可以对文本集中文本之间的相似度进行计算了. 因为用向量来表示文本, 所以文本之间的相似度可以用向量之间的某种距离来度量.

假设文本 d_1 和文本 d_2 在特征项 $\{t_1, \cdots, t_n\}$ 上的权值分别为 $\{w_{11}, \cdots, w_{1n}\}$ 和 $\{w_{21}, \cdots, w_{2n}\}$. 它们的相似度记为 $\text{sim}(d_1, d_2)$, 其中 $d_1 = (w_{11}, \cdots, w_{1n})$, $d_2 = (w_{21}, \cdots, w_{2n})$. 可以看出相似度 $\text{sim}(d_1, d_2)$ 本质上就是度量两个 n 维向量 d_1 和 d_2 的距离. 常用的距离计算有内积距离、绝对值距离、欧几里得距离、切比雪夫距离、夹角余弦等 (参见 6.1.1 节). 不同领域的向量空间模型, 其相似度的计算也不同. 而且相似度最好都能划归到 $[0,1]$ 区间上, 分布尽可能均匀, 这样可以使阈值选取变得容易一些.

向量空间模型提供了一种将文本内容数学化的方法. 它将文本内容转化为多维空间的向量, 将文本内容的处理简化为向量空间中的向量运算, 直观且易于执行, 也极大地提高了自然语言文本的可计算性. 但向量空间模型无法确定特征项在文本中出现的次序, 这会损失很多对文本内容有重要作用的文本结构信息. 例如, "集合 A 包含于集合 B" 和 "集合 B 包含于集合 A" 所表达的意思截然不同, 但在特征项表示、权值计算以及相似度计算中可能得到完全相同的结果.

2. 电子表格模型

对于一个文档集, 将每个文档都转化成一个向量, 由这些向量构成一个矩阵, 即矩阵的每一行对应一个文档. 这是文本表示的最基本的模型, 词袋模型 (bag of

words), 也称之为电子表格模型. 例如, 以每行表示一个文档, 每列表示一个词, 用
1 表示该词在该文档中出现, 0 表示该词不在该文档中出现. 这样的电子表格采用
了布尔权值, 当然还可以采用其他权值. 正常情况下, 电子表格模型得到的矩阵是
稀疏的, 因为文档通常只会用到字典中一少部分的特征词. 这种稀疏性不仅代表了
文档的差异, 更重要的是带来了存储和处理的极大方便和简化, 使得文本挖掘程序
可以处理规模比较庞大的问题. 该模型也存在明显的缺点, 其一, 维度随着词表增
大而增大, 导致维度灾难; 其二, 无法处理 "一义多词" 和 "一词多义" 问题; 其三,
无法考虑特征项的顺序性; 最后, 没有考虑特征项相对重要性的差异.

3. 概率模型

概率模型是基于概率排序原则, 利用词与词以及词与文本之间的相关性, 进行
信息检索的文本表示模型. 对于用户给定的查询, 概率模型把文本分为相关文本和
无关文本. 为了排序, 概率模型要计算文本集里所有文档与检索信息的相关性条件
概率, 按照文档对检索信息的相似度大小进行降序排列.

将文本集中的文本 d 用特征向量表示: $d = (x_1, x_2, \cdots, x_n)$, 其中, $x_i = \{0, 1\}$,
表示特征词项 t_i 在 d 中出现或不出现. 假设检索信息为 $q = (q_1, q_2, \cdots, q_m)$, 其中
检索词 $\{q_i\}_{i=1}^m$ 是文本集特征词项集合的子集. 用条件概率 $P(R = 1 | Q = q, D = d)$
来度量文本 d 和查询 q 的相关度, 相关度随机变量 $R = \{0, 1\}$, 其中 1 表示相关, 0
表示不相关. 如果 $P(R = 1 | Q = q, D = d) > P(R = 0 | Q = q, D = d)$, 那么 d 属于检
索结果, 否则不是检索结果.

文本 d 与查询 q 的相似度定义为

$$\mathrm{sim}(d, q) = \frac{P(R = 1 | D = d, Q = q)}{P(R = 0 | D = d, Q = q)} = \frac{P(D = d | R = 1, Q = q) P(R = 1 | Q = q)}{P(D = d | R = 0, Q = q) P(R = 0 | Q = q)},$$

其中 $P(D = d | R = 1, Q = q)$ 表示从与检索信息相关的文本集合中随机选取到文本
d 的概率, $P(R = 1 | Q = q)$ 则为从整个文本集中随机选取一个文本作为相关文本的
概率. 可类似定义 $P(D = d | R = 0, Q = q)$ 和 $P(R = 0 | Q = q)$. 由于同一的检索信
息和文本集, $P(R = 1 | Q = q) / P(R = 0 | Q = q)$ 是常数, 对于排序不起作用, 所以相
似度可简化为

$$\mathrm{sim}(d, q) = \frac{P(D = d | R = 1, Q = q)}{P(D = d | R = 0, Q = q)}.$$

进一步假设, 特征词项是相互独立的, 那么 $P(D = d | R, Q) = \prod_{i=1}^n P(x_i | R, Q)$. 记
μ_i 为特征词项 t_i 出现在与检索信息 q 相关文本集合中的概率, ν_i 为特征词项 t_i 出
现在与检索信息 q 不相关文本集合中的概率, 则有

$$P(x_i | R = 1, Q = q) = \mu_i^{x_i} (1 - \mu_i)^{1 - x_i}, \quad P(x_i | R = 0, Q = q) = \nu_i^{x_i} (1 - \nu_i)^{1 - x_i},$$

那么
$$\frac{P(D=d|R=1,Q=q)}{P(D=d|R=0,Q=q)} = \prod_{i=1}^{n}\left(\frac{\mu_i}{\nu_i}\right)^{x_i}\left(\frac{1-\mu_i}{1-\nu_i}\right)^{1-x_i}.$$

由于连乘一些较小的数, 会使整个值过小, 导致计算下溢, 所以对上式取对数, 有

$$\log\frac{P(D=d|R=1,Q=q)}{P(D=d|R=0,Q=q)} = \sum_{i=1}^{n}\left[x_i\log\frac{\mu_i}{\nu_i} + (1-x_i)\log\frac{1-\mu_i}{1-\nu_i}\right]$$

$$= \sum_{i=1}^{n}\alpha_i x_i + C,$$

其中 $C = \log\dfrac{1-\mu_i}{1-\nu_i}$ 对所有文本来说是个常数, 在计算相对相似度时可以忽略. $\alpha_i = \log\dfrac{\mu_i(1-\nu_i)}{\nu_i(1-\mu_i)}$ 是第 i 个特征词项的相对权重. 因此, 把

$$\text{sim}(d,q) = \sum_{i=1}^{n}\alpha_i x_i \tag{6.2.1}$$

作为相似度的新定义.

如果知道相关文档集合和非相关文档集合中特征词项出现的情况, 就可以计算 μ_i 和 ν_i. 表 6.4 中, r_i 是包含特征词项 t_i 的相关文档数量, k_i 是包含 t_i 的文档数量, $k_i - r_i$ 是包含 t_i 的不相关文档数量, M 是与检索信息 q 相关的文档数量, $N-M$ 是与 q 不相关的文档数量. 那么 $\mu_i = \dfrac{r_i}{M}$, 即包含 t_i 的相关文档数量除以全部相关的文档数量; $\nu_i = \dfrac{k_i - r_i}{N-M}$, 即包含 t_i 的不相关文档数量除以全部不相关的文档数量. 在实际计算中, 为了避免 0 的出现, 会在每个数值上加一个常数 (一般可取 0.5, 整体数量加 1.0),

$$\mu_i = \frac{r_i + 0.5}{M + 1.0}, \quad \nu_i = \frac{k_i - r_i + 0.5}{N - M + 1.0}.$$

把上式代入 (6.2.1), 就可计算每个文档的得分, 然后根据分值进行排序.

表 6.4　相关文档集合和非相关文档集合中特征词项计数

	相关	不相关	总数
$D=1$	r_i	$k_i - r_i$	k_i
$D=0$	$M-r_i$	$N-M-k_i+r_i$	$N-k_i$
总数	M	$N-M$	N

概率模型克服了向量空间模型忽略相关性的缺点. 但它需要先把文档分为相关和不相关两个集合, 而且不同的集合划分可能会得到差异较大的计算结果.

4. 概念模型

概念模型的初衷是弥补向量空间模型在语言知识和领域知识中的不足, 特别是解决其中存在的同义词和多义词的问题. 概念模型一般会涉及如下三个方面. 首先是概念词典. 它精确定义了词语及其所对应概念之间的映射关系, 能够用来解决同义词和多义词问题.

表 6.5 说明了: "苹果", 这个词具有名词词性, 是一个水果的概念. 它也是一种手机的代名词. 在概念词典中, 对多义词 "苹果" 进行了语义标注, 提高了不同语境下多义词真实语义的识别效果, 避免多义词在文本分类中带来的混乱.

表 6.5 词: "苹果" 的概念定义

词	词性	概念定义
苹果	名词	水果
		相关: 电子产品

其次是概念距离和概念相似度. 概念距离可以反映概念间的语义关系, 定义为两个概念的各个基本属性之间最短连接路径长度的加权和. 记两个概念 W_1 和 W_2 的概念距离为 $\mathrm{dis}(W_1, W_2)$. 因为 $\mathrm{dis}(W_1, W_2)$ 不一定在 $[0, 1]$ 中, 应用不方便. 为此, 引入概念的相似度

$$\mathrm{sim}(W_1, W_2) = \frac{\alpha}{\mathrm{dis}(W_1, W_2) + \alpha},$$

其中 α 是可调节的参数.

最后是模型的构建过程, 步骤如下:

(1) 文本预处理, 把文本表示成一段词语序列, 同时记录词语在文档中的位置信息;

(2) 词语与概念转换, 查询概念词典, 将词映射到概念;

(3) 概念排歧, 对多义词进行概念排歧, 可从词性搭配、语境、概念相似度的角度排歧;

(4) 经过词语与概念转换和概念排歧后, 让文中不同位置的每个词语都有对应的唯一概念, 在此基础上进行特征选择 (去除代词、介词、助词、功能词), 最终用概念作为文本的特征, 统计各个特征概念的频率, 确定权值, 从而建立以概念为特征的文本表示模型.

6.2.5 文本分类与文本聚类

文本分类就是把给定数据集的文本实例划分到预先确定的类别中去. 其方法主要分为两类: ① 知识工程方法, 由专家的类别知识直接编码为分类规则. 其缺点是知识获取瓶颈, 创建和维护需大量脑力劳动. ② 机器学习方法, 根据一些手工分

类训练样本和建立分类器, 运用分类器自动完成分类任务. 现在大部分的研究集中于后者.

1. 文本分类的种类

文本分类可以形式地定义为一个函数 (分类器) $F : D \times C \longrightarrow \{0,1\}$, 其中 D 是所有可能的文本集, C 是预定义的类别. 如果文本 d 属于 c 类, 则 $F(d,c) = 1$, 否则为 0.

单标签分类与多标签分类　如果每个文本只属于一个类别, 那么属于单标签分类; 如果每个文本可属于多个类别, 那么属于多标签分类.

文本主元与类别主元分类　如果给定文本, 判断其所属类别, 那么这是文本主元分类; 如果给定类别, 寻找属于该类别的文本, 那么是类别主元分类. 如果是 "在线" 的分类, 文本一个接一个到来, 那么文本主元分类更适合; 如果类别不是固定的, 原先已经归类的文本可能要重新归类, 那么类别主元分类更合适.

硬分类和软分类　如果 F 的值域为 $\{0,1\}$, 那么是硬分类; 如果 F 的值域为 $[0,1]$, 那么是软分类. 软分类可通过设定阈值变为硬分类.

2. 文本分类的应用

文本索引　给文本指派关键词的任务称为文本索引. 如果把关键词视为类别, 则文本索引可视为一般文本分类问题的一个实例.

文本过滤　文本过滤只是把文本分为 "有关" 和 "无关" 两类. 例如, 电子邮件客户端过滤垃圾邮件, 个性化广告过滤系统.

网页分类　文本分类最一般的应用是网页的自动层次分类. 例如, 学术类网页和商业类网页.

3. 文本聚类

文本聚类是在没有先验信息的前提下, 将给定的未标注的文本群分成有意义的类别. 聚类在很多数据分析领域都非常有用, 包括信息搜集、文本恢复、图像分割、模式识别.

6.2.6　应用实例

文本分析可以运用在许多具体的应用中, 例如, 互联网市场调研、面向数字图书馆的轻型文档匹配、新闻文章主题指定、邮件过滤和搜索引擎等. 下面以搜索引擎为例, 阐述文本分析在实际应用中的具体过程.

用户输入一条包含若干相关单词的查询语句, 搜索引擎要给出与之相关的排好序的网页, 最相关的网页排在最前面. 搜索引擎要解决的问题实际上是一种特殊的信息检索 (IR). 信息检索的基本技术是相似度度量. 所要查询的内容会成为一个新的文档, 接着这个文档将会和已储存的文档集进行匹配 (即计算文本之间的相似度), 最后排序检索到的文档子集. 它的基本步骤可概括为: ① 给出对查询条件的一般性描述; ② 对文档集合进行匹配搜索; ③ 排序并返回相关的文档子集. 下面给出信息检索中三种经典相似度度量方法.

(1) **相同单词计数 (向量内积)** 文档之间最明显的相似度度量就是它们之间的相同单词计数. 每个文档都可以用 VSM 模型中的布尔权值表示, 即都用一个由 0 和 1 组成的向量表示. 通过计算两个向量之间的内积, 就可以得出两个文档之间相同单词出现的个数. 将查询内容视为一个文档, 也用向量表示. 那么用相同单词计数度量方法就可以计算出它与文档集中文档的相同单词数目. 如果相同单词个数越多, 那么相似度越大, 否则越小. 如果 VSM 模型里特征项所构造的字典能较好地反映特征项与文本的相关关系, 那么这种相似度度量方法能得到较好的结果, 否则其效果就较差.

(2) **单词计数和奖励** 方法 (1) 中, 没有区别特征词项的差异, 在很多情况下显得不太合理. 为此, 引入特征词项的特异性. 若某个单词仅仅在某些特定的文档中出现, 则它具有强特异性. 若它在大多数文档中出现, 则是弱特异性. 特异性强的单词称为强预测单词, 否则称为弱预测单词. 记查询语句 q 包含 m 个单词 $q = (q_1, \cdots, q_m)$. 假设检索词 $\{q_i\}_{i=1}^m$ 是文本集特征词项集合 $\{c_i\}_{i=1}^n$ 的子集. 它和文档 d 的相似度定义为

$$\text{sim}(d, q) = \sum_{i=1}^n w(c_i) = \sum_{j=1}^m w(q_j),$$

其中

$$w(q_j) = \begin{cases} 1 + \dfrac{1}{df(q_j)}, & \text{单词 } q_j \text{ 同时出现在 } q \text{ 和 } d \text{ 文档中}, \\ 0, & \text{其他}, \end{cases}$$

$df(q_j)$ 表示文档集合中含有单词 q_j 的文档数目. 与方法 (1) 相比, 该方法多了奖励值 $1/df(q_j)$. 一方面, 它继承了方法 (1) 的特点, 相同词数越大, 相似度越大. 另一方面, 如果查询词仅在少数几个文档中出现, 那么这几个文档将具有高的相似度, 应该在搜索结果的排序中位于前面.

(3) **余弦相似度** 它是信息检索中最经典的相似度度量方法之一. 两个文档 d_1 和 d_2 的余弦相似度 $\text{sim}(d_1, d_2)$ 定义为

$$\text{sim}(d_1, d_2) = \cos(d_1, d_2) = \frac{\displaystyle\sum_{j=1}^n w_1(c_j) w_2(c_j)}{\sqrt{\displaystyle\sum_{j=1}^n w_1^2(c_j)} \sqrt{\displaystyle\sum_{j=1}^n w_2^2(c_j)}},$$

其中

$$w_i(c_j) = tf_{ij} \log\left(\frac{N}{df_j}\right), \quad i = 1, 2,$$

tf_{ij} 是单词 c_j 在文档 d_i 中出现的频率, df_j 表示文档集合中含有单词 c_j 的文档数目, N 指的是文档集合中的文档数量. 可以看出余弦相似度利用了 6.2.4 节的 TF-IDF 权值计算, 考虑了不同文档中相同的单词和它们出现的频率. 根据 6.1 节里余弦相似系数的介绍, $\mathrm{sim}(d_1, d_2)$ 越接近 1, 表明两个文档越相似.

信息检索技术要在可以接受的时间内运算, 必须降低连续比较所有文档所造成的复杂度. 因为从文档集中搜索与查询条件匹配的文档, 其运算量是巨大的, 特别是文档集中包含较多的大文档时. 一个通用的技巧是采用单词列表指向文档的方法, 而放弃文档指向单词的模式. 这种倒置的列表, 称为反向列表. 在反向列表中, 每个文档被替换成一个由文档所包含的单词构成的列表, 并且只对那些在查询中出现的单词感兴趣 (图 6.10). 当提交一个查询后, 检索系统会处理每一个单词, 单词表将会告知单词出现在哪些文档之中, 并通过一定的规则计算出每个文档的相似度. 所以, 有了反向列表和相似度度量计算方法, 就可以建立一个完整的搜索引擎的系统, 而且这样的搜索引擎运算起来非常高效.

图 6.10   文档排序列表转换

当前各种搜索引擎琳琅满目, 但大致上都由搜索系统、索引系统、检索系统三个部分组成, 整个工作流程包括五个步骤 (图 6.11).

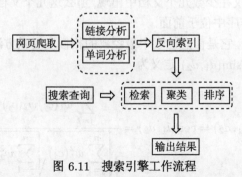

图 6.11   搜索引擎工作流程

(1) 从互联网上搜集网页, 利用爬虫程序自动访问互联网, 沿着已抓取网页中的所有链接爬到其他网页, 并抓取内容, 重复这个过程, 直至将所有网页收集回来.

(2) 对收集回来的网页进行分析, 包括链接分析 (即 Google 的 PageRank 算法) 和单词分析 (即计算相似度等), 提取网页相关信息.

(3) 根据这些信息建立单词和网页的反向索引 (即反向列表). 索引对于检索质量至关重要, 因为搜索引擎只能找到索引中的内容. 然而, 当索引逐渐变得庞大时, 检索过程必然会更耗时, 也需要更复杂的技术来支撑. 索引的大小可以通过限制输入文字的长度来控制, 还可以在建立索引时增加存储一些辅助信息, 如单词位置和频率以及链接信息等. 同时由于网页会时时更新, 还需要对索引进行及时维护和更新.

(4) 用户通过查询接口输入查询条件. 搜索引擎使用的查询语言十分简单, 一些关键词加上逻辑操作符 (AND, OR 等) 即可. 高级搜索工具允许用户搜索符合某些要求的查询, 这种过滤可以大大缩减搜索空间. 根据用户的查询内容, 检索程序在索引数据库中找到符合查询关键词的所有相关网页.

(5) 将检索出的网页进行排序后返回给用户. 除了返回网页列表, 还可以给用户提供一些额外的有用信息, 例如, 做好标记的聚类可方便用户修改其查询.

近来, 搜索引擎的功能得到了进一步加强和拓广. 它将检索结果进行分类显示, 并且针对某些查询语句给用户返回查询建议, 方便用户进一步查询, 较好地提升了用户体验. 另外, 搜索引擎除了直接返回检索结果外, 还可以针对问题式的查询进行回答, 比如某个数学公式的结果, 经典的 Wolfram-alpha 搜索引擎就属于这类.

6.2.7 分布式文本挖掘

日益发达的互联网提供了一个巨大的文本数据存储库, 这些数据不能在单个计算机上进行存储和处理, 通常是以分布式方式存储的. 目前出现的一种新趋势是充分利用高性能计算机系统的优势, 使用分布式方法进行数据处理. 此方法面临的挑战是开发一种新算法, 使其能够在并行/分布式计算机设施上实现. Map-Reduce 是比较流行的一种架构. 它对程序员隐藏了分布式系统的详细信息并能够处理所有异步、并行、故障恢复和 I/O 方面的事务, 这样可以使程序员集中精力处理文本任务. 这种模式的一个主要特点是程序使用的是来自功能性编程语言的原件 Map 和 Reduce. 许多文本挖掘任务可以轻松地重塑为一系列的 Map 和 Reduce 步骤.

在分布式数据的设置中, 首选解决方案是采用加权的组合模型, 而不是一个巨大的单片模型. 随着现实世界文档集合数量不断增长, 由于分布式文本挖掘方法擅长随时间变化的流数据, 它是目前在指定时间内获得结果的最有前途的方法, 将为文本分析提供一系列独特的机遇和挑战.

6.3　网络图形描述和模型 *

网络是各个成分之间相互关联所构成的复杂系统. 平时生活中, 互联网、物联网、社交网络、引文网络、交通运输网络等是我们熟悉的网络. 对网络图形进行描述分析的时候, 我们通常将一个网络看作一个图. 在研究一个网络图形时, 人们会去研究各种指标从而更好地理解和挖掘图形中的信息. 本节将首先介绍图的一些基本概念; 然后着重介绍网络中常用的统计指标, 并对小世界现象所表现出来的潜在路径进行研究; 接着用分布式算法找到一个随机网络结构的上界和下界, 在特定参数下找出最短路径; 最后介绍决策模型和概率传播模型的原理和应用.

6.3.1　图的基本概念

在现实生活中, 如果用点来表示事物, 用边来表示事物之间的联系, 那么很多问题可以通过研究由边和点组成的图来解决. 网络图就是对图的点和边赋予具体的含义, 如费用、距离等等. 图可视作一有序二元组 $G = (V, E)$, 其中 $V = \{v_1, v_2, \cdots, v_n\}$ 称为顶点集, V 中的元素称为顶点, $E = \{e_1, e_2, \cdots, e_m\}$ 称为边集, E 中的元素称为边. 有向图、无向图的概念比较容易理解: 每条边都是无向的图称为无向图 (图 6.12), 每条边都是有方向的图称为有向图 (图 6.13), 既有有向边, 也有无向边的图称为混合图. 赋权图则是对图上每条边赋以一个实数, 称为权重.

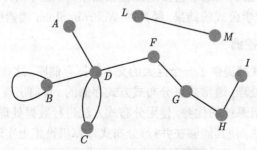

图 6.12　无向图 (文后附彩图)

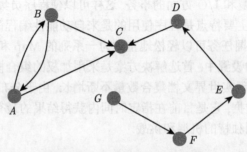

图 6.13　有向图 (文后附彩图)

6.3.2 复杂网络的统计特征

度的分布、平均距离、集聚系数、介数和最短路径等是复杂网络中的重要统计指标. 本小节将简单介绍 E-R 随机图, 并分析三个指标的含义, 讨论在 E-R 随机图中各指标的具体表示以及和真实网络的对比. 另外, 以 Facebook 的数据对几个重要的性质作理论分析和实证研究, 对网络结构中的指标进行现实意义上的分析.

1. E-R 随机图

网络图形模型中, 最早的图模型是 E-R 随机图, 它是由匈牙利数学家 Erdös 和 Rényi[53] 共同研究而来的. E-R 随机图用 $G(n,p)$ 表示, n 表示图中点的个数, 点之间的边都是以一定概率 p 随机且独立形成的. 还有一种图模型叫轮廓模型, 不同之处在于, 它的每个点都有一个设定的度. 人们有时会采用轮廓模型来分析网络结构. 轮廓模型一般用 $G(n,k)$ 表示, $k = \{k_i\}$, 第 i 个点的度 k_i 是事先设定的. 如果 k 的取值服从泊松分布, 那么轮廓模型就是 E-R 随机图. 这里对轮廓模型的各指标不做讨论. 下面介绍 E-R 随机图中的三个指标值.

2. 度的分布

度指的是网络中某个顶点与其他有边相连的顶点的数量 k; 度的相关性指顶点之间关系的紧密性. 在有向图中, 有入度和出度之分. 以某顶点为终点, 起始于其他顶点的弧的数目称为该顶点的入度. 以该顶点为始点, 终止于其他顶点的弧的数目是该顶点的出度. 图 6.13 中, 点 B 的入度和出度分别是 1 和 2.

E-R 随机图 $G(n,p)$ 中每条边都是以一定概率独立随机生成的, 通常假设其度 k 服从二项分布:

$$\Pr(m) = \binom{n-1}{m} p^m (1-p)^{n-1-m}, \quad m = 0, 1, \cdots, n-1.$$

它的数学期望为 $\bar{k} = (n-1)p$. 当 p 很小时, k 近似服从泊松分布. 因此当 $G(n,p)$ 是个稀疏图时, 度的近似分布计算公式为

$$\Pr(m) = e^{-\bar{k}} \frac{\bar{k}^m}{m!}, \quad m = 0, 1, 2, \cdots.$$

随机图的好处在于它简单的表现形式. 真实网络与随机网络不同, 表现出很大的不均一性, 既不是完全随机的也不是完全确定的. 其节点度的分布非常广. 实际中碰到的大型网络, 度的分布并不服从泊松分布, 而是服从幂律分布.

3. 集聚系数

图论中, 集聚系数 (clustering coefficient) 是图中节点倾向于聚集在一起的程度的度量. 有证据表明, 在大多数现实世界的网络中, 特别是社交网络中, 节点倾向于

更紧密地结合, 形成相对高密度的关系. 通常朋友的朋友可能也是你的朋友, 两个朋友的朋友可能彼此也是朋友. 这种可能性往往大于两个节点之间随机建立联系的平均概率. 网络中的任意一点 i 的集聚系数 C_i 定义为一个顶点的 k_i 中相连的邻域内顶点之间链接除以它们之间可能存在的链接数的比例, 它反映网络中结点的聚集情况, 网络有多紧密. 给定度 k, E-R 随机图的集聚系数的条件数学期望为

$$C_i = \frac{pk(k-1)}{k(k-1)} = p = \frac{\bar{k}}{n-1} \approx \frac{\bar{k}}{n}.$$

根据全概率公式得到一个 E-R 随机图的集聚系数就是概率 p.

如果在生成随机图时, 令 k 为常数, 那么当网络很大, 即 n 趋于无穷时, 集聚系数会趋于 0. 这也是随机网络图与现实网络结构的一大不同之处, 因为在现实网络中, 不管网络有多大, 它的集聚系数往往能保持比较大的值.

4. 平均距离

网络中的两个结点 i 和 j 间的距离 h_{ij} 定义为连接两点的最短路径长度, 而一个网络的平均距离就是所有结点间距离的平均值.

$$h = \frac{1}{2E_{\max}} \sum_{i \neq j} h_{ij}, \quad 其中 E_{\max} = \binom{n}{2},$$

经证明, E-R 随机图的平均距离是 $O(\log(n))$.

5. 模块度

在节点间边的分布上, 组内节点间的连边较稠密, 组与组之间相对稀疏. 这种特性, 称为 "模块性". 具有这一特性的一组节点集, 称为 "模块" 或者 "社团结构". 复杂网络的模块性是一个非常重要的特性. 研究网络的模块性对于决策、预测事物变化发展等具有重要的意义. 网络模块性分析算法有很多, 如 GN 算法、谱算法等, 很多文献用各种算法进行社团分块, 在运用这些算法时会用到图谱的相关知识, 如邻接矩阵、拉普拉斯矩阵的概念等.

6. Facebook 社交网络分析

互联网社交平台的出现使得社交网络能获得更多的数据. 为了更好地理解现实生活的网络结构, 下面对 Facebook 用户的分布和关系进行分析. 我们约定, 点表示用户, 边表示关系, 同时定义最近一月内 (引用的是 2011 年 3 月的数据) 登录过并且至少有一个好友的用户为活跃用户. 在这种定义下, 活跃用户数达到 7.21 亿, 大致为世界人口的 10%, 总好友数共达 687 亿, 因此该网络结构的平均度为 95, 即平均每个用户有 95 个好友. 下面展示对该网络分析的结果.

度的分布 度的密度函数会随着度的增大而减少, 但是在 20 这个点保持了平稳, 这是因为用户好友数小于 20 时 Facebook 会频繁发信息鼓励用户加好友. 另外, 因为 Facebook 的好友上限是 5000, 所以在 5000 处, 度的密度骤降为 0. 因此所有用户的度不可能超过 5000.

平均距离 以 Facebook 用户数据为基础, 经计算该网络中的每两个用户之间平均距离是 4.74, 即通过 4.74 个间接人就能够建立联系. 显然, 网络社交让现在的人与人之间联系更加紧密, 这比原有的六步分割理论要小. 但该网络也显示最大距离为 6 的用户对将近占 100%. 这符合六步分割理论 (见 6.3.3 节). 没有等于 100%, 是因为网络结构中总有几个用户不与整个网络接触.

集聚系数和简并度 集聚系数随着度的增长严格减小. 尽管如此, 在 Facebook 这个网络中用户的集聚系数始终在一个比较高的水平. 例如, 当度为 100 时, 平均集聚系数为 0.14, 说明在有 100 个好友的用户朋友圈里, 14% 的人是互相认识的. 这个数值相比于我们之前讨论的随机图要大得多. 同时可以看到, 当度增大到接近 5000 时, 集聚系数下降得非常迅速, 这可能是因为那些拥有 5000 好友的用户往往是出于一些营销广告的目的所创建的账号, 因而加的好友比较随机, 体现不了真正的好友圈关系.

可引入 K-核进行分析. K-核是指在一个网络图 G 中存在最大的子图使得所有点的度都至少为 K. 而一个网络的简并度就取决于其包含的最大非空 K-核. 例如, 若包含的最大的是 4-核, 那么简并度就是 4, 即用户 G 至少有 5 个这样的朋友: 他们认识用户 G 其他 4 个朋友. 了解了简并度的概念, 就很容易理解简并度为什么随着度的增加而增加: 一个用户的好友越多, 那么他有紧密联系的朋友圈也越大.

朋友的朋友 对朋友的朋友数有两种定义: 一种是非唯一, 即考虑朋友的朋友时允许出现重复计数; 另一种是唯一, 即只计算最后的数量, 减去了重复计算的部分. 易知朋友的朋友数随着用户自己的朋友数增大而增大. 由此引出度的相关性.

度相关性 度相关性是指用户好友数与其好友的好友数有一定的相关性. 这很好理解, 物以类聚, 人以群分, 一个有很多好友的人, 一般他的好友也有很多好友. 此外, 密度函数的峰值都接近该用户自己的好友数 (度). 根据计算, Facebook 中的度相关性达到 0.22.

6.3.3 小世界现象

大多数网络规模很大, 但是任意两个节点间却有一条相当短的路径. 小世界现象反映的事实是相互关系的数目可以很小, 但却能够连接世界. 在很长一段时间内, 这个现象都只是停留在人们的现实认知中, 而没有完善的理论去解释. 直到 20 世纪 60 年代, 它被学者研究并做了大量实验. 复杂网络具有小世界的特性. 已有的研究表明, 小世界现象存在于许多现实网络中, 包括计算机网络中.

下面简单介绍 Milgram[84] 对小世界现象所做的实验. 实验设定的目标是在两个互不相识的人之间找到最短的路径建立关系. 例如, 在实验中, 一个内布拉斯加州的人会被要求把一封信送给另一个在马萨诸塞州的人, 而两人之前互不相识, 信只能通过互相相识的人进行传递. 最后结果显示, 在传递成功的关系链中, 平均只用了 5~6 步, 六步分割理论便由此得来.

为什么社交网络中会存在这么短的关系链呢? 许多之前的研究都通过随机模型来解释这个现象. 上面已经介绍随机模型的平均距离是 $O(\log(n))$, 即使 n 很大, 距离也不会太大. 但是随机模型有个很明显的缺陷, 在现实生活中, 往往朋友的朋友也是朋友, 即人们的关系网会以一个圈子的形式存在. 而在种种网络结构中, 平均距离会比较大, 这是随机模型无法模拟和解释的. 因此, Watts 和 Strogatz[117] 提出了另外一个随机模型来描述小世界现象. 他们将点的边分成了两个极端的类型: 邻边和远距离的边. 这种模型保证了每个点在自己的周边会有较多的边, 而在长距离也会偶尔随机出现几条边, 这就符合了现实生活中的关系网络. 同时, 由于加入了长距离关系, 这个模型的平均距离也比较小, 从而比较好地解释了小世界现象的第一个问题 (任意两个结点之间存在较短关系链).

另外还有一个问题: 为什么人们能找到这条最短关系链? 人们不可能掌握整个网络的信息, 他们是怎么找到这条潜在的途径? 是网络结构的什么性质保证了人们能很快找到这条途径?

下面介绍分布式算法. 首先我们指出如下三点:

(1) 对于图 6.14 所示的模型, 不足以说明分布式算法能找到有效的短距离途径. 可以证明对于一部分由 Watts 和 Strogatz 所构造的模型, 分布式算法是有效的.

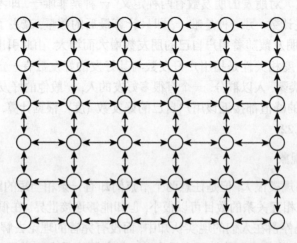

图 6.14　二维网格网络 $n = 6, p = 1, q = 0$

(2) 存在一个很大的 Watts 和 Strogatz 所构造的随机模型, 该模型可以通过分布式算法较大概率找到有效短距离途径.

(3) 一个更强的结论: 存在唯一的一种模型, 即只有一组对应的参数, 其能用分布式算法有效地得到较短距离途径.

根据 Watts 和 Strogatz 构造随机模型的思想 (即邻边数较多, 同时加有长距离关系), 构造类似图 6.15 的模型. 模型原型是 $n \times n$ 的二维网格模型 $\{(i,j) : i,j \in \{1,2,\cdots,n\}\}$. 定义点 (i,j) 与 (k,l) 之间距离: $d((i,j),(k,l)) = |k-i| + |l-j| (k,l,\in \{1,2,\cdots,n\})$. 模型的构造方式如下.

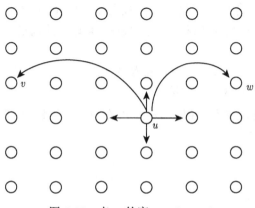

图 6.15　点 u 的度 $p = 1, q = 2$

给定常数 $p \geqslant 1, (i,j), (k,l)$ 之间有边, 则必须满足 $d((i,j),(k,l)) \leqslant p$. 给定整数 q, 每个点有 q 个距离超过 p 的关联点, 而且两点之间有边的概率与 $|d((i,j),(k,l))|^{-r}$ 成正比. 这个模型是可以直观理解的: 在一定距离内, 人们是互相认识的, 超出一定距离, 人们有一定的概率认识, 这个概率和距离成反比. 在这个模型中只有 r 一个参数, p, q 都是给定的常数. 若 $r = 0$, 那么长距离关系的形成就和距离没有相关性, 也就是和 Watts 和 Strogatz 构造的随机模型一样. 随着 r 增大, 长距离关系就越难形成, 从而集聚程度越来越高. 因此, 参数 r 可以理解为一个社交网络分布的广度.

下面介绍算法. 按照 Milgram 试验的思想, 任意选定两个点 s, t 作为起始点和终点, 目标函数是使算法使用的步数最小. 算法的关键限制是对于这个网络中 s 与 t 之间的任意点 i 只知道网络的部分信息, 而不知道整个网络的所有信息. 具体掌握的信息如下:

(1) 在离点 i 距离 p 以内的点集;

(2) 终点 t 的信息;

(3) 当前所在点所对应的长距离点集信息.

下面是通过算法得到的结论, 证明不再详述.

定理 6.4　*存在常数 a (与 p, q 相关, 与 n 无关), 使得当 $r = 0$ 时, 任意分布式算法的期望步数至少为 $an^{2/3}$.*

随着 r 的增大, 网络结构会变得越来越清晰, 这有利于算法寻找途径. 同时, 长距离点的关联会减少, 从而对最后的最小步数造成影响.

定理 6.5　*存在一个分布式算法和常数 b(b 和 n 无关), 使得当 $r = 2, p = q = 1$ 时, 期望步数最大为 $b(\log(n))^2$.*

定理显示了该模型的优势, 即要求长距离关联点的形成与距离成比例, 从而能使算法在寻找途径过程中利用这一特点找到相关途径, 同时也能保持途径距离较小的特点. 如果 $r = 0$, 虽然存在最短路径, 但却无法通过分布式算法得到相关途径.

定理 6.6　(a) *令 $0 \leqslant r \leqslant 2$, 存在常数 c (与 p, q, r 相关, 与 n 无关), 使得任意算法的期望步数至少为 $cn^{(2-r)/3}$.*

(b) *令 $r > 2$, 存在常数 c (与 p, q, r 相关, 与 n 无关), 使得任意算法的期望步数至少为 $cn^{(r-2)/(r-1)}$.*

6.3.4　模型介绍

1. 决策模型

现实生活中, 决策者的很多决策往往会受比较亲密的好友的想法或行动的影响. 假设决策者有两个选择: 0 和 1. 决策者选择不同选项所获得的收益与他们的好友及其选择有关. 因此在每一个阶段, 决策者都会通过观察上一阶段好友的表现来决定这一阶段自己的选择. 一般最后会有两种均衡点: 稳定点, 微小的偏离后重新回到这个点; 临界点, 微小的偏离会使其离开那个点, 达到新的均衡点.

模型　记度为 d 的决策者所占比例为 $P(d)$, $\sum_{d=1}^{D} P(d) = 1$. 记决策者 i 的度为 d_i. 假设决策的结果是一个二分变量, 用 0 和 1 表示. 当 i 认为他的好友有 x 的概率选择了 1 的时候, 他选 1 的收益为 $v(d, x) - c_i$, 其中函数 v 代表收益, c_i 代表成本或代价. 当 $c_i \leqslant v(d, x)$ 时, i 倾向于选择 1. 对于 $v(d, x)$, 有三种特殊情况:

(1) 函数与好友数, 以及对好友决策的估计有关, $v(d, x) = u(d, x)$;

(2) 函数只与好友决策的信息有关, $v(d, x) = u(x)$;

(3) $v(d, x)$ 是 x 的分段函数.

贝叶斯均衡　决策者 i 只知道自己的度 d_i、成本 c_i 以及其他人的信息, d_i, c_i 互相独立. 因此当给定 d_i, c_i 时, 这是个贝叶斯博弈.

因为决策者相互独立, 所以这是一个对称的贝叶斯均衡. 可以根据如下的均衡方程找到固定点:

$$x = \phi(x) \equiv \sum_{d=1}^{D} P(d)H(d,x),$$

其中 $H(d,x)$ 是度为 d 的好友选择 1 的概率.

决策扩散过程 在 $t=0$ 时, 有 x_0 的人选择了 1. 接下去的每个阶段, 每一决策者都会按前一阶段的情况作决策. 令 x^t 表示所有在 t 时刻选择 1 的人的比例, x_d^t 表示在 t 时刻, 度为 d 的人中选择 1 的比例. 那么

$$x^t = \sum_{d=1}^{D} P(d)x_d^t = \sum_{d=1}^{D} P(d)H(d,x^{t-1}) =: \phi(x^{t-1}).$$

根据这个等式, 可以绘制图 6.16, 其交点即为均衡点. 易知, 当交点处曲线的导数小于直线的斜率时, 则其为稳定点, 反之, 为临界点.

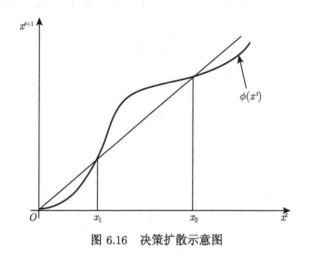

图 6.16 决策扩散示意图

2. 概率传播模型

概率传播模型最重要的应用例子是传染病. 传染病现在已经成为生物学和社会学的研究热点. 众所周知, 它是通过病原体传播的, 但是它的传播还与社会网络这个大载体密切相关. 因此从网络结构的层面来研究传染病的传播途径是很有意义的.

在网络图中, 用点表示人, 线表示两人之间有接触. 这里要强调一下, 对于同一个研究对象群体, 当传染病不同时, 所形成的网络结构也是不同的. 这是由于每

种传染病的传播途径和特点不同, 因此在网络结构中对接触这个概念有着不同的定义. 例如, 有些病见过面就算接触, 但有些病必须有身体接触才算.

下面介绍最简单的一个模型——分支过程:

(1) 假设一个人携带病原体进入一个群体, 并且以 p 的概率传染给他接触过的人. 假设他共接触了 k 个人, 那么这 k 个人中有一部分人会被传染, 而一部分人不会被传染;

(2) 每个在第一步被接触的人在第二步分别接触了不同的 k 个人, 也就是说第二步共新接触了 $k \times k$ 个人;

(3) 重复第二个步骤, 不停地向下一步的人传播病原体.

下面通过建模来找到控制疾病传染的入手点.

疾病的传染只有两种可能: 一种是传播到某一层时, 没人被传染, 那么该病被消除了; 另一种是一直传染下去, 每层都有个体被传染. 可以证明这两种情况是可以被区分开的. 当 $pk > 1$ 时, 传染病会以大于 0 的概率一直传染下去. 当 $pk < 1$ 的时候, 传染病会以概率 1 在有限步内被消除. 因此要控制传染病的传播, 只要控制 p, k 的值. 记 q_h 为在第 h 时间点还存在传染源的概率. 若要控制病情, 则要使 q_h 的极限为 0.

$$q_h = 1 - (1 - p \cdot q_{h-1})^k.$$

记 $f(x) = 1 - (1 - px)^k$, 易知 $f(0) = 0$; $f(1) < 1$; $f'(x) = pk(1 - px)^{k-1}$ 是一个减函数.

由图 6.17 可知, 只要 $pk < 1$, 就可保证 $f'(0) < 1$.

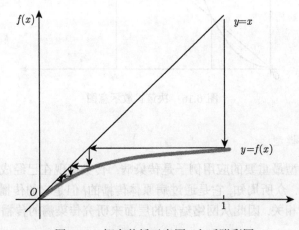

图 6.17 概率传播示意图 (文后附彩图)

6.4 网络数据分析和图形模型

随着网络贯穿人们的生活, 对网络数据进行分析从而发现数据的模式对于经营者来说越来越重要. 本节初步解释了网络数据的定义、类型和特点, 简要阐述了各类网络数据的收集方式, 给出了各类网络数据分析方法的简单说明, 并介绍了神经网络算法在数据挖掘方面的应用. 这里展现的只是网络数据分析过程中较为理论化的部分.

6.4.1 网络数据概述

网络大数据是指 "人、机、物" 三元世界在网络空间中彼此交互与融合所产生并在互联网上可获得的数据, 简称网络数据. 随着网络在社会各领域的应用, 网络数据表现出内容丰富、类型多样、数量巨大、结构复杂、变化频繁、质量不一等特点.

关于网络数据的定义, 一种是基于图论的网络 (图) 数据, 是现实世界中最常见的数据类型之一. 与图结构相对应的是树形结构, 它表达的是层次结构关系. 而不具备层次结构的关系数据, 可统称为网络数据. 人与人之间的关系、城市之间的道路连接、科研论文之间的引用都组成了网络, 它们所涉及的数据就是网络数据. 另一种定义则为, 网络环境下的数字信息表达——利用数字化技术将文字、声音、图形等信息转换成以 $\{0,1\}$ 表示的计算机可识别的代码, 利用网络对信息进行获取、存储、处理和传递. 两种定义的区别是, 对于网络二字狭义和广义的理解. 这里着重讨论第二种定义的网络数据.

网络数据类型

大数据类型繁多, 包括视频、图像等等, 下面简单介绍几种常见的数据类型.

元数据 美国图书馆学会将元数据定义为结构化的编码数据, 用于描述载有信息实体的特征, 以便标识、发现、评价和管理被描述的这些实体. 从两个角度来定义元数据: 一是强调结构化的数据, 元数据是提供关于信息资源或数据信息的一种结构化的数据, 是对信息资源的结构化的描述; 二是突出其功能, 元数据是用来描述信息资源或数据本身的特征和属性的数据, 是用来规定数字化信息组织的一种数据结构标准, 具有定位、发现、证明、评价、选择等功能. 元数据由多层次的结构组成: 内容结构、句法结构及语义结构. 同时因其结构简单、通俗易懂、可扩展等特点在信息的组织和利用两方面发挥着巨大的作用. 除了描述、搜寻等功能, 元数据的定位作用对于没有具体实体存在的网络信息资源至关重要. 元数据包含有关信息资源位置方面的信息, 因此可以确定资源位置所在, 确定信息对象在数据库或其他集合体中的位置. 对于元数据的管理, 主要有建立数据仓库和通过元数据桥和元数据交换标准实现元数据的集成管理.

结构化与半结构化数据　结构化数据主要包括两种形式, 即关系型数据库和符合 SGML(标准通用标记语言) 的数据. 半结构化数据指其结构隐含或无规则、不严谨的自我描述型数据. 它是一种介于严格的结构化数据和完全没有结构数据 (如声音、图像) 之间的数据形式. 以 HTML 文档为例, 它是以纯文本形式存储, 以标签来定义文档的组织. 可以嵌入其他对象, 如电子表格、视频、音频以及各种应用程序等内容, 通过 URL 还能实现网络节点间的连接.

非结构化数据　网络上拥有大量的自然文本、图像、声音等数据, 这类信息无法用数字或者统一的结构表示, 称为非结构化数据. 非结构化数据具有丰富的数据类型、灵活的索引. 非结构化数据库由于有灵活的数据结构, 支持索引的方式比关系型数据库要丰富很多. 除了子字段索引和全文索引, 还可以支持人工标引索引和中英文混合索引等方式.

流媒体数据　流媒体是网络传输音频、视频、动画等多媒体信息的一种技术. 流媒体是连续的数据流, 是指采用流式传输的方式在网络播放的媒体格式. 流式传输方式将整个 A/V 或 3D 等多媒体文件经过特殊的压缩方式分成一个个压缩包, 由视频服务器向用户计算机连续、实时传送. 网络上在线观看的视频就是流媒体数据.

6.4.2　网络数据收集

在数据分析之前, 常常要根据需求采集数据. 例如, 网站统计分析, 需要收集用户浏览目标网站的行为 (如打开某网页、单击某按钮、将商品加入购物车等) 及行为附加数据 (如某下单行为产生的订单金额等). 早期的网站统计往往只收集一种用户行为: 页面的打开. 而用户在页面中的行为无法收集. 虽然这种收集策略能满足基本的流量分析、来源分析、内容分析及访客属性等常用分析. 但是, 随着电子商务网站对于目标的统计分析的需求越来越强烈, 这种传统的收集策略已经不能满足需要. Google 在其产品 Google 分析中创新性地引入了可定制的数据收集脚本. 只需编写少量的 JavaScript 代码就可以实现自定义事件和自定义指标的跟踪和分析. 这是目前比较流行的数据收集方式, 叫做 "JavaScript 标记", 俗称为 "埋点". 除了埋点, 比较常见的数据收集方式有: Web 日志、JavaScript 标记、包嗅探器和目前新兴的无埋点技术. 下面逐一介绍这四种方式和它们的优缺点.

Web 日志　整个数据收集过程从网站访问者输入 URL 向网站服务器发送 http 请求开始, 网站服务器接收到请求后会在自己的 Log 文件中追加一条记录, 内容包括: 远程主机名 (或者是 IP 地址)、登录名、登录全名、发请求的日期和时间、请求的细节 (包括请求的方法、地址、协议)、请求返回的状态、请求文档的大小.

随后网站服务器将页面返回到访问者的浏览器内得以展现. Web 日志收集到的数据质量一般较低. 因为网站日志包含所有日志数据, 包括 CSS、图片、脚本文件的请求信息等, 所以过滤和预处理来提升数据质量必不可少. 而且致命的是页面缓存会导致浏览无日志记录.

JavaScript 标记 JavaScript 是一种动态脚本编程语言, 通常应用在客户端 (网页浏览器) 中. JavaScript 标记同 Web 日志收集数据一样, 从网站访问者发出 http 请求开始. 不同的是, JavaScript 标记返回给访问者的网页代码中会包含一段特殊的 JavaScript 代码, 页面展示的同时这段代码也得以执行. 这段代码会从访问者的 Cookie 中取得详细信息 (访问时间、浏览器信息、工具厂商赋予当前访问者的用户 ID 等) 并发送到工具商的数据收集服务器.

加入 JavaScript 代码的行为, 就是俗称的埋点, 是网站分析常用的数据采集方法. 埋点最大的优势是控制精准, 但是也有缺点. 大部分产品在代码埋点上都会面临一个问题: 成本高. 首先是因为不同版本的验证问题. 如果埋点地方过多, 也不易于管理. 每一个控件的埋点都需要添加相应的手工代码, 不仅工作量大, 限定了必须是技术人员才能完成, 大大掣肘了其他团队参与、临时调整的可能, 而且会导致沟通成本也十分高. 其次是版本更新的代价比较大. 每一次更新埋点方案, 就意味着必须要修改代码, 然后通过各个渠道进行分发. 对于运营团队来说, 代码埋点方案无异于把所有资源和方案都放到了发布前, 很难在日常运营中依赖实时数据捕获焦点, 随时做出应变. 一旦有相当多数量的用户对新版本不感兴趣, 通过埋点代码能够采集到的数据也就无法更新, 从而导致新版本会前功尽弃. 埋点技术在不可控因素出现后的快速应变响应上也是不够灵活且难以补救的.

包嗅探器 嗅探器可以理解为一个安装在计算机上的窃听设备, 可以用来窃听计算机在网络上所产生的众多的信息. 网站访问者发出的请求到达网站服务器之前, 会先经过包嗅探器, 然后包嗅探器才会将请求发送到网站服务器. 包嗅探器收集到的数据经过工具厂商的处理服务器后存入数据库. 网站经营人员可以通过分析报表系统地查看这些数据. 由于包嗅探器初期导入的费用较高, 对用户数据隐私有安全隐患, 目前该方式已经不常用了.

无埋点技术 目的在于提供一个简单、快速且规模化的数据产品. 所谓无埋点其实是全埋点. 无埋点先尽可能收集所有控件的操作数据, 然后再通过界面配置哪些数据需要在系统里面进行分析. 相对于框架式埋点, 无埋点一方面解决了数据"回溯"的问题, 另一方面, 无埋点方案也可以自动获取很多启发性的信息. 目前无埋点技术在国内最有名的公司是 GrowingIO, 该公司在 2015 年发布的无埋点方案, 在产品中嵌入一段 SDK 即可实时地、全量地、自动地收到用户的行为数据. 当下是一个大前端时代, Web、手机 APP 的使用时间越来越长, 而且使用手机 APP 和网站的时间越来越碎片化. 很多行为不一定要提交到服务器, 用户只是做了和前端的一些交互操作. 很多关于用户体验的代码都在前端实现. 例如, 在一个旅游网站上, 用户对起点和目的地的选择, 对酒店的房型的选择, 下拉菜单的内容单击, 只要用户不提交这些请求, 后端的服务器就无法记录用户的这些行为. 因而后端埋点也就越来越不适用. 首先因为后端能采集到的数据是片面并且有限的, 再者后端与前端之间往往是缺乏数据交互的, 大量操作都是预加载或者延迟加载. 而当用户出现网络故障或者环境问题时, 后端也没有机会知道用户在哪些时间点上的操作.

无埋点技术也存在弊端, 像之前提到的 GrowingIO, 只能做到对某个按钮进行设置. 如果你的 APP 页面较多, 按钮较多, 会产生大量字段报表和大量的数据路径, 在数据分析时, 会存在一系列问题.

6.4.3   网络数据分析

对收集到的网络数据, 要从中发现问题或者挖掘出价值, 就需要数据分析. 网络数据分析主要分为以下几种: 流量分析、定性分析、多维分析、挖掘分析、复杂数据的挖掘分析及分析系统的开发等. 这些网络数据分析方法在商业中具有重要的意义. 下面简单介绍前四种分析方法.

1. 网络数据流量分析

在网络数据流量中有四个基本概念: IP 地址、域名、服务器和客户端. 进行网络数据流量分析, 是指在建立网站后, 为了了解网站运营情况、发现网站存在的不足, 对网络服务器的运行和访问情况等数据进行详细的分析. 网络数据流量分析的主要指标有网站访问量、用户特征、用户的行为特征. 其流程可分为三个部分, 首先是数据预处理阶段, 其次是模式识别阶段, 最后是模式分析阶段.

分析的主要任务是从数据中发现关于用户行为及潜在用户的信息. 通常实现方法是对网络服务器日志和 Cookie 等日志文件进行分析. 分析方法包括统计分析、路径分析、关联分析、序列模式分析、分类规则分析和聚类分析等. 模式识别阶段就是采用这些方法, 统计对特定网页或文件的访问情况、不同领域和地区的访问情况和用户分布等; 利用数据分析技术进行网络流量分析、典型的事件序列和用户行为模式分析、事务分析等; 利用分析网络存取日志能帮助理解用户的行为, 通过路径分析发现网站中最经常访问的路径等; 用关联规则发现用户对站点各页面的访问之间的关系. 模式分析阶段是分析挖掘得到的规则和模式, 提取有意义、感兴趣的规则与模式作为分析的结果.

获得用户访问网站的具体数据有两种方法: ① 连续抽样方法; ② 网站日志分析方法. 前者类似于电视观众的固定样组调查, 采用的是抽样入户、连续记录的方法. 后者是利用计量软件直接对网站服务器日志进行审计分析. 因为电视观众在规定时间内的节目选择是有限的, 因此调查某个电视节目在某个时间段的收视率只要样本选择合理且样本数量足够大, 就可以达到符合要求的精确度. 但是网络用户在某个时间段内登录网站的选择近乎无限, 用固定用户样本组的连续抽样调查来统计某个特定网站的流量, 其准确性就很难保证. 因此, 网站日志分析方法是获取用户访问网站具体数据的主要方法.

2. 网络数据的定性分析

区别于定量办法, 定性研究方法着重于对研究目标整体特征的把握. 常用的方法有抽象分析、归纳分析、相关分析、对比分析、内容分析等等. 通过这些分析可以揭示一些规律, 获得我们感兴趣的信息.

网络数据的定性分析中最重要的是内容分析. 内容分析顾名思义是对研究的对象的内容进行分析. 20 世纪 50 年代美国学者贝雷尔森所著《传播研究的内容分析》一书, 确立了内容分析法的地位. 而使内容分析法系统化的是奈斯比特. 他主持出版的《趋势报告》运用的就是内容分析法. 享誉全球的《大趋势——改变我们生活的十个新方向》一书就是以这些报告为基础写成的. 近年来众多研究者开始关注内容分析方法在社会研究中的作用和潜力.

内容分析方法的特征可以概括为客观、系统、定量. 但是这几个特征都是相对的. 例如, 研究者在选题、定义分析单元、制订分析框架等过程中基本上是主观的; 而且, 内容分析是基于定性研究的量化分析方法, 表明定量并不排斥定性分析.

内容分析方法在明确研究意图后, 根据所确立的目标制订研究范围, 即详细说明所分析内容的界限, 对研究对象下明确的操作性定义: 制订主题领域和确定时间段. 然后, 定义分析单元. 它是指实际计量中的对象, 可以是独立的字、词、符号、具有独立意义的词组、句子、段落甚至整篇文献, 这是最基本的元素. 之后制订分析框架使得分析单元的测度结果能反映和说明实质性问题. 最后进行量化和统计以及分析汇总.

内容分析方法有多种应用, 如描述网络传播的信息, 推论网络传播主题的倾向和意图, 描述传播内容的变化趋势, 比较、鉴别和评价网络信息资源等.

3. 网络数据的多维分析

商业智能是信息技术领域研究和应用得比较多的一个概念, 多维数据分析是商业智能中应用的一项主要技术. 往往通过商业智能前端展现工具进行体现, 后端则一般是基于数据仓库和 OLAP 服务器来实现.

多维分析具有快速性、可分析性、多维性、交互性、信息性、共享性等特点. 用户对 OLAP 的快速反应能力有很高的要求. 查找数据时, 要在很短的时间内对用户的大部分分析要求做出反应. 多维性是关键属性, 系统必须提供对数据分析和多维视图分析, 包括对层次维和多重层次维的完全支持.

OLAP 可以对数据进行多维视察, 能够从一种自然的、合乎人的思维的角度来灵活地观察、访问多维数据. 产生多维数据报表的主要技术是 "旋转" "切块" "切片" "上钻" "下钻" 等, 它具有复杂的计算能力. 如 Microsoft SQL Server 提供的 OLAP Services、SAS 联机分析处理系统等都是多维分析的工具.

网络数据多维分析在市场和销售分析, 如生活消费品行业、零售业等中都有重要的应用. 另外用户行为分析、数据库交易分析、预算分析、财务报表与整合、利润分析等都可以利用 OLAP. 因此多维分析的应用是非常广泛的.

4. 网络数据的挖掘分析

"数据挖掘" 是指从大量的、不完全的、模糊的、随机的数据中提取人们感兴趣的知识的过程, 其目的就是从数据中挖掘出隐含的信息. 挖掘分析的过程包括如下四个步骤.

(1) 准备数据. 大致分为数据集成、数据选择、数据缩减和数据转换. 数据集成指的是从多个异质操作性数据库、文件中提取并集成数据. 然后根据用户要求从数据库中提取与数据挖掘和知识发现相关的数据. 在进行挖掘前, 必须对它们精炼处理. 一般来说会进行一定的降维和转换.

(2) 定义问题, 选择方法. 选择挖掘算法需要考虑两个因素: 一是不同性质的数据要用与之特征相关的算法; 二是用户对结果的要求 (某些希望获得描述型知识, 某些希望获得准确度尽可能高的预测型知识).

(3) 挖掘数据. 运用选定的挖掘算法, 从数据中提取出用户所需要的知识.

(4) 选择评估模式, 然后再更新知识、运用知识.

需要注意的是, 每一个步骤一旦与预期目标不符, 都要回到前面的步骤, 重新调整, 重新执行.

数据挖掘的方法比较多, 像判别分析、因子分析、相关分析、回归分析和偏最小二乘回归分析等统计分析方法. 这些方法都已在本书的前面章节有所介绍. 决策树方法、粗集方法和遗传算法也是数据挖掘常用的方法.

决策树在数据挖掘中常用于分类. 它通过一系列规则将大量数据有目的分类, 从中找到一些有价值的、潜在的信息. 决策树的主要优点是描述简单、易于理解、分类速度快、精度较高, 特别适合大规模的数据处理, 广泛应用于知识发现系统.

粗集方法是模拟人类的抽象逻辑思维, 通过考察知识表达中不同属性的重要性来确定哪些知识是冗余的或有用的. 因此, 基于粗糙集的数据挖掘算法实际上就是对大量数据构成的信息系统进行约简. 目前成熟的关系数据库管理系统和新发展起来的数据仓库管理系统, 为粗集的数据挖掘奠定了坚实的基础. 它能够在缺少先验知识的情况下, 对数据进行分类处理, 算法较为简单, 容易操作.

遗传算法是利用生物进化的概念 对问题进行搜索, 最终达到优化的目的. 它首先要求对求解的问题进行编码, 产生初始群体, 然后计算个体适应度, 重复以上操作得到最佳或较佳个体. 遗传算法具有计算简单、优化效果好的特点, 在处理组合优化问题方面也有一定的优势, 还可用于聚类分析.

另外, 人工神经网络方法也是数据挖掘中重要的和常见的算法. 人工神经网络模拟人类的思维行为, 在生物神经网络研究的基础上, 根据生物神经元和神经网络的特点, 通过简化、归纳、提炼和总结利用其非线性映射的思想和并行处理的方法, 来表示输入和输出之间复杂的关联性.

人工神经网络数据挖掘算法与数据挖掘的一般算法步骤类似. 先是进行数据清洗和选择, 再对数据进行预处理, 然后寻找合适的方法表示数据. 数据表示得越明确, 神经网络就越容易学习, 也越便于对数据集进行管理. 人工神经网络可应用于数据的分类、预测及聚类等方面. 下面主要介绍基于神经网络的分类决策树和基于自组织神经网络的聚类分析.

基于神经网络的分类决策树, 首先是通过神经网络训练建立各属性与分类结果之间的关系, 然后来建立分类决策树. 基于神经网络的决策树的具体算法如下.

(1) 数据预处理: 包括数据筛选, 属性值的离散化处理与编码, 以及属性值与分类结果的量化处理. 在量化处理时, 按顺序使属性与分类结果均在 $(0,1)$ 内取值, 从而形成神经网络训练的具体样本. 各属性对分类结果的决定强度的顺序体现了网络的输出与输入之间的关系. 当样本数据越多时, 输出与输入之间的关系越易辨识.

(2) 神经网络训练: 利用给定的样本对网络进行训练. 在网络的训练中, 当各属性对分类结果的决定强度的顺序稳定时, 就认为网络训练已完成.

(3) 建树算法: 其核心是选取强度最大的属性作为扩展属性.

(a) 对当前样本集合, 选择决定强度最大的属性 A_i 作为扩展属性.

(b) 把在 A_i 处取值相同的样本归于同一子集, A_i 取几个值就得几个子集.

(c) 对包含不同类的子集, 若分类精度低于预定精度, 递归调用建树算法.

(d) 若子集为同一种类, 对应分枝标上具体种类, 返回调用处.

基于自组织神经网络的聚类分析是一个将数据集划分为若干组或类的过程, 使得同一个组内的数据对象具有较高的相似度, 而不同组的数据对象则相似度较低. 相似或不相似的度量是基于数据对象描述属性的取值来确定的.

自组织神经网络的网络结构中, 上方为输出结点, 按某种形式排成了一个邻域结构. 对输出层中的每个神经元, 规定它的邻域结构, 即哪些结点在它的邻域内和它在哪些结点的邻域内. 输入结点处于下方, 若输入向量有 n 个元素, 则输入端有 n 个结点. 所有输入结点到所有输出结点都有权值连接, 而输出结点相互之间也有可能是局部连接的. 自组织神经网络的学习算法如下.

(1) 连接权值初始化, 对所有从输入结点到输出结点的连接权值赋予随机的小数. 置时间计数为零.

(2) 对网络输入, 进行前向传播.

(3) 计算输入结点与全部输出结点所连接权向量的距离.

(4) 具有最小距离的输出结点竞争获胜.

(5) 调整输出结点所连接的权向量及几何邻域内的结点所连接权值.

(6) 若还有输入样本数据, 则时间加一, 转步骤 (2).

6.5　关联规则和推荐系统

　　关联规则挖掘是数据挖掘中最活跃的研究方法之一, 可以揭示数据中隐藏的关联模式. 最早是为了研究超市交易数据中不同商品之间的联系. 沃尔玛曾经对其一年多的原始交易数据进行了详细的分析, 发现与尿布一起被购买最多的商品竟然是啤酒. 借助数据库和关联规则, 他们发现了这个隐藏在背后的事实: 美国的妇女经常会嘱咐丈夫下班后为孩子买尿布, 而 30%~ 40% 的丈夫在买完尿布之后又会顺便购买自己爱喝的啤酒. 根据这个发现, 沃尔玛调整了货架的位置, 把尿布和啤酒放在一起销售, 大大增加了销量.

　　随着互联网的发展, 人们正处于一个信息爆炸的时代. 相比于过去的信息匮乏, 面对现阶段海量的信息数据, 对信息的筛选和过滤成了衡量一个系统好坏的重要指标. 一个具有良好用户体验的系统, 会将海量信息进行筛选、过滤, 将用户最关注并且最感兴趣的信息展现在用户面前. 这大大增加了系统工作的效率, 也节省了用户筛选信息的时间. 搜索引擎的出现在一定程度上解决了信息筛选问题, 但还远远不够. 搜索引擎需要用户主动提供关键词来对海量信息进行筛选. 当用户无法准确描述自己的需求时, 搜索引擎的筛选效果将大打折扣, 并且用户将自己的需求和意图转化成关键词的过程本身就不是一个轻松的过程. 在此背景下, 推荐系统 (recommender systems) 出现了, 它的任务就是要解决上述问题: 关联用户与信息, 一方面帮助用户找到对自己有价值的信息, 另一方面让信息能够展现在对它感兴趣的人群面前, 从而实现信息提供商与用户的双赢.

6.5.1　关联规则

　　关联规则 (association rule) 讨论的是对象之间关联性的一般规则. 在给定数据集中挖掘关联规则的过程, 称为关联规则挖掘 (association rules mining, ARM). 我们主要讨论 IF - THEN 规则. 下面是一个由金融数据产生的关联规则:

　　　　　　IF 是否有抵押 = 是, 银行账户是否有余额 = 是.

　　　　　　THEN 工作状况 = 在职, 年龄 = 65 岁以下 18 岁以上.

IF-THEN 规则的左、右两边是形如 "变量 = 值" 的项, 可以是任何变量或变量的组合, 每一个规则左右两边至少有一边必须有一个变量, 并且在任何规则中都不能出现一次以上的变量.

关联规则挖掘的主要困难是计算效率. 如果有 10 个变量, 每个规则的左边都可以有一个高达九个 "变量 = 值" 的公式. 每一个变量都可能为定义域范围内的任何值. 任何不出现在左边的变量都会出现在右边. 因此, 在变量可以取的值非常多的时候, 数量就很大了. 也就是说, 若在数据集中有大量的样本, 那么生成所有这些可能的情况会涉及大量的计算.

现有文献中已提出了很有效的方法, 然而使用的符号没有很好的标准化. 本书将采用我们自己的符号描述这种方法.

IF LEFT THEN RIGHT;

N_{LEFT}：符合左边公式的样本个数, 简称为 "左边样本数目";

N_{RIGHT}：符合右边公式的样本个数, 简称为 "右边样本数目";

N_{BOTH}：符合左右两边公式的样本个数, 简称为 "规则正确预测的样本数目";

N_{TOTAL}：总样本量;

数据集的样本的数量是 N_{TOTAL}, 符合右边的规则是 N_{RIGHT}. 因此, 如果只是预测右边, 我们的预测是 $N_{\text{RIGHT}}/N_{\text{TOTAL}}$.

要区分两个规则, 我们需要规则的划分原则, 通常被称为规则的关联度. 任何规则的关联度都应该满足三个标准：① 如果 $N_{\text{BOTH}}/N_{\text{TOTAL}} = (N_{\text{LEFT}} \times N_{\text{RIGHT}})/N_{\text{TOTAL}}^2$, 那么度量值为零. 这是因为如果前提和结论在统计上是独立的, 关联度应为零; ② 关联度应该随着 N_{BOTH} 单调递增; ③ 关联度应该随着 N_{LEFT} 和 N_{RIGHT} 单调递减.

标准 1 指出, 规则中条件和结论 (即其左边和右边) 独立时, 度量值为零. 标准 2 指出, 如果一切都是固定的, 正确预测的样本增加, 那么规则更正确. 这显然是合理的. 标准 3 指出, 在其他条件固定的情况下, 规则中只符合左边的样本量越多, 规则的关联度越低; 同样的规则中只符合右边的样本量越多, 规则的关联度也越低.

常用的关联度度量方法有以下几种.

(1) 置信度 (confidence)：$N_{\text{BOTH}}/N_{\text{RIGHT}}$, 规则正确预测的样本占据右边样本的比例.

(2) 支撑 (support)：$N_{\text{BOTH}}/N_{\text{TOTAL}}$, 规则正确预测的样本占据全部样本的比例.

(3) 可靠性 (completeness)：$N_{\text{BOTH}}/N_{\text{LEFT}}$, 规则正确预测的样本占据左边样本的比例.

下面给出一个进一步的规则关联度度量 RI,

$$\text{RI} = N_{\text{BOTH}} - (N_{\text{LEFT}} \times N_{\text{RIGHT}}/N_{\text{TOTAL}}),$$

即实际的符合数量和预期的数字之间的差异. 一般来说, 如果规则的左边和右边是独立的, RI 的值是正的. 若 RI = 0, 那么规则没有任何优势. 如果是负值, 那就说明, 这个规则是表示相反的含义.

6.5.2　推荐系统

推荐系统 是向用户建议有用商品的软件工具和技术. "建议" 涉及各种决策过程, 如买什么东西, 听什么音乐, 上什么网阅读新闻, 等等. 推荐系统主要是帮助那些缺乏经验或能力的客户对众多的选择方案做出评价.

1. 推荐系统的功能

1) 增加商品销量

这应该是商用推荐系统最重要的作用. 与没有使用推荐系统相比, 商家能卖出一些额外的物品. 因为推荐的物品可能正是用户的需求和愿望. 如何说服用户接受推荐, 这一问题会在后面, 解释预测用户对一物品的兴趣与用户挑选推荐物品的可能性之间的差异时, 再次进行讨论. 非商业应用也有类似的目标. 例如, 一个基于内容的新闻推荐系统, 其目的是提高网站上新闻类物品的阅读量.

2) 推销更多不同的商品

推荐系统的另一个主要功能是让用户能够选择物品. 如果没有推荐系统, 用户可能很难找到自己要选择的物品. 例如, 对于像 Netflix 这样的电影推荐系统, 服务提供者要能租出去清单里尽可能多的 DVD, 而不仅仅是最热门的. 没有推荐系统, 服务提供商没法保证推销的电影就一定能适合特定用户的口味. 相反, 推荐系统能向合适的用户建议或推销不那么热门的电影.

3) 提高用户满意度

一个设计良好的推荐系统还可以提高网站或者应用程序的用户体验. 用户会觉得推荐结果既有趣又相关, 而且如果人机交互设计得合理, 还会乐于使用这个系统. 准确有效的推荐结果, 加上可用的用户接口, 这些措施将会增加用户对系统的主观评价. 反过来, 这又将增加系统的使用率和推荐结果被接受的可能性.

4) 提高用户黏度

当用户访问该网站时, 网站应该能够识别出老客户, 并把他作为一个有价值的访问者. 这是推荐系统的一个固有特性, 因为许多推荐系统是利用用户之前与网站的交互信息来产生推荐结果的. 这些交互信息包括该用户对物品的评分记录等. 因此, 用户与网站的交互时间越久, 用户模型就变得越精确, 用户偏好的系统表示越准确. 更多的推荐能有效地匹配用户的喜好.

5) 更好地了解用户需求

推荐系统另一个重要的功能是用来描述用户的喜好 (这一功能能够在许多其

他应用中使用), 这些喜好是收集到的显式反馈或者由系统预测到的隐性反馈. 然后, 为了其他目的, 如提高物品的库存管理或生产管理, 服务提供商可能重新使用这方面的知识. 例如, 在旅游领域, 目的地管理机构可以通过分析由推荐系统收集的数据 (用户的交易), 决定如何为一个特定区域的新客户做宣传或为特定类型的促销信息发布广告等.

2. 推荐系统的数据和问题

推荐系统是一种信息处理系统, 通过收集各种数据, 建立它们的推荐规则. 数据主要包括关于建议的项目和将收到这些建议的用户. 在任何情况下, 作为一个通用的分类, RSS 使用的数据指的是三种对象: 项目、用户和交易. 交易即用户和项目之间的关系.

从产品设计的角度, 依次从数据、数据外围的产品和用户三个方面去分析. 在分析之前需要了解以下问题.

1) 关键元数据

元数据是关于数据的数据, 可以用来描述和管理数据, 如歌曲的演唱者、所属专辑、发行时间、发行公司和所属类别.《黑白》出自华纳 2008 年 12 月发行的方大同专辑《橙月》. 对于推荐系统而言, 需要找到影响用户喜好的重要元数据. 假设用户是方大同的粉丝, 那么演唱者是关键的元数据, 用户可能还会喜欢此专辑中的其他歌曲《小小虫》和《100 种表情》. 对于喜欢听新歌的用户, 发行时间可能更为重要.

2) 结构化和非结构化

元数据之间的结构化的组织 (如歌曲的演唱者和演唱者所属的国籍) 可以很方便获得. 但这些元数据通常只是关键元数据之一, 还有非结构化的元数据 (如节奏、声调和音色) 也会影响用户的选择, 数据之间的隐形联系只能通过大量的分析获得.

3) 关联性

和用户的行为、背景、特征等相关. 通过分析它们, 得出数据之间的关联性特征. 例如, 在某购书网站上, 购买了某本书的用户有 40% 购买了另外一本书. 又如通过分析大量消费者的购买清单, 挖掘出了啤酒和尿布之间的关联性.

4) 多样性

关键元数据结构化的强弱影响产品的多样性. 例如, 图书所属的类别复杂度高导致了图书的多样性, 而音乐相对单一. 产品的多样性意味着数据之间隐性的关联更为复杂, 会增加分析的难度, 推荐系统也更复杂.

5) 时效性

数据更新的快慢和用户对新数据的需求影响数据的时效性. 例如, 热门论坛中的帖子比博客中的文章时效性高, 微博和新闻这样时效性较高的数据要求服务器数据更新要快. 数据挖掘注重实时分析, 根据用户的每次操作和新的数据的导入提供最新的推荐.

6) 难以明确

要求用户用几个字词明确表述自己喜好什么样的产品是比较难的. 用户的喜好也会随着时间变化而改变. 像 Google 的音乐推荐, 对于大部分普通用户而言, 根据节奏和音色选择到自己喜好的音乐会比较困难. 推荐系统的意义在于根据用户的历史记录去推测用户的喜好, 而不是让用户主动去选择.

7) 标签

对用户添加标签的手动解决方法也会导致其他问题: 非自动化的解决方法会增加用户操作, 难以挖掘数据之间的隐形联系. 用户填写标签, 由于词语的模糊性会导致标签过多, 数据之间的联系会减弱, 降低数据之间的凝聚力. 用户选择推荐的标签, 易于理解的词语会导致数据凝聚力过强, 导致数据偏向结构化, 不利于用户发现感兴趣的内容.

8) 打分机制

通过调查问卷的方式, 用户对每道题的答案进行打分. 分数通常是五分制和两分制 (喜欢/讨厌). 选择越多, 用户选择起来越麻烦, 但区分越明显; 反之, 用户选择越方便, 区分越不明显.

3. 推荐系统技术

为了实现它的核心功能, 为用户确定有用的项目, 一个推荐系统必须预测哪个项目是值得推荐的. 为了做到这一点, 该系统必须能够预测项目的一些结果, 或至少比较一些项目的效用, 然后基于这种比较决定建议什么项目.

为了说明预测步骤, 考虑一个简单的、非个性化的推荐算法. 例如, 建议只推荐最流行的歌曲. 使用这种方法的理由是, 如果没有更精确的信息, 不知用户的喜好, 一个最流行的歌曲, 即一些许多用户喜欢的东西 (高效用), 也至少会比另一个随机选择的歌曲更吸引一个普通的用户. 因此, 这些流行歌曲的效用预测对于这个普通的用户是相当高的.

一些推荐系统在做一个推荐之前无法充分地估计它的效用, 但其可能会应用一些启发式假设一个项目是对用户适用的. 一个典型的例子是以知识为基础的系统. 下面提供六种不同类别的系统推荐方法:

(1) **基于内容**　推荐那些类似于过去用户喜欢的项目;

(2) **协同过滤**　向活动用户推荐其他有类似爱好的用户在过去使用的项目;

(3) **人口统计**　基于用户的基本信息来衡量用户相似性从而进行推荐;

(4) **知识基础**　基于特定领域知识推荐项目;

(5) **社区**　在用户朋友的喜好的基础上进行推荐;

(6) **混合推荐系统** 上述两种或几种技术的组合, 取长补短.

4. 推荐系统的应用和评估

推荐系统的研究强调实践和商业应用, 例如, 各大移动通信网站、购物网站、新闻网站、娱乐网站以及旅游网站, 希望向用户推荐他们的产品. 另外一个重要的问题是如何对推荐系统进行必要的评估. 评估在不同阶段有不同的目的. 在设计时, 评估用以验证合适的推荐方法的选择. 在系统推出后也需要进行评估, 验证系统的性能是否达到预期.

5. 基于内容的推荐系统

现代推荐系统的一个常见场景是网络应用程序与用户互动. 通常, 系统向用户呈现项目的摘要列表, 用户在项目中进行选择以获得关于项目的更多细节或以某种方式与项目进行互动. 例如, 在线新闻网站提供网页标题 (有时是新闻摘要) 并允许用户选择标题去读一个故事. 电子商务网站通常会显示包含多个产品列表的页面, 然后允许用户查看有关选中产品和购买的更多详细信息. 虽然网络服务器传输 HTML 程序, 而用户看到的是网页, 网络服务器通常具有项目数据库并动态构建包含项目列表的页面. 因为通常数据库里有更多可供选择的物品, 有必要选择数据库的一个子集显示给用户. 这样就需要确定显示项目的顺序. 基于内容的推荐系统分析项目描述以识别哪些是用户特别感兴趣的项目.

实现基于内容的推荐系统通常是通过分析一组文档或者由用户对一个项目的评级, 并基于该用户评定的对象的特征来构建用户兴趣的模型或轮廓. 该轮廓是用户兴趣的结构化表示, 用于推荐新的项目. 推荐过程基本上包括将用户轮廓的属性与内容对象的属性进行匹配. 其结果是一个相关性判断, 表示用户对该对象的兴趣程度. 如果配置文件准确地反映用户偏好, 则对于匹配的有效性具有很大的优势. 例如, 可以通过判断用户是否对特定网页感兴趣来过滤搜索结果, 如果认为用户不感兴趣就不显示它.

6.5.3 基于内容的推荐系统设计过程

基于内容的推荐系统的设计过程一般包括以下三步:

(1) 项目表示 (item representation), 每个项目抽取出一些特征来表示此项目;

(2) 喜好学习 (profile learning), 利用用户过去喜欢 (及不喜欢) 的项目的特征数据, 来学习出此用户的喜好特征;

(3) 推荐 (recommendation), 通过比较上一步得到的用户喜好与候选项目的特征, 为此用户推荐一组相关性最大的项目.

1. 项目表示

实际中的项目往往都会有一些可描述的属性. 这些属性通常可以分为两种: 结构化的 (structured) 与非结构化的 (unstructured). 所谓结构化的属性就是这个属性的意义比较明确, 其取值限定在某个范围; 而非结构化的属性往往意义不太明确, 取值也没什么限制, 不好直接使用. 例如, 在交友网站上, 项目就是人, 一个项目会有结构化属性如身高、学历、籍贯等, 也会有非结构化属性 (如项目自己写的交友宣言, 博客内容, 等等). 对于结构化数据, 我们自然可以拿来就用; 但对于非结构化数据, 往往要先把它转化为结构化数据后才能在模型里加以使用. 真实场景中碰到最多的非结构化数据可能就是博客之类的文章了, 可以采用基于关键词的向量空间模型转化为结构化数据 (见 6.2.4 节).

2. 喜好学习

假设用户已经对一些项目做出了他的喜好判断, 喜欢其中的一部分项目, 不喜欢其中的另一部分. 那么, 下一步要做的就是通过用户过去的这些喜好判断, 为他建立一个模型. 根据此模型来判断用户是否会喜欢一个新的项目. 所以, 要解决的是一个典型的有监督分类问题. 它需要学习一个函数, 将每个用户的兴趣模型化, 给出用户在新类别上的相关得分来标记用户对新项目的喜好. 一个经典的方法是将项目视为文档, 问题就可以被转换为一个二进制文本分类任务: 每个文档都被归类为符合或不符合用户偏好. 然后可以采用朴素贝叶斯之类的方法来计算每个文档关于类别的后验估计, 得到用户对项目的喜好概率. 另一种方法是将每一个项目罗列感兴趣用户的属性, 例如, 年龄、职业、地区等, 这等价于建立了项目属性和用户属性的矩阵, 每一行是用户属性, 每一列是项目属性, 然后可以使用余弦相似度度量等方法学习出用户属性与项目属性的相关性. 最后根据学习到的结论和新项目的属性来搜索匹配的新用户, 并推荐项目.

3. 推荐

如果上一步喜好学习中使用的是分类模型, 那么只要把模型预测的感兴趣项目推荐给用户即可. 如果喜好学习中使用的是学习用户属性的方法, 那么只要把与用户属性最相关的项目推荐给用户.

习　题　6

6.1 法国食品数据集包括法国几个不同类型家庭的平均食品支出 (体力劳动者 = MA, 员工 = EM, 经理 = CA), 子女数量 (2, 3, 4 或 5 个孩子). 如下表所示.

类型	儿童	面包	蔬菜	水果	肉类	禽类	牛奶	酒类
MA	2	332	428	354	1437	526	247	427
EM	2	293	559	388	1527	567	239	258
CA	2	372	767	562	1948	927	235	433

类型	儿童	面包	蔬菜	水果	肉类	禽类	牛奶	酒类
MA	3	406	563	341	1507	544	324	407
EM	3	386	608	396	1501	558	319	363
CA	3	438	843	689	2345	1148	243	341

类型	儿童	面包	蔬菜	水果	肉类	禽类	牛奶	酒类
MA	4	534	660	367	1620	638	414	407
EM	4	460	699	484	1856	762	400	416
CA	4	385	789	621	2366	1149	304	282

类型	儿童	面包	蔬菜	水果	肉类	禽类	牛奶	酒类
MA	5	655	776	423	1848	759	495	486
EM	5	584	995	548	2056	893	518	319
CA	5	515	1097	887	2630	1167	561	284

(1) 对数据进行标准化处理;

(2) 用系统聚类法聚类, 分别使用平均距离法和 Ward 距离法;

(3) 画出谱系图, 判断分几个类比较合理, 解释聚类的含义;

(4) 用 K–均值聚类法分, 比较系统聚类法的结果.

6.2 下面的数据集包括了 25 个欧洲国家 ($n = 25$ 个单位) 及其 9 个主要食物来源的蛋白质摄入量 (%)($p = 9$). 例如, 奥地利从红肉中获得 8.9% 的蛋白质, 从牛奶中获得 19.9% 的蛋白质, 依此类推. 本题的目的是这 25 个国家是否可以分成较少数量的聚类. 数据出自文献 [118], 也可以在文献 [63] 的文章中找到.

国家	红肉	白肉	蛋	奶	鱼	谷物	淀粉	坚果	水果蔬菜
Albania	10.1	1.4	0.5	8.9	0.2	42.3	0.6	5.5	1.7
Austria	8.9	14	4.3	19.9	2.1	28	3.6	1.3	4.3
Belgium	13.5	9.3	4.1	17.5	4.5	26.6	5.7	2.1	4
Bulgaria	7.8	6	1.6	8.3	1.2	56.7	1.1	3.7	4.2
Czechoslovakia	9.7	11.4	2.8	12.5	2	34.3	5	1.1	4
Denmark	10.6	10.8	3.7	25	9.9	21.9	4.8	0.7	2.4
E Germany	8.4	11.6	3.7	11.1	5.4	24.6	6.5	0.8	3.6
Finland	9.5	4.9	2.7	33.7	5.8	26.3	5.1	1	1.4
France	18	9.9	3.3	19.5	5.7	28.1	4.8	2.4	6.5
Greece	10.2	3	2.8	17.6	5.9	41.7	2.2	7.8	6.5
Hungary	5.3	12.4	2.9	9.7	0.3	40.1	4	5.4	4.2
Ireland	13.9	10	4.7	25.8	2.2	24	6.2	1.6	2.9
Italy	9	5.1	2.9	13.7	3.4	36.8	2.1	4.3	6.7

续表

国家	红肉	白肉	蛋	奶	鱼	谷物	淀粉	坚果	水果蔬菜
Netherlands	9.5	13.6	3.6	23.4	2.5	22.4	4.2	1.8	3.7
Norway	9.4	4.7	2.7	23.3	9.7	23	4.6	1.6	2.7
Poland	6.9	10.2	2.7	19.3	3	36.1	5.9	2	6.6
Portugal	6.2	3.7	1.1	4.9	14.2	27	5.9	4.7	7.9
Romania	6.2	6.3	1.5	11.1	1	49.6	3.1	5.3	2.8
Spain	7.1	3.4	3.1	8.6	7	29.2	5.7	5.9	7.2
Sweden	9.9	7.8	3.5	24.7	7.5	19.5	3.7	1.4	2
Switzerland	13.1	10.1	3.1	23.8	2.3	25.6	2.8	2.4	4.9
United Kingdom	17.4	5.7	4.7	20.6	4.3	24.3	4.7	3.4	3.3
USSR	9.3	4.6	2.1	16.6	3	43.6	6.4	3.4	2.9
W Germany	11.4	12.5	4.1	18.8	3.4	18.6	5.2	1.5	3.8
Yugoslavia	4.4	5	1.2	9.5	0.6	55.9	3	5.7	3.2

(1) 需不需要对数据进行标准化处理?

(2) 用前两个特征, 即红肉和白肉对数据做系统聚类, 画谱系图, 几个类较合理?

(3) 基于前两个特征做 K–均值聚类, 画散点图, 用不同颜色表示不同类, 解释你的结果.

(4) 用全部特征做 K–均值聚类, 令 $K = 7$, 在同一个图里用不同颜色表示聚类的结果, 解释新的结果.

6.3 假设有一个包含 5000 个交易的数据集和一个带有以下的支持计数: $N_{\text{LEFT}} = 3400$, $N_{\text{RIGHT}} = 4000$, $N_{\text{BOTH}} = 3000$. 求这个关联规则的置信度、支持、可靠性和 RI.

第 7 章　高维统计中的变量选择

7.1　经典降维方法

在实际中, 研究多个指标的问题是十分常见的. 但往往由于变量太多, 使得研究过程变得非常复杂. 与此同时, 不同的变量之间又会存在一定的相关性, 使得观测数据在一定程度上有信息重叠, 这无疑会降低效率. 而且随着维度的上升, 高维空间下的问题复杂度急剧提升. 我们希望利用较少的几个变量来代替原来较多的变量, 要求这几个变量尽可能保留原来的信息, 又可以彼此互不相关. 这里需要指出, 完全保留信息是无法降维的, 降维必然会导致一定的信息损失.

在这种降维思想指导下, 产生了主成分分析 (principal component analysis, PCA)、因子分析 (factor analysis, FA) 等统计分析方法.

7.1.1　主成分分析

主成分分析是一种经典的降维方法, 可以有效地找出数据中最主要的元素和结构, 去除噪声和冗余, 将原有的复杂数据降维, 揭秘隐藏在复杂数据中的简单结构. 主成分分析方法应用极其广泛. 从神经科学到计算机图形学都有其用武之地, 是线性代数应用的一个有价值的例子.

1. 主成分的定义

设 $X = (X_1, \cdots, X_p)^{\mathrm{T}}$ 是 p 维随机向量, 均值为 $E(X) = \mu$, 协方差阵为 $\mathrm{Cov}(X) = \Sigma$, $a_i = (a_{1i}, a_{2i}, \cdots, a_{pi})^{\mathrm{T}}$ 是常值向量. 考虑向量 X 的线性变换

$$
\begin{cases}
Z_1 = a_1^{\mathrm{T}} X = a_{11} X_1 + a_{21} X_2 + \cdots + a_{p1} X_p, \\
Z_2 = a_2^{\mathrm{T}} X = a_{12} X_1 + a_{22} X_2 + \cdots + a_{p2} X_p, \\
\qquad\qquad \cdots\cdots \\
Z_p = a_p^{\mathrm{T}} X = a_{1p} X_1 + a_{2p} X_2 + \cdots + a_{pp} X_p.
\end{cases}
$$

易知

$$
\begin{aligned}
\mathrm{Var}(Z_i) &= a_i^{\mathrm{T}} \Sigma a_i, & i &= 1, 2, \cdots, p, \\
\mathrm{Cov}(Z_i, Z_j) &= a_i^{\mathrm{T}} \Sigma a_j, & i, j &= 1, 2, \cdots, p.
\end{aligned} \tag{7.1.1}
$$

如果我们希望用 Z_1 来代替原来的 p 个变量, 这就需要 Z_1 尽可能多地反映原来变量的信息. 而信息一般是用方差来表达的. 方差 $\mathrm{Var}(Z_1)$ 越大, 某种意义上表

示 Z_1 包含原来变量的信息越多. 但是从 (7.1.1) 式可以看出, 必须要对 a_1 有所限制, 即要求 $a_1^{\mathrm{T}} a_1 = 1$, 否则对 a_1 乘上一个倍数, Z_1 的方差可以变得很大. 若存在满足 $a_1^{\mathrm{T}} a_1 = 1$ 条件的 a_1, 使得 $\mathrm{Var}(Z_1) = \mathrm{Var}(a_1^{\mathrm{T}} X)$ 最大, 就称 Z_1 为 X 的第一主成分. 如果第一主成分 Z_1 不足以代表原来变量的大部分信息, 则考虑第二主成分 $Z_2 = a_2^{\mathrm{T}} X$. 自然希望 Z_1 中已包含的信息尽量不要在 Z_2 中重复出现, 所以要求 $\mathrm{Cov}(Z_2, Z_1) = a_2^{\mathrm{T}} \Sigma a_1 = a_1^{\mathrm{T}} \Sigma a_2 = 0$. 除此之外, 同样要求 a_2 在 $a_2^{\mathrm{T}} a_2 = 1$ 的限制条件下, 使得 $\mathrm{Var}(Z_2) = \mathrm{Var}(a_2^{\mathrm{T}} X)$ 最大. 以此类推, 可得第三主成分、第四主成分、$\cdots$, 但至多为第 p 主成分.

定义 7.1   设 $X = (X_1, \cdots, X_p)^{\mathrm{T}}$ 是 p 维随机向量, 称 $Z_i = a_i^{\mathrm{T}} X$ 为 X 的第 i $(i = 1, 2, \cdots, p)$ 主成分当且仅当

$$\mathrm{Var}(Z_i) = \max_{a^{\mathrm{T}} a = 1, a^{\mathrm{T}} \Sigma a_j = 0 (j = 1, 2, \cdots, i-1)} \mathrm{Var}(a^{\mathrm{T}} X).$$

从线性代数的角度, 主成分就是原始变量的线性组合. 这些组合把原来的坐标系经过变换得到了新的坐标系, 新坐标轴方向有最大的样本变差.

2. 主成分的性质

记 $\Sigma = (\sigma_{ij})$, $\Lambda = \mathrm{diag}(\lambda_1, \lambda_2, \cdots, \lambda_p)$, 其中 $\lambda_1 \geqslant \lambda_2 \geqslant \cdots \geqslant \lambda_p$ 为 Σ 的特征值, 相应的单位正交特征向量是 $(a_1, a_2, \cdots, a_p)$. 记正交矩阵 $A = (a_1, a_2, \cdots, a_p)$. 主成分 $Z = (Z_1, \cdots, Z_p)^{\mathrm{T}}$, 其中 $Z_i = a_i^{\mathrm{T}} X$ $(i = 1, 2, \cdots, p)$.

性质 1 $\mathrm{Cov}(Z) = \Lambda$, 即主成分的方差 $\mathrm{Var}(Z_i) = \lambda_i$ $(i = 1, 2, \cdots, p)$, 且它们是互不相关的.

性质 2   总体的总方差可分解为不相关的主成分的方差之和, 即原总体的总方差 $\sum_{i=1}^{p} \sigma_{ii} = \sum_{i=1}^{p} \lambda_i$.

性质 3   主成分 Z_k 与原始变量 X_i 之间的相关系数称为因子负荷量,

$$\rho(Z_k, X_i) = \sqrt{\lambda_k} a_{ik} / \sqrt{\sigma_{ii}} \ (k, i = 1, 2, \cdots, p).$$

性质 4 $\sum_{k=1}^{p} \rho^2(Z_k, X_i) = \sum_{k=1}^{p} \lambda_k a_{ik}^2 / \sigma_{ii} = 1$ $(i = 1, 2, \cdots, p)$.

性质 5 $\sum_{i=1}^{p} \sigma_{ii} \rho^2(Z_k, X_i) = \lambda_k$ $(k = 1, 2, \cdots, p)$.

称 $\lambda_k / \sum_{i=1}^{p} \lambda_i$ 为主成分 Z_k 的贡献率, 而 $\sum_{k=1}^{m} \lambda_k / \sum_{i=1}^{p} \lambda_i$ 为主成分 $Z_1, \cdots,$ Z_m 的累积贡献率.

实际中, 不同的变量常有不同的量纲. 为了消除量纲对主成分分析的影响, 常对标准化后的数据进行主成分分析.

3. 主成分求法

我们只考虑第一主成分 $Z_1 = a_1^{\mathrm{T}} X$. 根据主成分的定义, 我们需要求解一个优

化问题

$$\begin{cases} \max\limits_{a_1} & \mathrm{Var}(a_1^\mathrm{T} X), \\ \mathrm{s.t.} & a_1^\mathrm{T} a_1 = 1. \end{cases}$$

可用拉格朗日乘子法求解, 引入拉格朗日乘子 λ, 记

$$L(a_1, \lambda) = \mathrm{Var}(a_1^\mathrm{T} X) - \lambda(a_1^\mathrm{T} a_1 - 1) = a_1^\mathrm{T} \Sigma a_1 - \lambda(a_1^\mathrm{T} a_1 - 1).$$

由 L 关于 a_1 的偏导数等于 0, 可得

$$\frac{\partial L}{\partial a_1} = 2(\Sigma - \lambda I)a_1 = 0. \tag{7.1.2}$$

这就说明了 λ 是 Σ 的特征值, a_1 是属于 λ 的特征向量. 对 (7.1.2) 式左乘 a_1^T, 得

$$a_1^\mathrm{T} \Sigma a_1 = \lambda a_1^\mathrm{T} a_1 = \lambda,$$

即

$$\max \mathrm{Var}(a_1^\mathrm{T} X) = \max \lambda.$$

因此, λ 是 Σ 最大的特征值, a_1 是属于 λ 的单位特征向量, $Z_1 = a_1^\mathrm{T} X$ 就是所求的第一主成分. 我们有如下定理.

定理 7.2 设 $X = (X_1, \cdots, X_p)^\mathrm{T}$ 是 p 维随机向量, 且 $\mathrm{Cov}(X) = \Sigma$, Σ 的特征值为 $\lambda_1 \geqslant \lambda_2 \geqslant \cdots \geqslant \lambda_p \geqslant 0$, $a_1, a_2, \cdots, a_p$ 为相应的单位正交特征向量, 则 X 的第 i 个主成分为

$$Z_i = a_i^\mathrm{T} X \quad (i = 1, 2, \cdots, p).$$

设 $Z = (Z_1, \cdots, Z_p)^\mathrm{T}$ 是 p 维随机向量, 则其分量 $Z_i(i = 1, 2, \cdots, p)$ 依次是 X 的第 i 个主成分的充要条件是:

(1) $Z = A^\mathrm{T} X$, A 是正交矩阵;

(2) $\mathrm{Cov}(Z) = \mathrm{diag}(\lambda_1, \lambda_2, \cdots, \lambda_p)$, 即随机向量 Z 的协方差阵为对角矩阵;

(3) $\lambda_1 \geqslant \lambda_2 \geqslant \cdots \geqslant \lambda_p$.

4. 主成分在图像识别中的应用

在利用主成分分析进行特征提取的算法中, 特征脸算法是一个经典算法, 由 Sirovich 和 Kirby 提出[103]. 这是从主成分分析导出的一种人脸识别和扫描技术. 特征脸的方法就是将人脸的图像区域看作一种随机向量, 可以采用 KL 变换获得其正交的 KL 基底. 对应其中较大的特征值的基底具有与人脸相似的形状, 因此又称为特征脸. 利用这些基底的线性组合可以描述、表达和逼近人脸图像, 因此可以进行人脸识别与合成. 识别过程就是将人脸图像映射到特征脸构成的子空间上, 比较其与

已知人脸在特征空间中的相似关系. 英国剑桥大学的 AT &T 实验室提供了 ORL 人脸数据库 (下载地址为 https://www.r-bloggers.com/wp-content/uploads/2010/09/ATTfaces.tar.gz), 它包含了 40 个人的图像, 每个人各有 10 幅人脸照片. 每幅图有 256 个灰度级, 大小为 112×92.

　　人脸识别的过程涉及两个步骤: 初始化过程和识别过程. 初始化过程包括以下操作: ① 获取初始人脸图像, 构成训练集; ② 从训练集中计算特征脸, 保留 K 个特征值, 这些图像定义了人脸空间; ③ 计算所有已知人脸图像投射到此 K 维空间中的分布. 识别过程包括: ① 将测试数据投射到 K 维人脸空间中; ② 计算与已知人脸的距离度量; ③ 根据最小的距离度量进行判断.

　　整个人脸识别算法为:

算法 7.1 (基于 PCA 的人脸识别算法)

1: 获取数据集 $S = \{d_1, d_2, \cdots, d_n\}$, 其中 d_i 表示一幅图像所有像素点展开的向量, 长度为原图行数和列数的乘积, 设为 p.

2: 计算平均脸 $\bar{x} = \dfrac{1}{n} \sum_{i=1}^n d_i$.

3: 获得中心化脸, $x_i = d_i - \bar{x}$.

4: 记 $A = (x_1, x_2, \cdots, x_n)$. 计算矩阵

$$\Sigma = \sum_{i=1}^n x_i x_i^{\mathrm{T}} = A A^{\mathrm{T}}$$

　　的前 K 个特征值 λ_i 和对应的特征向量 a_i, 即 $\Sigma a_i = \lambda_i a_i (i = 1, \cdots, K)$, 其中 $K \ll \min\{n, p\}$ 为所选主成分的个数, a_i 是第 i 个特征脸.

5: 将训练样本投影到特征脸空间. 第 i 个训练图像的特征权重为 $W_i = (\omega_{i1}, \omega_{i2}, \cdots, \omega_{iK})^{\mathrm{T}}$, 其中 $\omega_{ik} = a_k^{\mathrm{T}} x_i$, $k = 1, 2, \cdots, K$.

6: 对测试图像 x^{test} 做训练集一样的处理, 去中心化, 计算每个特征脸的权重 $W^{\text{test}} = (\omega_1^{\text{test}}, \cdots, \omega_K^{\text{test}})^{\mathrm{T}}$, 其中 $\omega_k^{\text{test}} = a_k^{\mathrm{T}} (x^{\text{test}} - \bar{x})$.

7: 进行人脸识别. 计算测试图像特征向量和每个训练集图像特征向量间的欧氏距离: $\varepsilon_i = \|W^{\text{test}} - W_i\|_2$, $i = 1, \cdots, n$. 通过对人脸库中的人脸进行一一比对, ε_i 最小的就是对的人, 如果 $\min_{1 \leqslant i \leqslant n} \varepsilon_i$ 大于阈值, 则说明这是一张新脸, 从而可以加入人脸库.

　　在 $p \gg n$ 的情况时, 算法 7.1 显得不太合理. 因为 Σ 是一个 $p \times p$ 的大矩阵, 在 ORL 人脸数据库中, $p = 112 \times 92 = 10304$. 显然求解这么大矩阵的特征值和特征向量, 所需计算量太大.

　　记 $R = A^{\mathrm{T}} A \in \mathbb{R}^{n \times n}$, 其中 n 是数据集中图像的个数. 令 λ_i 和 ν_i 分别为 R 的第 i 个特征值和特征向量, 即

$$A^{\mathrm{T}}A\nu_i = \lambda_i \nu_i,$$

两边左乘 A, 可得

$$AA^{\mathrm{T}}A\nu_i = \lambda_i A\nu_i,$$

令 $a_i = A\nu_i$, 则有

$$AA^{\mathrm{T}}a_i = \Sigma a_i = \lambda_i a_i.$$

进一步由奇异值分解定理可知, 存在正交矩阵 $U = [u_1, \cdots, u_p] \in \mathbb{R}^{p \times p}$ 和 $V = [v_1, \cdots, v_n] \in \mathbb{R}^{n \times n}$, 以及对角矩阵 D, 使得 $A = UDV^{\mathrm{T}}$, 其中 D 的对角元为奇异值 $\sqrt{\lambda_1}, \cdots, \sqrt{\lambda_n}$, u_j 和 v_j 分别为 AA^{T} 和 $A^{\mathrm{T}}A$ 的特征值 λ_j 所对应的特征向量.

因此, 当 $p \gg n$ 时, 实际求特征脸 a_i 不会直接构建 AA^{T}, 而是先求低维矩阵 $R = A^{\mathrm{T}}A$ 的特征值 $\lambda_j \neq 0$ 和对应的单位正交特征向量 ν_j; 然后, 计算 $a_j = u_j = \dfrac{1}{\sqrt{\lambda_j}}A\nu_j$.

改进的人脸识别算法为:

算法 7.2 (当 $p \gg n$ 时, 基于 PCA 的人脸识别算法)

1: 获取数据集 $S = \{d_1, d_2, \cdots, d_n\}$, 其中 d_i 表示一幅图像所有像素点展开的向量, 长度为原图行数和列数的乘积, 设为 p.

2: 计算平均脸 $\bar{x} = \dfrac{1}{n}\sum_{i=1}^{n} d_i$.

3: 获得中心化脸, $x_i = d_i - \bar{x}$.

4: 记 $A = (x_1, x_2, \cdots, x_n)$. 计算矩阵

$$R = A^{\mathrm{T}}A$$

的前 K 个特征值 λ_i 和对应的单位特征向量 ν_i, 即 $R\nu_i = \lambda_i \nu_i (i = 1, \cdots, K)$, 其中 $K \ll \min\{n, p\}$ 为所选主成分的个数.

5: 计算特征脸. $a_i = \dfrac{1}{\sqrt{\lambda_i}}A\nu_i \ (\lambda_i \neq 0)$ 是第 i 个特征脸.

6: 将训练样本投影到特征脸空间. 第 i 个训练图像的特征权重为 $W_i = (\omega_{i1}, \omega_{i2}, \cdots, \omega_{iK})^{\mathrm{T}}$, 其中 $\omega_{ik} = a_k^{\mathrm{T}}x_i$, $k = 1, 2, \cdots, K$.

7: 对测试图像 x^{test} 做训练集一样的处理, 去中心化, 计算每个特征脸的权重 $W^{\mathrm{test}} = (\omega_1^{\mathrm{test}}, \cdots, \omega_K^{\mathrm{test}})^{\mathrm{T}}$, 其中 $\omega_k^{\mathrm{test}} = a_k^{\mathrm{T}}(x^{\mathrm{test}} - \bar{x})$.

8: 进行人脸识别. 计算测试图像特征向量和每个训练集图像特征向量间的欧氏距离: $\varepsilon_i = \|W^{\mathrm{test}} - W_i\|_2$, $i = 1, \cdots, n$. 通过对人脸库中的人脸进行一一比对, ε_i 最小的就是对的人, 如果 $\min_{1 \leqslant i \leqslant n} \varepsilon_i$ 大于阈值, 则说明这是一张新脸, 从而可以加入人脸库.

主成分分析应用非常广泛, 由于它是以方差衡量信息的无监督学习, 所以不需要对样本做标签; 各主成分之间正交, 可以消除原始数据成分间的相互影响; 用少数指标代替多个指标, 减少计算量; 计算方法简单, 易于在计算机上实现.

任何降维方法都有不足之处. 主成分解释含义往往有一定的模糊性, 不如原始样本信息完整; 贡献率小的主成分往往可能含有对样本差异的重要信息, 而这部分可能会被忽略; 对于非线性问题有一定的局限性.

7.1.2   因子分析

因子分析也是一种数据简化技术. 它通过研究多变量之间的相依关系, 用少数几个假想变量来表示其基本的数据结构. 这几个假想变量能够反映原来众多变量的主要信息. 原始的变量是可观测的显性变量, 而假想变量是不可观测的潜在变量, 称为因子.

1. 因子模型的定义

设 $X = (X_1, \cdots, X_p)^{\mathrm{T}}$ 是可观测的随机向量, $E(X) = \mu$, $\mathrm{Cov}(X) = \Sigma$, 且设 $F = (F_1, \cdots, F_m)^{\mathrm{T}}$ $(m < p)$ 是不可观测的随机向量, $E(F) = 0$, $\mathrm{Cov}(F) = I_m$, 即 F 的各分量方差为 1, 且互不相关. 又设 $\varepsilon = (\varepsilon_1, \cdots, \varepsilon_p)^{\mathrm{T}}$ 与 F 互不相关, 且

$$E(\varepsilon) = 0, \quad \mathrm{Cov}(\varepsilon) = \mathrm{diag}(\sigma_1^2, \sigma_2^2, \cdots, \sigma_p^2) =: D.$$

假定随机向量 X 满足以下模型:

$$\begin{cases} X_1 - \mu_1 = a_{11}F_1 + a_{12}F_2 + \cdots + a_{1m}F_m + \varepsilon_1, \\ X_2 - \mu_2 = a_{21}F_1 + a_{22}F_2 + \cdots + a_{2m}F_m + \varepsilon_2, \\ \qquad\qquad\cdots\cdots \\ X_p - \mu_p = a_{p1}F_1 + a_{p2}F_2 + \cdots + a_{pm}F_m + \varepsilon_p. \end{cases}$$

称上述模型为正交因子模型, 用矩阵形式表达为

$$X = \mu + AF + \varepsilon.$$

$F_1, \cdots, F_m$ 称为 X 的公共因子; $\varepsilon_1, \cdots, \varepsilon_p$ 称为 X 的特殊因子. 公共因子一般对 X 的每个分量都有作用, 而特殊因子 ε_i 只对 X_i 起作用. 而且各特殊因子之间以及特殊因子与所有公共因子之间都是互不相关的. 模型中的矩阵 $A = (a_{ij})_{p \times m}$ 是待估的系数矩阵, a_{ij} $(i = 1, \cdots, p; j = 1, \cdots, m)$ 称为第 i 个变量在第 j 个因子上的载荷, 称为因子载荷. 以后称 A 为载荷矩阵.

2. 因子模型的性质

性质 1 原始变量 X 的协方差矩阵的分解

$$\text{Cov}(X - \mu) = A\text{Cov}(F)A^{\text{T}} + \text{Cov}(\varepsilon),$$

即

$$\Sigma = AA^{\text{T}} + D.$$

$D = \text{diag}(\sigma_1^2, \sigma_2^2, \cdots, \sigma_p^2)$ 的主对角线上的元素值越小, 则公共因子共享的成分越多.

性质 2 因子不受量纲的影响.

将原始变量 X 做变换 $\tilde{X} = CX$, 其中 $C = \text{diag}(c_1, c_2, \cdots, c_p)$, $c_i > 0$, $i = 1, \cdots, p$, 则

$$C(X - \mu) = C(AF + \varepsilon).$$

令 $\tilde{\mu} = C\mu$, $\tilde{A} = CA$, $\tilde{\varepsilon} = C\varepsilon$, 则模型可以改写为

$$\tilde{X} - \tilde{\mu} = \tilde{A}F + \tilde{\varepsilon}.$$

它满足:

(1) $E(F) = 0$, $E(\tilde{\varepsilon}) = 0$, $\text{Cov}(F) = I_m$.

(2) $\text{Var}(\tilde{\varepsilon}) = \text{diag}(\tilde{\sigma}_1^2, \cdots, \tilde{\sigma}_p^2)$, $\tilde{\sigma}_i^2 = c_i^2\sigma_i^2$, $i = 1, 2, \cdots, p$.

(3) $\text{Cov}(F, \tilde{\varepsilon}) = E(F\tilde{\varepsilon}^{\text{T}}) = 0$.

性质 3 因子载荷不唯一. 设 T 是一个 $m \times m$ 的正交矩阵, 令 $\tilde{A} = AT$, $\tilde{F} = T^{\text{T}}F$, 则模型可以表示为

$$X - \mu = \tilde{A}\tilde{F} + \varepsilon.$$

它满足因子模型的条件:

(1) $E(\tilde{F}) = E(T^{\text{T}}F) = 0$, $E(\varepsilon) = 0$.

(2) $\text{Var}(\tilde{F}) = \text{Var}(T^{\text{T}}F) = T^{\text{T}}\text{Var}(F)T = I_m$.

(3) $\text{Var}(\varepsilon) = \text{diag}(\sigma_1^2, \cdots, \sigma_p^2)$.

(4) $\text{Cov}(\tilde{F}, \varepsilon) = E(\tilde{F}\varepsilon^{\text{T}}) = 0$.

对 $X_1, \cdots, X_p$ 做标准化处理, 则因子载荷 a_{ij} 是第 i 个变量与第 j 个公共因子的相关系数, 模型为

$$X_i = a_{i1}F_1 + \cdots + a_{im}F_m + \varepsilon_i.$$

以上公式左右两边同乘 F_j, 再求数学期望, 可得

$$E(F_jX_i) = a_{i1}E(F_jF_1) + \cdots + a_{ij}E(F_j^2) + \cdots + a_{im}E(F_jF_m) + E(F_j\varepsilon_i) = a_{ij}.$$

由此可见, a_{ij} 反映了 X_i 与 F_j 的相关程度. 它的绝对值越大, 相关的密切程度就越高.

定义变量 X_i 的共同度 h_i^2 为因子载荷矩阵的第 i 行的元素的平方和, 即 $h_i^2 = \sum_{j=1}^m a_{ij}^2$.

对因子模型

$$X_i = a_{i1}F_1 + \cdots + a_{im}F_m + \varepsilon_i,$$

两边求方差

$$\mathrm{Var}(X_i) = a_{i1}^2 \mathrm{Var}(F_1) + \cdots + a_{im}^2 \mathrm{Var}(F_m) + \mathrm{Var}(\varepsilon_i).$$

故有

$$1 = \sum_{j=1}^m a_{ij}^2 + \sigma_i^2 = h_i^2 + \sigma_i^2.$$

所有公共因子和特殊因子对变量 X_i 的贡献为 1, 即 $h_i^2 + \sigma_i^2 = 1$. 如果共同度 h_i^2 靠近 1, 则 σ_i^2 变小, 因子分析效果好, 也即从原变量空间到公共因子空间转化效果好.

因子载荷矩阵各列的平方和 $q_j^2 = \sum_{i=1}^p a_{ij}^2$ 称为第 j 个公共因子 F_j 对所有分量 $(X_1, \cdots, X_p)$ 的方差贡献和. 它表示 F_j 对所有分量的总影响: q_j^2 越大, 说明 F_j 对 X 的贡献越大. 把因子载荷矩阵的各列平方和都计算出来, 然后按照相应的贡献排序, 可以确定公共因子的相对重要性. 因此, 因子分析的关键是估计因子载荷矩阵.

正交因子模型的几何解释是把 m 个公共因子和 p 个特殊因子看作 $m + p$ 个相互正交的单位向量, 由此构成 $m + p$ 维空间的一个直角坐标系, 称为因子空间. 变量 X_i 可以用因子空间中向量 $P_i = (a_{i1}, \cdots, a_{im}, 0, \cdots, \sigma_i, \cdots, 0)^{\mathrm{T}}$ 表示, 其中 σ_i 是 X_i 对应于自己的特殊因子轴上的载荷. P_i 的长度等于 1, 与各因子轴 F_j 的夹角余弦为 $\cos(P_i, F_j) = \|P_i\| \cos(P_i, F_j) = a_{ij}$. 这就表明了 P_i 与各公共因子的夹角余弦等于其相应的坐标, 也就是等于变量 X_i 与各公共因子的相关系数.

因子空间中表示变量 X_i 和 $X_j (i \neq j)$ 的向量 P_i 和 P_j 的夹角余弦为它们的内积

$$\cos(P_i, P_j) = \frac{P_i^{\mathrm{T}} P_j}{\|P_i\| \|P_j\|} = P_i^{\mathrm{T}} P_j = \sum_{t=1}^m a_{it} a_{jt},$$

它恰好等于变量 X_i 与 X_j 的相关系数.

最常用的因子载荷矩阵的估计方法是主成分分析法. 设样本协方差矩阵 S 的特征根为 $\lambda_1 \geqslant \cdots \geqslant \lambda_p \geqslant 0$, $U = (u_1, \cdots, u_p)$ 为相应的标准正交特征向量构成的矩阵, 则

$$S = U \mathrm{diag}(\lambda_1, \cdots, \lambda_p) U^{\mathrm{T}} = \lambda_1 u_1 u_1^{\mathrm{T}} + \cdots + \lambda_p u_p u_p^{\mathrm{T}}.$$

但是我们希望寻求少数几个公共因子来解释 X, 故略去后面的 $p - m$ 项, 有

$$S \approx \lambda_1 u_1 u_1^{\mathrm{T}} + \cdots + \lambda_m u_m u_m^{\mathrm{T}} + \hat{D} =: \hat{A}\hat{A}^{\mathrm{T}} + \hat{D},$$

其中 $\hat{A} = (\sqrt{\lambda_1} u_1, \cdots, \sqrt{\lambda_m} u_m)$, $\hat{D} = \mathrm{diag}(\hat{\sigma}_1^2, \cdots, \hat{\sigma}_p^2)$, $\hat{\sigma}_i^2 = s_{ii} - \sum_{j=1}^{m} \hat{a}_{ij}^2$.

记 $E = S - (\hat{A}\hat{A}^{\mathrm{T}} + \hat{D}) =: (\hat{\varepsilon}_{ij})_{p \times p}$ 为残差矩阵, 则

$$Q(m) = \sum_{i=1}^{p} \sum_{j=1}^{p} \hat{\varepsilon}_{ij}^2$$

为残差平方和. 可以证明 $Q(m) \leqslant \lambda_{m+1} + \cdots + \lambda_p$.

因子数 m 的选取方法, 一是根据实际问题的意义和专业理论知识来确定, 二是用确定主成分个数的原则来确定. 例如, 选取最小的 m 使得

$$\frac{\lambda_1 + \cdots + \lambda_m}{\lambda_1 + \cdots + \lambda_p} \geqslant P_0.$$

一般取 $P_0 \geqslant 0.7$.

下面介绍主成分法的一种修正. 当 X 中各变量的量纲不同时, 我们常常先对变量进行标准化. 标准化变量的样本协方差矩阵就是原始变量的样本相关系数矩阵 R. 此时, $R = AA^{\mathrm{T}} + D$, 称

$$R - D = AA^{\mathrm{T}} =: R^*$$

为约相关阵. 假设已经得到特殊方差的初始估计 $(\hat{\sigma}_i^*)^2$, 则可求出相应的共同度的估计

$$(\hat{h}_i^*)^2 = 1 - (\hat{\sigma}_i^*)^2.$$

然后可得约相关阵的一个估计:

$$\hat{R}^* = \begin{pmatrix} (\hat{h}_1^*)^2 & r_{12} & \cdots & r_{1p} \\ r_{21} & (\hat{h}_2^*)^2 & \cdots & r_{2p} \\ \vdots & \vdots & & \vdots \\ r_{p1} & r_{p2} & \cdots & (\hat{h}_p^*)^2 \end{pmatrix}.$$

计算 $\hat{R}^*$ 的特征根和单位正交特征向量, 取前 m 个特征根 $\lambda_1^* \geqslant \lambda_2^* \geqslant \cdots \geqslant \lambda_m^* \geqslant 0$ 和相应的单位正交特征向量 $u_1^*, \cdots, u_m^*$. 则因子模型的一个解为

$$\begin{cases} \hat{A} = (\sqrt{\lambda_1^*} u_1^*, \cdots, \sqrt{\lambda_m^*} u_m^*), \\ \hat{\sigma}_i^2 = 1 - \sum_{j=1}^{m} \hat{a}_{ij}^2, \quad i = 1, \cdots, p. \end{cases} \tag{7.1.3}$$

这个解被称为主因子解, 可看作对主成分方法的一种修正. 在实际中, 常采用迭代主因子法. 具体步骤如下: 特殊因子方差的初始值通过主成分法给出; 利用上述方法估计公共因子的载荷矩阵 A 和特殊因子方差 σ_i^2, 得到主因子解; 把得到的主因子解作为初始估计, 重复上述步骤, 得到载荷矩阵和特殊因子方差的新解. 解稳定时迭代停止.

下面介绍极大似然法. 假定公共因子 F 和特殊因子 ε 都服从正态分布, 那么可以得到因子载荷矩阵和特殊因子的方差的极大似然估计. 由

$$\Sigma = AA^{\mathrm{T}} + D,$$

似然函数为

$$L(\mu, A, D) = \prod_{i=1}^{n} \frac{1}{(2\pi)^{p/2}|\Sigma|^{1/2}} \exp\left\{-\frac{1}{2}(x_i - \mu)^{\mathrm{T}}\Sigma^{-1}(x_i - \mu)\right\}.$$

利用求极值的方法, 可以给出如下估计,

$$
\begin{cases}
\hat{\mu} = \bar{X}, \\
S\hat{D}^{-1}\hat{A} = \hat{A}(I + \hat{A}^{\mathrm{T}}\hat{D}^{-1}\hat{A}), \\
\hat{D} = \mathrm{diag}(S - \hat{A}\hat{A}^{\mathrm{T}}).
\end{cases}
\tag{7.1.4}
$$

其中 S 是样本协方差矩阵. 根据这一方程组求因子载荷矩阵的估计 $\hat{A}$ 和特殊因子方差矩阵的估计 $\hat{D}$. 但是以上方程组并不能给出唯一的估计, 需要加一个唯一性条件,

$$\hat{A}^{\mathrm{T}}\hat{D}^{-1}\hat{A} = \Lambda,$$

其中, Λ 是一个对角矩阵.

在实际的计算中, 通过方程组迭代来求极大似然估计, 即选出 $\hat{D}$ 的初始值, 然后由式 (7.1.2) 中的第二个方程解出 $\hat{A}$, 再由第三个方程解出 $\hat{D}$, 反复地迭代直到解趋于稳定为止.

3. 因子旋转

建立因子分析模型的目的, 不仅要找出公共因子并对变量进行分组, 更重要的在于知道每个公共因子的意义, 便于下一步分析. 如果公共因子含义不清, 就难以进行下一步的分析. 由于因子载荷矩阵不唯一, 所以应该对因子载荷矩阵进行旋转, 使得因子载荷矩阵结构简化, 每列或每行的元素平方值向 0 和 1 两极分化. 主要有三种正交旋转法: 四次方最大法、方差最大法和等量最大法.

(1) 四次方最大法, 就是从简化载荷矩阵的行出发, 通过旋转初始因子, 使得每个变量只在一个因子上有较高的载荷, 而在其他因子上的载荷尽可能低. 如果每个

变量只在一个因子上有非零的载荷, 那么此时因子解释是最简单的. 四次方最大法的目的是使得因子载荷矩阵中每一行因子载荷平方的方差达到最大, 简化的准则为

$$Q = \sum_{i=1}^{p} \sum_{j=1}^{m} \left(a_{ij}^2 - \frac{1}{m} \right)^2.$$

(2) 方差最大法, 就是要找一个正交矩阵 Γ, 使得 $B = A\Gamma$ 的方差极大. 记 $B = (b_{ij})_{p \times m}$, 则载荷矩阵 B 的方差为

$$V = \frac{1}{p^2} \left[\sum_{j=1}^{m} \left\{ p \sum_{i=1}^{p} \frac{b_{ij}^4}{h_i^4} - \left(\sum_{i=1}^{p} \frac{b_{ij}^2}{h_i^2} \right)^2 \right\} \right].$$

采用求极值的方法给出 b_{ij} 的值.

(3) 等量最大法, 则是把四次方最大法和方差最大法结合起来, 求 Q 和 V 的加权平均最大, 简化准则为

$$E = \sum_{i=1}^{p} \sum_{j=1}^{m} b_{ij}^4 - \gamma \sum_{i=1}^{p} \left(\sum_{j=1}^{m} b_{ij}^2 \right)^2 \Big/ p.$$

4. 因子得分

前面讨论了用公共因子的线性组合来表示一组观测变量的问题. 如果要用这些因子做其他研究, 则需要对公共因子进行测度, 即给出公共因子的值, 或者叫计算因子得分. 此处介绍计算因子得分的三种方法: 加权最小二乘法, Bartlett 得分法和 Thompson 得分法 (又称回归法).

加权最小二乘法 如前所述, 公共因子 F 对随机变量 X 满足如下方程

$$X = AF + \varepsilon.$$

假设因子载荷矩阵 A 已知, 特殊因子 ε 的方差矩阵 $\mathrm{Var}(\varepsilon) = D = \mathrm{diag}(\sigma_1^2, \cdots, \sigma_p^2)$ 也已知, 但 σ_i^2 一般不相等. 因此采用加权最小二乘法去估计公共因子 F 的值. 模型的损失函数为

$$L(F_1, F_2, \cdots, F_m) = (X - AF)^{\mathrm{T}} D^{-1} (X - AF) = \sum_{i=1}^{m} \frac{\varepsilon_i^2}{\sigma_i^2}.$$

令 $\dfrac{\partial L(F_1, F_2, \cdots, F_m)}{\partial F_i} = 0, i = 1, \cdots, m$, 得

$$\hat{F} = (A^{\mathrm{T}} D^{-1} A) A^{\mathrm{T}} D^{-1} X,$$

这就是因子得分的加权最小二乘估计.

Bartlett 得分法　　假设 X 服从正态分布 $N(AF, \Sigma)$, X 的对数似然函数为

$$\ell(F) = -\frac{1}{2}(X - AF)^{\mathrm{T}} \Sigma^{-1}(X - AF) - \frac{1}{2}\ln((2\pi)^p |\Sigma|).$$

把 F 的极大似然估计作为 F 的得分, 即 Bartlett 得分. 在实际中, A 和 Σ 是未知的, 需要用某一种估计代替. Σ 可用样本协方差矩阵去估计, 对 A 的估计可采用主成分分析法、主因子解法或者极大似然法.

Thompson 得分法　　假设公共因子 F 关于标准化的随机变量 X 满足如下的方程

$$F_j = b_{j1}X_1 + \cdots + b_{jp}X_p + \varepsilon_j, \quad j = 1, \cdots, m.$$

由因子载荷的意义, 有

$$a_{ij} = E(X_i F_j) = b_{j1}r_{i1} + \cdots + b_{jp}r_{ip}, \quad i = 1, \cdots, p,$$

其中 $R = (r_{ij})_{p \times p}$ 是 X 的相关系数矩阵. 由样本得到因子载荷矩阵 A 的一个估计 $\hat{A}$ 以及样本相关系数矩阵 $\hat{R}$. 在上述方程组中, 未知参数用相应的估计量代替, 可得 F 对 X 的回归方程为

$$\hat{F} = \hat{A}^{\mathrm{T}} \hat{R}^{-1} X,$$

由回归法得到的因子得分称为 Thompson 得分.

将本节内容总结一下. 因子分析可分为以下五步:

(1) 选择分析的变量. 用定性分析和定量分析的方法选择变量进行因子分析的前提条件是观测变量间应有较强的相关性, 如果变量之间没有相关性或相关性较小的话, 就不会有共享因子.

(2) 计算原始变量的样本相关系数矩阵, 它可以帮助判断原始变量之间的相关关系的程度大小, 这是估计因子结构的基础.

(3) 提取公共因子. 确定因子求解的方法和因子的个数, 需要根据研究者的经验或知识事先确定因子个数. 通常是依因子方差 (即 X 的样本协方差矩阵的特征根) 的大小来定. 只取方差大于 1 的那些因子, 也可以根据因子方差的累积贡献率来确定, 一般来说要求累积贡献率至少达到 70%.

(4) 因子旋转. 通过坐标变换使每个原始变量在尽可能少的因子之间有密切的关系. 这样因子解的实际意义较容易解释, 并为每个潜在因子赋予有实际意义的名字.

(5) 计算因子得分. 求出各样本的因子得分, 因子得分值可以在许多分析中使用.

因子分析是相当主观的, 其中的因子常是一个比较抽象的概念. 应用因子分析的条件相较主成分分析更为苛刻, 在使用时要加以注意.

7.2 Lasso 模型及其变形

7.2.1 Lasso 基本方法

Lasso (least absolute shrinkage and selection operator)[111] 方法是一种数据压缩估计. 它通过在 RSS 最小化的目标函数中添加惩罚项, 使得某些系数变为零, 从而剔除一些变量. 把 Lasso 用于回归中, 在参数估计的同时, 能较好解决回归中的多重共线性问题.

众所周知, 线性回归模型的最小二乘估计 $\hat{\beta}$ 是无偏的. 但是它的方差在自变量线性相关程度较高时比较大. 对于自变量个数很多的情况, 我们希望降低维度用一个较少的变量模型来获得较好的效果.

为了解决这个问题, 提出了诸多方法, 如子集选择、岭回归与 Lasso 等. 子集选择顾名思义, 就是选择出与因变量关联较大的自变量, 去掉一些无关的变量, 实现降维的目的, 常采用 AIC, BIC 等准则判断变量的增删. 而岭回归是牺牲无偏性来达到模型的均方误差变小, 使得模型的预测更具信服力. 下面主要介绍 Lasso 模型.

在回归分析中 Lasso 方法是通过添加惩罚项, 使得某些系数变为零, 从而剔除这些变量, 达到数据压缩的目的. 在参数估计的同时, 能较好地解决回归中的多重共线性问题. 因此, Lasso 模型可以同时具有子集选择和岭回归的优点.

有样本 $(X_i, Y_i), i = 1, 2, \cdots, n$, 这里 $X_i = (x_{i1}, x_{i2}, \cdots, x_{ip})^{\mathrm{T}}$ 和 Y_i 分别是第 i 个观测值对应的自变量和因变量.

$$Y_i = \alpha + \sum_{j=1}^{p} \beta_j x_{ij} + \varepsilon_i, \quad \varepsilon_i \sim N(0, \sigma^2),$$

此处要求 $\varepsilon_i \ (i = 1, \cdots, n)$ 相互独立, X_{ij} 是标准化的.

α 和 $\beta = (\beta_1, \beta_2, \cdots, \beta_p)^{\mathrm{T}}$ 的 Lasso 估计为

$$(\hat{\alpha}, \hat{\beta}) = \arg\min \left\{ \sum_{i=1}^{n} \left(y_i - \alpha - \sum_{j=1}^{p} \beta_j x_{ij} \right)^2 \right\}, \ 使得 \sum_{j=1}^{p} |\beta_j| \leqslant t,$$

其中 t 为调节参数, 它使得回归系数整体变小, 并会使一些回归系数缩小并接近于 0, 一些系数甚至等于 0.

在 Lasso 模型中, t 值的选择是确定最后估计的关键. 在 t 的选取中, 交叉验证法和广义交叉验证法用得比较多. 这里介绍交叉验证法.

考虑模型

$$Y = \eta(X) + \varepsilon,$$

这里 $E(\varepsilon) = 0$, $\mathrm{Var}(\varepsilon) = \sigma^2$, 估计 $\hat{\eta}(X)$ 的均方误差定义为

$$\mathrm{MSE} = E\{\hat{\eta}(X) - \eta(X)\}^2.$$

期望值取决于 X 与 Y 的联合分布, 而 $\hat{\eta}(X)$ 固定.

另外一种类似的方法, 是考虑 $\hat{\eta}(X)$ 的预测误差

$$\mathrm{PE} = E(Y - \hat{\eta}(X))^2 = \mathrm{MSE} + \sigma^2.$$

通常用 Efron 和 Tibshirani 于 1993 年提出的交叉验证法[51] 估计预测误差.

记正则化参数 $s = \sum_j |\hat{\beta}_j|/t$, 有 $s \in [0,1]$. 可选定 $\hat{s}$ 使得预测误差达到最小, 也就是使得下列统计量达到最小

$$\mathrm{CV}(s) = \sum_{i=1}^{n} \left(y_i - \sum_{j=1}^{p} \beta_j x_{ij} \right)^2.$$

在实际情况中, 经常先设定调节参数 t 为 0.5, 然后微调 t 使得结果满意.

下面介绍模型的算法, 步骤如下:

(1) 令 $\delta_j = \mathrm{sign}(\hat{\beta}_j^0)$, 这里的 $\hat{\beta}_j^0$ 为最小二乘估计;

(2) 计算 $\hat{\beta} = \arg\min\left\{ \sum_{i=1}^{n} \left(y_i - \sum_{j=1}^{p} \beta_j x_{ij} \right)^2 \right\}$, 使得 $G^{\mathrm{T}}\beta \leqslant t$, 这里 $G = (\delta_1, \cdots, \delta_p)^{\mathrm{T}}$;

(3) 验证是否满足 $\sum_{j=1}^{p} |\hat{\beta}_j| \leqslant t$, 若满足, 则 $\hat{\beta}$ 即为所求, 否则继续;

(4) 令 $\delta_j = \mathrm{sign}(\hat{\beta}_j)$, 更新 G, 然后返回 (2).

与岭估计的比较

岭回归 (ridge regression) 是一种专门用于共线性数据分析的有偏估计回归方法, 是改良的最小二乘法. 通过放弃最小二乘法的无偏性, 以损失部分信息、降低精度为代价获得回归系数更为符合实际、更可靠的估计. 它对病态数据的拟合要强于最小二乘法.

其数学表达式如下, 在回归系数的平方和小于一个常数的约束下, 使得残差平方和最小化

$$\hat{\beta}^{\mathrm{ridge}} = \arg\min_{\beta} \left\{ \sum_{i=1}^{n} \left(y_i - \beta_0 - \sum_{j=1}^{p} x_{ij}\beta_j \right)^2 + \lambda \sum_{j=1}^{p} \beta_j^2 \right\},$$

它等价于

$$\hat{\beta}^{\mathrm{ridge}} = \arg\min_{\beta} \sum_{i=1}^{n} \left(y_i - \beta_0 - \sum_{j=1}^{p} x_{ij}\beta_j \right)^2, \text{满足} \sum_{j=1}^{p} \beta_j^2 \leqslant t.$$

把 Lasso 写成类似的形式

$$\hat{\beta}^{\text{lasso}} = \arg\min_{\beta}\left\{\sum_{i=1}^{n}\left(y_i - \beta_0 - \sum_{j=1}^{p}x_{ij}\beta_j\right)^2 + \lambda\sum_{j=1}^{p}|\beta_j|\right\},$$

等价于

$$\hat{\beta}^{\text{ridge}} = \arg\min_{\beta}\sum_{i=1}^{n}\left(y_i - \beta_0 - \sum_{j=1}^{p}x_{ij}\beta_j\right)^2, \text{满足}\sum_{j=1}^{p}|\beta_j| \leqslant t.$$

可以看出 Lasso 与岭回归的区别就是约束条件不一样, 一个是回归系数绝对值之和小于等于一个常数, 一个是平方和小于等于一个常数. Lasso 的约束条件是线性的, 而岭回归是 L_2 模.

通过图 7.1 可以看出两者之间的差异. 图中是两个变量回归的情况, 等高线图表示的是残差平方和的等高线. 残差在最小二乘估计处最小. 阴影部分分别是岭回归和 Lasso 的限制区域. 圆形为岭回归, 菱形为 Lasso 回归. 这两种带有惩罚项的方法都是要找到第一个落到限制区域上的等高线的那个位置的坐标 (即岭估计和 Lasso 估计). 因为菱形带尖角, 所以更有可能使得某个变量的系数为 0(即所找到的第一个点是菱形四个顶点之一). 当回归变量增多时, Lasso 的尖角也会变得更多, 从而增大更多系数变 0 的可能性. 而光滑的高维球面显然不可能有这样的概率. 这就是说 Lasso 用于变量选择相较于岭回归有优势的地方.

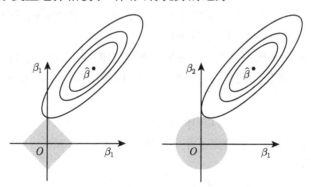

图 7.1   左: Lasso; 右: 岭回归

Lasso 算法是对最小二乘法的一种优化, 在回归系数绝对值之和小于一个常数的约束下, 使得残差平方和最小化, 从而能够产生某些严格等于 0 的回归系数, 得到解释力较强的模型. Lasso 在计算机、医学、经济等领域都有应用.

7.2.2　Lasso 方法的拓展

Lasso 回归模型在变量选择中的优异表现, 受到了很多学者的关注, 他们将它应用于各种实际问题中, 同时对 Lasso 模型进行适当的改进及拓展, 从而得到效果更好的回归模型.

下面主要介绍 Group Lasso, Adaptive Lasso 和 Fused Lasso.

1. Group Lasso

考虑一个有 J 种因素的回归问题:

$$Y = \sum_{j=1}^{J} X_j \beta_j + \varepsilon,$$

其中 Y 是一个 $n \times 1$ 的向量, $\varepsilon = (\varepsilon_1, \cdots, \varepsilon_n)^{\mathrm{T}}$, $\varepsilon_i \sim N(0, \sigma^2)$, $i = 1, \cdots, n$, X_j 是一个 $n \times p_j$ 的矩阵, 该矩阵与第 j 种因素对应, β_j 是对应的系数向量, p_j 为维度. 为了简化描述, 此处假设每一个 X_j 都是经过正交化的, 这一过程可用 Gram-Schmidt 正交化实现. 在上述模型里, 每个因素既可以是分类变量也可以是连续变量. 传统的 ANOVA(analysis of variance) 模型就是各种变量都是分类变量的特殊情形.

我们的目标是选择其中重要的因素来进行估计. 因此需要决定是否将某些 β_j 设为零向量. 传统的变量选择方法有最佳子集选择、逐步选择方法等. 但是最佳子集法很难运用于有很多变量的情况, 因为计算量随候选子集的数目是呈指数增长的. 逐步选择法则可能陷入局部最优解, 无法达到全局最优.

传统的回归模型就是上面模型在 $p_1 = p_2 = \cdots = p_J$ 的时候的特殊情况. 但是传统的回归变量是以单个变量而不是一组变量为单位选择的. 这样的结果可能多选进一些不必要的变量. 传统模型的另外一个缺点在于变量被正交化的方式会影响选择的结果, 这是我们不愿意看到的.

Group Lasso 回归模型作为 Lasso 回归模型的扩展, 很好地解决了上述问题. 下面介绍这类模型. 对任一向量 $\mu \in \mathbb{R}^d$, $d \geqslant 1$, 以及一个 $d \times d$ 的对称正定矩阵 K, 记

$$\|\mu\|_K = (\mu^{\mathrm{T}} K \mu)^{1/2}.$$

并将 $\|\mu\|_{I_d}$ 简写为 $\|\mu\|$. 当给定了正定矩阵 $K_1, K_2, \cdots, K_J$ 后, Group Lasso 回归模型可以定义为

$$\left\| Y - \sum_{j=1}^{J} X_j \beta_j \right\|^2 + 2\lambda \sum_{j=1}^{J} \|\beta_j\|_{K_j}$$

取得最小值时候的解. Bakin[34] 提出用这个表达式作为选择多组变量的方法并给出了相应的算法. 该表达式的惩罚项介于 Lasso 回归模型的 L_1 惩罚函数及岭回归模型的 L_2 惩罚函数之间.

下面以一个简单的模型作为例子. 某回归问题有两种类型的因素, 相应的系数为向量 $\beta_1 = (\beta_{11}, \beta_{12})^{\mathrm{T}}$ 以及一个标量 β_2. 下面是几种惩罚函数的可行域 (图 7.2—图 7.4).

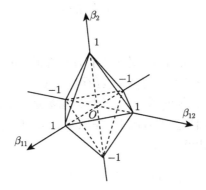

图 7.2 $|\beta_{11}| + |\beta_{12}| + |\beta_2| = 1$ (Lasso)

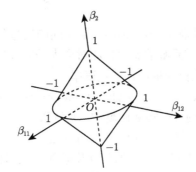

图 7.3 $||\beta_1|| + ||\beta_2|| = 1$ (Group Lasso)

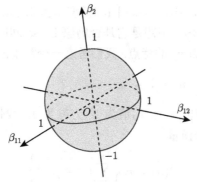

图 7.4 $||(\beta_1^{\mathrm{T}}, \beta_2)^{\mathrm{T}}|| = 1$ (岭回归)

它们表明, Lasso 和 Group Lasso 惩罚函数将两个轴方向与其他方向区别对待,这对最终回归系数稀疏性有帮助. L_2 惩罚函数对所有方向均采用了同一标准, 因此很难使得回归具有稀疏的特性.

我们有很多方式来选择核矩阵 K_j, 常见的方法是选择 $K_j = I_{p_j}$ 或者 $K_j = p_j I_{p_j}$ (以后我们选择后者, 因为它和 ANOVA 相似).

2. Adaptive Lasso

许多研究证明, Lasso 回归模型并不具有预报性质 (oracle property). 这里预报性质指的是能正确选出非零参数的概率收敛至 1. Adaptive Lasso 回归模型很好地解决了这个问题, 它具有预报性质, 并且其目标函数是一个凸函数. Adaptive Lasso 回归模型是在 Lasso 回归模型的基础上, 在原来的 L_1 惩罚项中加入一个权重. 假设由最小二乘法得到估计值 $\widetilde{\beta}$, 记

$$\omega_j = 1/|\widetilde{\beta}_j|^{-\gamma}, \quad \gamma > 0,$$

$$L(\beta) = ||Y - X\beta||^2 + 2\lambda \sum_{j=1}^{p} \omega_j |\beta_j|.$$

使 $L(\beta)$ 达到最小值的 $\hat{\beta}$ 称为 Adaptive Lasso 回归模型估计值. 与 Lasso 回归模型相比, 该模型使得对于零系数的惩罚值相对变大, 同时减少对非零系数的惩罚值, 以此来减少估计偏差并改善变量选择的正确率.

对于给定的变量个数 p, Zou[126] 证明了 Adaptive Lasso 回归模型拥有预报性质. 当 p 趋近于无穷大时 (在实际问题中, 变量数 p 可能会受到样本数 n 的影响, 所以当 n 趋近于无穷的时候, p 值可能同时趋近于无穷), Huang 等[68] 证明了 Adaptive Lasso 回归模型在满足一定的正规化条件时, 也拥有预报性质.

一般而言, 当 p 大于 n 时, 若没有其他关于协变量矩阵的假设, 我们无法识别回归参数. 但是, 若协变量矩阵有一个合适的结构, 我们仍然有可能一致地选择变量及估计参数. 因为 Adaptive Lasso 回归模型是由 Lasso 模型经过一个微小但重要的变化得到的, 一个合理的猜想是它是否仍像 Lasso 回归模型一样拥有极小极大优化性 (minimax optimality) 的特点. 我们考虑一个简单的模型:

$$y_i = \mu_i + z_i, \quad i = 1, 2, \cdots, n,$$

此处 z_i 是相互独立的随机变量, 均值为 0, 方差为 1. 我们的目标是估计均值 μ_i. 估计的质量由 L_2 损失来衡量:

$$R(\hat{\mu}) = E\left\{ \sum_{i=1}^{n} (\hat{\mu}_i - \mu_i)^2 \right\}.$$

下面来比较不同惩罚函数的阈值图 (图 7.5—图 7.9).

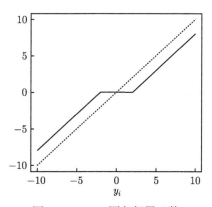

图 7.5　Lasso 回归惩罚函数

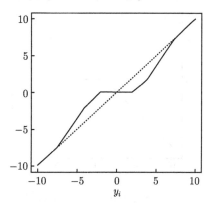

图 7.6　SCAD(smoothly clipped absolute deviation) 回归惩罚函数

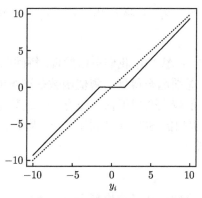

图 7.7　Adaptive Lasso 回归惩罚函数 $(\gamma = 0.5)$

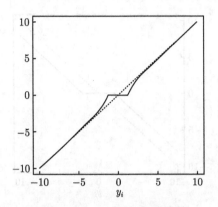

图 7.8　Adaptive Lasso 回归惩罚函数 ($\gamma = 2$)

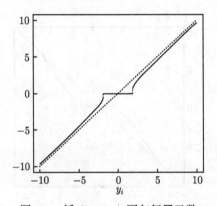

图 7.9　桥 (Bridge) 回归惩罚函数

其中, 桥回归是由

$$\widehat{\mu_i} = \arg\min_{\mu}((y_i - \mu)^2 + 2\lambda|\mu|^p), \quad i = 1, 2, \cdots, n, \quad 0 < p < 1$$

得到的.

　　由阈值函数图 (图 7.5—图 7.9) 我们可以发现, 桥回归惩罚函数得到的阈值函数是不连续的. 而 Lasso 惩罚函数得到的阈值函数是连续的, 但需要付出一定的代价, 即在估计时如果估计值较大会使得估计值有一个远离原点的偏移, 也即存在一定的误差. 而 Fan 和 Li 提出的 SCAD 惩罚函数[55] 及 Adaptive Lasso 惩罚函数消除了 Lasso 中的这一偏差.

　　3. Fused Lasso

　　Lasso 回归模型的一个缺点在于该模型舍弃了次序特征中存在的信息. 在一些案例中, 我们的目标可能拥有重要的空间或者时间结构, 这些结构对结果有很大的影响, 所以必须考虑. 例如, 基因数据或者疾病诊断时的时间序列数据.

为了将顺序信息考虑到 Lasso 回归模型中去, Tibshirani 等[112] 提出了 Fused Lasso 回归模型. 该模型在 L_1 惩罚函数的基础上加入了另一个惩罚项:

$$\min_{\beta} \|y - X\beta\|^2 \text{ 使得 } \sum_{j=1}^{p} |\beta_j| \leqslant \lambda_1, \ \sum_{j=2}^{p} |\beta_j - \beta_{j-1}| \leqslant \lambda_2.$$

第一个限制使得得到的模型具有稀疏性, 第二个限制使得 β_j 关于 j 具有平坦性.

为了说明 Fused Lasso 的优势, 我们对一个人造数据集进行案例分析. 该数据集含有 $p = 100$ 个变量及 $n = 20$ 个样本. 回归模型为

$$y_i = \sum_{j=1}^{p} x_{ij}\beta_j + \varepsilon_i, \ \ i = 1, \cdots, n,$$

其中 x_{ij} 服从标准正态分布, $\varepsilon_i \sim N(0, \sigma^2)$, 此处取 $\sigma = 0.75$, 并且 β_j 中有连续三组的非零系数. 下面比较不同回归模型的效果.

(1) 单变量回归模型得到系数 (红) 及经过软阈值函数处理后的系数 (绿), 黑色为真实值 (图 7.10).

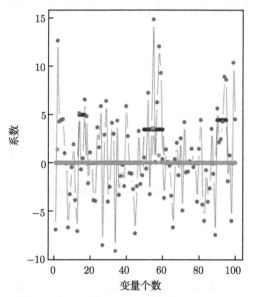

图 7.10　单变量回归模型 (文后附彩图)

(2) Lasso 回归模型得到的系数 ($\lambda_1 = 35.6$)(图 7.11).

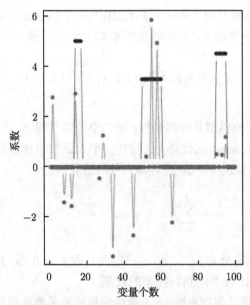

图 7.11   Lasso 回归模型 (文后附彩图)

(3) Fusion 回归模型得到的系数 (没有 L_1 惩罚项)(图 7.12).

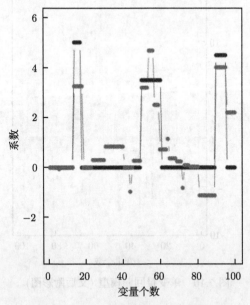

图 7.12   Fusion 模型 (文后附彩图)

(4) Fused Lasso 回归模型得到的系数 $\left(\lambda_1 = \sum_{j=1}^{p} |\beta_1|, \lambda_2 = \sum_{j=2}^{p} |\beta_j - \beta_{j-1}|\right)$,

此处的 β 是系数的真实值 (图 7.13).

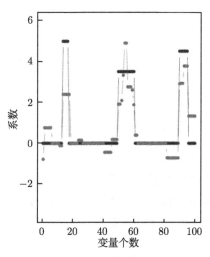

图 7.13　Fused Lasso 回归模型 (文后附彩图)

从图中可以看出, Fused Lasso 回归模型在该案例中的预测效果是最好的. Lasso 回归模型更多是把参与预测的无关变量的系数预测到 0, 使得结果变得稀疏. 而 Fused Lasso 回归模型很好地利用了变量间的次序关系, 从而使得结果与假设的值很接近. 在该例子中, Fusion 模型的表现与 Fused Lasso 回归模型一样好, 这使得 Fused Lasso 回归模型增加的计算量变得没有优势.

再来看一个例子. 令 $\sigma = 0.05$, β_j 有两个非零的区域. 第一个是 $j = 10$ 的地方, 第二个是 $j \in [70, 90]$. 图 7.14 从左到右依次是 Lasso, Fusion 和 Fused Lasso 得到的结果.

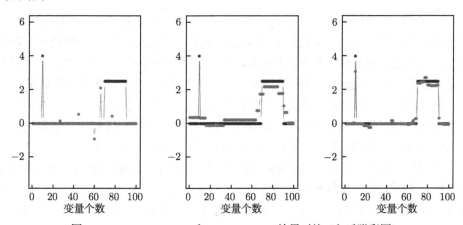

图 7.14　Lasso, Fusion 和 Fused Lasso 结果对比 (文后附彩图)

这个结果仍像在上一个例子中一样, Lasso 回归模型表现得很糟糕, Fusion 模型成功地找到了平台 [71,91], 但却没能清楚地找到 $j = 10$ 处的正系数, 而 Fused Lasso 回归模型在两处都有较为理想的结果. 可能这正是 Fused Lasso 回归模型相比于 Fusion 模型的优势.

在构造 Fused Lasso 回归模型的过程中, 另一种很自然的想法就是利用一个二阶的惩罚函数来保证变量间的相似性, 形式为

$$\sum_{j=2}^{p}(\beta_j - \beta_{j-1})^2 \leqslant \lambda_2.$$

但是, 这样的构造会牺牲结果的稀疏性质. 这个新的惩罚项并不倾向于产生一个简单的分段常数解, 而更有可能得到一个 "蠕动" 的解, 这样的结果不利于解释模型. 而原本的惩罚项倾向于得到一个分段常数解, 这就相当于把离得近的特征做一个简单的平均.

本节展示了 Lasso 回归模型的扩展以及它们各自针对的问题. 在了解对 L_1 惩罚函数进行改变的一些方法之后, 我们能得到很多启发. 在以后的回归问题中, 我们可以尝试更多 Lasso 回归模型的扩展, 使得模型可以更准确的选择变量并且满足我们特定的需求.

除了本节所介绍的 Adaptive Lasso, Group Lasso 以及 Fused Lasso 方法外, 还有 Generalized Fused Lasso 模型、Ranged Lasso 模型以及 Clustered Lasso 模型, 有兴趣的读者可以查阅相关文献做进一步的了解.

7.2.3   其他降维方法

1. 岭回归

7.2.1 节已经提到过岭回归, 它的原理较为复杂. 根据高斯–马尔可夫定理, 多重相关性并不影响最小二乘估计量的无偏性和最小方差性. 不过, 虽然最小二乘估计在所有线性无偏估计中是方差最小的, 但是这个方差并不一定小. 实际上可以找一个有偏估计量, 它虽然有微小的偏差, 但精度却能够大大高于无偏的估计量.

通常岭回归方程的决定系数 R^2 值会稍低于普通回归分析的值, 但回归系数的显著性往往明显高于普通回归. 因此, 岭回归在存在共线性问题和病态数据偏多的研究中有较大的实用价值. 在实际工作中, 岭回归常用作变量选择.

岭回归一般用于处理下面两类问题: ① 数据点少于变量个数; ② 变量间存在共线性. 最小二乘回归得到的系数不稳定, 方差偏大, 系数矩阵与它的转置矩阵相乘得到的矩阵可能接近不可逆. 而岭回归通过引入参数 k, 使得该问题得到解决. 在 R 语言中, MASS 包中的函数 `lm.ridge()` 可以方便地完成.

岭回归的想法很自然. 当自变量之间存在多重共线性时, $|X^{\mathrm{T}}X| \approx 0$. 设想给 $|X^{\mathrm{T}}X|$ 加上一个正常数矩阵 $kI(k > 0)$, 那么 $X^{\mathrm{T}}X + kI$ 接近奇异的程度会比 $|X^{\mathrm{T}}X|$ 接近奇异的程度小得多. 考虑到变量的量纲问题, 需要先对数据做标准化处理 (仍用 X 表示). 修改后的回归系数估计为

$$\hat{\beta}(k) = (X^{\mathrm{T}}X + kI)^{-1} X^{\mathrm{T}} y.$$

$\hat{\beta}(k)$ 称为 β 的岭估计, k 为岭参数. 由于假设 X 已经标准化, 所以 $X^{\mathrm{T}}X$ 就是自变量样本相关阵, 故上式实际上是标准化岭回归估计. 这里的 y 可以经过标准化也可以未经标准化.

显然, 用岭回归估计 β 应比最小二乘估计稳定. k 可取不同的值, 得到的岭回归估计 $\hat{\beta}(k)$ 实际上是 β 的一个估计族. $\hat{\beta}(k)$ 是 k 的非线性函数; 当 $k = 0$ 时, 岭回归估计等同最小二乘估计. 随着 k 的增大, $\hat{\beta}(k)$ 中各元素 $\hat{\beta}_l(k)$ 的绝对值均不断变小 (由于自变量间的相关性, 个别可能有小范围的向上波动或改变正、负号), 偏差也将越来越大; 如果 $k \to \infty$, 则 $\hat{\beta}(k) \to 0$. $\hat{\beta}(k)$ 随 k 的改变而变化的轨迹, 称为岭迹. 实际上, k 的取值会影响到许多相关统计量, 而不仅仅是 $\hat{\beta}(k)$. 其中主要的两项是:

(1) 随着 k 的增大, 离差回归平方和 $Q(k) = \sum (Y - \hat{Y}(k))^2$ 与离差回归均方和 $s^2(k) = Q(k)/(n-p-1)$ 都将增大, 且 $Q(k) > Q$ 和 $s^2(k) > s^2$, 其中 Q 和 s^2 分别代表最小二乘回归的离差回归平方和和离差回归均方和. 这是随着 k 增大 $\hat{\beta}(k)$ 的偏差也越来越大的直接反应.

(2) 随着 k 的增大, $(X^{\mathrm{T}}X + kI)^{-1}$ 的主对角元素 $c_{ii}(k)(i = 1, 2, \cdots, p)$ 将不断减小, 必有 $c_{ii}(k) < c_{ii}$, 其中 c_{ii} 代表最小二乘回归的 $(X^{\mathrm{T}}X)^{-1}$ 的主对角元素.

回归分析中最小二乘法是最常用的方法, 使用该方法的一个前提是 $|X^{\mathrm{T}}X|$ 不为零, 即矩阵 $X^{\mathrm{T}}X$ 非奇异. 当所有变量之间有较强的线性相关性时, 或者变量之间的数据变化比较小或者部分变量之间有线性相关性时, 矩阵 $X^{\mathrm{T}}X$ 的行列式比较小, 甚至接近于 0. 在实际应用中, 当 $|X^{\mathrm{T}}X| < 0.01$ 时常被称为病态矩阵. 它表明最小二乘法并非尽善尽美, 因为这种矩阵在计算过程中极易造成误差, 得到的数据往往缺乏稳定性和可靠性.

岭回归是在自变量信息矩阵的主对角线元素上人为地加入一个非负因子, 从而使回归系数的估计稍有偏差, 而估计的稳定性却可能明显提高的一种回归分析方法. 它是最小二乘法的一种补充, 可以修复病态矩阵, 达到较好的效果.

下面是自变量间存在多重共线性的一个简单例子.

例 7.3 假设 x_1, x_2 与 y 服从线性回归模型 $y = 10 + 2x_1 + 3x_2 + \epsilon$, 给定 10 组数, 如表 7.1 所示.

表 7.1 数据表

	1	2	3	4	5	6	7	8	9	10
x_1	1.1	1.4	1.7	1.7	1.8	1.8	1.9	2.0	2.3	2.4
x_2	1.1	1.5	1.8	1.7	1.9	1.8	1.8	2.1	2.4	2.5
ε_i	0.8	−0.5	0.4	−0.5	0.2	1.9	1.9	0.6	−1.5	−1.5
y_i	16.3	16.8	19.2	18.0	19.5	20.9	21.1	20.9	20.3	22.0

假设回归系数与误差项未知, 用普通最小二乘法求回归系数的估计值得到

$$\hat{\beta}_0 = 11.292, \quad \hat{\beta}_1 = 11.307, \quad \hat{\beta}_2 = -6.591,$$

而原模型的参数为

$$\beta_0 = 10, \quad \beta_1 = 2, \quad \beta_2 = 3.$$

计算 x_1, x_2 的样本相关系数得到 $r_{12} = 0.986$, 表明 x_1 和 x_2 高度相关. 如果采用岭回归来计算, 可以得到不同 k 值对应的参数估计, 如表 7.2 所示.

表 7.2 参数表

k	0	0.1	0.15	0.2	0.3	0.4	0.5	1.0	1.5	2
$\hat{\beta}_1(k)$	11.31	3.48	2.99	2.71	2.39	2.20	2.06	1.66	1.43	1.27
$\hat{\beta}_2(k)$	−6.59	0.63	1.02	1.21	1.39	1.46	1.49	1.41	1.28	1.17

由表 7.2, 可以得到图 7.15, 其中, 横轴表示参数 k, 蓝线表示 $\hat{\beta}_1(k)$, 橙线表示 $\hat{\beta}_2(k)$. 这样的图线被称为岭迹.

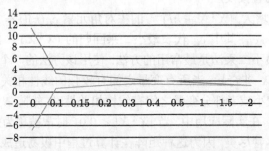

图 7.15 表 7.2 对应的图 (文后附彩图)

假设 $\hat{\beta}(k) = (X^{\mathrm{T}}X + kI)^{-1}X^{\mathrm{T}}y$ 中 y 未经标准化.

性质 1 $\hat{\beta}(k)$ 是回归参数 β 的有偏估计.

$$E\{\hat{\beta}(k)\} = E\{(X^{\mathrm{T}}X + kI)^{-1}X^{\mathrm{T}}y\} = (X^{\mathrm{T}}X + kI)^{-1}X^{\mathrm{T}}E(y)$$
$$= (X^{\mathrm{T}}X + kI)^{-1}X^{\mathrm{T}}X\beta.$$

因此 $E\{\hat{\beta}(0)\} = \beta$, 而当 $k \neq 0$ 时, $\hat{\beta}(k)$ 是 β 的有偏估计.

性质 2 当岭参数 k 是与 y 无关的常数时, $\hat{\beta}(k) = (X^{\mathrm{T}}X + kI)^{-1}X^{\mathrm{T}}y$ 是最小二乘估计 $\hat{\beta}$ 的一个线性变换, 也是 y 的线性函数.

$$
\begin{aligned}
\hat{\beta}(k) &= (X^{\mathrm{T}}X + kI)^{-1}X^{\mathrm{T}}y \\
&= (X^{\mathrm{T}}X + kI)^{-1}X^{\mathrm{T}}X(X^{\mathrm{T}}X)^{-1}X^{\mathrm{T}}y \\
&= (X^{\mathrm{T}}X + kI)^{-1}X^{\mathrm{T}}X\hat{\beta},
\end{aligned}
$$

因此, 岭估计 $\hat{\beta}(k)$ 是最小二乘估计 $\hat{\beta}$ 的一个线性变换, 由公式 (4.1.11) 可知 $\hat{\beta}(k)$ 也是 y 的线性函数.

在实际应用中, 由于岭参数 k 总是需要通过数据来确定的, 因此 k 也依赖于 y, 所以从本质上来说, $\hat{\beta}(k)$ 并非 $\hat{\beta}$ 的线性变换, 也不是 y 的线性函数.

性质 3 对任意 $k > 0$, $\|\hat{\beta}\| \neq 0$, 总有 $\|\hat{\beta}(k)\| < \|\hat{\beta}\|$. 也就是说, $\hat{\beta}(k)$ 可以看做 $\hat{\beta}$ 向原点的某种压缩.

2. 岭迹分析

$\hat{\beta}(k)$ 随 k 变化画出的曲线称为岭迹. 实际应用中, 可以根据岭迹曲线的变化形状来确定适当的 k 值和进行自变量的选择. 常见的岭迹图如图 7.16 所示.

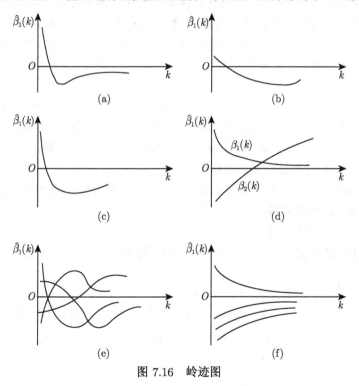

图 7.16 岭迹图

在图 7.16(a) 中, $\hat{\beta}_1(0) = \hat{\beta} > 0$, 且比较大. 从经典回归分析的观点看, 应将 x_1 看作对 y 有重要影响的因素. 但 $\hat{\beta}_1(k)$ 的图形显示出相当的不稳定, 当 k 从零开始略增加时, $\hat{\beta}_1(k)$ 显著地下降, 而且迅速趋于零, 因而失去预测能力. 从岭回归的观点看, x_1 对 y 不起重要作用, 甚至可以去掉这个变量.

在图 7.16(b) 中, $\hat{\beta}_1(0) = \hat{\beta} > 0$, 但很接近 0. 从经典回归分析看, x_1 对 y 的作用不大. 但随着 k 略增加, $\hat{\beta}_1(k)$ 骤然变为负值, 从岭回归观点看, 对 y 有一定影响.

在图 7.16(c) 中, $\hat{\beta}_1(0) = \hat{\beta} > 0$, 说明 x_l 还比较显著, 但当 k 增加时, 迅速下降, 且稳定为负值. 从经典回归分析看, x_1 是对 y 有正影响的显著因素, 而从岭回归分析角度看, x_1 应被看作对 y 有负影响的因素. 在给定 k 的条件下, 把 x_1 看作对 y 有负影响的因素是合理的.

在图 7.16(d) 中, $\hat{\beta}_1(k)$ 和 $\hat{\beta}_2(k)$ 都很不稳定, 但其和却大体上稳定. 这种情况往往发生在自变量 x_1 和 x_2 的相关性很大的场合, 即 x_1 和 x_2 之间存在共线性的情形. 因此, 从变量选择的观点看, 两者只要保留一个就够了. 这种情况可用来解释某些回归系数估计的符号不合理的情形. 从实际观点看, x_1 和 x_2 不应该有相反符号. 岭回归分析的结果对这一点提供了解释.

从全局考虑, 岭迹分析可用来估计在某一具体实例中最小二乘估计是否适用. 把所有回归系数的岭迹都描在一张图上, 如果这些岭迹线 "不稳定度" 很大, 整个系统呈现比较 "乱" 的局面, 往往就会怀疑最小二乘估计是否很好地反映了真实情况, 如图 7.16(e) 那样. 如果情况如图 7.16(f) 那样, 则对最小二乘估计可以有较大的信心.

下面介绍岭参数 k 选择的几种方法. 首先是岭迹法. 如果最小二乘估计看来有不合理之处, 如估计值以及正负号不符合实际意义, 可以通过采用适当的岭估计 $\hat{\beta}(k)$ 来加以改善. 岭参数 k 值的选择十分重要. 选择 k 值的原则:

(1) 回归系数的岭估计基本稳定;

(2) 用最小二乘估计时符号不合理的回归系数, 其岭估计的符号变得合理;

(3) 回归系数合乎实际意义;

(4) 残差平方和增大不多.

另一种选择 k 的方法是方差扩大因子法. 计算岭估计 $\hat{\beta}(k)$ 的协方差阵, 得

$$
\begin{aligned}
D(\hat{\beta}(k)) &= \mathrm{Cov}\{\hat{\beta}(k), \hat{\beta}(k)\} \\
&= \mathrm{Cov}\{(X^{\mathrm{T}}X + kI)^{-1}X^{\mathrm{T}}y, (X^{\mathrm{T}}X + kI)^{-1}X^{\mathrm{T}}y\} \\
&= (X^{\mathrm{T}}X + kI)^{-1}X^{\mathrm{T}}\mathrm{Cov}(y, y)X(X^{\mathrm{T}}X + kI)^{-1} \\
&= \sigma^2(X^{\mathrm{T}}X + kI)^{-1}X^{\mathrm{T}}X(X^{\mathrm{T}}X + kI)^{-1} \\
&= \sigma^2 C(k).
\end{aligned}
$$

矩阵 $C(k)$ 的对角元就是岭估计的方差扩大因子, 选择 k 使得所有方差扩大因子不大于 10, 也就是说, 岭回归系数的方差不应过分扩大.

其次是残差平方和法. 岭估计在减小均方误差的同时增大了残差平方和, 我们希望残差平方和 $\mathrm{SSE}(k)$ 的增加幅度控制在一定限度内, 给定一个大于 1 的值 c, 要求 $\mathrm{SSE}(k) < c\mathrm{SSE}$, 寻找满足该条件的 k 值.

岭回归选择变量的原则:

(1) 对于已经中心化和标准化的矩阵 X, 可以直接比较标准化岭回归系数的大小, 剔除掉标准化岭回归系数比较稳定且绝对值很小的自变量;

(2) 随着 k 的增加, 回归系数振动趋于零的变量也可以剔除;

(3) 去掉某个变量后, 需要重新进行岭回归分析, 观察是否需要继续剔除变量.

3. Elastic Net 回归

下面介绍 Elastic Net 回归方法[127], 它可以看作 Lasso 回归和岭回归的组合, 是一个严格的凸优化问题.

对于固定非负数 λ, Lasso 方法定义为

$$\hat{\beta}(\text{Lasso}) = \arg\min_{\beta}\{\|Y - X^{\mathrm{T}}\beta\|_2^2 + \lambda\|\beta\|_1\}.$$

对于岭参数 λ, 岭回归可以表示为

$$\hat{\beta}(\text{Ridge}) = \arg\min_{\beta}\{\|Y - X^{\mathrm{T}}\beta\|_2^2 + \lambda\|\beta\|_2^2\}.$$

Elastic Net 回归则定义为

$$\hat{\beta}(\text{Elastic}) = \arg\min_{\beta}\{\|Y - X^{\mathrm{T}}\beta\|_2^2 + \lambda_2\|\beta\|_2^2 + \lambda_1\|\beta\|_1\}.$$

Elastic Net 回归继承了岭回归的稳定性, 同时可以解决因为 Lasso 方法至多只能将等于样本量个数的变量选入模型, 而导致的模型过于稀疏的问题.

Elastic Net 回归可以通过变换表达成类似于 Lasso 方法的解的形式, 再利用后面提出的 Lars 算法 (least angle regression)[50] 得到解. 对给定的数据 (X, Y) 和固定的参数 (λ_1, λ_2), 定义一个新的数据集 (X^*, Y^*), 满足:

$$X^*_{(n+p)p} = (1 + \lambda_2)\begin{pmatrix} X \\ \sqrt{\lambda_2}I \end{pmatrix},$$

$$Y^*_{n+p} = \begin{pmatrix} Y \\ \mathbf{0} \end{pmatrix}.$$

令 $\gamma = \lambda_1/\sqrt{1+\lambda_2}$, $\beta^* = \sqrt{1+\lambda_2}\beta$, 则 Elastic Net 方法的解等价于以下 Lasso 方法的解:

$$\hat{\beta} = \arg\min_{\beta^*}\left\{ \|Y^* - X^*\beta^*\|^2 + \gamma \sum_{j=1}^{p}|\beta_j^*| \right\}.$$

因此,

$$\hat{\beta}(\text{Elastic}) = \frac{1}{\sqrt{1+\lambda_2}}\hat{\beta}^*.$$

以下为 Elastic Net 估计的几何解释. 在二维情形下, 取 $\alpha = \dfrac{\lambda_2}{\lambda_1+\lambda_2}$, 则 Elastic Net 方法的惩罚项可以写成以下形式:

$$J(\beta) = \alpha\|\beta\|_2 + (1-\alpha)\|\beta\|_1.$$

其数学规划表达式为

$$\min_{\beta}\|y - X\beta\|^2, \quad 使得 J(\beta) \leqslant t.$$

其几何表示如图 7.17 所示.

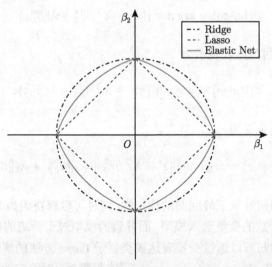

图 7.17   Lasso, Ridge 和 Elastic Net 几何表示 (文后附彩图)

图 7.17 中, Elastic Net 的图形为介于正方形与圆形中间的曲线, 表现出了两种特征: 一是在顶点处是唯一的, 二是严格凸边缘. Lasso 的可行域是线性的, 导致最优点往往落在顶点上 (结果并不一定).

下面介绍 Lars 算法. 在此之前, 先介绍与 Lars 相关的两个算法: 前向选择 (forward selection) 算法和前向阶段 (forward stagewise) 算法.

前向选择算法, 先选择与 y 相关度最高的一个变量, 不妨假设是 X_1, 得到 $y = \beta_1 X_1$, 再以 y 为因变量, 用其他变量逼近. 如图 7.18 所示. 该算法对每个自变量只进行一次运算, 当自变量不相互正交时, 没有最优解.

图 7.18 前向选择算法

前向阶段算法不进行"一次到位"的逼近, 而是一次前进一个相对较小的值. 它能够给出最优解, 但算法的复杂度很高. 如图 7.19 所示.

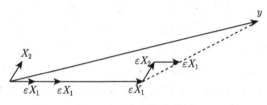

图 7.19 前向梯度算法

先找出和 y 最相关的一个变量, 不妨假设是 X_1, 找到第一个变量后不急于做最小二乘回归, 而是在变量的解路径上一点一点地前进 (解路径是指一个方向, 逐步回归在这个方向上进行). 每前进一次, 都要计算当前的模型算出的残差和原有的所有变量的相关系数, 找出绝对值最大的相关系数对应的变量. 可以想像, 刚开始, 前进的步伐很小, 相关系数绝对值最大的对应的变量一定还是第一步选入的变量. 但是随着进程不断向前, 这个相关系数的绝对值是在慢慢减小的, 直到找到另外一个变量, 不妨假设是 X_2, 它和当前残差的相关系数和第一个入选变量 X_1 的相关系数绝对值相同, 把 X_2 也加入回归模型中, 此时回归模型在 X_1 上的系数已经确定了. 如果在 X_1 的解路径上继续前进, 则得到的与当前残差相关系数最大的变量一定是 X_2, 所以不再前进, 而是改为在 X_2 的解路径上前进, 直到找到第三个变量, 不妨假设是 X_3, 使得 X_3 与当前残差的相关系数绝对值最大. 这样一步一步进行下去. 每一步都由很多小步组成. 直到某个模型判定准则生效, 停止这个步骤. 在每一个解路径上的计算都是线性的. 总体的解路径是分段线性的. 这是一种自动进行模型构建的算法.

前向梯度算法和传统的前向选择算法在本质上是一样的, 都是选择一个变量, 然后选择一个继续进行的解路径, 在该方向上前进. 这两种方法的解路径的选择方法是一样的, 唯一的区别是前进的步伐不一样. 前向选择算法的前进步伐很大, 一次到头, 而前向梯度算法则是一小步一小步前进. 这样比前向选择算法要谨慎一些, 会免于漏掉一些重要的变量.

　　下面来介绍 Lars 算法, 选择另外一种解路径. 在已经入选的变量中, 寻找一个新的路径, 使得在这个路径上前进时, 当前残差与已入选变量的相关系数都是相同的. 直到找出新的与当前残差相关系数最大的变量. 从几何上来看, 当前残差在那些已选入回归集的变量所构成的空间中的投影, 是这些变量的角平分线.

　　Lars 算法的主要步骤为:

　　(1) 初始的估计模型为 0, 当前的残差就是 Y, 找出 X^TY 中绝对值最大的那个对应的变量, 记为 X_1, 把它加入回归模型. 这一步中 X^TY 是当前残差和所有变量的相关系数向量 (注意这里 X 中心化标准化了).

　　(2) 在已选的变量的解路径上前进, 解路径就是 s_1X_1, s_1 是 X_1 与当前残差的相关系数的符号. 在这个路径上前进, 直到另外一个变量 X_2 出现, 使得 X_1 与当前残差的相关系数与 X_2 和当前残差的相关系数相同, 把它加入回归模型中.

　　(3) 找到新的解路径. Efron 等提出了一种找出满足 Lars 条件的解路径的解法. 解路径需要使得已选入模型的变量和当前残差的相关系数均相等. 因此这样的路径选择的方向很显然就是 $X_kX_k^TX_k^{-1}$ 的指向 (因为 $X_k^TX_k(X_k^TX_k^{-1})$ 的元素都相同, 保证了 Lars 的要求, 当然这里或许会有一些其他的解, 也能满足 Lars 的要求). 只要再标准化这个向量, 我们便找到了解路径的方向. 在这个方向上前进, 直到下一个满足与当前残差相关系数绝对值最大的变量出现. 如此继续. 如图 7.20 所示.

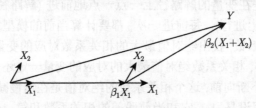

图 7.20　Lars 算法

　　Lars 算法保证了所有入选回归模型的变量在解路径上前进的时候, 与当前残差的相关系数都是一样的. 这一点, 比起前向梯度算法走得更快一些.

　　Lars 算法已经在 SAS 和 R 中实现了. 作为回归模型选择的一种重要的算法, Lars 比起前向选择算法和前向梯度算法, 既不那么激进, 又比较走捷径. Lars 算法在 Lasso 估计的求解中也有非常好的应用.

7.3　流形降维方法 *

降维可以被视为找出一组可以用于表示数据集的大部分差异性的内在自由度

的过程. 由高维数据集降维产生的紧凑的低维编码可以用来解释原始数据集.

下面讨论非线性降维方法, 或者称为流形降维方法. 流形, 是局部具有欧几里得空间性质的空间, 是欧几里得空间中的曲线、曲面等概念的推广. 首先我们把线性降维方法作为非线性降维方法的一个特例回顾一下. 主成分分析 (PCA) 方法 (见 7.1.1 节) 为给定的高维数据提供了一组最佳线性近似, 是最流行的降维技术之一. 然而其有效性受到全局线性要求的限制. 与 PCA 密切相关的多维缩放 (MDS) 也存在同样的缺点. 因子分析和独立分量分析 (ICA)[70] 也假设有一个线性子空间. 但是, 它们在识别和建模子空间的方式上与 PCA 不同. 由 PCA 建模的子空间来自求解数据中的最大方差, 因此可以被视为对数据的协方差结构进行建模; 而因子分析是关于相关系数进行建模. ICA 从因子分析的结果出发, 搜索导致独立分量的旋转[59]. 所有这些经典降维方法的主要缺点是它们只表征数据中的线性子空间 (流形). 为了解决非线性情况时的降维问题, 近期涌现了一些新的技术, 包括核主成分分析 (kernel PCA)[83, 100]、局部线性嵌入 (LLE)[98, 99]、拉普拉斯特征映射 (LEM)[36]、ISOMAP[109, 110] 和半正定嵌入 (SDE)[119, 120] 等.

7.3.1　核主成分分析

PCA 的目标是拟合高维数据中的线性变化, 然而许多高维数据集具有非线性特征. 可以假定这些高维数据嵌入于高维空间中的一个非线性流形上或附近 (不是线性子空间), 这时 PCA 无法正确地模拟数据的变化. 核 PCA 是一个应对这一问题的算法. 核 PCA 使用内核, 进行某种非线性映射, 在与输入变量相关的高维特征空间中有效地计算主成分. 也就是说, 核 PCA 通过在非线性映射产生的空间中执行主成分分析来找到与输入空间非线性相关的主成分, 从而发现其中潜在的低维结构. 假设 K 为一个实值函数: $\mathbb{R}^d \times \mathbb{R}^d \to \mathbb{R}$, 其特性是存在一个从 $\mathbb{R}^d$ 到 H(希尔伯特空间) 的映射 Φ, 对于所有 $x, x' \in \mathbb{R}^d$, 有 $\Phi(x) \cdot \Phi(x') = K(x, x')$. 核函数 $K(x, x')$ 可以被视为一个非线性相似性度量. 满足上述标准的核函数的例子有很多, 例如, 阶数为正整数 p 的多项式核 $K(x, x') = (1 + x \cdot x')^p$ 和高斯核 $K(x, x') = \exp(-\|x - x'\|^2/\sigma^2)$. 机器学习中的许多线性方法可以通过使用所谓的"核技巧"推广到非线性情形, 即在输入模式空间中将这些广义点积替换为特征空间中的欧几里得点积.

假设 $\sum_{t_i} \Phi(x_i) = 0$(将在下面说明如何在希尔伯特空间中满足这个条件), 核 PCA 目标函数为

$$\sum_{i=1}^{N} \|\Phi(x_i) - U_q U_q^{\mathrm{T}} \Phi(x_i)\|^2.$$

可以通过奇异值分解找到解 $\Phi(X)^{\mathrm{T}} = U\Sigma V^{\mathrm{T}}$, 其中 U 包含 $\Phi(X)^{\mathrm{T}}\Phi(X)$ 的特征向量. 如果矩阵 $\Phi(X)^{\mathrm{T}}$ 的维度是 $p \times n$, 并且特征空间的维数 p 较大, 则 U 的

维数是 $p \times p$. 这将大大增加 PCA 的计算量. 为了减少对 p 的依赖, 首先假设核 $K(x,y) = \Phi(x)^{\mathrm{T}}\Phi(y)$. 给定这样的函数, 可以计算矩阵 $K(X,X) = \Phi(X)^{\mathrm{T}}\Phi(X)$, 而不需要直接计算 $\Phi(X)$. K 的维数是 $n \times n$, 并且不依赖于 p. 另外, PCA 可以完全根据数据点之间的点积来表示. 用核函数 K 代替对偶主成分算法中的点积, 实际上等效于希尔伯特空间的内积, 得到核 PCA 算法.

在核 PCA 的推导中, 假设 $\Phi(X)$ 具有零均值. 以下的核规范化算法可使之满足此条件. 记

$$\tilde{\Phi}(x) = \Phi(x) - E_x\{\Phi(x)\},$$

$\tilde{\Phi}(x)$ 的均值为零. 相应的内核是

$$\begin{aligned}
\tilde{K}(x,y) &= \tilde{\Phi}(x)\tilde{\Phi}(y) \\
&= [\Phi(x) - E_x\{\Phi(x)\}] \cdot [\Phi(y) - E_y\{\Phi(y)\}] \\
&= K(x,y) - E_x\{K(x,y)\} - E_y\{K(x,y)\} + E_x[E_y\{K(x,y)\}].
\end{aligned}$$

要执行核 PCA, 只需要对所有点积 $x^{\mathrm{T}}y$ 用核函数 $K(x,y)$ 替换, 再做中心化处理后运用对偶 PCA 算法. 注意, V 是对应于前 d 个特征值的 $K(X,X)$ 的特征向量, 并且 Σ 是前 d 个特征值的平方根的对角矩阵.

7.3.2 局部线性嵌入

局部线性嵌入 (LLE) 是通过低维邻域里高维数据的嵌入, 达到准确地保留邻域高维数据的局部线性结构的一种降维方法[98]. 维数为 p 的数据集 (假设位于维度 $d < p$ 的平滑非线性流形上或附近) 被映射到较低的维度为 d 的全局坐标系中. 通过局部线性拟合恢复全局非线性结构. 该算法与后面的 Isomap 算法的不同在于其输出是从稀疏矩阵的底部特征向量导出, 而不是由 (密集)Gram 矩阵的顶部特征向量计算.

假设数据为从一个流形中采集的 n 个 p 维实值向量 x_i, 而每个数据点及其近邻点位于或接近于流形的局部线性片段. 通过线性映射, 包括平移、旋转和缩放, 每个邻域的高维坐标可以映射到流形上的全局坐标. 因此, 可以通过两个线性步骤来识别数据的非线性结构: 首先, 计算局部线性片段; 其次, 计算到流形上的坐标系的线性映射. 这里的主要目标是将高维数据点映射到流形的单个全局坐标系, 以便保持相邻点之间的关系. 该算法有三个步骤: 第一步是识别每个数据点 x_i 的邻近点. 这可以通过找到 k 个最近邻点, 或通过选择某个固定半径为 ε 的球内的所有点来完成. 在 LLE 中需构造有向图, 图中的边指示最近邻关系 (可以也可以不是对称的). 算法的第二步将权重 W_{ij} 分配给该图中的边. 在这里 LLE 的特别之处是每个输入数据及其 k 近邻可以被视为来自低维子流形上的小线性"片段"的样本. 通过

从其 k 个最近邻重建每个输入数据 x_i 来计算权重 W_{ij}. 具体而言, 它通过最小化重建误差来实现:

$$\varepsilon_W := \sum_i \left\| x_i - \sum_j W_{ij}x_j \right\|^2. \tag{7.3.1}$$

最小化是在两个约束条件下进行的:①如果 x_j 不在 x_i 的 k-最近邻居中, 则 $W_{ij} = 0$; ②对于所有 i, $\sum_j W_{ij} = 1$. 如果其最小值没有明确定义, 则也可以将正则化项添加到重构误差中. 因此, 权重构成稀疏矩阵 W, 通过指定每个输入数据 x_i 与其 k-最近邻的关系来编码数据集的局部几何属性.

算法的第三步, 计算 LLE 的输出 $y_i \in \mathbb{R}^m$, (尽可能忠实地) 关联与它的 k-最近邻的关系. 具体而言, 输出 y_i 最小化成本函数:

$$\varepsilon_Y := \sum_i \left\| y_i - \sum_j W_{ij}y_j \right\|^2.$$

它可以转变为

$$\min_Y \operatorname{tr}(YY^{\mathrm{T}}L),$$

其中 $L = (I - W)^{\mathrm{T}}(I - W)$.

最小化是在两个约束条件下进行的 (为了避免产生退化解): ①输出结果中心化, $\sum_i y_i = 0 \in \mathbb{R}^m$; ②输出单位协方差矩阵 $Y^{\mathrm{T}}Y = I$. d 维嵌入通过计算矩阵 L 的底部 $m + 1$ 个特征向量在约束条件下最小化. 丢弃底部 (特征值为 0 的) 特征向量后剩余的 m 个特征向量 (每个长度为 p) 产生低维输出 $y_i \in \mathbb{R}^m$. 与 Isomap 中的 Gram 矩阵的顶部特征值和最大方差展开不同, LLE 中 L 矩阵的底部特征值没有能力指示流形的维数. 因此, LLE 算法具有两个自由参数: 最近邻的数量 k 和目标维度 m.

图 7.21 说明了 LLE 背后的直观思想. 最左边的图显示从瑞士卷流形中采样的 $n = 2000$ 个输入, 最右边的图显示由 LLE 发现的二维表示. 在中间的图中, 输出具有与输入相同的维度, 但是随机选择了 $\ell < n$ 个点, 图中分别取 $\ell = 25, 15$ 和 10, 取 $k = 20$. 中间图优化的目标不是减少维数, 而是从一个小的子样本中对整个数据集进行局部线性重建. 对于足够大的 ℓ, 这种替代优化是适当的, 并且最小化式 (7.3.1) 通过求解简单的最小二乘问题来完成剩余的 $n - \ell$ 个输出. 对于 $\ell = n$, 此优化的输出等于原始输入; 对于较小的 ℓ, 它们类似于输入, 但由于重建的线性特性而略有误差; 最后, 随着 ℓ 进一步减小, 输出提供了原始数据集越来越线性化的表示. LLE(显示在最右边的图中) 可视为此过程的限制为 $\ell \to 0$, 没有任何输出被固定为输入, 但是施加了其他约束以确保优化是明确定义的.

图 7.21　LLE 背后的直觉 (文后附彩图)

7.3.3　多维缩放

多维缩放 (MDS)通过高维数据集的低维表示, 使之保留不同维度的输入模式之间的内积相似度. MDS 的输出 $y_i \in \mathbb{R}^d$ 最小化内积相似度总离差

$$\varepsilon_{\mathrm{MDS}} = \sum_{i,j}^{n} \|x_i^{\mathrm{T}} x_j - y_i^{\mathrm{T}} y_j\|^2.$$

而最小误差解可从内积的 Gram 矩阵 G 的谱分解中获得, 它的第 i 行第 j 列元素为 $G_{ij} = x_i \cdot x_j$.

用 $\{v_\alpha\}_{\alpha=1}^d$ 表示该 G 最大的 d 个特征值 $\{\lambda_\alpha\}_{\alpha=1}^d$ 对应的特征向量, MDS 的输出为 $y_i = (y_{i1}, \cdots, y_{id})^{\mathrm{T}}$, 其中 $y_{i\alpha} = \sqrt{\lambda_\alpha} v_{\alpha i}$, $v_{\alpha i}$ 是 v_α 的第 i 个分量.

尽管 MDS 旨在保留内积相似度, 它也可以解释为保持数据点之间的成对距离. 记 $S_{ij} = \|x_i - x_j\|^2$ 表示矩阵输入数据之间的成对距离平方. 假设输入以原点为中心, 符合这些平方距离的 Gram 矩阵可以从中得到变换 $G = -\dfrac{1}{2}(I - uu^{\mathrm{T}})S(I - uu^{\mathrm{T}})$, 其中 I 是 $n \times n$ 单位矩阵, $u = \dfrac{1}{\sqrt{n}}(1, 1, \cdots, 1)^{\mathrm{T}}$ 是单位长度的均匀向量. Cox T 和 Cox M[44] 给出了关于 MDS 方法的更多细节.

虽然依据的几何解释略有不同, 但是度量 MDS (Metric MDS) 产生与 PCA 相同的输出 $y_i \in \mathbb{R}^m$, 基本上是输入的旋转, 然后投影到具有最大方差的子空间 (两种算法的输出对于输入模式的全局旋转是不变的). 度量 MDS 的 Gram 矩阵具有与 PCA 的协方差矩阵相同的秩和特征值. 特别地, 令 X 表示输入的 $n \times p$ 矩阵, $C = n^{-1} X^{\mathrm{T}} X$ 和 $G = XX^{\mathrm{T}}$ 有着等价的奇异值分解. 在两个矩阵中, 第 m 个和第 $m+1$ 个特征值之间相对较大的间隙表明高维输入在维度 m 的较低子空间中有一个良好的近似. 通过用广义距离和广义内积代替欧几里得距离的方法来获得度量 MDS 的非线性推广.

通过 MDS 得到的解为 $Y = \Lambda^{1/2} V^{\mathrm{T}}$, 其中 V 是对应于前 d 个特征值的 XX^{T} 的特征向量, Λ 是 XX^{T} 对应的特征值. 显然, MDS 的解和对偶 PCA 在欧几里得距离上是相同的, 产生相同的结果. 然而, 欧氏距离可以推广到非欧几里得距离, 并且可以表示对象之间的许多其他类型的不相似性.

7.3.4 Isomap

当高维输入局限在低维子空间时, PCA 和度量 MDS 的线性方法会生成合理的低维表示. 如果输入模式在整个子空间都有分布, 则来自这些方法的特征值谱也揭示了数据集的内在维度, 也就是说, 可变性的基础模式的数量. 然而, 当输入模式位于输入空间的低维子流形上或附近时, 会出现更有趣的情况. 在这种情况下, 数据集的结构可能是高度非线性的, 线性方法会变得无能为力.

基于图的方法最近已成为处理从低维子流形中采样的高维数据的有力工具. 这些方法是首先构造一个稀疏图, 其中的节点表示输入数据, 边表示邻域关系. 得到的图 (简单起见假设是连接的) 可以看作由输入数据中采样的子流形的离散化近似. 从这些图中可以构建矩阵, 其谱分解揭示了子流形的低维结构 (有时甚至是维数本身). 虽然能够揭示高度非线性结构, 但基于图的流形学习方法都会追求计算复杂度上的 (即多项式时间) 优化, 例如, 最短路径求解、最小二乘拟合、半正定规划和矩阵对角化. 有代表性的基于图的降维算法包括: Isomap[110], 最大方差展开[119, 104], 局部线性嵌入[98, 99], 以及拉普拉斯特征图[36]. 我们主要介绍第一种方法.

Isomap 算法是基于 MDS 的一种非线性降维方法, 是经典 MDS 的非线性推广. 主要思想是基于非线性数据流形的测地距离来计算 MDS. 测地距离表示沿着流形曲面测量的最短路径, 可以通过相邻采样点之间的一系列短距离的和来近似. Isomap 将 MDS 应用于测地距离而不是直线距离, 并找到保留这些成对距离的低维映射.

与 LLE 一样, Isomap 算法分三步进行:

(1) 在高维数据空间中找到每个数据点的近邻;

(2) 计算所有点之间的测地成对距离;

(3) 通过 MDS 嵌入数据以保留这些距离.

还是像 LLE 一样, 第一步可以识别 k 个最近邻居, 或选择某个固定半径为 ε 内的所有点. 这些邻域中的每个数据点连接到其最近的邻居, 邻居之间具有权重 $d_X(i, j)$ 的边.

第二步是估计流形 M 上的所有两点之间的测地距离 $d_M(i, j)$. Isomap 将 $d_M(i, j)$ 近似为图 G 中的最短路径距离 $d_G(i, j)$. 这可以通过不同的算法实现, 包括 Dijkstra 算法[96] 和 Floyd 算法[75]. 这些算法找到图形距离矩阵 $D(G)$ 包含 G 中所有点对之间的最短路径距离, 如图 7.22 所示.

最后一步, Isomap 将经典 MDS 应用于 $D(G)$ 以生成嵌入 d 维欧几里得空间的数据 Y. 通过将 y_i 的坐标设置为从 $D(G)$ 获得的内积矩阵 B 的前 d 个特征向量来获得损失函数的全局最小值.

算法结束时 Isomap 产生一个低维表示, 其中输出之间的欧氏距离与子流形上输入数据之间的距离相匹配. 当输入数据从与欧几里得空间的凸子集等距的子流形中采样时——如果数据集没有 "洞", 理论上可以保证 Isomap 算法的收敛性[110, 48].

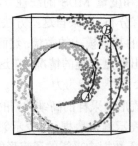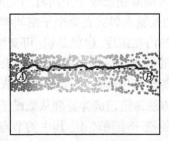

图 7.22　左: 从瑞士卷中采样的两个输入图案 A 和 B 之间的欧几里得和测地距离的比较. 欧几里得距离是在输入空间中从 A 到 B 的直线测量的; 测地距离通过最短路径 (粗体) 估算, 该路径仅直接连接 $k = 12$ 个最近邻居. 右: 由 Isomap 计算的低维表示, 用于从瑞士卷中采样的 $n = 1024$ 个输入、输出之间的欧几里得距离与输入之间的测地距离相匹配 (文后附彩图)

7.4　非负矩阵分解 *

非负矩阵分解 (nonnegative matrix factorization, NMF)[78, 79, 93] 起源于 PCA. PCA 得到的基向量中的分量有正也有负, 而数据表达成这些基向量的线性组合, 组合系数也有正有负. PCA 的最优近似性质就可以被认为是这种可约减性质导致的一个结果. 然而在许多应用中负值是没有意义的. 在实际应用, 例如复杂网络分析、图像处理、生物和文本分析中, 非负数据分析是很普遍的. 为了更好地分析非负数据, 同时提高结果的可解释性, 一些研究者建议寻找非负基向量来表达原始数据.

7.4.1　基本原理

非负矩阵分解是一种矩阵分解和投影技术, 其基本原理如下: 对于非负矩阵 X, 存在 $W \geqslant 0, H \geqslant 0$, 满足 $X_{N\times m} \approx W_{N\times k}H_{k\times m}$, 其中 k 为特征维数, 通常 k 远远小于 m 和 N, 所以得到的 W 和 H 小于原始矩阵 X, 从而实现数据的压缩. 通常称 W 为基矩阵, H 为系数矩阵. 为了描述 $X \approx WH$ 的近似效果, 需要定义成本函数, 可以通过计算前后两个非负矩阵即 X 与 WH 之间的一些距离测度实现. 常用的一种测度是 Frobenius 范数,

$$\|X - WH\|_F = \sum_{i,j}(X - WH)^2_{ij}. \tag{7.4.1}$$

另外一种是利用矩阵 X 与 WH 间的广义 Kulback-Leibler 散度, 目标函数为

$$\mathrm{KL}(X\|WH) = \sum_{i,j}\left\{X_{ij}\log\frac{X_{ij}}{WH_{ij}} - X_{ij} + WH_{ij}\right\}.$$

基于这两种测度的算法基本相同, 本书只给出基于第一种测度的 NMF 求解算法.

7.4.2 NMF 的求解方法

NMF 问题的解都是要交替计算 W 和 H, 而且它们是对称的角色, 所以只需要给出一个迭代方法. NMF 的求解方法主要可以分为: 乘法更新算法[78]、交替最小二乘法[93]、分级交替最小二乘法[42].

乘法更新算法以均方误差为目标函数:

> NMF 的乘法更新算法
>
> $W = \mathbf{rand}(m, k);$ %随机初始化 W 矩阵
>
> $H = \mathbf{rand}(k, n);$ %随机初始化 H 矩阵
>
> 对 $i = 1:$ 矩阵元素个数
>
> $\quad$ (MU) $H = H \cdot (W^{\mathrm{T}}A) \cdot /(W^{\mathrm{T}}WH + 10^{-9});$
>
> $\quad$ (MU) $W = W \cdot (AH^{\mathrm{T}}) \cdot /(WHH^{\mathrm{T}} + 10^{-9});$
>
> 结束

在每次迭代中添加 10^{-9} 的目的是避免分母为零.

交替最小二乘法 (ALS 算法) 利用了这样一个事实: (7.4.1) 中的 W 和 H 都不是凸的, 但它在单独优化 W 或 H 时都是凸的. 因此, 给定一个矩阵, 就可以简单地用最小二乘法找到另一个矩阵. 下面是基本的 ALS 算法.

> NMF 的 ALS 基本算法
>
> $W = \mathbf{rand}(m, k);$ %随机初始化 W 矩阵
>
> 对 $i = 1:$ 矩阵元素个数
>
> $\quad$ (最小二乘) 从 $W^{\mathrm{T}}WH = W^{\mathrm{T}}X$ 解 H.
>
> $\quad$ (非负化) 将 H 中的负值归 0.
>
> $\quad$ (最小二乘) 从 $HH^{\mathrm{T}}W^{\mathrm{T}} = HX^{\mathrm{T}}$ 解 W.
>
> $\quad$ (非负化) 将 W 中的负值归 0.
>
> 结束

在上面的伪代码中已经包括了确保非负性的最简单的方法, 即投影步骤, 它将由最小二乘计算得到的所有负元素设置为 0. 这种简单的技术也有一些额外的好处. 首先, 它有助于稀疏性. 此外, 它允许迭代在其他算法中不具备一些额外的灵活性, 尤其是乘法更新算法. 乘法算法的一个缺点是, 一旦 W 或 H 中的元素变为 0, 它必须保持为 0. 这种 0 元素的锁定是限制性的, 这意味着一旦算法开始朝向固定点的路径前进, 即使这是一个不好的固定点, 它必须继续. ALS 算法更灵活, 允许迭代过程从较差的路径中逃脱.

ALS 算法的实现可以非常快. 上面显示的实现比其他 NMF 算法需要的工作少得多, 并且计算量比奇异值分解略少.

7.4.3 应用

NMF 之所以受欢迎, 是因为它能够自动提取稀疏且有容易解释的特征. 我们通过图像处理的例子来说明 NMF 的上述特性.

假设数据矩阵 $X \in R_{p \times n}$ 的每列是面部的向量化灰度图像, 其中矩阵 X 的 (i, j) 元素是第 j 个图中的第 i 个像素的强度. NMF 生成两个因子 (W, H), 使得每个图像使用 W 列的线性组合来近似, 见等式 (7.4.1) 和图 7.23 的说明. 由于 W 是非负的, 因此 W 的列可以被解释为图像 (即像素强度的向量), 被称为基础图像. 由于线性组合中的权重是非负的 ($H \geqslant 0$), 因此这些基础图像可以以求和的方式重建每个原始图像. 此外, 数据集中的大量图像必须仅用少量基础图像重建 (事实上, k 通常比 p 小得多), 因此后者应该是几个局部特征 (稀疏) 图片. 在面部图像的分解中, 基础图像是诸如眼睛、鼻子、胡须和嘴唇的特征 (图 7.23), 而 H 的列指示哪个特征存在于哪个图像中.

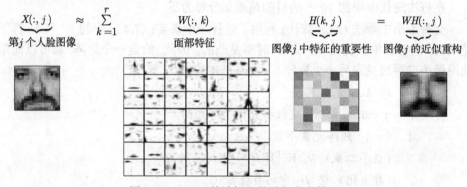

图 7.23   NMF 算法提取的脸部非负特征

NMF 的潜在应用是面部识别. 例如, 人们观察到 NMF 比 PCA (其产生密集因子) 对遮挡更加稳健. 事实上, 如果必须将新的遮挡面 (例如, 戴太阳镜) 映射到 NMF 基础图像上, 则非遮挡面 (例如, 小胡子或嘴唇) 仍然可以很好地近似.

7.5 自 编 码 器

自编码器[67] 是一种相当基本的机器学习模型, 它属于神经网络系列, 但也与 PCA(主成分分析) 密切相关.

7.5.1 基本原理

关于自编码器的一些事实:

(1) 这是一种无监督的学习算法 (如 PCA);

(2) 它最大限度地减少了与 PCA 相同的目标函数;

(3) 它是一个神经网络;

(4) 神经网络的目标输出是它的输入.

最后一点是关键, 也就是输入的维数与输出的维数相同, 其目标是 $x' = x$. 图 7.24 显示了一种自编码器的结构.

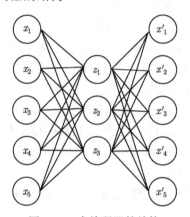

图 7.24　自编码器的结构

在介绍 PCA 的时候我们已经知道, PCA 的解使得重建误差最小. 对于自编码器来说, 为了获得隐藏层的值, 将输入 x 乘以隐藏的权重 W, 然后用非线性函数 f 作用得到码字 (coding)：$Z = f(Wx)$. 为了获得输出值, 将输出权重 V 乘以隐藏层值 z, $y = g(Vz)$. f 和 g 的选择取决于使用者, 我们只需提供它们的导数, 代入反向传播算法. 如果令 f 和 g 都是恒等函数, 则有 $y = g(Vf(Wx)) = VWx$, 这时的目标函数为

$$C = \sum_{i=1}^{n} |x(i) - VWx(i)|^2,$$

与 PCA 相同.

如果自编码器与 PCA 类似, 为什么我们需要自编码器呢? 原因是自编码器比 PCA 灵活得多. 回想一下, 神经网络中有一个激活函数——它可以是"ReLU"(又名整流器), "tanh"(双曲正切) 或"sigmoid". 在编码中引入了非线性函数可以使神经网络更好地近似和优化, 而 PCA 只能表示线性变换. 另外使用神经网络模型还可以叠加多层自编码器以形成深层网络.

自编码器试图学习函数 $h_{W,b}(x) \approx x$. 换句话说, 它试图学习恒等函数的近似值, 以便输出与 x 近似的 $\hat{x}$. 恒等函数似乎是一个不值得学习的无聊函数, 但是通过在神经网络上设置一些约束, 例如, 通过限制隐藏单元的数量, 我们可以发现数据的有趣结构. 举一个具体的例子, 假设输入 x 是 10×10 的灰度值图像 (100 像素), 维度 $p = 100$. 假设隐藏层 $L2$ 中的隐藏单元个数 $s_2 = 50$. 由于只有 50 个隐藏单元, 因此网络被迫学习输入的"压缩"表示. 即仅给出隐藏单元激活的向量 $a^{(2)} \in \mathbb{R}^{50}$, 它必须尝试"重建" 100 像素输入 x. 如果输入是完全随机的, 例如, 每个 x_i 来自独立相同的正态分布, 这个压缩任务将非常困难. 但是, 如果数据中存在某些结构, 例如, 某些输入要素是相关的, 那么该算法将能够发现其中一些相关性. 实际上, 这种简单的自编码器通常最终会学习与 PCA 非常相似的低维表示.

上面的论点依赖于隐藏单位 s_2 的数量大小, 但即使隐藏单元的数量很大 (甚至可能大于输入像素的数量), 我们仍然可以通过在网络上施加其他约束来发现想要的结构. 特别地, 如果我们对隐藏单元施加"稀疏性"约束, 那么即使隐藏单元的数量很大, 自编码器仍将在数据中发现想要的结构.

具体地说, 如果输出值接近 1, 认为神经元是"活动的"(或"触发的"), 如果输出值接近 0 则认为是"非活动的". 我们想约束神经元大部分时间都处于非活动状态. 这里假设使用 sigmoid 激活函数. 如果使用 tanh 激活函数, 那么神经元在输出接近 -1 的值时处于非活动状态.

用 $a_j^{(2)}(x)$ 表示当网络被赋予特定输入 x 时该隐藏单元的激活函数. 令

$$\hat{\rho}_j = \frac{1}{m} \sum_{i=1}^{m} \left[a_j^{(2)}(x^{(i)}) \right]$$

为隐藏单位 j 的平均激活值 (在训练集上取平均值). 我们希望 (近似) 强制执行约束 $\hat{\rho} = \rho$. 这里 ρ 是一个"稀疏性参数", 通常是接近零的小值 (例如 $\rho = 0.05$). 换句话说, 我们希望每个隐藏神经元 j 的平均激活值接近 0.05. 为了满足此约束, 隐藏单元的激活必须大部分接近 0. 为实现这一目标, 我们将优化目标添加一个额外的惩罚项. 惩罚项有许多选择, 取 KL-散度:

$$\sum_{j=1}^{s_2} \mathrm{KL}(\rho \| \hat{\rho}_j) := \sum_{j=1}^{s_2} \left\{ \rho \log \frac{\rho}{\hat{\rho}_j} + (1 - \rho) \log \frac{1 - \rho}{1 - \hat{\rho}_j} \right\},$$

这里 s_2 是隐藏层中的神经元数量. KL- 散度是用于测量两种不同分布的标准函数. 如果 $\hat{\rho}_j = \rho$, 有 $\mathrm{KL}(\rho \| \hat{\rho}_j) = 0$, 当 $\hat{\rho}_j$ 偏离 ρ 时它单调递增.

整体成本函数为

$$J_{\mathrm{sparse}}(W, b) = J(W, b) + \beta \sum_{j=1}^{s_2} \mathrm{KL}(\rho \| \hat{\rho}_j),$$

其中 $J(W, b)$ 是自编码器神经网络, β 是控制稀疏性的惩罚权重. $\hat{\rho}_j$ 是隐藏单元 j 的平均激活值。由于隐藏单元的激活值取决于参数 W 和 b, 因此 $\hat{\rho}_j$ 也取决于 W 和 b.

7.5.2 可视化自编码器

在训练了 (稀疏) 自编码器之后, 可视化可以帮助理解它学到了什么. 考虑在 10×10 的图像上训练自动编码器的情况, 这时 $n = 100$. 隐藏单元 i 计算输入的函数为

$$a_i^{(2)} = f\left(\sum_{j=1}^{100} W_{ij}^{(1)} x_j + b_i^{(1)}\right).$$

它取决于参数 $W_{ij}^{(1)}$. 特别地, 我们可以认为 $a_i^{(2)}$ 是输入 x 的一些非线性特征. 这里必须对 x 施加一些限制. 如果假设输入是由 $\|x\|^2 = \sum_{i=1}^{100} x_i^2 \leqslant 1$ 范数约束的, 可以证明令像素 x_j 满足

$$x_j = \frac{W_{ij}^{(1)}}{\sqrt{\sum_{i=1}^{100}(W_{ij}^{(1)})^2}}, \quad j = 1, \cdots, 100,$$

可以最大限度地激活隐藏单位 i 的输入. 通过显示由这些像素强度值形成的图像, 我们可以了解隐藏单元 i 在寻找什么样的特征. 如果我们有一个带有 100 个隐藏单元的自编码器, 那么可视化将有 100 个这样的图像, 每个隐藏单元一个. 通过检查这 100 个图像, 我们可以尝试了解隐藏单元的整体是在学习什么.

当我们为稀疏自编码器 (在 10×10 输入像素上使用 100 个隐藏单元训练) 执行此操作时, 得到以下结果, 如图 7.25 所示.

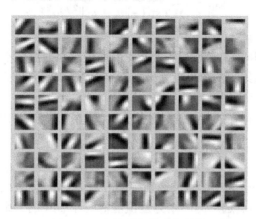

图 7.25 自编码器找到的特征

图 7.25 中的每个方块显示 (范数有界) 输入图像 x 最大限度地激活 100 个隐藏单位中的一个. 我们看到不同的隐藏单元已经学会了通过找出图像中不同位置和方向来检测图像的边缘. 毫无疑问, 这些特征也可以用于诸如图像识别和其他视觉任务之类的任务. 当应用于其他输入领域 (例如, 音频) 时, 此算法也会学习这些领域的有用表示或功能.

7.6　t-SNE

t-分布式随机邻居嵌入 (t-SNE), 是 2008 年由 Maaten 和 Hinton[80] 等提出的基于 KL-散度的降维方法. 它将多维数据映射到适合人类观察的二维或者三维空间中. t-SNE 方法基于概率分布, 根据邻域图上的随机游动来找到数据内的结构.

7.6.1　算法

t-SNE 是对随机邻居嵌入 (SNE) 算法的改进. SNE 首先将数据点之间的高维欧几里得距离转换为表示相似性的条件概率. 数据点 x_i 与数据点 x_j 的相似性是条件概率 $p_{j|i}$, x_i 的邻居是依据 x_i 为中心的高斯概率密度选择的. 如果 x_j 上的条件概率密度较大, 则 x_i 选择 x_j 为邻居.

$$p_{j|i} = \frac{\exp\left(-\|x_i - x_j\|^2 / 2\sigma_i^2\right)}{\sum_{k \neq i} \exp\left(-\|x_i - x_k\|^2 / 2\sigma_i^2\right)}, \tag{7.6.1}$$

其中 σ_i 是以数据点 x_i 为中心的高斯分布的标准差.

对于低维空间里的 y_i 和 y_j, 可以计算出类似的条件概率, 用 $q_{j|i}$ 来表示

$$q_{j|i} = \frac{\exp\left(-\|y_i - y_j\|^2 / 2\sigma_i^2\right)}{\sum_{k \neq i} \exp\left(-\|y_i - y_k\|^2 / 2\sigma_i^2\right)}. \tag{7.6.2}$$

条件概率 $p_{j|i}$ 和 $q_{j|i}$ 必须相等才能完美地表示数据点在不同维度空间中的相似性, 即若高维和低维上的图可以完美复制, 它们之间的差值必须为零. 据此 SNE 试图最小化条件概率之间的差异.

为了克服 SNE 存在的数据点过分聚焦的 "拥挤问题", t-SNE 令

$$p_{ij} = \frac{p_{j|i} + p_{i|j}}{2n}.$$

在考虑选取以 x_i 为中心点的高斯核的方差 σ_i^2 时, 因为数据点的稠密程度不同, 所以对所有数据点选用同一个方差值显然是不合理的. 比较合理的方差选取应能够自动判断中心点 x_i 所处位置周围的密度, 进而确定该值. 例如, 在密度低

的区域选用较大的方差值. 为了实现这一点, *t*-SNE 算法中有一个全局参数困惑度 (perplexity) 来辅助该参数的选取. *t*-SNE 给出的假设是, 对于任意给定的 x_i, 其概率分布 P_i 的熵是给定的, 即

$$\text{Perp}(P_i) = 2^{H(P_i)}, \quad \text{其中} \quad H(P_i) = -\sum_j p_{j|i} \log_2 p_{j|i}.$$

t-SNE 采用自由度为 1 的 *t* 分布, 即具有重尾特性的柯西分布来作为低维空间中数据的分布假设. 此时, 低维空间中数据的联合概率分布 Q 为

$$q_{ij} = \frac{f(|x_i - x_j|)}{\sum_{k \neq i} f(|x_i - x_k|)}, \quad \text{其中} \quad f(z) = \frac{1}{1 + z^2}.$$

在以上假设的基础上, 为了保持相邻点在低维空间和高维空间中的分布的相似性, *t*-SNE 通过最小化高维空间联合概率分布 P 和低维空间联合概率分布 Q 之间的 KL-散度来得到低维空间中的映射. 其中损失函数定义为

$$\text{KL}(P\|Q) = \sum_{i,j} p_{ij} \log \frac{p_{ij}}{q_{ij}}.$$

为了最小化这个数, 使用梯度下降优化算法. 通过计算得到梯度为

$$\frac{\partial \text{KL}(P\|Q)}{\partial y_i} = 4 \sum_{j=1}^{n} (p_{ij} - q_{ij}) g(|x_i - x_j|) u_{ij}, \quad \text{其中} \quad g(z) = \frac{z}{1 + z^2}.$$

7.6.2 应用

采用经典的手写数字数据集 (图 7.26), 它包含 1797 个图像, 每个图像有 $8 \times 8 = 64$ 个像素.

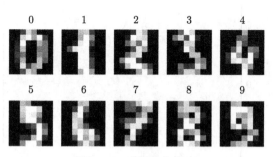

图 7.26   手写数字样本

在这个数据集上运行 *t*-SNE 算法. 它只需要用到 scikit-learn 里的一行 Python 命令, 然后显示降维后的数据. 从图 7.27 中观察到对应于不同数字的图像被清楚地分成不同的点群.

图 7.27 手写数字数据的 t-SNE 二维表示 (文后附彩图)

7.7 正则化方法

7.7.1 多项式拟合

考虑一个对函数 $\sin(2\pi x)$ 进行多项式的回归拟合的问题. 首先, 模拟生成围绕函数 $y = \sin(2\pi x)$ 上下波动的数据点, 数据点的生成规则为 $y_i = \sin(2\pi x_i) + \epsilon_i$, 其中 ϵ_i 服从正态分布. 然后, 基于这些数据点对原函数进行多项式拟合, M 阶多项式的数学表达式为 $f(x, \theta) = \sum_{j=0}^{M} \theta_j x^j$. 最后, 对拟合效果进行分析, 即通过残差平方和 $\sum_{i=1}^{n}(y_i - f(x_i, \theta))^2$ 来衡量不同阶数多项式拟合效果的优劣. 图 7.28 中绿线表示函数 $y = \sin(2\pi x)$, 蓝点表示随机生成的十个数据点 y_i; 图 7.29 表示残差值.

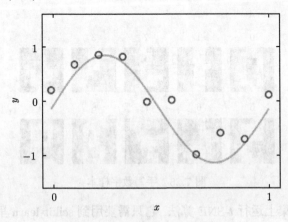

图 7.28 模拟数据 (文后附彩图)

多项式模型的拟合效果取决于两个参数、一多项式的阶数和多项式的系数. 为了选取好的拟合模型, 不妨先固定多项式的阶数, 选取最优的多项式系数, 然后比较不同阶数多项式的拟合效果. 在阶数固定的基础上, 最优系数的选取一般可采用最小二乘法, 其核心是找到一组参数使得残差平方和最小. 这里从统计回归模型的角度并结合机器学习的思想来阐述最小二乘法, 也就是残差平方和作为代价函数的适用性.

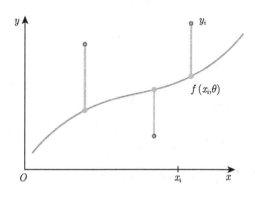

图 7.29 残差值 (文后附彩图)

$x^{(i)}$ 为输入特征 (input features), $y^{(i)}$ 为输出目标变量 (output target), $(x^{(i)},$ $y^{(i)})(i = 1, \cdots, m)$ 为训练集. 如在住房价格预测的问题中, $x^{(i)}$ 就是由住房面积、人口密度等一系列特征组成的特征向量, $y^{(i)}$ 就是住房价格. 考虑一个最简单的线型回归模型

$$y^{(i)} = \theta^{\mathrm{T}} x^{(i)} + \epsilon^{(i)},$$

这里 $\epsilon^{(i)}$ 是随机误差, 主要包含两方面的影响因素, 一是模型中未考虑的因素, 但是该因素实际上的确对预测的目标产生了影响, 例如, 房价预测问题中的交通便利程度, 而在数据收集中人力、财力资源有限, 不可能将所有影响因素纳入模型中; 二是随机干扰项, 例如, 房价预测问题中, 买房人买房当天的心情等因素也潜在地影响着房价, 而这种无规律的随机干扰也是通过 $\epsilon^{(i)}$ 这一随机误差项来体现的.

不妨假设随机误差服从 $N(0, \sigma^2)$. 这里有两方面的考虑, 一是现实中对预测目标影响来自方方面面, 各种因素的影响都很微小, 可近似看成独立的, 根据中心极限定理, 这些因素产生的综合影响可近似地看成正态分布, 而由此做出的结果经检验也符合实际情况; 二是出于计算方面的考虑, 正态分布大大简化了我们的计算过程. 基于这一假设, 随机误差在 ϵ_i 的密度函数为

$$p(\epsilon^{(i)}) = \frac{1}{\sqrt{2\pi}\sigma} \exp\left(-\frac{(\epsilon^{(i)})^2}{2\sigma^2}\right).$$

这等价于
$$p(y^{(i)}|x^{(i)};\theta) = \frac{1}{\sqrt{2\pi}\sigma}\exp\left\{-\frac{(y^{(i)}-\theta^{\mathrm{T}}x^{(i)})^2}{2\sigma^2}\right\}.$$

下面用极大似然估计来处理, 有似然函数:
$$L(\theta) = \prod_{i=1}^{m} p(y^{(i)}|x^{(i)};\theta),$$

对其取对数得
$$\begin{aligned}
\ell(\theta) &= \log L(\theta) \\
&= \sum_{i=1}^{m}\log\left[\frac{1}{\sqrt{2\pi}\sigma}\exp\left\{-\frac{(y^{(i)}-\theta^{\mathrm{T}}x^{(i)})^2}{2\sigma^2}\right\}\right] \\
&= m\log\frac{1}{\sqrt{2\pi}\sigma} - \frac{1}{\sigma^2}\cdot\frac{1}{2}\sum_{i=1}^{m}(y^{(i)}-\theta^{\mathrm{T}}x^{(i)})^2.
\end{aligned}$$

极大化对数似然函数等价于最小化残差平方和
$$J(\theta) = \frac{1}{2}\sum_{i=1}^{m}(y^{(i)}-\theta^{\mathrm{T}}x^{(i)})^2.$$

它对应于最小二乘法中选取的目标函数残差平方和. 在绝大多数的实际问题中, 由于误差符合正态分布, 最小二乘法等价于极大似然估计, 因此在参数的选取上能取得不错的效果. 但这并不是说, 只有在误差服从正态分布时, 才能采用最小二乘法. 只是说某些情况下, 最小二乘法与极大似然估计的结果并不相同. 最后找到 $\hat\theta$ 使得 $J(\theta)$ 取得最小值, 经过简单的数学推导有
$$\hat\theta = (X^{\mathrm{T}}X)^{-1}X^{\mathrm{T}}Y,$$

其中 X 和 Y 分别为特征矩阵和响应向量.

对于不同阶数的多项式, 可以把残差平方和作为代价函数, 用最小二乘法计算系数, 从而得到不同阶数下的最优拟合模型. 不同阶数的多项式拟合如图 7.30 所示.

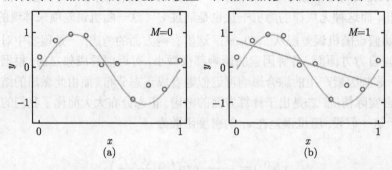

(a)　　　　　　　　　　　　　　　　　　　(b)

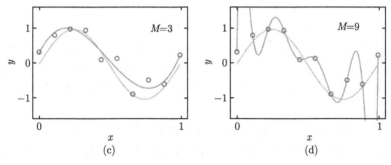

图 7.30 多项式拟合 (文后附彩图)

7.7.2 过拟合和欠拟合

从图 7.30 中可以看出当多项式的阶数为 0, 1 时, 该多项式的拟合不足以刻画模型的潜在规律, 预测效果差, 呈现一种欠拟合的状态. 当多项式的阶数为 9 时, 尽管拟合曲线完美地通过了所有数据点, 但是模型波动太大, 输入变量的微小变化就能引起目标变量的很大改变, 不能很好进行预测. 从训练集和验证集的角度来看, 阶数为 9 的多项式拟合在训练样本上有很不错的效果, 但是在验证样本上预测效果很差, 称为过拟合. 这是由于模型太过复杂, 采取的特征维数过高, 导致模型过多地去刻画随机误差的影响而不是揭露潜在规律. 过拟合极易出现在样本数据少而参数数目多的情况下.

下面通过生成验证数据集来更具体地表述拟合效果. 采用与之前生成 10 个样本数据相同的方法重新生成一批验证数据点 $(n = 100)$, 计算均方根

$$E_{\mathrm{RMS}} = \sqrt{\frac{1}{n} \sum_{i=1}^{n} \{y_i - f(x_i)\}^2},$$

以此来反映模型的拟合效果. 以模型阶数 M 为横坐标, 均方根 E_{RMS} 为纵坐标绘制图 7.31.

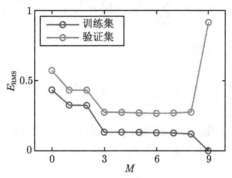

图 7.31 模型复杂度 (文后附彩图)

从图 7.31 中可以看出多项式的阶数增加, 模型复杂度增加. 当 $M \leqslant 2$ 时, 无论在训练集还是验证集上, 模型的均方根都很大, 不能很好地刻画模型, 对应欠拟合状态; 当 $2 < M \leqslant 8$ 时, 在训练集和验证集上, 模型的均方根均较小, 其中验证集上的均方根要大于训练集; 当 $M = 9$ 时, 训练集上的均方根接近于零, 而验证集上的均方根急剧增大, 这是模型泛化性差的体现, 不能很好地预测未知数据, 对应过拟合状态.

模型的巨大波动可以体现在系数上 (表 7.3). 当 $M = 9$ 时模型的系数绝对值非常大, 这意味着输入特征变量的微小波动就会导致目标变量的巨大波动, 所以模型很不稳定. 一个自然的想法就是从模型系数的角度去控制模型的波动, 提高模型的可泛化性.

表 7.3　多项式系数

	$M = 0$	$M = 1$	$M = 3$	$M = 9$
ω_0^*	0.19	0.82	0.31	0.35
ω_1^*		-1.27	7.99	232.37
ω_2^*			-25.43	-5321.83
ω_3^*			17.37	48568.31
ω_4^*				-231639.30
ω_5^*				640042.26
ω_6^*				-1061800.52
ω_7^*				1042400.18
ω_8^*				-557682.99
ω_9^*				125201.43

7.7.3　L_2 正则

基于上述模型, 依然采用残差平方和作为代价函数. 为了控制模型的波动程度, 加上对系数的限制条件:

$$\theta^* = \arg\min_\theta \sum_{i=1}^m (y^{(i)} - \theta^{\mathrm{T}} x^{(i)})^2, \quad \sum_{j=1}^p \theta_j^2 \leqslant t.$$

通过拉格朗日乘子法, 上式等价于

$$\theta^* = \arg\min_\theta \sum_{i=1}^m (y^{(i)} - \theta^{\mathrm{T}} x^{(i)})^2 + \lambda \sum_{j=1}^p \theta_j^2$$

其中 $\lambda \sum_{j=1}^p \theta_j^2$ 是 L_2 正则项, 又称为 L_2 惩罚项. 这一项是对系数特别是大系数的惩罚. 这种约束系数的正则方法便是 L_2 正则. 求解得

$$\theta^* = (X^{\mathrm{T}} X + \lambda I)^{-1} X^{\mathrm{T}} Y,$$

这正是岭回归的表达式. 所以 L_2 正则本质上就是对模型系数的平方和进行约束, 削弱模型的波动程度, 提高模型的泛化能力, 这种正则方法等价于岭回归.

从贝叶斯统计的角度来阐述 L_2 正则. 把参数 θ 看作随机变量, 引入它的先验分布. 基于训练样本去得到参数的后验分布, 通过求得使后验概率

$$p(\theta|S) = \frac{p(S|\theta)p(\theta)}{p(S)} = \frac{\prod_{i=1}^{m} p(y^{(i)}|x^{(i)}, \theta)p(\theta)}{\int_{\theta} \left(\prod_{i=1}^{m} p(y^{(i)}|x^{(i)}, \theta)p(\theta) \right) \mathrm{d}\theta}$$

最大的估计值 θ 来得到优化的参数值:

$$\theta_{\mathrm{MAP}} = \arg\max_{\theta} \prod_{i=1}^{m} p(y^{(i)}|x^{(i)}, \theta)p(\theta).$$

可以看出贝叶斯统计的模型就是在原模型的基础上加入先验概率.

假设参数 θ 的先验分布为多元正态分布: $\theta \sim N(0, \alpha I)$, 仍然有随机误差服从 $N(0, \sigma^2)$. 极大似然函数

$$
\begin{aligned}
L(\theta) &= \prod_{i=1}^{m} p(y^{(i)}|x^{(i)}; \theta)p(\theta) \\
&= \prod_{i=1}^{m} \frac{1}{\sqrt{2\pi}\sigma} \exp\left\{ -\frac{(y^{(i)} - \theta^{\mathrm{T}}x^{(i)})^2}{2\sigma^2} \right\} \prod_{j=1}^{p} \frac{1}{\sqrt{2\pi\alpha}} \exp\left\{ -\frac{(\theta^{(j)})^2}{2\alpha} \right\} \\
&= \prod_{i=1}^{m} \frac{1}{\sqrt{2\pi}\sigma} \exp\left\{ -\frac{(y^{(i)} - \theta^{\mathrm{T}}x^{(i)})^2}{2\sigma^2} \right\} \frac{1}{(\sqrt{2\pi\alpha})^p} \exp\left\{ -\frac{\theta^{\mathrm{T}}\theta}{2\alpha} \right\}.
\end{aligned}
$$

进一步有对数似然函数

$$
\begin{aligned}
\ell(\theta) &= \log L(\theta) \\
&= m \log \frac{1}{\sqrt{2\pi}\sigma} - \frac{1}{\sigma^2} \cdot \frac{1}{2} \sum_{i=1}^{m} (y^{(i)} - \theta^{\mathrm{T}}x^{(i)})^2 + p \log \frac{1}{\sqrt{2\pi\alpha}} - \frac{1}{\alpha} \cdot \frac{1}{2} \theta^{\mathrm{T}}\theta.
\end{aligned}
$$

极大化对数似然函数就等价于极小化

$$J(\theta) = \frac{1}{2} \sum_{i=1}^{m} (y^{(i)} - \theta^{\mathrm{T}}x^{(i)})^2 + \frac{1}{\alpha'} \theta^{\mathrm{T}}\theta, \quad \alpha' = \alpha/\sigma^2,$$

这正是 L_2 正则的代价函数. 所以 L_2 正则等价于对参数引入有一定协方差的零均值正态分布的先验分布. 这样可以缩小解空间, 简化模型的复杂度, 提高它的泛化

能力. 而不添加正则化约束, 则相当于参数的正态先验分布有着无穷大的协方差, 所以这个先验分布约束非常弱, 模型为了拟合所有的训练样本, 协方差会变得很大很不稳定. 加入正则化, 是在模型的偏差和方差之间做一个平衡.

在对 9 阶多项式拟合数据时引入 L_2 正则. 可以从图 7.32 看出, 当 $\log \lambda = -18$ 时, 模型的拟合程度有了很大的改善, 而当 $\log \lambda = 0$ 时, 则呈现过度的正则化, 加入的惩罚项过大, 使得曲线过于平缓, 系数过于小.

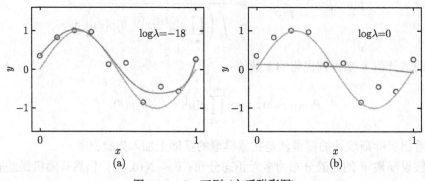

图 7.32　L_2 正则 (文后附彩图)

7.7.4　L_1 正则

基于上述模型, 依然采用残差平方和作为代价函数, 只是对模型系数的限制改为 L_1 正则:

$$\theta^* = \arg\min_{\theta} \sum_{i=1}^{m} (y^{(i)} - \theta^{\mathrm{T}} x^{(i)})^2, \quad \sum_{j=1}^{p} |\theta_j| \leqslant t$$

通过拉格朗日乘子法, 上式等价于

$$\theta^* = \arg\min_{\theta} \sum_{i=1}^{m} (y^{(i)} - \theta^{\mathrm{T}} x^{(i)})^2 + \lambda \sum_{j=1}^{p} |\theta_j|.$$

其中 $\lambda \sum_{j=1}^{p} |\theta_j|$ 是 L_1 正则项, 又称为 L_1 惩罚项.

从贝叶斯统计的角度来看, L_1 正则等价于对参数引入拉普拉斯先验分布

$$\theta \sim C \exp^{-\lambda|\theta|}.$$

与上述推导 L_2 正则类似, 可以基于拉普拉斯分布推导出 Lasso, 即 L_1 正则.

从贝叶斯角度来比较 L_1 和 L_2 正则, 观察它们的拉普拉斯先验分布和正态分布, 如图 7.33 所示, 拉普拉斯分布的最高点高于正态分布, 比正态分布更能接受极端值的存在. 这也导致了 L_1 正则对系数的选取更加极端, 例如, 它会使得所有接近于零的系数全部取零, 而 L_2 正则会保留所有的系数, 哪怕它们很小.

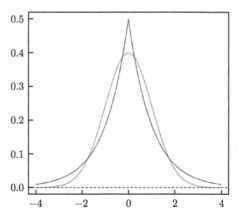

图 7.33 正态分布和拉普拉斯分布 (文后附彩图)

L_1 正则化最大的特点是稀疏性, 使得接近于零的系数都取零. 如图 7.1 所示, 考虑两个维度的系数, 圆心是最优解 $\hat{\beta}$, 椭圆是目标函数的等高线, 阴影区域是对系数的限制条件. 右边的圆表示 L_2 正则, 左边的正方形表示 L_1 正则. 当目标函数分别与两者接触时, 左边的图极易接触到顶点, 图中的情况即为接触到上顶点, 使得 β_1 的值为零, 产生稀疏性; 右边的图在绝大部分情况下都会保留系数值, 尽管可能很接近于零. 而正是因为 L_1 正则的稀疏性, 使得它常用于特征的提取, 除去不必要的特征, 剩余的少部分特征则更容易对目标进行解释, 便于数据的存储和计算. 在机器学习、神经网络等领域有了越来越重要的作用. 而 L_2 正则由于其可导性, 便于计算, 常用于目标函数的规范, 使用也很普遍.

7.7.5 缩减参数的选取

缩减参数 λ 在正则化处理中至关重要, 它控制着模型系数的大小, 决定着惩罚力度的大小, 也调节着方差和偏差的平衡点, 决定了一个模型的成功与否. 在神经网络中, 缩减参数又被称为权重衰减系数, 直接决定了该网络的好坏. 而优化一个神经网络的绝大部分时间都在于调节这个参数. 当 λ 较小时, 对系数的惩罚就较小, 系数倾向于更大. 当 λ 归为零时, 对系数就没有任何的惩罚, 退化为最小二乘回归.

一般有两种方法用于 λ 的选取, 一是岭迹图, 岭回归 (L_2 正则) 经常采用, 这里不做进一步的介绍; 二是交叉验证, 由于它的实践性和准确性, 在现实中更普遍地被采用.

习　题　7

7.1　分析习题 6.1 的法国食品数据.

(1) 对数据进行标准化处理;

(2) 对标准化数据做主成分分析 (可以用 R 的 princomp 等函数);

(3) 取每个家庭的前两个主成分得分, 画散点图, 用类别标出, 解释你的结果;

(4) 取前两个主成分作为食品变量线性组合的系数 (载荷矩阵的前两列), 画散点图, 用食品名称标出, 解释结果;

(5) 结合这两个图和结果, 分析法国家庭类型和食品支出类型的关系.

7.2　分析习题 6.2 的欧洲营养成分数据.

(1) 做主成分分析, 画碎石图 (可以用 R 的 screeplot 函数), 应该保留几个主成分?

(2) 取每个国家的前两个主成分得分, 画散点图, 用国名标出, 解释你的结果.

第8章 最大期望算法 (EM 算法)

最大期望算法 (expectation maximization algorithm, EM 算法) 是一种迭代优化策略. 目的是在概率模型中寻找参数极大似然估计或者极大后验估计, 其中概率模型含有并且依赖于无法观测的隐变量 (hidden variable).

假设概率模型 H 含参数 θ, 根据观察数据 x 可以建立似然函数 $L(x|\theta)$. 再利用梯度上升等传统方法求解似然函数的极大化问题, 或者直接求解似然函数关于 θ 偏导数等于 0 的方程, 来获得参数 θ 的估计. 但如果模型 H 还包含了未知的隐变量 z, 那么似然函数 $L(x(z)|\theta)$ 就无法采用梯度型方法进行求解了.

考虑一个班级男女学生的身高概率模型, 假设男女生的身高都服从 $N(\mu_i, \sigma_i^2)$ $(i = 1, 2)$. 未知参数 μ_i 和 σ_i 可以由身高数据 x 估计得到. 如果已经知道数据是男生还是女生的身高, 那么似然函数 $L(x|\theta)$ 取对数后为

$$\log L(x|\theta) = \sum_{j=1}^{n} \left[y_j \log p(x_j) + (1 - y_j) \log q(x_j) \right], \tag{8.0.1}$$

其中 $\theta = (\mu_1, \mu_2, \sigma_1, \sigma_2)$, $x = (x_1, \cdots, x_n)$ (n 为男女生总人数),

$$p(t) = \frac{1}{\sqrt{2\pi}\sigma_1} \exp\left(-\frac{(t - \mu_1)^2}{2\sigma_1^2} \right), \quad q(t) = \frac{1}{\sqrt{2\pi}\sigma_2} \exp\left(-\frac{(t - \mu_2)^2}{2\sigma_2^2} \right).$$

而 $y_j \in \{0, 1\}$ 是已知的, 1 表示数据是男生的身高, 0 为女生的. 对 (8.0.1) 关于 μ_i, σ_i 求偏导数, 通过求解 $\dfrac{\partial \log L(x|\theta)}{\partial \mu_i} = 0$ 和 $\dfrac{\partial \log L(x|\theta)}{\partial \sigma_i} = 0$, 可以得到参数 θ 的估计:

$$\mu_i = \frac{1}{n_i} \sum_{j \in S_i} x_j,$$

$$\sigma_i^2 = \frac{1}{n_i} \sum_{j \in S_i} (x_j - \mu_i)^2.$$

其中 S_i 和 n_i $(i = 1, 2)$ 分别为男生或女生的集合和人数 $(n = n_1 + n_2)$. 但如果事先不知道身高数据 x 来自男生还是女生, 那么上述求偏导数方法就不适用了.

从这个例子可以看出, 若能确定隐变量 y_j, 就能较容易得到参数的估计. EM 算法正是基于这样的思路. 首先依据上一步估计出的参数值计算隐变量的值, 再根据计算出的隐变量, 加上之前已经观测到的数据, 更新参数值, 然后反复迭代, 直至算法收敛.

8.1 预备知识

先介绍两个引理: 无意识统计学家定律 (the law of the unconscious statistician) 和简森不等式 (Jensen's inequality).

引理 8.1(无意识统计学家定律)   假设已知随机变量 X 的概率分布, g 是一个连续函数, 记 $Y = g(X)$.

设 X 是离散型随机变量, 其分布律为 $P(X = x_k) = p_k\ (k = 1, 2, \cdots)$. 若 $\sum_{k=1}^{\infty} p_k g(x_k)$ 绝对收敛, 则有

$$E(Y) = E(g(X)) = \sum_{k=1}^{\infty} p_k g(x_k).$$

设 X 是连续型随机变量, 其概率密度为 $p(x)$. 若 $\int_{-\infty}^{\infty} p(x)g(x)\mathrm{d}x$ 绝对收敛, 则有

$$E(Y) = E(g(X)) = \int_{-\infty}^{\infty} p(x)g(x)\mathrm{d}x.$$

定义 8.2   设 f 是定义域为全体实数集的函数. 若对定义域上任意实数 x, 都有 $f''(x) \geqslant 0$, 则称 f 为凸函数. 若 $f''(x) > 0$, 则称 f 是严格凸函数. 若 x 是向量, 其 Hessian 矩阵 $H = \nabla_x^2 f$ 是半正定的, 即 $H \geqslant 0$, 则称 f 为凸函数. 若 $H > 0$, 则称 f 是严格凸函数. 若 $-f$ 是凸函数, 则称 f 是凹函数.

引理 8.3(Jensen 不等式)   若 $f(x)$ 是区间 I 上的凸函数, 则对任意 $x_i \in I$ 和满足 $\sum_{i=1}^{n} \lambda_i = 1$ 的 $\lambda_i > 0\ (i = 1, \cdots, n)$, 有

$$f\left(\sum_{i=1}^{n} \lambda_i x_i\right) \leqslant \sum_{i=1}^{n} \lambda_i f(x_i). \tag{8.1.1}$$

特别, 当 $\lambda_i = \dfrac{1}{n}$ 时, 有

$$f\left(\frac{1}{n}\sum_{i=1}^{n} x_i\right) \leqslant \frac{1}{n}\sum_{i=1}^{n} f(x_i).$$

推论 8.4   设 f 是凸函数, X 是随机变量. 如果 $E(X)$ 和 $E(f(X))$ 都存在, 那么

$$f(E(X)) \leqslant E(f(X)).$$

特别, 如果 f 是严格凸函数, 当且仅当 X 是常量时, 上式等号成立, 即

$$P(X = E(X)) = 1 \Leftrightarrow f(E(X)) = E(f(X)).$$

如果 f 是凹函数, 那么

$$f(E(X)) \geqslant E(f(X)).$$

8.2 算法描述

给定观察数据样本集合 $x = \{x_1, \cdots, x_N\}$ 且样本间相互独立. z 表示未知随机变量 Z 的数据. x 为不完全数据, x 和 z 连在一起为完全数据. 假设 X 服从概率分布 $P_x(x; \theta)$, 其中 θ 为待求的模型参数; 而 X 和 Z 的联合概率分布为 $P(x, z; \theta)$. 那么似然函数为

$$L(\theta) = \prod_{j=1}^{N} P_x(x_j; \theta).$$

取对数,

$$\mathcal{L}(\theta) = \log L(\theta) = \sum_{j=1}^{N} \log P_x(x_j; \theta) = \sum_{j=1}^{N} \log \left(\sum_z P(x_j, z; \theta) \right), \tag{8.2.1}$$

其中, 第三个等号是对每个样本的随机变量 Z 求联合分布概率和. 由于随机变量 Z 的存在, (8.2.1) 的最右边是 "和的对数" 形式, 如果直接对它求偏导, 形式会非常复杂, 很难求解得到未知参数 Z 和 θ. 所以首先对每个样本 x_j 引入随机变量 Z 的概率分布函数 $P_z(z; x_j)$. 注意, 这里 x_j 所包含的参数 θ 是已知的, 记为 $\hat{\theta}$. 下面将后验概率 $P_z(z; x_j) = P_z(z; x_j, \hat{\theta})$ 简记为 $P(z)$, 除非有其他特殊的指明,

$$\sum_z P(z) = 1, \quad P(z) \geqslant 0.$$

如果 Z 是连续型随机变量, 那么 $P(z)$ 为概率密度函数, 且 $\int_z P(z)\mathrm{d}z = 1, P(z) \geqslant 0$. 利用 Jensen 不等式将 (8.2.1) 转化为 "对数的和" 形式:

$$
\begin{aligned}
\mathcal{L}(\theta) &= \sum_j \log \left(\sum_z P(x_j, z; \theta) \right) \\
&= \sum_j \log \left(\sum_z P(z) \frac{P(x_j, z; \theta)}{P(z)} \right) \\
&\geqslant \sum_j \left(\sum_z P(z) \log \frac{P(x_j, z; \theta)}{P(z)} \right).
\end{aligned}
\tag{8.2.2}
$$

第三个不等号利用了推论 8.4, 因为 $f(x) = \log(x)$ 是凹函数, 且 $\sum_z P(z) \frac{P(x_j, z; \theta)}{P(z)}$ 是 $\frac{P(x_j, z; \theta)}{P(z)}$ 关于 Z 的期望.

对于 (8.2.2), 如果能确定 Z 的分布, 那么极值点 θ 的求解就相对容易了. 因此, EM 算法不直接求解对数似然函数 $\mathcal{L}(\theta)$ 的极大值, 而是采用了 E 步和 M 步两个步骤的迭代循环①. 在 E 步中, 利用 (8.2.2) 给出 $\mathcal{L}(\theta)$ 的下界, 而且应使得该下界不断增大; 在 M 步中求解获得参数的新估计值, 并将其用于下一个 E 步中, 不断重复 E 步和 M 步进行循环迭代, 直至收敛, 获得最优的参数 θ. 见算法 8.1.

8.3　算 法 导 出 *

对具有未知随机变量 Z 的概率模型, 目标是求解参数 θ 来极大化观测数据 x 的对数似然函数, 即

$$\max_{\theta} \mathcal{L}(\theta),$$

其中 $\mathcal{L}(\theta)$ 由 (8.2.1) 定义. 假设 $\theta^{(k)}$ 是 EM 算法第 k 次迭代后的参数值. 新的参数估计值 θ 要使得 $\mathcal{L}(\theta)$ 增大, 即 $\mathcal{L}(\theta) > \mathcal{L}(\theta^{(k)})$. 根据 (8.2.1) 和 (8.2.2), 有

$$
\begin{aligned}
\mathcal{L}(\theta) - \mathcal{L}(\theta^{(k)}) &= \sum_{j=1}^{N} \left\{ \log\left(\sum_z P(x_j, z; \theta) \right) - \log P(x_j; \theta^{(k)}) \right\} \\
&= \sum_{j=1}^{N} \left\{ \log\left(\sum_z P(z|x_j; \theta^{(k)}) \frac{P(x_j, z; \theta)}{P(z|x_j; \theta^{(k)})} \right) - \log P(x_j; \theta^{(k)}) \right\} \\
&\geqslant \sum_{j=1}^{N} \left\{ \sum_z P(z|x_j; \theta^{(k)}) \log\left(\frac{P(x_j, z; \theta)}{P(z|x_j; \theta^{(k)})} \right) - \log P(x_j; \theta^{(k)}) \right\} \\
&= \sum_{j=1}^{N} \left\{ \sum_z P(z|x_j; \theta^{(k)}) \log\left(\frac{P(x_j, z; \theta)}{P(z|x_j; \theta^{(k)}) P(x_j; \theta^{(k)})} \right) \right\}.
\end{aligned}
$$

令

$$
B(\theta, \theta^{(k)}) := \mathcal{L}(\theta^{(k)}) + \sum_{i=1}^{N} \left\{ \sum_z P(z|x_j; \theta^{(k)}) \log\left(\frac{P(x_j, z; \theta)}{P(z|x_j; \theta^{(k)}) P(x_j; \theta^{(k)})} \right) \right\},
$$

则

$$\mathcal{L}(\theta) \geqslant B(\theta, \theta^{(k)}),$$

即 $B(\theta, \theta^{(k)})$ 是 $\mathcal{L}$ 的一个下界. 而从 $B(\theta, \theta^{(k)})$ 的定义可知

$$B(\theta^{(k)}, \theta^{(k)}) = \mathcal{L}(\theta^{(k)}).$$

---

① Dempster A P, Laird N M, Rubin D B. 1977. Maximum likelihood from incomplete data via the EM algorithm. Journal of the Royal Statistical Society, Series B(Methodological), 39(1): 1-38.

所以只要选择 $B(\theta,\theta^{(k)})$ 的极大值点, 就可以在当前迭代中尽可能地增大 $\mathcal{L}(\theta)$. 故取

$$\theta^{(k+1)} = \underset{\theta}{\operatorname{argmax}} B(\theta,\theta^{(k)}).$$

略去 $B(\theta,\theta^{(k)})$ 中与 θ 无关的项, 可得

$$\theta^{(k+1)} = \underset{\theta}{\operatorname{argmax}} \sum_{j=1}^{N} \left\{ \sum_{z} P(z|x_j;\theta^{(k)}) \log P(x_j,z;\theta) \right\}.$$

记

$$Q(\theta,\theta^{(k)}) := \sum_{j=1}^{N} \left\{ \sum_{z} P(z|x_j;\theta^{(k)}) \log P(x_j,z;\theta) \right\}$$

$$= \sum_{j=1}^{N} \mathbb{E}_{z\sim P_z} \left[\log P(x_j,z;\theta) \right],$$

EM 算法的核心是, 在 E 步构建 $Q(\theta,\theta^{(k)})$ 函数, 在 M 步求解 $Q(\theta,\theta^{(k)})$ 的极大值, 使得对数似然函数 $\mathcal{L}(\theta)$ 关于迭代序列 $\theta^{(k)}$ 是单调递增的, 从而获得最优的参数 θ 值 (算法 8.1).

算法 8.1 (EM 算法)

1: 输入观测数据 x, 初始化参数 $\theta = \theta^{(0)}$, 给定足够小的正数 ε.

2: E 步: 根据已知的参数值 $\theta^{(k)}$ 计算随机变量 Z 的后验概率

$$P(z|x_j;\theta^{(k)}), \quad i = 1,\cdots,N,$$

构建 $Q(\theta,\theta^{(k)})$.

M 步: 计算

$$\theta^{k+1} = \underset{\theta}{\operatorname{argmax}} \sum_{i} \left(\sum_{z} P(z|x_j;\theta^{(k)}) \log P(x_j,z;\theta) \right),$$

即

$$\theta^{(k+1)} = \underset{\theta}{\operatorname{argmax}} Q(\theta,\theta^{(k)}).$$

3: 若满足

$$\|\theta^{(k+1)} - \theta^{(k)}\| < \varepsilon \quad \text{或} \quad \|Q(\theta^{(k+1)},\theta^{(k)}) - Q(\theta^{(k)},\theta^{(k)})\| < \varepsilon,$$

则终止迭代, 否则令 $k := k+1$, 转到步骤 2.

关于 EM 算法的收敛性分析可参阅文献 [8, 89]. 图 8.1 给出了 EM 算法的示意图. 可以看出 EM 算法依赖参数初始值 $\theta^{(0)}$ 的选择, 其直接影响收敛效率以及能否得到全局最优解. 因此, 在实际应用中, 往往选取不同的参数初始值, 多次运行 EM 算法从中选择最佳的参数值.

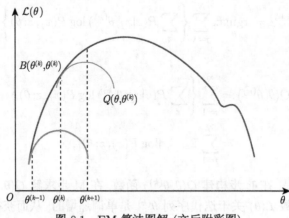

图 8.1　EM 算法图解 (文后附彩图)

8.4　EM 算法的应用

8.4.1　简单实例——抛投硬币实验

有两枚硬币 A 和 B, 它们投掷出正面的概率分别为 θ_A 和 θ_B. 现在独立地做 5 次实验, 假设每次实验等概率地随机从 A, B 硬币中选一硬币, 然后用该硬币投掷 10 次, 统计其出现正面的次数. 数据见表 8.1.

表 8.1　抛掷硬币的实验数据

实验序号	选择的硬币	正面的次数
1	B	5
2	A	9
3	A	8
4	B	2
5	A	7

引入两组随机变量 $X = (X_1, X_2, X_3, X_4, X_5)$ 和 $Z = (Z_1, Z_2, Z_3, Z_4, Z_5)$, 其中第 i 次实验出现硬币正面的次数用 X_i 表示, Z_i 表示第 i 次实验选择的硬币是 A 还是 B. 而目标是根据表 8.1 的实验数据来估计参数 $\theta = (\theta_A, \theta_B)$ 的值.

如果已知 Z_i 的值, 那么可直接用极大似然函数得到参数的估计,

$$\hat{\theta}_A = \frac{\text{硬币 } A \text{ 投掷出现正面的次数}}{\text{硬币 } A \text{ 投掷的次数}} = \frac{9+8+7}{30} = 0.80,$$

$$\hat{\theta}_B = \frac{\text{硬币 } B \text{ 投掷出现正面的次数}}{\text{硬币 } B \text{ 投掷的次数}} = \frac{5+2}{20} = 0.35.$$

如果 Z_i 未知, 只有表 8.1 第三列的不完全数据, 那么可用 EM 算法进行参数估计. 假设第 i 次实验出现正面的次数为 $x_i \in \{0, 1, \cdots, 10\}$, $i = 1, \cdots, N$. $N = 5$ 为实验总次数. 记 $y_i = M - x_i$, $M = 10$ 为每次实验硬币抛掷的次数.

$$P(X_i = x_i; \theta) = P(Z_i = A; \theta)P(X_i = x_i | Z_i = A; \theta)$$
$$+ P(Z_i = B; \theta)P(X_i = x_i | Z_i = B; \theta)$$
$$= \frac{1}{2}\theta_A^{x_i}(1 - \theta_A)^{y_i} + \frac{1}{2}\theta_B^{x_i}(1 - \theta_B)^{y_i}.$$

事实上, 根据算法 8.1, 在 E 步中, 先求出

$$P(Z_i | X_i = x_i; \theta^{(k)})$$
$$= \begin{cases} \dfrac{\left(\theta_A^{(k)}\right)^{x_i}\left(1 - \theta_A^{(k)}\right)^{y_i}}{\left(\theta_A^{(k)}\right)^{x_i}\left(1 - \theta_A^{(k)}\right)^{y_i} + \left(\theta_B^{(k)}\right)^{x_i}\left(1 - \theta_B^{(k)}\right)^{y_i}} =: \gamma_i^{(k)}, & Z_i = A, \\ 1 - \gamma_i^{(k)}, & Z_i = B. \end{cases} \quad (8.4.1)$$

再计算 $P(X_i = x_i, Z_i; \theta) = P(Z_i; \theta)P(X_i = x_i | Z_i; \theta)$,

$$P(X_i = x_i, Z_i; \theta) = \begin{cases} \dfrac{1}{2}\theta_A^{x_i}(1 - \theta_A)^{y_i}, & Z_i = A, \\ \dfrac{1}{2}\theta_B^{x_i}(1 - \theta_B)^{y_i}, & Z_i = B. \end{cases}$$

因此,

$$Q(\theta, \theta^{(k)}) = \sum_{i=1}^{N} \sum_{Z_i} P(Z_i | X_i = x_i; \theta^{(k)}) \log P(X_i = x_i, Z_i; \theta)$$
$$= \sum_{i=1}^{N} \left\{ \gamma_i^{(k)} \log \left(\frac{1}{2}\theta_A^{x_i}(1 - \theta_A)^{y_i} \right) \right.$$
$$\left. + (1 - \gamma_i^{(k)}) \log \left(\frac{1}{2}\theta_B^{x_i}(1 - \theta_B)^{y_i} \right) \right\}.$$

在 M 步, 计算 $\theta^{(k+1)} = \underset{\theta}{\operatorname{argmax}} Q(\theta, \theta^{(k)})$. 由 $\dfrac{\partial Q}{\partial \theta_A} = 0$ 和 $\dfrac{\partial Q}{\partial \theta_B} = 0$ 可得

$$\theta_A^{(k+1)} = \frac{\sum\limits_{i=1}^{N} \gamma_i^{(k)} x_i}{M \sum\limits_{i=1}^{N} \gamma_i^{(k)}}, \tag{8.4.2}$$

$$\theta_B^{(k+1)} = \frac{\sum\limits_{i=1}^{N} (1 - \gamma_i^{(k)}) x_i}{M \sum\limits_{i=1}^{N} (1 - \gamma_i^{(k)})}. \tag{8.4.3}$$

抛投硬币实验的整个 EM 算法见算法 8.2.

算法 8.2 (抛投硬币实验的 EM 算法)

1: 输入观测数据 x, 初始化参数 $\theta = \theta^{(0)}$, 给定足够小的正数 ε.

2: E 步: 根据公式 (8.4.1) 和已知的参数值 $\theta^{(k)}$ 计算 $\gamma_i^{(k)}$.

　M 步: 根据公式 (8.4.2) 和 (8.4.3) 计算 $\theta_A^{(k+1)}$ 和 $\theta_B^{(k+1)}$.

3: 若满足
$$\max\left\{ |\theta_A^{(k+1)} - \theta_A^{(k)}|, |\theta_B^{(k+1)} - \theta_B^{(k)}| \right\} < \varepsilon,$$

则终止迭代, 否则令 $k := k + 1$, 转到步骤 2.

下面是以 $\theta^{(0)} = (0.5, 0.3)$ 为初值的计算结果, 其中 $\varepsilon = 10^{-6}$. 由表 8.2 可知, EM 算法迭代 18 次后, 满足收敛条件

$$\max\left\{ |\theta_A^{(k+1)} - \theta_A^{(k)}|, |\theta_B^{(k+1)} - \theta_B^{(k)}| \right\} < \varepsilon,$$

得到参数的估计值为

$$\tilde{\theta}_A = 0.7862, \quad \tilde{\theta}_B = 0.3597.$$

表 8.2　抛投硬币实验 EM 算法计算结果

迭代次数	θ_A	θ_B
1	0.7197	0.3220
2	0.7646	0.3272
3	0.7764	0.3417
⋮	⋮	⋮
18	0.7862	0.3597

8.4.2 男女生身高实例——混合高斯模型

混合高斯模型 (Gaussian mixture model, GMM) 指的是多个高斯分布函数的线性组合, 一般具有如下的形式:

$$P(x;\theta) = \sum_{i=1}^{M} \alpha_i g_i(x), \qquad (8.4.4)$$

上式中 $g_i(x)\ (i = 1, \cdots, M)$ 为第 i 类的高斯分布密度函数,

$$g_i(x) = \frac{1}{\sqrt{2\pi}\sigma_i} \exp\left(-\frac{(x-\mu_i)^2}{2\sigma_i^2}\right),$$

权重 α_i 表示第 i 类高斯分布被选中的概率, 满足 $\alpha_i \geqslant 0$, $\sum_{i=1}^{M} \alpha_i = 1$. 从公式 (8.4.4) 可以看出高斯混合模型共有 $3M$ 个参数

$$\theta = (\alpha_1, \mu_1, \sigma_1^2, \cdots, \alpha_M, \mu_M, \sigma_M^2).$$

理论上高斯混合模型可以拟合出任意类型的分布, 所以应用广泛. 在本章的开头, 考虑了学生的身高问题, 假设男女学生的身高都服从高斯分布, 这就是一个混合高斯模型. 而 EM 算法的一个重要应用就是混合高斯模型参数 θ 的估计.

假设混合高斯模型观测数据集为 $x = \{x_j\}\,(j = 1, \cdots, N)$, x_j 之间是独立同分布的, 且由下面的方法产生: 首先根据概率 α_i 来选择第 i 类高斯分布; 然后根据其分布函数 $N(\mu_i, \sigma_i^2)$ 生成观测数据 x_j. 现在的目标是用不完全数据 x 来估算混合高斯模型的参数 θ.

引入随机变量 $Z_j = (Z_{j,1}, \cdots, Z_{j,M})(j = 1, \cdots, N)$, 其中

$$Z_{j,i} = \begin{cases} 1, & \text{第}j\text{个观测数据}x_j\text{来自第}i\text{个高斯分布}, \\ 0, & \text{第}j\text{个观测数据}x_j\text{不来自第}i\text{个高斯分布}. \end{cases}$$

显然 $\sum_{i=1}^{M} Z_{j,i} = 1$ 且 $Z_{j,i} = 1$ 的概率为 α_i. 所以, Z_j 的概率可以写为

$$P(Z_j) = \prod_{i=1}^{M} (\alpha_i)^{Z_{j,i}}.$$

假设观测数据 x 来源于第 i 类高斯分布, 那么随机变量 Z 有分量 $Z_i = 1$, $Z_l = 0(l \neq i)$, 且

$$P(x|Z) = g_i(x) = \frac{1}{\sqrt{2\pi}\sigma_i} \exp\left(-\frac{(x-\mu_i)^2}{2\sigma_i^2}\right).$$

对于完全数据 $\{x_j, Z_j\}$ 有

$$
\begin{aligned}
P(X, Z; \theta) &= \prod_{j=1}^{N} P(x_j, Z_j; \theta) \\
&= \prod_{j=1}^{N} P(Z_j; \theta) P(x_j | Z_j; \theta) \\
&= \prod_{j=1}^{N} \prod_{i=1}^{M} (\alpha_i g_i(x_j))^{Z_{j,i}}.
\end{aligned}
$$

相应的对数形式为

$$
\log P(X, Z; \theta) = \sum_{j=1}^{N} \sum_{i=1}^{M} Z_{j,i} \left(\log \alpha_i - \frac{1}{2} \log(2\pi) - \log \sigma_i - \frac{(x_j - \mu_i)^2}{2\sigma_i^2} \right).
$$

在 E 步, 计算

$$
\begin{aligned}
\mathbb{E}[Z_{j,i} | x_j; \theta^{(k)}] &= P(Z_{j,i} = 1 | x_j; \theta^{(k)}) \\
&= \frac{P(x_j | Z_{j,i} = 1; \theta^{(k)}) P(Z_{j,i} = 1; \theta^{(k)})}{P(x_j; \theta^{(k)})} \\
&= \frac{\alpha_i g_i(x_j)}{\displaystyle\sum_{l=1}^{M} \alpha_l g_l(x_j)} =: \gamma_{j,i}^{(k)}.
\end{aligned}
\tag{8.4.5}
$$

因此, Q 函数的表达式为

$$
\begin{aligned}
Q(\theta, \theta^{(k)}) &= \sum_{j=1}^{N} \sum_{i=1}^{M} \mathbb{E}[Z_{j,i} | x_j; \theta^{(k)}] \left[\log \alpha_i - \frac{1}{2} \log(2\pi) - \log \sigma_i - \frac{(x_j - \mu_i)^2}{2\sigma_i^2} \right] \\
&= \sum_{j=1}^{N} \sum_{i=1}^{M} \gamma_{j,i}^{(k)} \left[\log \alpha_i - \frac{1}{2} \log(2\pi) - \log \sigma_i - \frac{(x_j - \mu_i)^2}{2\sigma_i^2} \right].
\end{aligned}
$$

在 M 步, 计算 $\theta^{(k+1)} = \underset{\theta}{\arg\max}\, Q(\theta, \theta^{(k)})$. 由 $\frac{\partial Q}{\partial \mu_l} = 0$ 和 $\frac{\partial Q}{\partial \sigma_l} = 0$ 可得

$$
\mu_l^{(k+1)} = \frac{\displaystyle\sum_{j=1}^{N} \gamma_{j,l}^{(k)} x_j}{\displaystyle\sum_{j=1}^{N} \gamma_{j,l}^{(k)}}, \quad \left(\sigma_l^{(k+1)} \right)^2 = \frac{\displaystyle\sum_{j=1}^{N} \gamma_{j,l}^{(k)} (x_j - \mu_k)^2}{\displaystyle\sum_{j=1}^{N} \gamma_{j,l}^{(k)}}.
\tag{8.4.6}
$$

至于 α_l, 由于约束 $\sum_{i=1}^{M} \alpha_i = 1$ 的存在, 用拉格朗日乘数法, 将目标函数改为

$$\sum_{j=1}^{N} \sum_{i=1}^{M} \gamma_{j,i}^{(k)} \left(\log \alpha_i - \frac{1}{2} \log(2\pi) - \log \sigma_i - \frac{(x_j - \mu_i)^2}{2\sigma_i^2} \right) + \lambda \left(\sum_{i=1}^{M} \alpha_i - 1 \right),$$

其中 λ 为拉格朗日乘子. 由该目标函数关于 α_l 的偏导数为零可得

$$\alpha_l = -\frac{1}{\lambda} \sum_{j=1}^{N} \gamma_{j,l}^{(k)}.$$

由 $\sum_{i=1}^{M} \alpha_i = 1$ 可得

$$\lambda = -\sum_{i=1}^{M} \sum_{j=1}^{N} \gamma_{j,i}^{(k)} = -\sum_{j=1}^{N} \sum_{i=1}^{M} \gamma_{j,i}^{(k)} = -N.$$

所以

$$\alpha_l = \frac{1}{N} \sum_{j=1}^{N} \gamma_{j,l}^{(k)}. \tag{8.4.7}$$

算法 8.3 (混合高斯模型的 EM 算法)

1: 输入观测数据 x, 初始化参数 $\theta = \theta^{(0)}$, 给定足够小的正数 ε.

2: E 步: 根据公式 (8.4.5) 和已知的参数值 $\theta^{(k)}$ 计算 $\gamma_{j,l}^{(k)}$.
   M 步: 根据公式 (8.4.7) 和 (8.4.6) 计算 α_l, μ_l 和 σ_l, $l = 1, \cdots, M$.

3: 若满足

$$\|\theta^{(k+1)} - \theta^{(k)}\| < \varepsilon \quad \text{或} \quad \|Q(\theta^{(k+1)}, \theta^{(k)}) - Q(\theta^{(k)}, \theta^{(k)})\| < \varepsilon,$$

则终止迭代, 否则令 $k := k+1$, 转到步骤 2.

以男女身高的数据为例, 假设有 100 位学生的身高数据, 男女生比例为 $65:35$, 其中女生身高服从均值为 158, 方差为 9 的高斯分布; 男生身高服从均值为 170, 方差为 36 的高斯分布.

```
HEIGHTS <- function(N,k,a,mns,sds){
set.seed(123)
components <- sample(1:k,prob=a,size=N,replace=TRUE)
x <- rnorm(n=N,mean=mns[components],sd=sds[components])
return(list(data=x,com=components))
}
```

　　用 HEIGHTS 函数来生成混合高斯数据, 其中 N 为数据长度; k 为种类个数, 女生数据用 1 表示, 男生用 2 表示; a 是各个高斯分布的系数; mns 为均值; sds 为标准差.

```
N <- 100
k <- 2
a <- c(0.35 , 0.65)
u <- c(158 , 170)
sigma <- sqrt(c(9, 36))
hs <- HEIGHTS(N,k,a,u,sigma)
```

可用 plot 命令来显示混合高斯数据 hs, 如图 8.2 所示.

```
plot(hs$data,hs$com,xlab="students' heights",ylab="woman=1, man=2")
```

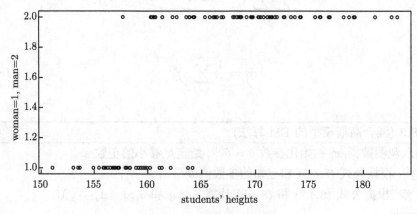

图 8.2　男女学生身高数据

　　对 EM 算法 8.3(代码见最后), 初始数据采用 $\theta^{(0)} = (0.5, 150, 5, 0.5, 175, 30)$, 计算的结果见表 8.3.

表 8.3　混合高斯模型的男女学生身高 EM 算法计算

	真实数据	EM 计算结果	Mclust 结果
系数	(0.35, 0.65)	(0.3677, 0.6323)	(0.3837, 0.6163)
均值	(158, 170)	(157.7549, 169.8013)	(157.8688, 170.0430)
方差	(9, 36)	(7.7123, 35.9145)	(8.1660, 34.2405)

　　当然也可以直接调用软件包 mclust 中的 EM 算法函数 Mclust(), 得到的结果见表 8.3.

```
emrs <- Mclust(data)
summary(emrs,parameters = TRUE)
```

　　EM 算法 8.3 的整个程序代码:

```
#  混合高斯的EM算法
GMM <- function(data,k,a,u,sigma2){
  mat <- matrix(rep(data,k),ncol = k)   #原数据扩充为矩阵，方便后续计算
  N <- length(data)
  it <- 0
  for( i in 1:1000){
    u0 <- u
    a0 <- a
    sigma0 <- sigma2

    # E 步: 根据参数 theta, 计算 gamma 值 (记为 r)
    p <- t(sapply(data,dnorm,u0,sqrt(sigma2)))
    amatrix <- matrix(rep(a0,N),nrow=N,byrow = T)
    r = (p * amatrix) / rowSums(p * amatrix)

    # M步: 根据gamma值和公式，迭代更新参数theta
    u <-  colSums(data*r)/colSums(r)
    umatrix <- matrix(rep(u,N),nrow=N,byrow = T)
    sigma2 <- colSums(r*(mat-umatrix)^2)/colSums(r)
    a <- colSums(r)/N

    sumtheta <- sum((a-a0)^2) + sum((u-u0)^2) + sum((sigma2-sigma0)^2)
    if(sumtheta < 1e-6){
        it <- i
        break        # sumtheta < 1e-6 时中止迭代
    }
  }
  # cluster为分类结果数组[数据编号，分类结果 (1为女生，2为男生)]
  cluster <- which(r == apply(r,1,max),arr.ind = T)
  return(list(data = data,a = a,u = u,sigma2 = sigma2,cluster = cluster,
  it=it))
}
```

```
HEIGHTS <- function(N,k,a,mns,sds){
    set.seed(123)
    components <- sample(1:k,prob=a,size=N,replace=TRUE)
    x <- rnorm(n=N,mean=mns[components],sd=sds[components])
    return(list(data=x,com=components))
}


N <- 100 k <- 2 a <- c(0.35 , 0.65) u <- c(158 , 170) sigma <-
sqrt(c(9, 36)) hs <- HEIGHTS(N,k,a,u,sigma)
#产生的混合高斯男女学生身高数据


data <- hs$data a0 <- c(0.5 , 0.5)        # 初始模型系数
u0 <- c(150, 175)      # 初始均值
sigma2 <- c(5, 30)        # 初始方差
results<- GMM(data,k,a0,u0,sigma2)


my_a <- results$a            # 用EM算法估计的系数
my_mean<-results$u          # 用EM算法估计的均值
my_sigma <-results$sigma2# 用EM算法估计的方差
### 计算分类错误率
clu <- results$cluster  #results$cluster 是计算出来的, 但需要重新排一下
err <- clu[order(clu[,1]),2] - hs$com    # hs$com 是原始数据的类别
errnum <- abs(sum(err))
errate <- errnum/length(err)
```

习　题　8

8.1　证明 Jensen 不等式. 提示: 利用数学归纳法.

8.2　根据公式 (8.0.1), 推导 θ 的估计

$$\mu_i = \frac{1}{N_i} \sum_{j \in S_i} x_j,$$

$$\sigma_i^2 = \frac{1}{N_i} \sum_{j \in S_i} (x_j - \mu_i)^2.$$

8.3　推导公式 (8.4.2) 和 (8.4.3).

8.4　根据表 8.1 中投掷硬币的数据, 写程序实现 EM 算法 8.2, 并得到最终的结果.

8.5　随机产生 100 位男女学生的身高数据, 用 EM 算法计算出比例、均值和方差, 同真实数据进行比较.

8.6　假设有 3 枚硬币 A, B 和 C, 它们正面出现的概率分别是 π_1, π_2 和 π_3, 进行如下的硬币投掷实验: 先投掷 A 硬币, 如果得到正面, 那么选择 B 硬币, 如果得到反面, 那么选择 C 硬币; 然后投掷选中的硬币, 如果出现正面, 那么记录 1, 否则记录 0. 独立地重复 10 次实验, 得到记录为

$$0, 0, 1, 0, 1, 1, 0, 1, 0, 0.$$

用 EM 算法计算硬币出现正面的概率.

第 9 章　贝叶斯方法

贝叶斯方法, 起源于英国学者贝叶斯于 1763 年发表的一篇文章中提出的公式. 该公式从形式上看, 只是关于条件概率的一个简单推论, 但包含了归纳推理的一种思想. 后世的学者根据贝叶斯公式所传递的思想发展成为一种关于统计推断的理论和方法, 称之为贝叶斯方法, 也称贝叶斯统计. 贝叶斯方法的本质是把未知参数的先验信息与样本信息综合起来, 从而得出后验信息, 并进行推断.

9.1　引　　论

统计中的推断方法存在两种不同的学派: 频率学派和贝叶斯学派. 经典统计学利用试验中事件发生的频率表示概率, 例如, 将一枚硬币重复投掷上千次, 频率学家们会根据结果估计出现正面的概率为 1/2. 频率学派根据样本信息 (常常会有一些总体信息) 去推断总体, 假设检验、置信区间都是频率学家用以统计推断的重要方法.

相对于频率学派, 贝叶斯学派将概率描述为一种信念程度, 这种定义有较大主观性. 对投掷硬币的例子, 如果投掷一次硬币, 贝叶斯学家认为倘若硬币对称, 就不能认为出现正面的概率大于出现背面的概率. 更简单地说, 贝叶斯学派猜测一个事件发生的可能性大小时, 利用了先验信息, 考虑了先验概率. 这可以体现为贝叶斯公式:

$$P(B|A) = \frac{P(A|B)P(B)}{P(A)}.$$

由此可以导出著名的全概率公式: 假设 $\{B_1, B_2, \cdots, B_n\}$ 是一个完备事件组, 即它们互不相容且它们的并是一个必然事件. 那从上式可以推出:

$$P(B_i|A) = \frac{P(A|B_i)P(B_i)}{\sum\limits_i P(A|B_i)P(B_i)}, \quad i = 1, 2, \cdots, n.$$

$P(B_i)$ 称为先验概率, 即没有其他信息时人们对发生 B_i 的可能性的认识. 在有了进一步的信息 (知道事件 A 发生) 后, 就有了条件概率 $P(B_i|A)$, 也即后验概率. 对于连续分布, 全概率公式为

$$p(\theta|y) = \frac{p(y|\theta)p(\theta)}{\int p(y|\theta)p(\theta)\mathrm{d}\theta}.$$

如把分母视为固定值, 后验概率正比于先验概率, 也即

$$p(\theta|y) \propto p(y|\theta)p(\theta),$$

一个用拼写纠正的例子直观地体现了贝叶斯方法的基本思想. 假设用户输入了一个不存在的单词, 如何确定该用户实际想要输入的单词? 这一问题十分经典, 用数学符号表示: 用户输入的错误单词记 w, 想输入的单词记 c, 则有

$$p(c|w) \propto p(w|c)p(c).$$

即后验概率 (用户在输入 w 的条件下想输入 c 的概率) 正比于似然函数 $p(w|c)$(用户输入 c 却误输入 w 的概率) 与先验概率 $p(c)$ (可以用单词 c 在词库中出现的频率表示) 的乘积, 这体现的就是贝叶斯思想. 假设用户输入了错误单词 "thew", 该用户实际想要输入的是 "the" 或是 "thaw". 其中 $p(w|c)$ 可以用编辑距离描述, 这个例子中可以根据键盘上字母位置给出描述. 直观上看, "e" 和 "w" 离的十分接近, 用户想输入 "the" 的时候错打了 "thew" 的概率相比想输入 "thaw" 和错打 "thew" 的概率来得大; 另外, 先验概率若用单词在词库中出现的频率表示, 那么 "the" 出现的频率比 "thaw" 出现的频率也要大得多.

　　贝叶斯是机器学习的核心方法之一, 其特点正是引入了先验概率, 对人们已知或者历史经验, 提供了一种信息决策的指示. 由于世界上存在太多未知的事物, 太多的不确定性, 人们需要根据观测进行猜测, 并且不断观测不断修正. 这个过程需要确定两方面内容: 每种猜测本身的可能性大小 $p(\theta)$ 和特定猜测下的条件概率 $p(y|\theta)$. 这就是贝叶斯方法的思想. 如今基于贝叶斯方法建立的高楼已十分宏伟: 贝叶斯网络、贝叶斯模型选择、贝叶斯图像识别等. 在接下来的章节中, 我们主要介绍贝叶斯统计推断和贝叶斯方法在变量选择上的应用.

9.2 贝叶斯统计推断

9.2.1 一个例子

　　贝叶斯统计推断的基础是贝叶斯公式. 我们从一个例子入手. 有甲、乙、丙三种不同包装的巧克力套餐盒, 其中甲套餐盒有黑巧克力 50 个, 白巧克力 30 个, 牛奶巧克力 20 个; 乙套餐盒有黑巧克力 20 个, 白巧克力 70 个, 牛奶巧克力 10 个; 丙套餐盒有黑巧克力 10 个, 白巧克力 10 个, 牛奶巧克力 80 个. 现在共有 10 个盒子, 其中甲盒 5 个, 乙盒 3 个, 丙盒 2 个. 在这 10 个盒子中随机选中一个盒子, 然后从这个选定的盒子随机取出一个巧克力, 发现该巧克力是黑巧克力, 求这个黑巧克力是从甲套餐盒取出的概率.

将该事件的概率记作 P(甲|黑)(条件概率, 表示取出的巧克力是黑巧克力的情况下, 取出的套餐盒是甲盒), 那么由贝叶斯公式

$$P(\text{甲}|\text{黑}) = \frac{5}{10}\cdot\frac{50}{100} \Big/ \left(\frac{5}{10}\cdot\frac{50}{100} + \frac{3}{10}\cdot\frac{20}{100} + \frac{2}{10}\cdot\frac{10}{100}\right) = \frac{25}{33}.$$

其他各种可能的情况都可以根据相同的方法来计算. 结果如下:

P(甲|黑)=25/33, P(乙|黑)=2/11, P(丙|黑)=2/33,

P(甲|白)=15/38, P(乙|白)=21/38, P(丙|白)=1/19,

P(甲|牛奶)=10/21, P(乙|牛奶)=1/7, P(丙|牛奶)=8/21.

它们展示了各种情况下的可能性大小. 根据概率大小可以进行统计推断. 如果取得的是黑巧克力, 我们就推断它是从甲盒中取出的.

这里的统计推断与之前常用的统计推断的不同之处在于, 我们并没有依赖什么统计推断方法, 而是通过计算条件概率. 计算的基础则在于我们对要进行统计推断参数 θ 的了解程度. 值得注意的是, 此处推断的 θ(餐盒号) 是作为一个随机变量出现的,

$$P(\theta = \text{甲}) = 5/10, \quad P(\theta = \text{乙}) = 3/10, \quad P(\theta = \text{丙}) = 2/10.$$

9.2.2　确定先验分布

在以上例子中, 我们已知先验分布, 即我们知道所有的 10 个巧克力盒子中, 有多少个甲盒、乙盒和丙盒. 在具体的事件中, 如何确定先验分布是十分重要的, 下面简要介绍这个分布的确定.

对于先验概率, 要么是通过古典方法进行计算, 要么是通过频率来进行估计. 但是在很多情况下, 事件是无法重复发生的. 如明天的天气是下雨还是不下雨, 是无法通过重复多次来得到频率的, 那么就需要引入主观概率来解决这个问题. 预计明天下雨的概率是 0.8, 这就是一种主观概率, 是人们根据自身经验和知识, 来对事件发生机会的一种个人估计.

如何确定主观概率, 有几种方法: 对事件进行对比 (推出一款少儿节目, 估计儿童喜欢的概率是不喜欢概率的 3 倍, 那么喜欢的概率是 3/4, 不喜欢的概率则是 1/4); 通过领域专家意见进行评估; 利用历史资料, 结合现实情况来确定.

在先验信息足够多的情况下, 可以使用先验信息来确定先验分布. 譬如使用直方图法来确定先验分布. 如未知参数 θ 取值在实数轴上的一个区间, 将其分割成一些小区间, 利用主观概率和历史数据计算出频率后, 绘制直方图, 连成一条光滑的曲线, 就可以近似得到相应的先验密度, 从而确定先验分布.

在选定先验分布函数形式后, 还需对参数进行估计. 如果先验分布函数形式选择不当, 效果就不好.

如果没有先验信息或者先验信息比较少, 那么可考虑无信息先验. 此时对参数空间 Θ 中的每个 θ 都均衡对待. 这里对无信息先验不作深入讨论, 只举几个例子. 有兴趣的读者可查询相关资料.

若 Θ 为有限集, 只能取有限个值, 个数为 n, 那么每个元素的先验概率就是 $1/n$; 如果 Θ 是有限区间 $[a,b]$, 那么先验信息就是区间 $[a,b]$ 上的均匀分布.

如果 Θ 的区间是无界的, 那么就要考虑广义先验密度. 记随机变量 X 的密度函数为 $f(x|\theta)$, 其中 $\theta \in \Theta$. 若 θ 的先验密度 $\pi(\theta) \geqslant 0$ 满足条件 $\displaystyle\int_{\Theta} \pi(\theta)\mathrm{d}\theta = \infty$, 且后验密度是正常的密度函数, 则称 $\pi(\theta)$ 是 θ 的广义先验密度.

在某种程度上, 统计学中某些合理的结果, 可以看作贝叶斯方法中无先验信息的结果, 即其估计方法是贝叶斯方法的一种特殊情况.

最后简要介绍共轭先验分布. 如果样本 X 的密度函数为 $f(x|\theta)$, 其中先验分布 $\pi(\theta) \in \varphi$, 而后验分布 $\pi(\theta|x)$ 仍然属于 φ, 那么就称 φ 是一个共轭分布族. 正态分布族、Gamma 分布族、Beta 分布族等都是共轭分布族. 共轭分布族的优点有很多: 计算方便, 后验分布中的参数有很好的解释, 往往可以看作样本信息和先验信息的加权平均.

9.2.3 点估计

通过样本信息和先验分布, 可以得到后验分布. 从后验分布出发, 可以得到未知参数的点估计, 如极大似然估计、后验期望估计、后验众数中位数估计等. 一般情况下, 这三种估计是不同的, 在先验分布是共轭分布时, 以上三种估计的求解方法都比较简单. 相比于其他两种估计方法, 后验期望估计更加常用.

9.2.4 区间估计

相对于经典方法所求的区间估计, 贝叶斯方法的区间估计处理更加方便, 且含义清晰.

当 θ 的后验分布获得后, 存在区间 $[a,b]$ 使得 θ 落在该区间内的后验概率为 $1-\alpha$, 则称 [a,b] 是 θ 的区间估计, 又称为可信区间. 如果 θ 是离散分布, 那么可以使得 $P(a \leqslant \theta \leqslant b)$ 比 $1-\alpha$ 稍大一些, $[a,b]$ 仍可以认为是 θ 的贝叶斯可信区间.

贝叶斯可信区间更令人接受和理解的原因在于贝叶斯学派认为 θ 是一个随机变量. 可以认为, θ 落在可信区间的概率是 $1-\alpha$. 而频率学派所讲到的置信区间认为 θ 是一个具体的值, 采用这样的说法令人难以接受. 同时, 经典统计方法寻找置信区间有时候并不是那么容易, 需要构造相应的枢轴统计量, 要求较高, 有时候会遇到一定困难. 而贝叶斯方法完全利用后验分布就可以解决这些问题.

9.2.5   假设检验

检验问题如下

$$H_0 : \theta \in \Theta_0; H_1 : \theta \in \Theta_1.$$

在经典的假设检验方法中, 需要考虑犯第一类错误还是第二类错误来说明检验的优劣. 但是贝叶斯方法处理假设问题, 可以在求得后验分布后, 直接考虑 Θ_0 和 Θ_1 的后验概率. 根据比较 $P(\theta \in \Theta_0|x)$ 和 $P(\theta \in \Theta_1|x)$ 的大小, 决定两个假设实际发生的概率.

由此可见, 贝叶斯假设检验方法较为简单. 与频率方法相比, 不需要选择检验统计量、确定抽样分布, 也不需要给出显著性水平来确定否定域, 相对来说也更容易推广到多维情况.

9.3   贝叶斯方法在变量选择中的应用

9.3.1   贝叶斯模型选择

机器学习中将数据集分成训练集、验证集和测试集来做模型选择和模型评价: 首先根据已知的训练集和验证集在特定模型空间中进行模型选择, 获取合适的模型; 然后在多种模型空间中做模型选择获取最优模型; 最后的最优模型需要通过多个独立未知的测试集来做模型评价, 否则容易导致模型过拟合.

模型选择阶段, 标准的方法是在训练集上训练获取模型, 然后在验证集上获取预测误差. 该误差也被称作 "样本外 (extra-sample) 误差", 可反映模型的样本外的预测能力. 最后选择最小预测误差所对应的模型作为最佳模型. 模型表现的好坏, 是一种较为主观的表达, 通常根据特定的情景以及不同的模型类型做比较选择.

一个好的模型主要有两种评判标准: 拟合程度以及稀疏度. 模型的拟合程度体现在选择的模型拟合数据的能力, 这是建立模型的目标. 而稀疏度 (或说复杂度) 同样重要. 根据奥卡姆剃刀理论, 当有多个选择都能解释事物时, 选择假设最少、参数最少、形式最简单的解释. 假设要拟合平面上 n 个数据点 (n 很大), 我们知道用 $n - 1$ 次多项式必能使数据点全部经过曲线, 但这无疑过于复杂, 如果能用线性关系近似表示, 我们会选择后者.

回归问题中模型选择的一个很经典方法是逐步回归法, 它的思想是将回归中的变量一个一个引入, 然后对每一步的回归方程做显著性检验, 判定是否选入该变量. 通常又分为向前法和向后法. 逐步回归的最大缺陷在于它所得到的结果是局部最优的, 是根据初选的变量而变的, 同时在处理大数据集时得到的 p 值通常很小, 显著性检验也不是精确的. 而贝叶斯变量选择就能很好处理高维变量问题. 先来介绍贝叶斯模型选择的基本思想.

用贝叶斯方法进行模型选择, 是将每个模型本身的不确定性包含在概率里. 假设给定训练集 y, 我们需要比较一系列模型 M_i, $i=1,2,\cdots,L$. 贝叶斯方法将这些要比较的模型赋予不确定性, 用先验概率描述这种不确定性的已知信息.

由贝叶斯公式给出在训练集 y 下模型 M_i 的后验概率:

$$p(M_i|y) \propto p(y|M_i)p(M_i),$$

其中 $p(M_i)$ 称为模型的先验概率, $p(y|M_i)$ 称为边际似然, 也称为模型证据, $p(M_i|y)$ 称为模型的后验概率.

给定训练集 y 后比较模型 M_1 与 M_2, 两者的关系可以用对应的模型后验概率来说明:

$$\frac{p(M_1|y)}{p(M_2|y)} = \frac{p(y|M_1)}{p(y|M_2)} \cdot \frac{p(M_1)}{p(M_2)}.$$

模型的边际似然比 $B_{12} := \dfrac{p(y|M_1)}{p(y|M_2)}$ 称为贝叶斯因子. 模型的后验概率比等于模型的先验概率比与贝叶斯因子的乘积.

贝叶斯因子 B_{ij} 表示模型 i 相对于模型 j 的偏好程度. 表 9.1 表示贝叶斯因子 B_{10} 给出的拒绝原假设 H_0 的能力.

表 9.1　贝叶斯因子解释

$\log(B_{10})$	B_{10}	拒绝 H_0 的证据强度
0—1	1—3	可忽略不计
1—3	3—20	可能有
3—5	20—150	较强
> 5	> 150	非常强

运用贝叶斯方法进行模型比较, 相对于经典的模型选择 (如逐步回归), 主要是考虑了模型本身的不确定性, 增加了先验因素, 并且贝叶斯方法可以有效地利用马尔可夫链蒙特卡罗方法 (Markov chain Monte Carlo, MCMC)模型进行搜索, 通过比较模型后验概率的方法也更加直观. 而用贝叶斯因子的不足之处在于, 当模型空间很大时, 计算量是相当巨大的, 而且边际似然的计算通常十分困难.

贝叶斯因子是模型的边际似然之比. 若要比较模型, 需要解释模型的边际似然. 给定模型 m 以及训练集 y, $p(y|m)$ 为模型的边际似然. 进一步假设模型 m 中的参数向量为 θ_m, 那么边际似然可以表为积分:

$$p(y|m) = \int p(y|\theta_m, m)p(\theta_m|m)\mathrm{d}\theta_m,$$

其中 $p(y|\theta_m, m)$ 称为似然函数, $p(\theta_m|m)$ 为模型 m 下参数 θ_m 的先验概率. 当采用共轭先验分布时, 上面的积分是可以解析得到的. 而在其余的大部分场景, 模型边际似然的计算十分困难.

9.3.2   采样

蒙特卡罗方法是一种随机模拟方法. 它可以追溯到 18 世纪, 蒲丰当年用于计算 π 的著名的投针实验就是蒙特卡罗模拟的一个例子. 这一过程要求产生大量的随机数, 而随着计算机技术的发展, 随机模拟很快进入实用阶段.

随机模拟采样的问题是指对于给定的概率分布 $p(x)$, 如何在计算机中生成它的样本. 计算机模拟均匀分布 $U(0,1)$ 的样本, 主要通过线性同余发生器生成伪随机数, 用确定性算法生成 $[0,1]$ 上的伪随机数序列后, 这些序列的各种统计指标和均匀分布 $U(0,1)$ 的理论计算结果非常接近. 这样的伪随机序列就有比较好的统计性质, 可以被当成真实的随机数使用. 而我们常见的概率分布, 无论是连续的还是离散的分布, 都可以基于 $U(0,1)$ 的样本生成. 例如正态分布可以通过著名的 Box-Muller 变换得到. 其他几个著名的连续分布, 包括指数分布、Gamma 分布、t 分布、F 分布、Beta 分布、Dirichlet 分布等等, 也都可以通过类似的数学变换得到; 离散的分布通过均匀分布更加容易生成.

然而当 $p(x)$ 的形式很复杂, 当 $p(x)$ 是高维的分布时, 样本的生成就可能很困难了.

MCMC 算法在现代贝叶斯分析中被广泛使用. 该方法以马氏链理论为基础, 从一个初始状态 x_0 开始, 沿着马氏链按照概率转移矩阵做跳转, 得到一个转移序列 $x_0, x_1, x_2, \cdots, x_n, x_{n+1}\cdots$. 如果能构造一个转移矩阵为 P 的马氏链, 使得该马氏链的平稳分布是 $p(x)$, 那么从任何一个初始状态 x_0 出发沿着马氏链转移, 在马氏链收敛的情况下, 就可以得到 $p(x)$ 的样本. 马氏链的收敛性质主要由转移矩阵 P 决定. 所以基于马氏链做采样的关键是如何构造转移矩阵 P, 使得平稳分布恰好是我们要的分布 $p(x)$.

常用的 MCMC 有 MH 算法 (Metropolis Hasting algorithm)和吉布斯 (Gibbs) 取样算法. MH 算法是引入一个接受率的概念, 当某一步获得的样本在一个选定接受率范围内, 就保留该步并继续向下运动, 否则拒绝该步. 而吉布斯取样对处理高维空间的 $p(x)$ 更加有效, 在现代贝叶斯分析中占据重要位置. 吉布斯取样的流程为: 选定每一变量的初值, 用前一步得到的样本进行迭代, 通过条件概率获得新的样本进行更新, 如此重复进行:

(1) 随机初始化 $\{x_i : i = 1, 2, \cdots, n\}$.

(2) 对 $t = 0, 1, 2 \cdots$ 循环采样,

$$x_j^{t+1} \sim p(x_j | x_1^{(t+1)}, \cdots, x_{j-1}^{(t+1)}, x_{j+1}^{(t)}, \cdots, x_n^{(t)}), \ j = 1, 2, \cdots, n.$$

9.3.3 贝叶斯变量选择

考虑线性回归模型

$$Y_i = \alpha + \sum_{j=1}^{p} \beta_j x_{ij} + \epsilon_i, \quad \epsilon_i \sim N(0, \sigma^2).$$

其目标是选择一个变量子集, 使得所构造的模型在给定训练集下是最好的. 如果用指示向量 $\gamma = (\gamma_1, \gamma_2, \cdots, \gamma_p)$ 表示模型选取的变量子集 (其中 $\gamma_i = 0$ 或 1, 表示第 i 个变量是否入选, $i = 1, 2, \cdots p$), 那么贝叶斯的变量选择可以归结为利用指示变量的贝叶斯计算结果给出变量是否入选的判断标准. 也就是, 对模型参数选取先验分布, 计算后验分布 $p(\gamma_j = 1|y)$, 然后判定是否选择第 j 个变量. 基于中位数的概率模型是将 $p(\gamma_j = 1|y) > 0.5$ 的变量选入模型. 对 $p(\gamma_j = 1|y)$ 的估计常用

$$\hat{p}(\gamma_j = 1|y) = \frac{1}{N} \sum_{t=1}^{N} I(\gamma_j^{(t)} = 1),$$

其中 N 表示样本数据个数.

随机搜索变量选择 (stochastic search variable selection, SSVS) 方法作为经典的贝叶斯变量选择方法, 广泛应用于广义线性模型中. 它在生物统计里基因数据的分析以及微阵列数据的建模很受欢迎. 其主要特征是模型参数向量空间的维数是恒定的, 并且对不同的 γ_j, 可以选取不同的先验分布. 当某个变量不是那么重要时, 要使该回归系数的后验概率尽可能接近 0, 故会取先验的密度集中在零点附近.

SSVS 给出的 β_j 的先验分布为

$$\beta_j|\gamma_j \sim (1 - \gamma_j)N(0, k_j^{-2}\sigma_j^2) + \gamma_j N(0, \sigma_j^2).$$

因此, 当 $\gamma_j = 1$ 时, $\beta_j \sim N(0, \sigma_j^2)$; 当 $\gamma_j = 0$ 时, $\beta_j \sim N(0, k_j^{-2}\sigma_j^2)$. 故要求 k_j^{-2} 足够小, 即 k_j 很大. 但 k_j 的取值也不能过大, 否则会导致 $\gamma_j = 1$ 时, 该分布的方差过小, 导致参数可变性不够, 从而使得 MCMC 方法对变量选择的过程缺乏意义. 如果 $k_j = 1$, $\gamma_j = 0$ 和 $\gamma_j = 1$ 的两个分布是相一致的, 就没有足够的信息确定哪些变量是相对不重要的. k_j 的取值是关键因素. 而对于 σ_j^2 的先验, 一般取反高斯分布, 从而被假设为与回归系数和指示变量相互独立. 先验分布的参数通常由最小二乘估计直接给出.

随机搜索变量选择的过程如下 (吉布斯取样方法):

(1) 更新 β_j, 注意到

$$p(\beta_j|y, \gamma, \beta_{(j)}) \propto p(y|\beta_j, \gamma, \beta_{(j)})p(\beta_j|\gamma, \beta_{(j)}) = p(y|\gamma, \beta)p(\beta_j|\gamma_j), \tag{9.3.1}$$

其中 $\beta_{(j)} = (\beta_1, \cdots, \beta_{j-1}, \beta_{j+1}, \cdots, \beta_p)$, 而 $p(\beta_j|\gamma_j)$, $p(y|\gamma,\beta)$ 是已知的先验分布, 从中采样, 更新迭代;

(2) 设 γ_j 服从 Bernoulli 分布, 参数 $p = O_j/(1 + O_j)$, 其中

$$O_j = \frac{p(\gamma_j = 1|y, \gamma_{(j)}, \beta)}{p(\gamma_j = 0|y, \gamma_{(j)}, \beta)} = \frac{p(\beta|\gamma_j = 1, \gamma_{(j)})}{p(\beta|\gamma_j = 0, \gamma_{(j)})} \frac{p(\gamma_j = 1, \gamma_{(j)})}{p(\gamma_j = 0, \gamma_{(j)})}$$

$$\approx \frac{1}{k_j} \exp\left(-\frac{1}{2} \cdot \frac{1 - k_j^2}{\sigma_{\beta_j}^2}\right),$$

其中第二个等号的证明类似于 (9.3.1). 这样先随机给出 β_j 和 γ_j 的初值后, 不断更新迭代.

随机搜索变量选择方法的最大优点在于避免了对 2^p 个模型的后验概率进行计算的烦琐过程. 它利用了吉布斯取样方法, 直接从后验分布的形式中获取样本, 由收敛性质得到估计结果. 由于大概率模型更容易出现, 使用吉布斯取样通常也仅需要相对短的步数就辨认出结果模型. 而其不足之处是在迭代过程中假定参数相互独立, 当设计矩阵有共线性时, 结果可能会不合理, 并且先验分布的选取十分困难.

贝叶斯方法相对于经典方法, 增加了对先验后验的计算. 贝叶斯因子作为模型的比较, 利用了模型的不确定性, 具有很大的意义. 贝叶斯变量选取方法在回归问题中应用较多, 通过指示变量的后验概率选择进入模型的变量. 对于先验的不同描述就使得变量选取的方法很多, 不能说都很好, 但都是有特定情境、适用不同的数据类型. 贝叶斯变量选择的另外一个优点就是适用于高维数据, 特别是当观测数远小于变量数时能够得到较好的结果.

习 题 9

9.1 令

$$p(y|\theta) = \theta^{-1} e^{-y/\theta}, \quad y > 0, \theta > 0;$$
$$p(\theta) = \theta^{-a} e^{-y/\theta}, \quad \theta > 0, a > 2.$$

(1) 求 $\theta|y$ 的后验分布.

(2) 求它的后验均值和方差.

9.2 假设随机变量 X 服从几何分布, 即

$$P(X = x|\theta) = \theta(1 - \theta)^{x-1}, \quad x = 1, 2, \cdots,$$

并假设它的先验分布为 $P(\theta = 1/4) = 2/3, P(\theta = 1) = 1/3$. 求 θ 的后验分布. 提示: 分别考虑两个情形: $X = 1$ 及 $X > 1$.

9.3 假设

$$X_1, \cdots, X_n | \theta \overset{\text{i.i.d.}}{\sim} \text{Poisson}(\theta).$$

(1) 求泊松似然函数的共轭先验, 给出 θ 的分布及其参数.

(2) 用这个共轭先验计算后验分布 $\theta | x_1, \cdots, x_n$.

(3) 求 θ 的后验均值.

(4) 把 θ 表示为先验均值和样本均值的加权平均. 它们的权重分别是什么?

第10章　隐马尔可夫模型

隐马尔可夫模型 (hidden Markov model, HMM)是可用于标注问题 (标注问题输入的是一个观测序列, 输出的是一个向量, 向量的每个值属于一种标记类型) 的统计学模型. 本章首先介绍隐马尔可夫模型的基本概念, 然后介绍隐马尔可夫模型的概率计算算法、学习算法以及预测算法. 隐马尔可夫模型在语音识别、自然语言处理、生物信息、模式识别、量化投资等领域有着广泛的应用.

10.1　隐马尔可夫模型的基本概念

10.1.1　马尔可夫链

马尔可夫链是一类特殊的随机过程, 时间的参数空间可为离散或者连续集, 但其状态空间最多包含可数个状态.

令 $\{X_i, i \geqslant 1\}$ 是一个随机过程, 状态空间为

$$E = \{e_1, \cdots, e_N\},$$

其中 $N < \infty$ 或者 $N = \infty$. 需要指出的是, $e_i(i = 1, \cdots, N)$ 可以是数、向量, 但也可能是抽象的点 (状态), 例如, "运行" "维修"; "晴天" "下雨".

定义 10.1 (马尔可夫链)　对于随机过程 $\{X_i, i \geqslant 1\}$, 如果对任意的 $t \geqslant 1$, 任意状态 e_i, e_j 以及 $e_{i_1}, \cdots, e_{i_{t-1}}$, 下式成立:

$$\begin{aligned} p_{t:ij} &= P(X_{t+1} = e_j | X_t = e_i, X_{t-1} = e_{i_{t-1}}, \cdots, X_1 = e_{i_1}) \\ &= P(X_{t+1} = e_j | X_t = e_i), \end{aligned}$$

则称 $\{X_i, i \geqslant 1\}$ 是马尔可夫链. 若 $p_{t:ij}$ 与 t 无关, 则称 $\{X_i, i \geqslant 1\}$ 是 (时间) 齐次马尔可夫链.

如无特别声明, 本章讨论的马尔可夫链都是指齐次马尔可夫链. 下面给出马尔可夫链的一些关键概念.

状态空间　$\{X_i, i \geqslant 1\}$ 这些变量的定义空间 (范围).

初始状态　X_1 的取值.

状态转移概率矩阵

$$\begin{pmatrix} a_{11} & \cdots & a_{1N} \\ \vdots & & \vdots \\ a_{N1} & \cdots & a_{NN} \end{pmatrix},$$

其中 $a_{ij} = P(X_t = e_j | X_{t-1} = e_i)$, 且对任意的 $1 \leqslant i, j \leqslant N$,

$$a_{ij} \geqslant 0, \quad \sum_{j=1}^{N} a_{ij} = 1.$$

一个马尔可夫链通常由状态空间、初始状态、状态转移概率矩阵三个部分组成.

下面介绍一个关于天气的例子. 状态空间 $E = \{晴天, 多云, 下雨\}$. 假设第一天的天气为

$$\begin{array}{c} 晴天 \\ 多云 \\ 下雨 \end{array} \begin{pmatrix} 1 \\ 0 \\ 0 \end{pmatrix}$$

表示晴天, 这是初始状态. 假设今天的天气只和昨天有关, 在昨天分别是晴天、多云、下雨的前提下, 今天是晴天、多云、下雨的概率为

$$\begin{array}{cc} & 今天 \\ 昨天 & \begin{array}{c} 晴天 \\ 多云 \\ 下雨 \end{array} \begin{pmatrix} 晴天 & 多云 & 下雨 \\ 0.50 & 0.375 & 0.125 \\ 0.25 & 0.125 & 0.625 \\ 0.25 & 0.375 & 0.375 \end{pmatrix}, \end{array}$$

这就是状态转移概率矩阵.

10.1.2 隐马尔可夫模型

我们先来看一个例子.

例 10.2 (盒子和球模型) 假设有 4 个盒子, 每个盒子里都装有红白两种颜色的球, 盒子里的红白球数由表 10.1 列出.

表 10.1 各盒子的红白球数

盒子	1	2	3	4
红球数	5	3	6	8
白球数	5	7	4	2

按照下面的方法产生一个关于球的颜色的观测序列. 开始, 从 4 个盒子里以等概率随机选取 1 个盒子, 从这个盒子里随机抽出 1 个球, 记录其颜色后放回; 然后, 从当前盒子随机转移到下一个盒子, 规则是: 如果当前盒子是盒子 1, 那么下一个盒子一定是盒子 2; 如果当前盒子是盒子 2 或 3, 那么分别以概率 0.4 和 0.6 转移到左边或右边的盒子; 如果当前是盒子 4, 那么各以 0.5 的概率停留在盒子 4 或者转移到盒子 3; 确定转移的盒子后, 再从这个盒子里随机抽出 1 个球, 记录其颜色, 放回; 如此继续, 重复进行 5 次, 得到一个关于球的颜色的观测序列:

$$\{红, 红, 白, 白, 红\}.$$

在这个过程中, 观测者只能观测到球的颜色的序列, 观测不到球是从哪个盒子里取出的, 即观测不到盒子的序列. 这就是一个称为隐马尔可夫模型的例子.

设 Q 是所有可能的状态的集合, V 是所有可能的观测的集合, 即

$$Q = \{q_1, \cdots, q_N\}, \quad V = \{v_1, \cdots, v_M\},$$

其中, N 是可能的状态数, M 是可能的观测数. 通常假设状态是隐藏的、无法观测的, 所以状态变量亦称隐变量.

定义 10.3 (隐马尔可夫模型)   隐马尔可夫模型是关于时序的概率模型, 描述由一个隐藏的马尔可夫链生成不可观测的状态随机序列, 再由各个状态生成一个观测而产生观测随机序列的过程. 隐藏的马尔可夫链随机生成的状态的序列, 称为状态序列 (state sequence). 每个状态生成一个观测, 而由此产生的观测的随机序列, 称为观测序列 (observation sequence). 序列的每一个位置又可以看作一个时刻.

注 10.4   隐马尔可夫模型由初始概率分布、状态转移概率分布以及观测概率分布确定.

设 I 是长度为 T 的状态序列, O 是对应的观测序列, 即

$$I = \{i_1, \cdots, i_T\}, \quad O = \{o_1, \cdots, o_T\}.$$

那么, 隐马尔可夫模型的图结构如图 10.1 所示.

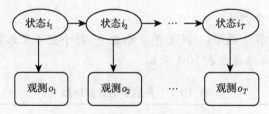

图 10.1   隐马尔可夫模型的图结构

隐马尔可夫模型的形式定义如下. 设 $\boldsymbol{A}$ 是状态转移概率矩阵, 即

$$\boldsymbol{A} = (a_{ij})_{N \times N},$$

其中

$$a_{ij} = P(i_{t+1} = q_j | i_t = q_i)(i = 1, \cdots, N; \quad j = 1, \cdots, N)$$

表示在时刻 t 处于状态 q_i 的条件下于时刻 $t+1$ 转移到状态 q_j 的概率. 设 $\boldsymbol{B}$ 是观测概率矩阵, 即

$$\boldsymbol{B} = (b_j(k))_{N \times M},$$

其中

$$b_j(k) = P(o_t = v_k | i_t = q_j)(k = 1, \cdots, M; \quad j = 1, \cdots, N)$$

表示在时刻 t 处于状态 q_j 的条件下生成观测 v_k 的概率, 假设这个概率大小与 t 无关. 设 $\boldsymbol{\pi}$ 是初始状态概率向量, 即

$$\boldsymbol{\pi} = (\pi_i)_{N \times 1},$$

其中

$$\pi_i = P(i_1 = q_i)(i = 1, \cdots, N)$$

表示在时刻 $t = 1$ 时处于状态 q_i 的概率.

隐马尔可夫模型由初始状态概率向量 $\boldsymbol{\pi}$、状态转移概率矩阵 $\boldsymbol{A}$ 和观测概率矩阵 $\boldsymbol{B}$ 决定. $\boldsymbol{\pi}$ 和 $\boldsymbol{A}$ 决定状态序列, $\boldsymbol{B}$ 决定观测序列. 因此, 隐马尔可夫模型 λ 可以用三元符号表示

$$\lambda = (\boldsymbol{A}, \boldsymbol{B}, \boldsymbol{\pi}).$$

$\boldsymbol{A}, \boldsymbol{B}, \boldsymbol{\pi}$ 称为隐马尔可夫模型的三要素.

状态转移概率矩阵 $\boldsymbol{A}$ 和初始状态概率向量 $\boldsymbol{\pi}$ 确定了隐藏的马尔可夫链, 生成不可观测的状态序列 I. 观测概率矩阵 $\boldsymbol{B}$ 确定了如何从状态生成观测, 与状态序列 I 综合确定了如何产生观测序列 O.

从定义可知, 隐马尔可夫模型有 两个基本假设:

(1) 齐次马尔可夫性假设. 隐马尔可夫链 λ 在任意时刻 t 的状态只依赖于 $t-1$ 时刻的状态, 与其他时刻的状态及观测无关, 也与时刻 t 无关, 即

$$P(i_t | i_{t-1}, o_{t-1}, \cdots, i_1, o_1) = P(i_t | i_{t-1}),$$
$$P(i_t | i_{t-1}) = P(i_{t+1} | i_t).$$

(2) 观测独立性及齐次性假设. 任意时刻的观测只依赖于该时刻的马尔可夫链的状态, 与时刻、其他观测及其他状态无关, 即

$$P(o_t|i_T, o_T, \cdots, i_{t+1}, o_{t+1}, i_t, i_{t-1}, o_{t-1}, \cdots, i_1, o_1) = P(o_t|i_t),$$

$$P(o_t|i_t) = P(o_{t+1}|i_{t+1}).$$

记 $p_i(x) = P(o_t = x|i_t = q_i)(x \in V)$ 是在 t 时刻位于状态 q_i 时, o_t 的条件概率. 它也被称为状态相关分布 (state-dependent distribution) 或者发射分布 (emission distribution). 形象地理解, 可以把观测 o_t 当作状态 i_t "发射" 的 "信号". 在此基础上, 定义矩阵

$$\boldsymbol{P}(x) = \mathrm{diag}(p_1(x), \cdots, p_N(x)),$$

称为对角发射矩阵.

注 10.5 隐马尔可夫模型可以用于标注问题, 这时状态对应着标记. 可以假设标注问题的数据是由隐马尔可夫模型生成的. 这样可以利用隐马尔可夫模型的学习和预测算法进行标注.

回到例 10.2, 根据所给条件, 我们来明确状态集合、观测集合、序列长度以及模型的三要素. 盒子对应状态, 状态的集合是

$$Q = \{盒子\ 1, 盒子\ 2, 盒子\ 3, 盒子\ 4\}, \quad N = 4.$$

球的颜色对应观测, 观测的集合是

$$V = \{红, 白\}, \quad M = 2.$$

状态序列和观测序列的长度 $T = 5$. 初始状态概率向量为

$$\boldsymbol{\pi} = (0.25, 0.25, 0.25, 0.25)^{\mathrm{T}}.$$

状态转移概率矩阵为

$$\boldsymbol{A} = \begin{pmatrix} 0 & 1 & 0 & 0 \\ 0.4 & 0 & 0.6 & 0 \\ 0 & 0.4 & 0 & 0.6 \\ 0 & 0 & 0.5 & 0.5 \end{pmatrix},$$

观测概率矩阵为

$$\boldsymbol{B} = \begin{pmatrix} 0.5 & 0.5 \\ 0.3 & 0.7 \\ 0.6 & 0.4 \\ 0.8 & 0.2 \end{pmatrix}.$$

此外, 这个例子的观测序列为

$$O = \{\text{红}, \text{红}, \text{白}, \text{白}, \text{红}\}.$$

10.1.3 观测序列的生成过程

根据隐马尔可夫模型的定义, 可以将一个长度为 T 的观测序列 $O = \{o_1, \cdots, o_T\}$ 的生成过程描述如下:

算法 10.1 (观测序列的生成)

1: 输入: 隐马尔可夫模型 $\lambda = (\boldsymbol{A}, \boldsymbol{B}, \boldsymbol{\pi})$, 观测序列长度 T;

2: 过程:

      (a) 按照初始状态概率分布 $\boldsymbol{\pi}$ 产生状态 i_1;

      (b) 令 $t = 1$;

      (c) 若 $i_t = q_j$, 则按照 q_j 的观测概率分布 $\{b_j(k), k = 1, \cdots, M\}$ 生成 o_t;

      (d) 按照状态 i_t 的状态转移概率分布 $\{a_{jk}, k = 1, \cdots, N\}$ 生成状态 i_{t+1};

      (e) 令 $t = t + 1$, 如果 $t < T$, 转 (c); 否则, 终止;

3: 输出: 观测序列 $O = \{o_1, \cdots, o_T\}$.

读者可借助例 10.2 来理解这个算法.

10.1.4 隐马尔可夫模型的三个基本问题

(1) 概率计算问题 (或称模型评价问题). 给定模型 $\lambda = (\boldsymbol{A}, \boldsymbol{B}, \boldsymbol{\pi})$ 和观测序列 $O = \{o_1, \cdots, o_T\}$, 计算在模型 λ 下观测序列 O 出现的概率 $P(O|\lambda)$.

(2) 学习问题 (或称参数估计问题). 已知观测序列 $O = \{o_1, \cdots, o_T\}$, 估计模型 $\lambda = (\boldsymbol{A}, \boldsymbol{B}, \boldsymbol{\pi})$ 的参数, 使得在该模型下观测序列概率 $P(O|\lambda)$ 达到最大, 即用极大似然的方法估计参数.

(3) 预测问题 (或称解码 (decoding) 问题). 已知模型 $\lambda = (\boldsymbol{A}, \boldsymbol{B}, \boldsymbol{\pi})$ 和观测序列 $O = \{o_1, \cdots, o_T\}$, 求对给定的观测序列, 使得条件概率 $P(I|O)$ 达到最大的状态序列 $I = \{i_1, \cdots, i_T\}$, 即给定观测序列, 求最大可能的对应的状态序列.

在实际生活中, 预测问题大量存在. 例如, 我们无法观察到某只股票所处的状态 (牛市、熊市或震荡市), 但我们可以观察到这只股票在一段时间内的某些指标的观测值, 如开盘价、收盘价、最高价、日收益率等. 那么我们可以通过预测问题估计出这只股票在这一段时间的状态序列, 并利用这个模型预测这只股票以后的状态情况, 进行投资指导.

下面各节将逐一介绍这三个问题的解决方案.

10.2　概率计算算法

本节介绍计算观测序列概率 $P(O|\lambda)$ 的前向 (forward) 算法与后向 (backward) 算法. 它们是其他重要算法 (譬如后面提到的 Baum-Welch 算法) 的基础.

10.2.1　前向算法

定义 10.6(前向概率)　给定隐马尔可夫模型 λ, 称到时刻 t 的部分观测序列为 $o_1, \cdots, o_t$ 且状态为 q_i 的概率为前向概率, 记作

$$\alpha_t(i) = P(o_1, \cdots, o_t, i_t = q_i|\lambda), \quad i = 1, \cdots, N.$$

我们可以递推求得前向概率 $\alpha_t(i)$ 及观测序列概率 $P(O|\lambda)$, 具体算法如下:

算法 10.2 (观测序列概率的前向算法)

1: 输入: 隐马尔可夫模型 λ, 观测序列 O;
2: 过程:

　　(a) 初值: $\alpha_1(i) = \pi_i b_i(o_1), \quad i = 1, \cdots, N$;

　　(b) 递推: 对 $t = 1, \cdots, T - 1$,

$$\alpha_{t+1}(i) = \left[\sum_{j=1}^{N} \alpha_t(j) a_{ji}\right] b_i(o_{t+1}), \quad i = 1, \cdots, N; \tag{10.2.1}$$

　　(c) 终止:

$$P(O|\lambda) = \sum_{i=1}^{N} \alpha_T(i); \tag{10.2.2}$$

3: 输出: 观测序列概率 $P(O|\lambda)$.

在前向算法中, 步骤 (a) 初始化前向概率, 是初始时刻的状态 $i_1 = q_i$ 和观测为 o_1 的联合概率. 步骤 (b) 是前向概率的递推公式, 计算到时刻 $t+1$ 部分观测序列为 $o_1, \cdots, o_{t+1}$ 且在时刻 $t+1$ 处于状态 q_i 的前向概率. 在式 (10.2.1) 中, 由于 $\alpha_t(j)$ 是到时刻 t 观测到 $o_1, \cdots, o_t$ 并在时刻 t 处于状态 q_j 的前向概率, 那么乘积 $\alpha_t(j) a_{ji}$ 就是到时刻 t 观测到 $o_1, \cdots, o_t$ 并在时刻 t 处于状态 q_j 而在时刻 $t+1$ 到达状态 q_i 的联合概率. 对这个乘积在时刻 t 的所有可能的 N 个状态 q_j 求和, 其结果就是到时刻 t 观测到 $o_1, \cdots, o_t$ 并在时刻 $t+1$ 处于状态 q_i 的联合概率. $\sum_{j=1}^{N} \alpha_t(j) a_{ji}$ 与观测概率 $b_i(o_{t+1})$ 的乘积恰好是到时刻 $t+1$ 观测到 $o_1, \cdots, o_{t+1}$ 并在时刻 $t+1$ 处

于状态 q_i 的前向概率 $\alpha_{t+1}(i)$. 步骤 (c) 给出 $P(O|\lambda)$ 的计算公式. 因为

$$\alpha_T(i) = P(o_1, \cdots, o_T, i_T = q_i|\lambda),$$

所以 $P(O|\lambda) = \sum_{i=1}^N \alpha_T(i)$.

前向算法是一种高效的算法. 其关键是局部计算前向概率, 然后将前向概率递推到全局, 得到 $P(O|\lambda)$. 具体地, 在时刻 $t=1$, 计算 $\alpha_1(i)$, $i=1,\cdots,N$. 在各个时刻 $t=1,\cdots,T-1$, 计算 $\alpha_{t+1}(i)$, $i=1,\cdots,N$, 而且每个 $\alpha_{t+1}(i)$ 的计算都利用了前一时刻的 N 个 $\alpha_t(j)$, $j=1,\cdots,N$. 减少计算量的原因在于每一次计算直接引用了前一时刻的计算结果, 避免重复计算. 这样, 利用前向概率计算 $P(O|\lambda)$ 的计算量是 $O(N^2T)$ 阶的.

例 10.7 考虑盒子和球的模型 $\lambda = (A, B, \pi)$, 假设状态集合 Q 和观测集合 V 分别为

$$Q = \{1, 2, 3\}, \quad V = \{红, 白\}.$$

状态转移概率矩阵、观测概率矩阵以及初始状态概率分布分别为

$$A = \begin{pmatrix} 0.5 & 0.2 & 0.3 \\ 0.3 & 0.5 & 0.2 \\ 0.2 & 0.3 & 0.5 \end{pmatrix}, \quad B = \begin{pmatrix} 0.5 & 0.5 \\ 0.4 & 0.6 \\ 0.7 & 0.3 \end{pmatrix}, \quad \pi = (0.2, 0.4, 0.4)^T.$$

设 $T=3, O=\{红, 白, 红\}$, 试用前向算法计算 $P(O|\lambda)$.

解 按照算法 10.2, (1) 计算初值:

$$\alpha_1(1) = \pi_1 b_1(o_1) = 0.1,$$
$$\alpha_1(2) = \pi_2 b_2(o_1) = 0.16,$$
$$\alpha_1(3) = \pi_3 b_3(o_1) = 0.28.$$

(2) 递推计算:

$$\alpha_2(1) = \left[\sum_{i=1}^3 \alpha_1(i)a_{i1}\right] b_1(o_2) = 0.077,$$
$$\alpha_2(2) = \left[\sum_{i=1}^3 \alpha_1(i)a_{i2}\right] b_2(o_2) = 0.1104,$$
$$\alpha_2(3) = \left[\sum_{i=1}^3 \alpha_1(i)a_{i3}\right] b_3(o_2) = 0.0606,$$
$$\alpha_3(1) = \left[\sum_{i=1}^3 \alpha_2(i)a_{i1}\right] b_1(o_3) = 0.04187,$$

$$\alpha_3(2) = \left[\sum_{i=1}^{3} \alpha_2(i)a_{i2}\right] b_2(o_3) = 0.03551,$$

$$\alpha_3(3) = \left[\sum_{i=1}^{3} \alpha_2(i)a_{i3}\right] b_3(o_3) = 0.05284.$$

(3) 终止:

$$P(O|\lambda) = \sum_{i=1}^{3} \alpha_3(i) = 0.13022.$$

10.2.2　后向算法

定义 10.8 (后向概率)　给定隐马尔可夫模型 λ, 称在时刻为 t 且状态为 q_i 的条件下, 从 $t+1$ 到 T 的部分观测序列为 $\{o_{t+1}, \cdots, o_T\}$ 的概率为后向概率, 记作

$$\beta_t(i) = P(o_{t+1}, \cdots, o_T | i_t = q_i, \lambda).$$

可以用递推的方法求得后向概率 $\beta_t(i)$ 及观测序列概率 $P(O|\lambda)$.

算法 10.3 (观测序列概率的后向算法)

1: 输入: 隐马尔可夫模型 λ, 观测序列 O;
2: 过程:
　　(a) 初值: $\beta_T(i) = 1$, $i = 1, \cdots, N$;
　　(b) 递推: 对 $t = T - 1, \cdots, 1$,

$$\beta_t(i) = \sum_{j=1}^{N} a_{ij}b_j(o_{t+1})\beta_{t+1}(j), \quad i = 1, \cdots, N;$$

　　(c) 终止: $P(O|\lambda) = \sum_{i=1}^{N} \pi_i b_i(o_1)\beta_1(i)$;
3: 输出: 观测序列概率 $P(O|\lambda)$.

在后向算法中, 步骤 (a) 初始化后向概率, 对最终时刻的所有状态 q_i 规定 $\beta_T(i) = 1$. 步骤 (b) 是后向概率的递推公式. 为了计算在时刻为 t 且状态为 q_i 的条件下时刻 $t+1$ 之后的观测序列为 $\{o_{t+1}, \cdots, o_T\}$ 的后向概率 $\beta_t(i)$, 只需考虑在时刻 $t+1$ 所有可能的 N 个状态 q_j 的转移概率 (即 a_{ij}), 以及在此状态下的观测 o_{t+1} 的观测概率 (即 $b_j(o_{t+1})$), 然后考虑状态 q_j 之后的观测序列的后向概率 (即 $\beta_{t+1}(j)$). 步骤 (c) 求 $P(O|\lambda)$ 的思路与步骤 (b) 一致, 只是用初始概率 π_i 代替了转移概率 a_{ij}.

利用前向概率和后向概率的定义, 可以将观测序列概率 $P(O|\lambda)$ 统一写成

$$P(O|\lambda) = \sum_{i=1}^{N} \alpha_t(i)\beta_t(i)$$
$$= \sum_{i=1}^{N}\sum_{j=1}^{N} \alpha_t(i)a_{ij}b_j(o_{t+1})\beta_{t+1}(j), \quad t = 1, \cdots, T-1.$$

当 t 取 T 时, $P(O|\lambda)$ 写成 (10.2.2).

10.2.3 一些概率与期望值的计算

利用前向概率和后向概率, 可以得到关于单个状态和两个状态概率的计算公式.

(1) 给定模型 λ 和观测 O, 在时刻 t 处于状态 q_i 的概率

$$\gamma_t(i) = P(i_t = q_i|O, \lambda)$$

可以通过前向和后向概率计算得到. 事实上

$$\gamma_t(i) = P(i_t = q_i|O, \lambda) = \frac{P(i_t = q_i, O|\lambda)}{P(O|\lambda)},$$

由前向概率 $\alpha_t(i)$ 和后向概率 $\beta_t(i)$ 的定义可知

$$\alpha_t(i)\beta_t(i) = P(i_t = q_i, O|\lambda).$$

于是可得

$$\gamma_t(i) = \frac{P(i_t = q_i, O|\lambda)}{P(O|\lambda)} = \frac{\alpha_t(i)\beta_t(i)}{\displaystyle\sum_{j=1}^{N} \alpha_t(j)\beta_t(j)}. \tag{10.2.3}$$

(2) 给定模型 λ 和观测 O, 在时刻 t 处于状态 q_i 且在时刻 $t+1$ 处于状态 q_j 的概率为

$$\xi_t(i,j) = P(i_t = q_i, i_{t+1} = q_j|O, \lambda),$$

也可以通过前向和后向概率计算得到

$$\xi_t(i,j) = \frac{\alpha_t(i)a_{ij}b_j(o_{t+1})\beta_{t+1}(j)}{\displaystyle\sum_{k=1}^{N}\sum_{l=1}^{N} \alpha_t(k)a_{kl}b_l(o_{t+1})\beta_{t+1}(l)}. \tag{10.2.4}$$

(3) 将 $\gamma_t(i)$ 和 $\xi_t(i,j)$ 对各个时刻 t 求和, 可以得到一些有用的期望值.

(a) 在观测 O 下状态 q_i 出现的期望次数为 $\sum_{t=1}^{T} \gamma_t(i)$.

(b) 在观测 O 下由状态 q_i 转移的期望次数为 $\sum_{t=1}^{T-1} \gamma_t(i)$.

(c) 在观测 O 下由状态 q_i 转移到状态 q_j 的期望次数为 $\sum_{t=1}^{T-1} \xi_t(i,j)$.

我们以 (2) 为例, 来理解这三个结论. 记

$$X_i^{(t)} = \begin{cases} 1, & \text{在时刻 } t \text{ 处于状态 } q_i, \\ 0, & \text{否则}. \end{cases}$$

那么, 在转移位置上 (注意, 在时刻 T 状态不转移了) 状态 q_i 出现的总次数为 $\sum_{t=1}^{T-1} X_i^{(t)}$. 因此, 由状态 q_i 转移的期望次数为

$$E\left(\sum_{t=1}^{T-1} X_i^{(t)}\right) = \sum_{t=1}^{T-1} E(X_i^{(t)}) = \sum_{t=1}^{T-1} \gamma_t(i).$$

10.3　学习算法

根据训练数据是包括观测序列及对应的状态序列还是只有观测序列, 隐马尔可夫模型的学习可以分为监督学习和无监督学习. 本节首先介绍监督学习算法, 然后介绍一种无监督学习算法——Baum-Welch 算法, 它实际上是一种 EM 算法.

10.3.1　监督学习方法

假设训练数据包括一个观测序列 O 和一个状态序列 I, 那么隐马尔可夫模型的转移概率 a_{ij} 和观测概率 $b_j(k)$ 可用相应的频率进行估计 (其实是极大似然估计).

(1) 转移概率 a_{ij} 的估计.

设样本中, 在时刻 t 处于状态 q_i 且在时刻 $t+1$ 转移到状态 q_j 的频数为 A_{ij}, 那么状态转移概率 a_{ij} 的一个估计是

$$\hat{a}_{ij} = \frac{A_{ij}}{\sum\limits_{k=1}^{N} A_{ik}}, \quad i = 1, \cdots, N, \quad j = 1, \cdots, N.$$

(2) 观测概率 $b_j(k)$ 的估计.

设样本中, 状态为 q_j 且观测为 v_k 的频数是 B_{jk}, 那么状态为 q_j 且观测为 v_k 的概率 $b_j(k)$ 的一个估计是

$$\hat{b}_j(k) = \frac{B_{jk}}{\sum\limits_{i=1}^{M} B_{ji}}, \quad j = 1, \cdots, N, \quad k = 1, \cdots, M.$$

若训练数据包括 S 个长度相同的观测序列和对应的状态序列 $\{(O_1, I_1), \cdots, (O_S, I_S)\}$, 初始状态概率 π_i 也可用相应的频率进行估计.

(3) 初始状态概率 π_i 的一个估计是 S 个样本中初始状态为 q_i 的频率.

监督学习需要隐变量的信息, 这涉及隐变量的人工标注. 而人工标注训练数据往往代价很高, 因此更多的时候需要使用无监督学习的方法.

10.3.2 Baum-Welch 算法

假设训练数据只有一个观测序列而没有对应的状态序列, 目标是学习 (估计) 隐马尔可夫模型 $\lambda = (A, B, \pi)$ 的参数. 将观测序列数据记作 O, 状态序列数据 (不可观测的隐数据) 记作 I, 那么隐马尔可夫模型是一个含有隐变量的概率模型

$$P(O|\lambda) = \sum_I P(O|I, \lambda)P(I|\lambda).$$

它的参数学习可以由 EM 算法实现.

(1) 确定完全数据的对数似然函数.

所有观测数据写成 $O = \{o_1, \cdots, o_T\}$, 所有隐数据写成 $I = \{i_1, \cdots, i_T\}$, 完全数据是 $(O, I) = (o_1, \cdots, o_T, i_1, \cdots, i_T)$. 完全数据的对数似然函数是 $\log P(O, I|\lambda)$.

(2) EM 算法的 E 步: 求 Q 函数.

按照 EM 算法, 需要先写出 Q 函数. Q 函数是完全数据的对数似然函数在关于给定模型参数和观测数据的前提下对隐变量 (这里指状态变量) 的条件概率分布的期望, 所以

$$Q(\lambda, \bar{\lambda}) = \sum_I \log P(O, I|\lambda)P(I|O, \bar{\lambda}).$$

这里, $\bar{\lambda}$ 是隐马尔可夫模型参数的当前估计值, λ 是要极大化的隐马尔可夫模型参数. 后面需要对这个 Q 函数进行极大化, 也就是 EM 算法的 M 步. 显然, 对 Q 函数进行正常数因子的乘除运算是不影响极大化结果的. 我们注意到 Q 函数中的

$$P(I|O, \bar{\lambda}) = \frac{P(O, I|\bar{\lambda})}{P(O|\bar{\lambda})},$$

而 $P(O|\bar{\lambda})$ 是一个正常量, 因此为了后面计算上的方便, 在上面原先的 Q 函数的基础上乘以 $P(O|\bar{\lambda})$, 把 Q 函数写成

$$Q(\lambda, \bar{\lambda}) = \sum_I \log P(O, I|\lambda)P(O, I|\bar{\lambda}). \tag{10.3.1}$$

而

$$P(O, I|\lambda) = \pi_{i_1} b_{i_1}(o_1) a_{i_1 i_2} b_{i_2}(o_2) \cdots a_{i_{T-1} i_T} b_{i_T}(o_T).$$

于是

$$Q(\lambda, \bar{\lambda}) = \sum_I \log \pi_{i_1} P(O, I|\bar{\lambda}) + \sum_I \left(\sum_{t=1}^{T-1} \log a_{i_t i_{t+1}} \right) P(O, I|\bar{\lambda})$$
$$+ \sum_I \left(\sum_{t=1}^{T} \log b_{i_t}(o_t) \right) P(O, I|\bar{\lambda}). \tag{10.3.2}$$

注 10.9　在上述两个等式里, 若 $i_1 = q_i$, 则符号 π_{i_1} 应理解为 π_i, $b_{i_1}(o_1)$ 应理解成 $b_i(o_1)$; 若 $i_1 = q_i, i_2 = q_j$, 则符号 $a_{i_1 i_2}$ 应理解成 a_{ij}. 其他符号可类似理解. 后面若出现这样的记号, 请按此理解, 不再一一说明.

(3) EM 算法的 M 步: 极大化 $Q(\lambda, \bar{\lambda})$, 求模型参数 A, B, π.

由于这些参数在 (10.3.2) 中单独地出现在三个项中, 所以只需对各项分别极大化.

(a) (10.3.2) 的第 1 项可以写成

$$\sum_I \log \pi_{i_1} P(O, I|\bar{\lambda}) = \sum_{i=1}^{N} \log \pi_i P(O, i_1 = q_i|\bar{\lambda}).$$

注意到 π_i 满足约束条件 $\sum_{i=1}^{N} \pi_i = 1$, 利用拉格朗日乘子法, 写出拉格朗日函数:

$$\sum_{i=1}^{N} \log \pi_i P(O, i_1 = q_i|\bar{\lambda}) + \gamma \left(\sum_{i=1}^{N} \pi_i - 1 \right),$$

其中 γ 为拉格朗日乘子. 对上式关于 π_i 求偏导数并令其为 0, 得

$$P(O, i_1 = q_i|\bar{\lambda}) + \gamma \pi_i = 0. \tag{10.3.3}$$

对 (10.3.3) 关于 i 求和, 得

$$\gamma = -P(O|\bar{\lambda}).$$

把此结果代回 (10.3.3) 即得

$$\hat{\pi}_i = \frac{P(O, i_1 = q_i|\bar{\lambda})}{P(O|\bar{\lambda})}. \tag{10.3.4}$$

(b) (10.3.2) 的第 2 项可以写成

$$\sum_I \left(\sum_{t=1}^{T-1} \log a_{i_t i_{t+1}} \right) P(O, I|\bar{\lambda}) = \sum_{i=1}^{N} \sum_{j=1}^{N} \sum_{t=1}^{T-1} \log a_{ij} P(O, i_t = q_i, i_{t+1} = q_j|\bar{\lambda}).$$

类似地, 应用具有约束条件 $\sum_{j=1}^{N} a_{ij} = 1$ 的拉格朗日乘子法可以求得

$$\hat{a}_{ij} = \frac{\sum_{t=1}^{T-1} P(O, i_t = q_i, i_{t+1} = q_j | \bar{\lambda})}{\sum_{t=1}^{T-1} P(O, i_t = q_i | \bar{\lambda})}. \tag{10.3.5}$$

(c) (10.3.2) 的第 3 项为

$$\sum_{I} \left(\sum_{t=1}^{T} \log b_{i_t}(o_t) \right) P(O, I | \bar{\lambda}) = \sum_{j=1}^{N} \sum_{t=1}^{T} \log b_j(o_t) P(O, i_t = q_j | \bar{\lambda}).$$

类似地, 应用具有约束条件 $\sum_{k=1}^{M} b_j(k) = 1$ 的拉格朗日乘子法, 并注意到只有在 $o_t = v_k$ 时, $b_j(o_t)$ 对 $b_j(k)$ 的偏导数才不为 0, 利用示性函数 $I\{o_t = v_k\}$, 则可求得

$$\hat{b}_j(k) = \frac{\sum_{t=1}^{T} P(O, i_t = q_j | \bar{\lambda}) I\{o_t = v_k\}}{\sum_{t=1}^{T} P(O, i_t = q_j | \bar{\lambda})}. \tag{10.3.6}$$

10.3.3 Baum-Welch 模型参数估计

将 (10.3.4)—(10.3.6) 中的各个概率分别用 (10.2.3) 和 (10.2.4) 中的 $\gamma_t(i)$, $\xi_t(i, j)$ 表示, 则可将相应的公式写成

$$\hat{\pi}_i = \gamma_1(i), \tag{10.3.7}$$

$$\hat{a}_{ij} = \frac{\sum_{t=1}^{T-1} \xi_t(i, j)}{\sum_{t=1}^{T-1} \gamma_t(i)}, \tag{10.3.8}$$

$$\hat{b}_j(k) = \frac{\sum_{t=1}^{T} \gamma_t(j) I\{o_t = v_k\}}{\sum_{t=1}^{T} \gamma_t(j)}, \tag{10.3.9}$$

这里的 $\gamma_t(i), \xi_t(i, j)(i, j = 1, \cdots, N)$ 按模型 $\bar{\lambda}$ 计算. (10.3.7)—(10.3.9) 称为 Baum-Welch 算法. 它是 EM 算法在隐马尔可夫模型学习中的具体实现.

算法 10.4 (Baum-Welch 算法)

1: 输入: 观测序列 $O = \{o_1, \cdots, o_T\}$, 迭代次数 n;
2: 过程:

    (a) 初始化: 对 $n = 0$, 赋予初始值 $a_{ij}^{(0)}, b_j(k)^{(0)}, \pi_i^{(0)}$, 得到模型

$$\lambda^{(0)} = (\boldsymbol{A}^{(0)}, \boldsymbol{B}^{(0)}, \boldsymbol{\pi}^{(0)});$$

    (b) 递推: 对 $n = 1, 2, \cdots,$

$$a_{ij}^{(n)} = \frac{\displaystyle\sum_{t=1}^{T-1} \xi_t(i,j)}{\displaystyle\sum_{t=1}^{T-1} \gamma_t(i)}, \quad b_j(k)^{(n)} = \frac{\displaystyle\sum_{t=1}^{T} \gamma_t(j) I\{o_t = v_k\}}{\displaystyle\sum_{t=1}^{T} \gamma_t(j)}, \quad \pi_i^{(n)} = \gamma_1(i),$$

三等式右端各值按观测

$$O = \{o_1, \cdots, o_T\}$$

和模型

$$\lambda^{(n-1)} = (\boldsymbol{A}^{(n-1)}, \boldsymbol{B}^{(n-1)}, \boldsymbol{\pi}^{(n-1)})$$

计算. 式中 $\gamma_t(i)$, $\xi_t(i,j)$ 分别由 (10.2.3) 和式 (10.2.4) 给出;
    (c) 终止: 得到模型参数 $\lambda^{(n)} = (\boldsymbol{A}^{(n)}, \boldsymbol{B}^{(n)}, \boldsymbol{\pi}^{(n)})$;
3: 输出: 隐马尔可夫模型参数.

10.4　预 测 算 法

下面介绍隐马尔可夫模型预测的两种算法: 近似算法与维特比 (Viterbi) 算法.

10.4.1　近似算法

近似算法的思想是, 在每个时刻 t 选择在该时刻最有可能出现的状态 i_t^*, 从而得到一个状态序列 $I^* = \{i_1^*, \cdots, i_T^*\}$, 将它作为预测的结果.

给定隐马尔可夫模型 λ 和观测序列 O, 在时刻 t 处于状态 q_i 的概率 $\gamma_t(i)$ 由 (10.2.3) 确定. 在每一时刻 t 最有可能的状态 i_t^* 是

$$i_t^* = \arg\max_{1 \leqslant i \leqslant N} \gamma_t(i), \quad t = 1, \cdots, T.$$

从而得到状态序列 $I^* = \{i_1^*, \cdots, i_T^*\}$.

近似算法的优点是计算简单, 缺点是不能保证预测的状态序列整体是最有可能的状态序列, 因为预测的状态序列可能有实际不发生的部分. 事实上, 上述方法得到的状态序列中有可能存在概率为 0 的相邻状态, 即对某些 i, j, $a_{ij} = 0$. 尽管如此, 近似算法仍然是有用的.

10.4.2 维特比算法

维特比算法实际上是用动态规划 (dynamic programming) 解隐马尔可夫模型的预测问题, 即用动态规划求概率最大路径 (最优路径). 这时一条路径对应着一个状态序列.

根据动态规划原理, 最优路径具有这样的特性: 如果最优路径在时刻 t 通过结点 i_t^*, 那么这一路径中从结点 i_t^* 到终点 i_T^* 的部分路径, 对于从 i_t^* 到 i_T^* 的所有可能的部分路径来说, 必须是最优的. 根据这一原理, 只需从时刻 $t = 1$ 开始, 递推地计算在时刻 t 状态为 q_i 的各条部分路径的最大概率, 直至得到时刻为 T、状态为 q_i 的各条路径的最大概率. 时刻 $t = T$ 的最大概率 P^* 即为最优路径的概率, 最优路径的终结点 i_T^* 也就同步得到了. 之后, 为了找出最优路径的各个结点, 从终结点 i_T^* 开始, 由后向前逐步求得结点 $i_{T-1}^*, \cdots, i_1^*$, 得到最优路径 $I^* = \{i_1^*, \cdots, i_T^*\}$. 这就是维特比算法.

定义在时刻 t 状态为 q_i 的所有单个路径 $(i_1, \cdots, i_t)$ 中概率最大值为

$$\delta_t(i) = \max_{i_1, \cdots, i_{t-1}} P(i_t = q_i, i_{t-1}, \cdots, i_1, o_t, \cdots, o_1 | \lambda), \quad i = 1, \cdots, N.$$

由此定义可得递推公式

$$\delta_{t+1}(i) = \max_{i_1, \cdots, i_t} P(i_{t+1} = q_i, i_t, \cdots, i_1, o_{t+1}, \cdots, o_1 | \lambda)$$

$$= \max_{1 \leqslant j \leqslant N} [\delta_t(j) a_{ji}] b_i(o_{t+1}), \quad i = 1, \cdots, N; \quad t = 1, \cdots, T-1.$$

定义在时刻 t 状态为 q_i 的所有单个路径 $(i_1, \cdots, i_{t-1}, q_i)$ 中概率最大的路径的第 $t-1$ 个结点为

$$\psi_t(i) = \arg\max_{1 \leqslant j \leqslant N} [\delta_{t-1}(j) a_{ji}], \quad i = 1, \cdots, N.$$

算法 10.5 (维特比算法)

1: 输入: 模型 $\lambda = (\boldsymbol{A}, \boldsymbol{B}, \boldsymbol{\pi})$ 和观测序列 $O = \{o_1, \cdots, o_T\}$;

2: 过程:

    (a) 初始化:

$$\delta_1(i) = \pi_i b_i(o_1), \quad \psi_1(i) = 0, \quad i = 1, \cdots, N;$$

    (b) 递推: 对 $t = 2, \cdots, T,$

$$\delta_t(i) = \max_{1 \leqslant j \leqslant N}[\delta_{t-1}(j)a_{ji}]b_i(o_t), \quad i = 1, \cdots, N,$$

$$\psi_t(i) = \arg\max_{1 \leqslant j \leqslant N}[\delta_{t-1}(j)a_{ji}], \quad i = 1, \cdots, N;$$

(c) 终止:

$$P^* = \max_{1 \leqslant i \leqslant N} \delta_T(i), \quad i_T^* = \arg\max_{1 \leqslant i \leqslant N}\delta_T(i);$$

(d) 最优路径回溯: 对 $t = T - 1, \cdots, 1,$

$$i_t^* = \psi_{t+1}(i_{t+1}^*),$$

求得最优路径 $I^* = \{i_1^*, \cdots, i_T^*\}$;

3: 输出: 最优路径 $I^* = \{i_1^*, \cdots, i_T^*\}$.

下面通过一个例子来说明维特比算法.

例 10.10　考虑例 10.7 的模型 $\lambda = (\boldsymbol{A}, \boldsymbol{B}, \boldsymbol{\pi})$,

$$\boldsymbol{A} = \begin{pmatrix} 0.5 & 0.2 & 0.3 \\ 0.3 & 0.5 & 0.2 \\ 0.2 & 0.3 & 0.5 \end{pmatrix}, \quad \boldsymbol{B} = \begin{pmatrix} 0.5 & 0.5 \\ 0.4 & 0.6 \\ 0.7 & 0.3 \end{pmatrix}, \quad \boldsymbol{\pi} = (0.2, 0.4, 0.4)^{\mathrm{T}}.$$

已知观测序列 $O = \{$红, 白, 红$\}$, 试求最优状态序列, 即最优路径 $I^* = \{i_1^*, i_2^*, i_3^*\}$.

解　如图 10.2 所示, 要在所有可能的路径中选择一条最优路径, 可以按以下步骤处理:

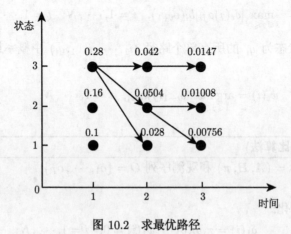

图 10.2　求最优路径

(1) 初始化. 在 $t = 1$ 时, 对每一个状态 $q_i, i = 1, 2, 3$, 求状态为 q_i 观测 o_1 为红

的概率 $\delta_1(i)$,

$$\delta_1(i) = \pi_i b_i(o_1) = \pi_i b_i(\text{红}), \quad i = 1, 2, 3.$$

代入实际数据得

$$\delta_1(1) = 0.10, \quad \delta_1(2) = 0.16, \quad \delta_1(3) = 0.28.$$

记 $\psi_1(i) = 0, i = 1, 2, 3$.

(2) 在 $t = 2$ 时, 对每个状态 $q_i, i = 1, 2, 3$, 求在 $t = 1$ 时状态为 q_j 观测 o_1 为红, 且在 $t = 2$ 时状态为 q_i 观测 o_2 为白的路径的最大概率 $\delta_2(i)$,

$$\delta_2(i) = \max_{1 \leqslant j \leqslant 3} [\delta_1(j) a_{ji}] b_i(o_2).$$

同时, 对每个状态 $q_i, i = 1, 2, 3$, 记录概率最大路径的前一个状态 q_j:

$$\psi_2(i) = \arg\max_{1 \leqslant j \leqslant 3} [\delta_1(j) a_{ji}], \quad i = 1, 2, 3.$$

代入实际数据得

$$\delta_2(1) = \max_{1 \leqslant j \leqslant 3} [\delta_1(j) a_{j1}] b_1(o_2) = 0.028, \quad \psi_2(1) = 3,$$

$$\delta_2(2) = \max_{1 \leqslant j \leqslant 3} [\delta_1(j) a_{j2}] b_2(o_2) = 0.0504, \quad \psi_2(2) = 3,$$

$$\delta_2(3) = \max_{1 \leqslant j \leqslant 3} [\delta_1(j) a_{j3}] b_3(o_2) = 0.042, \quad \psi_2(3) = 3.$$

类似地, 在 $t = 3$ 时,

$$\delta_3(i) = \max_{1 \leqslant j \leqslant 3} [\delta_2(j) a_{ji}] b_i(o_3), \quad \psi_3(i) = \arg\max_{1 \leqslant j \leqslant 3} [\delta_2(j) a_{ji}],$$

$$\delta_3(1) = 0.00756, \qquad\qquad \psi_3(1) = 2,$$

$$\delta_3(2) = 0.01008, \qquad\qquad \psi_3(2) = 2,$$

$$\delta_3(3) = 0.0147, \qquad\qquad \psi_3(3) = 3.$$

(3) 以 P^* 表示最优路径的概率, 则

$$P^* = \max_{1 \leqslant i \leqslant 3} \delta_3(i) = 0.0147.$$

最优路径的终点是 i_3^*,

$$i_3^* = \arg\max_{1 \leqslant i \leqslant 3} [\delta_3(i)] = 3.$$

(4) 由最优路径的终点 i_3^*, 逆向找到 i_2^*, i_1^*:

$$i_2^* = \psi_3(i_3^*) = \psi_3(3) = 3,$$

$$i_1^* = \psi_2(i_2^*) = \psi_2(3) = 3.$$

于是求得最优路径, 最优状态序列为 $I^* = \{i_1^*, i_2^*, i_3^*\} = \{3, 3, 3\}$.

接下来把隐马尔可夫模型应用到词性标注问题. 基于布朗语料库 (Brown corpus)[①], 采用其中的新闻类语料作为训练集, 训练隐马尔可夫模型的参数: 初始状态概率向量、状态转移概率矩阵、观测概率矩阵. 训练集中所有可能出现的词性构成状态集, 即隐马尔可夫模型里的集合 Q; 所有可能出现的词汇构成词汇集, 即隐马尔可夫模型里的集合 V. 基于有监督框架估计模型参数, 调用 R 中的 stringr 程序包进行词汇标注. 由于估计出的模型参数的体量非常庞大, 因此省略介绍这些估计结果.

现在, 在模型已知的条件下, 采用维特比算法对输入句子的词性进行标注. 这里的隐马尔可夫模型要求输入句子的词汇在模型本身的词汇集中, 否则观测概率矩阵中无数据, 无法计算最优的状态序列. 维特比算法可以得到不同时刻各个状态的最大概率值. 遍历整个观测时间后回溯, 实际上也就是将每个时刻具有最大概率值的状态筛选出, 得到隐藏状态的估计. 用下面这个英语例句进行测试:

It has a hull patterned on that of the United States navy's Nautilus the world's first atomic submarine.

这个句子的标注结果见表 10.2, 标注结果的中文解释为:

PPS: 第三人称单数代词.

HVZ: have 的第三人称单数.

AT: 冠词.

NN: 名词.

VBN: 过去分词.

IN: 介词.

DT: 限定词.

VBN-TL: 过去分词 (用于专有名词).

NNS-TL: 复数名词 (用于专有名词).

NN$: 单数名词所有格.

NP: 专有名词.

OD: 序数词.

JJ: 形容词.

显然, 对于这个例子, 利用隐马尔可夫模型进行词性标注取得了非常好的效果, 因为标注的准确率为 100%.

---

① 由美国布朗大学在 20 世纪 60 年代初建立的一个具有代表性的平衡语料库. 它包含各种不同的文体, 根据抽样调查决定了一个他们认为英文平衡语料库应有的分布, 再根据此分布收集了百万词的语料, 并加上词类标记, 输入电脑.

表 10.2 词性标注结果

单词	It	has	a	hull	patterned	on
词性标注	PPS	HVZ	AT	NN	VBN	IN
单词	that	of	the	United	States	navy's
词性标注	DT	IN	AT	VBN-TL	NNS-TL	NN$
单词	Nautilus	the	world's	first	atomic	submarine
词性标注	NP	AT	NN$	OD	JJ	NN

采用隐马尔可夫模型进行词性标注是解码问题的实际应用. 虽然对上面这个测试语料隐马尔可夫模型的解码效果非常好, 不过, 由于文本数据的稀疏性, 利用训练集得到的状态转移概率矩阵和观测概率矩阵往往也非常稀疏. 同时, 模型要求测试的词汇必须在模型本身的词汇表范围内, 否则观测概率矩阵会缺乏对应项, 从而无法进行标注. 这是隐马尔可夫模型应用于词性标注问题时的一个缺点.

习 题 10

10.1 证明 10.2.3 节中的两个结论:

(1) 在观测 O 下状态 q_i 出现的期望次数为 $\sum_{t=1}^{T} \gamma_t(i)$;

(2) 在观测 O 下由状态 q_i 转移到状态 q_j 的期望次数为 $\sum_{t=1}^{T-1} \xi_t(i,j)$.

10.2 假设有一个股市交易量的分类数据观测序列:

$$\{1, 2, 1, 2, 3, 4\}.$$

观测集合 $V = \{1, 2, 3, 4\}$, 这里 1 表示高交易量, 2 表示中交易量, 3 表示低交易量, 4 表示极低交易量. 状态集合 $Q = \{q_1, q_2\}$, 这里 q_1 表示牛市, q_2 表示熊市. 初始状态概率向量为

$$\boldsymbol{\pi} = (0.45, 0.55)^{\mathrm{T}}.$$

状态转移概率矩阵为

$$\boldsymbol{A} = \begin{pmatrix} 0.4 & 0.6 \\ 0.5 & 0.5 \end{pmatrix}.$$

观测概率矩阵为

$$\boldsymbol{B} = \begin{pmatrix} 0.4 & 0.3 & 0.2 & 0.1 \\ 0.1 & 0.3 & 0.4 & 0.2 \end{pmatrix}.$$

根据交易量的分类数据观测序列求最优状态序列.

第11章 神经网络与深度学习

11.1 引　言

近年来, 人工智能 (artificial intelligence) 已经成为一个非常热门的话题. 简单地说, 人工智能就是希望机器能拥有人那样的智能. 它涉及很多不同的科学领域和研究问题, 其中一个很重要的分支就是机器学习 (machine learning). 这是让机器能够自我 "学习" 的一门学科或者技术. 传统上计算机的工作是: 给它一串指令, 然后它遵照这个指令一步步执行, 有因有果, 非常明确. 但这显然称不上 "学习". 区别于这种基于因果 (固定程序方法) 的方式, 机器学习是基于经验 (数据) 的算法. 计算机通过已有数据, 训练学习出某种模型, 然后利用该模型进行预测. 所以, 机器学习是一种能够赋予计算机学习的能力, 以此让它完成直接编程无法完成的功能.

人工神经网络 (artificial neural networks) 是机器学习中的一个重要模型, 简称为神经网络 (neural networks, NN). 它是模仿人脑的处理方式, 希望可以按人类大脑的逻辑运行来实现人工智能.

深度学习 (deep learning)是从神经网络 (以下在没有特别说明的情况下都指人工神经网络) 中发展起来的, 可以认为是神经网络的延伸. "深度" 两字最初是指神经网络模型中隐层的层数超过一层. 现在深度学习的范围更加广泛, 深度可以简单地理解为深度结构.

本章主要介绍神经网络和深度学习的基本知识和主要模型.

11.2 神　经　网　络

11.2.1 简介

传统的回归和分类方法一般具有两个主要特点: 一是线性的, 模型采用的都是 (广义) 线性的, 例如, 线性回归, 或者逻辑斯谛回归; 二是基于某些准则, 例如, 决策树分类, 对样本空间进行划分时会选择有利于判断的特性.

对于那些无法用线性的或者无法建立准则的问题, 该如何解决? 例如, 给定一张黑白图片, 如何判断图片显示的数字为 "3"? 在计算机中, 图片 "3" 无非是由一堆像素值堆成的数字集而已. 如果要采用准则进行判断, 可以使用像 "存在两个弯" "弯的开口朝左" 等作为特征, 但这些特征的语言描述难以用一般的数学模型刻画, 因为无法明确图像的像素对判断数字为 "3" 的影响.

神经网络正是针对上述难点所提出的一种非线性机器学习算法. 它具有以下特点:

(1) 针对难以用准则来描述的复杂模型;

(2) 能够达到更深层次的抽象;

(3) 能够进行广泛使用的分类算法.

前面已经提到神经网络是一种通过模拟人脑的神经组织结构来实现人工智能的机器学习技术. 人类经过对生物体大脑, 特别是人脑的研究发现, 大脑皮质将接收到的刺激信号通过一个复杂的层状网络模型, 进而获取观测数据展现的规则. 而这个复杂层状网络的基本结构和功能单位是神经细胞, 也称为神经元 (neuron).

神经细胞之间的信号传递是通过电化学过程完成的. 信号首先从一个神经细胞的轴突末梢传递给下一个神经细胞的树突, 然后进入细胞体, 最后根据实际情况选择是否传递到下一个神经细胞 (图 11.1). 所以, 神经细胞的工作模式非常简单, 接受来自 "树突" 的信号, 决定是否要 "激发", 如果需要就将状态通过 "轴突" 传递给下一个神经元. 是否 "激发" 是由某个阈值决定的, 如果信号综合达到或者超过阈值, 那么神经细胞进入兴奋状态, 否则进入抑制 (不兴奋) 状态.

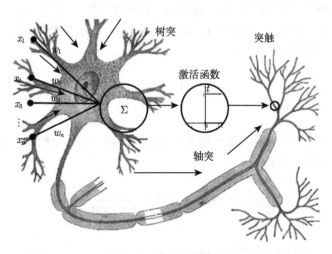

图 11.1 神经元模型

神经网络正是模仿生物神经系统而建立的数学模型. 它由大量的网络节点相互连接构成. 每个节点都有一种特定的输出函数, 称为激活函数, 来模拟神经细胞的 "激活", 具有兴奋和抑制两种状态. 每两个节点间的连接都有一个加权值, 称为权重, 来模拟神经细胞的记忆. 神经网络模型根据网络的连接方式 (拓扑结构)、权重值和激活函数的不同而不同. 所以, 它可以用来模拟各种复杂的问题, 或者说, 它是某种算法或者函数的近似, 也可能是对一种逻辑策略的表达.

神经网络具有下面几个特点:

(1) 并行分布处理;

(2) 高度鲁棒性和容错能力;

(3) 分布存储及学习能力;

(4) 能充分逼近复杂的非线性关系.

11.2.2 神经元

1943 年, McCulloch 和 Pitts 将生物神经细胞抽象为一个简单的数学模型, 即经典的 M-P 神经元 模型 (图 11.1). 神经元是神经网络中最重要的、最基本的组成成分, 与生物神经系统中的神经细胞相似. 每个神经元与其他神经元相连, 它具有两个状态, "兴奋" 和 "抑制"; 这两个状态由一个 "阈值" 来决定, 超过这个阈值则被激活, 否则处于抑制状态. 在神经元模型中, 状态由一个函数来控制, 这个函数被形象地称为激活函数 (activation function).

如图 11.1 所示, 神经元有输入和输出. 输入为 $x = (x_1, \cdots, x_n)^{\mathrm{T}}$ 和截距 +1; 输出值为 $f(\sum w_i x_i + b)$, 其中 w_i 称为权值 (也称权重), b 称为截距项 (也称为偏置项, 简称为截距或者偏置), 可以看成 +1 的权值. 令 $z = \sum w_i x_i + b$, 激活函数 $f : \mathbb{R} \mapsto \mathbb{R}$ 对 z 进行控制. 例如, 当 $z \geqslant 0$ 时, 返回 1, 表示 "激活状态"; 当 $z < 0$ 时, 返回 0, 表示 "未激活状态", 即

$$f(z) = \begin{cases} 1, & z \geqslant 0, \\ 0, & z < 0. \end{cases}$$

然而, 阶跃函数具有不连续、不光滑等不太好的性质. 实际中经常会采用阶跃函数光滑化的近似函数, 例如

$$\text{sigmoid 函数}: f(z) = \frac{1}{1 + \exp(-z)},$$

$$\text{双曲正切函数 (tanh)}: f(z) = \tanh(z) = \frac{\mathrm{e}^z - \mathrm{e}^{-z}}{\mathrm{e}^z + \mathrm{e}^{-z}}.$$

因此, 神经元模型的具体细节有

$$f(W^{\mathrm{T}} x + b) = f\left(\sum_{i=1}^{n} w_i x_i + b\right),$$

其中 $W = (w_1, \cdots, w_n)^{\mathrm{T}}$, $x = (x_1, \cdots, x_n)^{\mathrm{T}}$, 如图 11.2 所示.

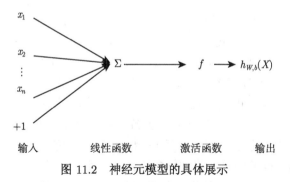

图 11.2　神经元模型的具体展示

11.2.3　感知器

感知器 (perceptron) 的结构类似于神经元模型, 是对神经元最基本概念的模拟. 它是美国学者 Rosenblatt 在 1957 年首次提出的, 由两层神经元构成, 即输入层和输出层, 如图 11.3. 在输入层有多个神经元, 但输出层只有一个神经元, 可以写成

$$y = h_{W,b}(x) = f\left(\sum_{i=1}^{n} w_i x_i + b\right).$$

其中 y 是输出.

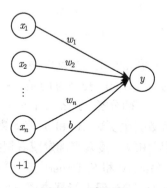

图 11.3　感知器

感知器最初采用阶跃函数作为激活函数 f, 即

$$y = f(W^{\mathrm{T}}x + b) = \begin{cases} 1, & W^{\mathrm{T}}x + b \geqslant 0, \\ 0, & W^{\mathrm{T}}x + b < 0. \end{cases} \tag{11.2.1}$$

这时感知器可以视为一个线性分类器. 假设 (11.2.1) 中的 x 是 n 维实向量, 那么 n 维实空间中的超平面 $W^{\mathrm{T}}x + b = 0$ 将空间分为两个部分, 位于超平面一侧的数

据, 感知器判断为 1, 另一侧的数据判断为 0. 所以感知器可以实现逻辑关系 "与 (and)" "或 (or)" "非 (not)", 还可以解决线性分类或线性回归问题.

感知器是如何学习的? 感知器的未知量是权重 W 和偏置 b. 如果 W 和 b 已知, 那么对每一输入的训练数据 x, 都可以计算出其分类值 $y = h_{W,b}(x)$, 以及是否被正确分类. 所以, 学习的关键就是如何找到 W 和 b, 使得错误分类最少. 事实上, 学习的过程就是让 W 和 b 不断朝着减少错误分类的方向改进.

假设训练数据集是线性可分的 (可以用一个超平面将数据集分开), 感知器学习的目标就是找到这样的超平面将训练集中的两类数据完全正确分开. 如果数据是正确分类的, 那么 $|\hat{y} - y| = 0$, 这里 $\hat{y}$ 是指训练数据的真正分类, 也称为标签 (label). 因此, W 和 b 应该使得下面的函数最小

$$\frac{1}{2m} \sum_{k=1}^{m} \left(\hat{y}_{(k)} - h_{W,b}(x_{(k)}) \right)^2. \tag{11.2.2}$$

下标 (k) 表示第 k 个样本数据, m 是样本量. 称 (11.2.2) 为代价函数 (cost function), 也称损失函数 (lost function). 对于训练数据 $(x, \hat{y})$, W 和 b 进行如下的更新

$$W^{\text{new}} = W^{\text{old}} + \eta \Delta W^{\text{old}},$$
$$\Delta W^{\text{old}} = (\hat{y} - y)x, \tag{11.2.3}$$
$$b^{\text{new}} = b^{\text{old}} + \eta \Delta b^{\text{old}},$$
$$\Delta b^{\text{old}} = (\hat{y} - y), \tag{11.2.4}$$

其中 η 是学习率. 迭代的初值事先给定, (11.2.3) 和 (11.2.4) 中的 y 是由 $W^{\text{old}}, b^{\text{old}}$ 计算得到的输出, 即 $y = h_{W^{\text{old}}, b^{\text{old}}}(x)$. 需注意的是, 从 (11.2.3) 和 (11.2.4) 可以看出, 如果感知器将训练数据 x 正确分类, 那么 $\Delta W^{\text{old}} = \Delta b^{\text{old}} = 0$. 所以, 实际计算中只会选取错误分类的训练数据来更新 W 和 b. 学习率 η 在优化角度上就是梯度下降方向的搜索步长, 它可以由线性搜索来确定或者根据经验事先给定.

美国人工智能学者 M. Minsky 和 S. Papert 指出[85]: 单层感知器有一个缺点, 只能对线性可分的数据集进行分类, 但不能解决逻辑异或 (xor) 之类的问题. 如果将单层感知器叠加成多层感知器, 理论上就具备对任何分类问题的解决能力. 事实上, 多层感知器可以模拟任意复杂的函数, 网络输入的维数 (n) 和隐层层数 (L) 取决于函数的复杂度.

11.2.4   神经网络模型

神经网络由多个神经元按一定规则连接起来. 图 11.4 就是一个三层神经网络模型.

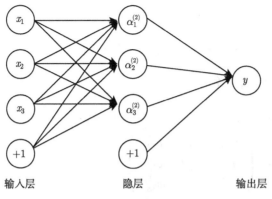

图 11.4　三层神经网络

其中最左边的一层为输入层, 最右边的一层为输出层 (可以有多个神经元, 图 11.4 中只有一个), 中间一层被称为隐层 (也称为隐藏层或者隐含层, 网络模型往往具有多个隐层). 图中的 +1 节点是截距项, 被称为偏置节点或偏置单元, 所以输入层有 3 个输入单元, 输出层有 1 个输出单元, 隐层有 3 个神经元. 注意, 不能有其他单元连向偏置单元. 图 11.4 中的神经网络是一种前馈神经网络, 即每个神经元只与前一层的神经元相连, 当前层 (偏置除外) 只接收前一层的输出, 而自身的输出只能输出给下一层, 各层之间没有反馈.

为了叙述方便, 引入如下记号:

N: 神经网络的层数, 图 11.4 的例子中 $N = 3$;

s_l: 第 l 层的单元数量 (不包括偏置单元); $s_1 = n$;

$W^{(l)}$: 第 l 层到 $l+1$ 层的权重矩阵, $w_{ij}^{(l)}$ 是第 l 层第 j 单元到 $l+1$ 层第 i 单元之间的权重 (注意 i, j 代表的意思). 图 11.4 的例子中 $W^{(1)} \in \mathbb{R}^{3 \times 3}$;

$b^{(l)}$: 第 $l+1$ 层的偏置, $b_i^{(l)}$ 是第 $l+1$ 层的第 i 单元的偏置项;

$a^{(l)}$: 第 l 层的激活值, $a_i^{(l)}$ 表示第 l 层第 i 单元的激活值; $a^{(1)} = x$ 为输入;

$z^{(l)}$: 第 l 层的每个单元的输入加权和, $z_i^{(l)}$ 表示第 l 层第 i 单元的输入加权值. 根据图 11.4, 可以写出各层的表达式,

$$z_1^{(2)} = w_{11}^{(1)} x_1 + w_{12}^{(1)} x_2 + w_{13}^{(1)} x_3 + b_1^{(1)},$$
$$a_1^{(2)} = f(z_1^{(2)});$$
$$z_2^{(2)} = w_{21}^{(1)} x_1 + w_{22}^{(1)} x_2 + w_{23}^{(1)} x_3 + b_2^{(1)},$$
$$a_2^{(2)} = f(z_2^{(2)});$$
$$z_3^{(2)} = w_{31}^{(1)} x_1 + w_{32}^{(1)} x_2 + w_{33}^{(1)} x_3 + b_3^{(1)},$$
$$a_3^{(2)} = f(z_3^{(2)}),$$

输出为

$$h_{W,b}(x) = a^{(3)} = f(z^{(3)}) = f(w_{11}^{(2)}a_1^{(2)} + w_{12}^{(2)}a_2^{(2)} + w_{13}^{(2)}a_3^{(2)} + b_1^{(2)}).$$

用向量表示各层的输入和输出,

$$x = (x_1, x_2, x_3)^{\mathrm{T}}, \quad b^{(1)} = (b_1^{(1)}, b_2^{(1)}, b_3^{(1)})^{\mathrm{T}},$$

$$W^{(1)} = \begin{pmatrix} w_{11}^{(1)} & w_{12}^{(1)} & w_{13}^{(1)} \\ w_{21}^{(1)} & w_{22}^{(1)} & w_{23}^{(1)} \\ w_{31}^{(1)} & w_{32}^{(1)} & w_{33}^{(1)} \end{pmatrix},$$

$$z^{(2)} = (z_1^{(2)}, z_2^{(2)}, z_3^{(2)})^{\mathrm{T}}, \quad a^{(2)} = (a_1^{(2)}, a_2^{(2)}, a_3^{(2)})^{\mathrm{T}}, \quad b^{(2)} = b_1^{(2)},$$

$$W^{(2)} = (w_{11}^{(2)}, w_{12}^{(2)}, w_{13}^{(2)}),$$

并定义 $f((z_1, z_2, z_3)^{\mathrm{T}}) = (f(z_1), f(z_2), f(z_3))^{\mathrm{T}}$, 则上式可简化为

$$z^{(2)} = W^{(1)}x + b^{(1)},$$
$$a^{(2)} = f(z^{(2)}),$$
$$z^{(3)} = W^{(2)}a^{(2)} + b^{(2)},$$
$$h_{W,b}(x) = a^{(3)} = f(z^{(3)}).$$

上面的步骤是前向传播, 如果用 $a^{(1)}$ 表示输入层的激活值 x, $a^{(N)}$ 表示输出层, 那么有

$$z^{(l+1)} = W^{(l)}a^{(l)} + b^{(l)},$$
$$a^{(l+1)} = f(z^{(l+1)}), \quad l = 1, \cdots, N-1.$$

　　神经网络模型的学习方式与感知器 (见 11.2.3 节) 非常相似. 首先定义代价函数; 接着根据样本数据和标签采用梯度下降法进行学习, 求得权重等参数; 最终对测试数据进行预测. 在列举神经网络模型的实例之前, 先介绍其中涉及的激活函数、代价函数、梯度下降法和反向传播计算方法.

11.2.5　激活函数

　　在 11.2.2 节, 已经提到了激活函数. 它有什么用呢? 显然, 如果没有激活函数, 那么整个神经网络只是一个线性模型, 即便有再多的隐层, 整个网络跟单层神经网络也是等价的. 正是因为激活函数的存在使得神经网络具有了非线性建模能力. 下面介绍几种常用的激活函数.

1. Sigmoid 函数

Sigmoid 函数$f(x) = \dfrac{1}{1 + \mathrm{e}^{-x}}$ 是使用范围最广的一类激活函数. 具有指数函数形状, 它在物理意义上最为接近生物神经元.

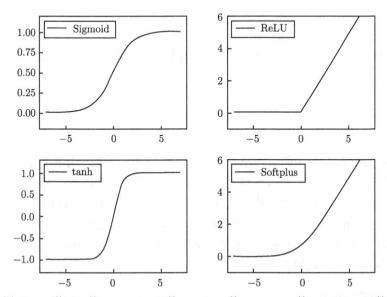

图 11.5　激活函数: Sigmoid 函数、tanh 函数、ReLU 函数、Softplus 函数

从图 11.5 的左上子图可以看出, Sigmoid 函数具有可微性和单调性, 输出值的范围是 $(0,1)$. 然而, Sigmoid 函数也有一些缺点, 最重要的就是饱和性. 根据 Sigmoid 函数的定义, 不难得出

$$\lim_{x \to \infty} f(x) = 0.$$

具有这种性质的激活函数称为软饱和激活函数. 与软饱和函数对应的是硬饱和函数, 即当 $|x| > c$ 时, $f(x) = 0$, 其中 c 为常数.

由于在后向传递过程中, Sigmoid 激活函数在向下一层传导的梯度中包含了一个 $f(x)$ 因子 (关于输入变量的导数, 后面会详细介绍). 一旦输入值落入饱和区域, $f(x)$ 就会变得很接近于 0, 导致了向下一层传递的梯度也变得非常小. 这种现象称为梯度消失, 会使得整个网络的参数很难得到有效训练. 所以, 在深度学习模型中, Sigmoid 函数逐渐被其他函数替代.

2. Tanh 函数

Tanh 函数 $f(x) = \dfrac{1 - \mathrm{e}^{-2x}}{1 + \mathrm{e}^{-2x}}$ 也是一种经常使用的激活函数, 其曲线形状与 Sigmoid 函数非常类似 (图 11.5), 也具有可微性和单调性. 但 tanh 函数的输出值

范围是 $(-1,1)$, 输出均值是 0, 这使得它在某些实际计算中收敛速度要比 Sigmoid 快, 减少迭代次数. 不过, tanh 函数同 Sigmoid 函数一样也具有饱和性, 会造成梯度消失.

3. ReLU 函数

线性整流单元 (rectified linear unit, ReLU) 函数 $f(x) = \max\{0,x\}$ 是针对 Sigmoid 函数和 tanh 函数的饱和性而提出的激活函数. 它也可以写成分段函数的形式:

$$f(x) = \begin{cases} x, & x \geqslant 0, \\ 0, & x < 0. \end{cases}$$

从图 11.5 的右上子图可看出, 当 $x > 0$ 时, ReLU 函数不存在饱和问题. 所以, ReLU 函数在 $x > 0$ 时, 能保持梯度不衰减, 缓解梯度消失问题. 然而, 当输入值落入 $x \leqslant 0$ 区域, 同样会导致对应权重无法更新, 称这种现象为 "神经元坏死".

由于神经元坏死会影响网络的收敛性, 所以针对性地改进 ReLU 激活函数, 出现了 Leaky-ReLU, ELU (exponential linear unit), SELU (scaled exponential linear unit) 等各种 ReLU 函数的变形.

4. Softplus 函数

Softplus 函数 $f(x) = \ln(1 + \mathrm{e}^x)$ 的值域为 $(0,\infty)$. 如图 11.5 所示, 它是 ReLU 函数的光滑近似. 根据研究, Softplus 函数和 ReLU 函数与脑神经元激活频率函数有相似的地方. 也就是说, 采用 Softplus 或者 ReLU 激活函数更加接近脑神经元的激活模型, 而神经网络正是基于脑神经科学发展而来的.

11.2.6　代价函数

神经网络模型中一个重要的设计是代价函数的选择. 在 11.2.3 节感知器学习中, 采用的代价函数是均方误差. 在图 11.4 所示的例子里, 神经网络的代价函数可写成

$$J(\theta) = \frac{1}{m} \sum_x L(x, \hat{y}; \theta) = \frac{1}{2m} \sum_x \|\hat{y} - y\|^2, \tag{11.2.5}$$

这里 θ 为所求的参数集 (W 和 b), m 是样本总数, $\hat{y}$ 是训练数据 x 的标签 (即期望的输出), $y = h_{W,b}(x)$ 是 x 的神经网络实际输出 (注意 $h_{W,b}$ 是一系列激活函数和线性函数的复合函数. 如果采用可微的激活函数, 那么 $h_{W,b}$ 也是可微的). 也就是说, 当参数 θ 为所求的解, 那么神经网络的实际输出应该就等于 $\hat{y}$, 否则两者就会有差距, 代价函数未达到最小. 自然的想法是找到使得代价函数最小的参数 θ. 最常用的是梯度下降法, 即用 $\nabla_\theta J$ 来迭代更新参数 θ, 直至收敛. 然而在实际计算中, 参

数的修正项 $\dfrac{\partial J}{\partial W}$ 和 $\dfrac{\partial J}{\partial b}$ 都会出现激活函数的导数 $f'(z)$. 以 Sigmoid 函数 $\sigma(z)$ 为例, 它的导数 $\sigma'(z) = \sigma(z)(1 - \sigma(z))$ 在 z 的大部分区域内非常小, 从而使得修正项 $\dfrac{\partial J}{\partial W}$ 和 $\dfrac{\partial J}{\partial b}$ 也都非常小, 出现饱和现象, 造成参数更新速度很慢, 甚至无法达到期望值.

事实上, 均方误差函数只是最大似然学习条件分布中的一种特殊情况[62]. 针对平方差函数的饱和现象, 改进的方法是用交叉熵作为代价函数. 熵 (entropy) 由美国数学家香农 (C. E. Shannon) 最早引入到信息论中, 用来度量不确定性的程度. 变量的不确定性越大, 熵也就越大. 交叉熵的代价函数具有如下的形式 (省略样本的下指标 (k)):

$$J(\theta) = -\frac{1}{n}\sum_{x}\left[\hat{y}\ln y + (1 - \hat{y})\ln(1 - y)\right].$$

仍然考虑 Sigmoid 激活函数 $\sigma(z)$, 以输出层为例, $y = a^{(N)} = \sigma(z^{(N)}) = \sigma\left(\sum w_j^{(N-1)} a_j^{(N-1)} + b^{(N-1)}\right)$. 利用 $\sigma'(z) = \sigma(z)(1 - \sigma(z))$, 有

$$\begin{aligned}
\frac{\partial J}{\partial w_i^{(N-1)}} &= -\frac{1}{n}\sum_{x}\left(\frac{\hat{y}}{\sigma(z^{(N)})} - \frac{1 - \hat{y}}{1 - \sigma(z^{(N)})}\right)\frac{\partial\sigma(z^{(N)})}{\partial w_i^{(N-1)}} \\
&= \frac{1}{n}\sum_{x}\frac{\sigma'(z^{(N)})a_i^{(N-1)}}{\sigma(z^{(N)})(1 - \sigma(z^{(N)}))}(\sigma(z^{(N)}) - \hat{y}) \\
&= \frac{1}{n}\sum_{x}(\sigma(z^{(N)}) - \hat{y})a_i^{(N-1)}.
\end{aligned}$$

可以看出修正项 $\dfrac{\partial J}{\partial w_i^{(N-1)}}$ 中不再出现导数项 $\sigma'(z)$, 而留下的项 $\sigma(z^{(N)}) - \hat{y} = y - \hat{y}$, 表明输出值和标签之间的误差. 如果误差越大, 修正项就越大, 参数更新就越快, 训练速度也就越快. 对 $\dfrac{\partial J}{\partial W}$ 和 $\dfrac{\partial J}{\partial b}$ 的其他偏导数项也有类似的结论.

11.2.7 梯度下降法

神经网络模型学习的目的是找到能最小化代价函数 $J(\theta)$ 的参数 (权重和偏置). 在实际求解时, 会在代价函数中加上正则项, 使之成为适定问题 (例如, 避免过拟合). 为了解决这一优化问题, 通常采取梯度下降法, 又称批量梯度下降法 (batch gradient descent, BGD), 也称为最速下降法.

$$\theta^{\text{new}} = \theta^{\text{old}} - \eta\nabla_{\theta}J(\theta^{\text{old}}),$$

其中 η 为学习率.

　　神经网络模型的学习常常需要大的训练集来得到好的泛化能力. 但由公式 (11.2.5) 可知, 梯度下降法在每一迭代步中需要对每个样本计算

$$\nabla_\theta J = \frac{1}{n} \sum_x \nabla_\theta L(x, \hat{y}; \theta).　　　　　　　(11.2.6)$$

显然训练的样本集较大时, 计算一步的梯度也会消耗相当长的时间. 注意到公式 (11.2.6) 里的梯度是所有样本的代价函数的梯度期望, 它可采用小规模样本的梯度期望近似估计, 甚至仅根据一个样本对模型的梯度进行近似, 这就有了小批量梯度下降法 (mini-batch gradient descent, MBGD) 和随机梯度下降算法 (stochastic gradient descent, SGD). 具体而言, 从训练集中随机抽出一小批量样本 $\{x_{(1)}, \cdots, x_{(m)}\}$, $x_{(k)}$ 对应的标签为 $\hat{y}_{(k)}$, 总体样本代价函数的梯度近似为

$$\nabla J(\theta) \approx \frac{1}{m} \sum_{k=1}^m \nabla_\theta L(x_{(k)}, \hat{y}_{(k)}; \theta).$$

小批量梯度下降法在每一步迭代中只用小批量样本的梯度信息来更新参数 (算法 11.1).

算法 11.1 (小批量梯度下降法)

1: 给定参数初始值 θ, 学习率 η;
2: while 终止条件未满足;
3: 从训练集中随机抽出 m 个样本 $\{x_{(1)}, \cdots, x_{(m)}\}$, 相应的标签为 $\{\hat{y}_{(1)}, \cdots, \hat{y}_{(m)}\}$;
4: 计算小批量样本的梯度

$$\Delta\theta = \frac{1}{m} \sum_{k=1}^m \nabla_\theta L(x_{(k)}, \hat{y}_{(k)}; \theta);$$

5: 参数更新 $\theta \to \theta - \eta\Delta\theta$;
6: end while.

　　小批量样本的数目 m 相对于样本总数 n 要小得多, 计算量大大减少, 计算速度也可以极大地提升. 以 500 万样本的数据集为例, 随机分成 1000 份, 每份是 5000 个样本的子集, 这些子集就称为小批量 (mini-batch). 然后针对每一个子集做一次梯度下降, 来更新参数 W 和 b 的值. 接着到下一个子集中继续进行算法计算. 这样在遍历完所有的数据集之后, 相当于在梯度下降法中做了 1000 次迭代. 将遍历一次所有样本的计算称为一轮 (epoch, 也称为一个世代).在梯度下降法 (批量梯度下降法) 中一次迭代就是一轮. 因此, 在某种意思上, 小批量梯度下降法是以迭代次数

换取算法运行速度. 随机梯度下降算法是小批量梯度下降法的一个特例, 即 $m = 1$ 的情况. 小批量梯度下降法和随机梯度下降法虽然在每一迭代步的计算上大大加速, 但每次迭代方向不一定都是模型整体最优化的方向, 所以算法收敛可能需要更多的迭代次数.

从公式 (11.2.6) 不难看出, 重点是要如何计算梯度或者偏导数. 11.2.8 节将介绍使用反向传播算法来计算梯度.

11.2.8 反向传播算法

由公式 (11.2.6) 可知 $\nabla_\theta J(\theta)$ 需要计算 $\dfrac{\partial J}{\partial w_{ij}^{(l)}}$ 和 $\dfrac{\partial J}{\partial b_i^{(l)}}$ ($l = 1, \cdots, N$; $i = 1, \cdots, s_{l+1}$; $j = 1, \cdots, s_l$). 根据 $z_i^{(l+1)} = \sum_{j=1}^{s_l} w_{ij}^{(l)} a_j^{(l)} + b_i^{(l)}$ 和导数的链式法则, 可得

$$\frac{\partial J}{\partial w_{ij}^{(l)}} = \frac{\partial J}{\partial z_i^{(l+1)}} \frac{\partial z_i^{(l+1)}}{\partial w_{ij}^{(l)}},$$

$$\frac{\partial J}{\partial b_i^{(l)}} = \frac{\partial J}{\partial z_i^{(l+1)}} \frac{\partial z_i^{(l+1)}}{\partial b_i^{(l)}},$$

其中

$$\frac{\partial z_i^{(l+1)}}{\partial w_{ij}^{(l)}} = \frac{\partial}{\partial w_{ij}^{(l)}} \left(\sum_{k=1}^{s_l} w_{ik}^{(l)} a_k^{(l)} + b_i^{(l)} \right) = a_j^{(l)},$$

$$\frac{\partial z_i^{(l+1)}}{\partial b_i^{(l)}} = \frac{\partial}{\partial b_i^{(l)}} \left(\sum_{k=1}^{s_l} w_{ik}^{(l)} a_k^{(l)} + b_i^{(l)} \right) = 1.$$

记误差项 $\delta_i^{(l)} = \dfrac{\partial J(W, b; x, y)}{\partial z_i^{(l)}}$, 那么上面的式子可改写为

$$\frac{\partial J}{\partial w_{ij}^{(l)}} = \delta_i^{(l+1)} a_j^{(l)},$$

$$\frac{\partial J}{\partial b_i^{(l)}} = \delta_i^{(l+1)}.$$

$a_j^{(l)}$ 是神经网络第 l 层第 j 个神经元的激活值, 可以由输入层数据开始正向计算得到. 关键是 $\delta_i^{(l+1)}$ 的计算, 需要反向推导. 为了书写简洁, 做如下两个规定. 第一, 在计算过程中只考虑一个固定训练样本 x 的情况, 省略样本指示下标和对样本的求和平均, 并仍然将代价函数记为 $J(\theta) = L(x, \hat{y}; \theta)$. 第二, 只考虑代价函数为平方

差函数的情况, 其他代价函数的推导过程完全类似. 对实向量 $p = (p_1, \cdots, p_\iota)^{\mathrm{T}}$ 和 $q = (q_1, \cdots, q_\iota)^{\mathrm{T}}$, 它们的 Hadamard 乘积 $u = (u_1, \cdots, u_\iota)^{\mathrm{T}}$ 定义为

$$u = p \odot q, \quad u_i = p_i q_i, \quad i = 1, \cdots, \iota.$$

首先, 计算输出层的误差项

$$
\begin{aligned}
\delta_i^{(N)} &= \frac{\partial J}{\partial z_i^{(N)}} = \frac{1}{2} \frac{\partial}{\partial z_i^{(N)}} \| \hat{y} - y \|^2 \\
&= \frac{1}{2} \sum_{j=1}^{s_N} \frac{\partial}{\partial z_i^{(N)}} (\hat{y}_j - a_j^{(N)})^2 \\
&= (a_i^{(N)} - \hat{y}_i) f'(z_i^{(N)}),
\end{aligned}
$$

其中 $\hat{y}_j$ 是 $\hat{y}$ 的第 j 个分量, $a_j^{(N)}$ 是以样本 x 为输入的神经网络输出层的第 j 个神经元的激活值. 写成矩阵向量的形式为

$$\delta^{(N)} = (a^{(N)} - \hat{y}) \odot f'(z^{(N)}).$$

然后, 计算中间第 l 隐层的误差项. 根据链式法则有

$$
\begin{aligned}
\delta_i^{(l)} &= \frac{\partial J}{\partial z_i^{(l)}} = \sum_{k=1}^{s_{l+1}} \frac{\partial J}{\partial z_k^{(l+1)}} \frac{\partial z_k^{(l+1)}}{\partial z_i^{(l)}} \\
&= \sum_{k=1}^{s_{l+1}} \delta_k^{(l+1)} \frac{\partial z_k^{(l+1)}}{\partial z_i^{(l)}}, \quad l = N-1, \cdots, 2.
\end{aligned}
$$

再由

$$z_k^{(l+1)} = \sum_{j=1}^{s_l} w_{kj}^{(l)} a_j^{(l)} + b_k^{(l)} = \sum_{j=1}^{s_l} w_{kj}^{(l)} f(z_j^{(l)}) + b_k^{(l)},$$

可得

$$\delta_i^{(l)} = \sum_{k=1}^{s_{l+1}} \delta_k^{(l+1)} w_{ki}^{(l)} f'(z_i^{(l)}).$$

写成矩阵向量形式为

$$\delta^{(l)} = \left(W^{(l)} \right)^{\mathrm{T}} \delta^{(l+1)} \odot f'(z^{(l)}).$$

下面给出反向传播 (back propogation, BP) 算法的具体步骤.

算法 11.2 (反向传播算法)

1: 根据输入的训练数据 x, 得到 $a^{(1)}$;

2: 根据神经网络正向计算

$$z^{(l)} = W^{(l-1)}a^{(l-1)} + b^{(l-1)}, \quad a^{(l)} = f(z^{(l)}), \quad l = 2, \cdots, N;$$

3: 计算输出层的误差项

$$\delta^{(N)} = (a^{(N)} - \hat{y}) \odot f'(z^{(N)});$$

4: 反向计算

$$\delta^{(l)} = \left(W^{(l)}\right)^{\mathrm{T}} \delta^{(l+1)} \odot f'(z^{(l)}), \quad l = N-1, \cdots, 2;$$

5: 计算输出的偏导数

$$\frac{\partial J}{\partial w_{ij}^{(l)}} = \delta_i^{(l+1)} a_j^{(l)}, \quad \frac{\partial J}{\partial b_i^{(l)}} = \delta_i^{(l+1)}.$$

11.2.9 梯度检验

有了算法 11.1 和算法 11.2, 整个神经网络模型就可以进行训练和学习了. 但在编写程序进行计算时, 可能会存在一些很难找到的程序错误. 为了验证求导代码的正确性, 可以采用梯度检验的方法.

假设已经用代码计算得到了 $\dfrac{\mathrm{d}J(\theta)}{d\theta}$, 如何来验证其是否正确? 可以利用近似式:

$$\frac{\mathrm{d}J(\theta)}{\mathrm{d}\theta} \approx \frac{J(\theta + \epsilon) - J(\theta - \epsilon)}{2\epsilon}, \tag{11.2.7}$$

其中参数 ϵ 比较小, 一般可以设定为 10^{-4} 这个数量级. 如果 (11.2.7) 成立, 那么可以确认求导的程序代码是正确的.

11.3 深度神经网络

多层感知器可以克服单层感知器无法处理稍微复杂的非线性函数的缺点, 特别是 20 世纪 80 年代末, 神经网络反向传播算法的提出, 神经网络模型可以通过大量的训练来学习其中的统计规律, 对测试数据做预测, 从而掀起了第一次机器学习的热潮. 但是随着隐层层数的增加, 损失函数的优化越来越容易陷入局部最优解, 而且也越来越偏离真正的全局最优. 另外随着网络层数的增加, "梯度消失" 现象更加严重. 所以, 传统神经网络模型虽被称为多层感知器, 但实际上网络层数并不太多, 往往只含有一层隐层, 也被称为浅层神经网络 (shallow nerual network, SNN).

　　2006 年, 多伦多大学教授、机器学习的领军人物 Geoffrey Hinton 教授等[67] 利用预训练的方式来缓解局部最优解的问题, 将隐层增加到了 7 层, 实现了真正意义上的 "深度" 神经网络 (deep neural network, DNN), 掀起了第二次的机器学习热潮——"深度学习". 各种深度神经网络模型相继提出, 网络层数也不断增加, 从十几层到几十层, 甚至上百层. 例如, 深度残差学习网络模型就有 152 层[64]. 深度神经网络与传统神经网络 (浅层的) 单从结构上来看, 没有任何区别, 都是由输出层、输入层和中间的隐层构成, 相邻层之间的节点有连接, 同一层的节点之间无连接; 区别在于隐层的层数上, 深度神经网络由于具有更多的隐层 (图 11.6), 因而对事件的抽象表现能力更强, 也能模拟更复杂的模型.

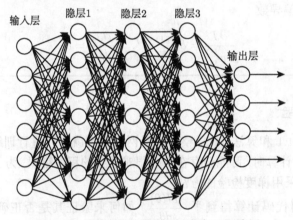

图 11.6　深度神经网络模型, 含有 3 层隐层

　　深度学习区别于传统的机器学习方法 (包括浅层神经网络), 除了强调神经网络模型的结构深度外, 还明确了特征学习的重要性. 神经网络模型通常会有较多层的隐层, 通过逐层处理的内部特征变换, 将样本在原空间的特征表示变换到一个新特征空间. 同时充分利用大样本数据来学习特征, 刻画出数据的丰富内在信息, 使得原本很难分类或预测的事件变得容易. 因此, 深度学习的实质, 是建立深度神经网络模型, 通过海量的训练数据, 来学习事物的特征, 从而最终提升分类或预测的准确性.

11.4　卷积神经网络

　　11.3 节介绍了前馈式的深度神经网络, 它的特点是神经网络中的每个单元都和下一层的每个单元 (偏置单元除外) 相连, 也称这样结构的网络为全连接神经网络.

如果将全连接神经网络用于图像处理, 会导致严重的参数数量膨胀问题. 所需计算量极速增加, 甚至超出极限的范畴. 以一幅 1024×1024 的图像为例, 其像素点数约为 10^6, 如果隐层含有 1000 个单元, 那么光一层隐层就约有 10^9 个参数需要训练, 不仅使得整体算法效率非常低, 还会导致过拟合. 因此, 全连接神经网络在面对诸如图像识别、语音识别任务时常常无法获得较好的效果. 下面介绍另一种重要的神经网络模型: 卷积神经网络 (convolutional neural network, CNN), 它已成为当前语音分析和图像识别等领域的研究热点.

卷积神经网络通常由卷积层 (convolutional layer)、采样层 (pooling layer, 又称池化层)、全连接层 (full connected layer) 构成. 一般的模式为若干个卷积层后叠加一个池化层 (也可以不叠加), 然后重复上述结构几次以后, 再连接若干个全连接层. 局部连接、权值共享和降采样是卷积神经网络的三个主要特点. 局部连接是指每个神经元不再以全连接方式连接, 而是部分连接, 每层神经元只和下一层部分神经元相连 (即卷积运算). 因此, 可以大大减少参数的数量. 权值共享是指卷积运算在层与层之间的权值相同, 可以减少参数的数量. 降采样指的是对卷积以后得到的样本进行再次采样, 从而进一步减少参数的数量.

11.4.1 卷积

卷积是数学中的一个重要运算, 应用在信号处理等众多领域.

定义 11.1 设 $f(x)$ 和 $g(x)$ 是 $\mathbb{R}$ 上的两个可积函数, 称积分函数

$$s(x) := \int_{-\infty}^{\infty} f(y)g(x-y)\mathrm{d}y$$

为 f 和 g 的卷积, 记为 $s(x) = (f * g)(x)$.

在实际计算中, 通常是离散取点, 卷积在离散情形下的定义如下.

定义 11.2 设 $f(n)$ 和 $g(n)(n = -\infty, \cdots, \infty)$ 是两个离散序列, 称

$$s(n) := \sum_{i=-\infty}^{\infty} f(i)g(n-i)$$

为 f 和 g 的离散卷积, 仍记为 $s(n) = (f * g)(n)$.

类似地可以定义高维卷积, 以二维为例, 离散卷积为

$$S(m,n) = (f * g)(m,n) = \sum_{i=-\infty}^{\infty} \sum_{j=-\infty}^{\infty} f(i,j)g(m-i,n-j).$$

在神经网络中, 卷积都是指离散型卷积 (也称为互相关 cross-correlation), 通常写成

$$S(m,n) = (I * K)(m,n) = \sum_{i} \sum_{j} I(m+i,n+j)K(i,j).$$

称其中的 K 为卷积核, 也称为滤波器 (filter), 输出值 $S(m,n)$ 为特征图 (feature map). 可以看出, 虽然两个卷积在形式上有差别, 但本质上是一样的.

11.4.2　卷积层

在图像处理领域, 卷积操作被广泛应用. 不同卷积核可以提取不同的特征, 例如, 边、线、角等特征. 在卷积神经网络中, 通过卷积操作可以提取出不同级别 (简单或者复杂) 的图像特征. 因此, 卷积层是卷积神经网络的核心.

卷积层的输出通常由 3 个量控制, 下面以图 11.7 为例进行说明. 假设输入的

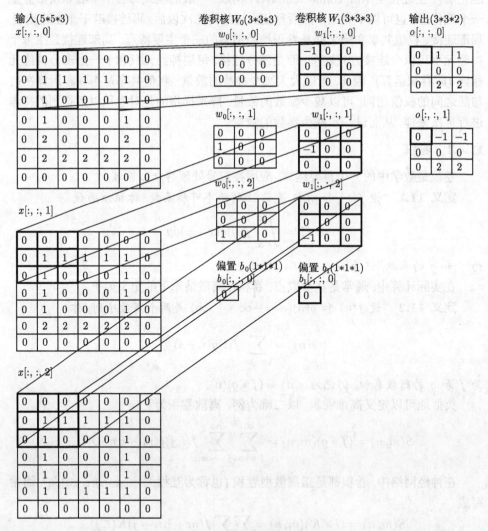

图 11.7　卷积层的卷积核运作

是 5×5 的彩色图片, 表示为矩阵 X, 其中 $X = [x_{ijd}], i, j = 0, \cdots, 4, d = 0, 1, 2$. 卷积核有 2 个, 分别用 W_0 和 W_1 表示, 其中 W_0 和 W_1 都是 3×3 的矩阵, 分量为 $w_{mnd}^l, m, n, d = 0, 1, 2, l = 0, 1$, 上标 $l = 0$ 表示是 W_0 的分量, 否则是 W_1 的分量. 对应的偏置为 b_0 和 b_1, 都是标量 ($1 \times 1 \times 1$ 矩阵), 类似地引入 $b^l, l = 0, 1$, 上标 $l = 0$ 表示是 b_0, 否则是 b_1.

深度 (depth): 顾名思义, 控制卷积层输出的深度. 卷积层可以有多个卷积核, 每个卷积核进行卷积运算后可以得到一个特征图. 因此, 卷积层的深度就是卷积核的个数. 图 11.7 有 2 个卷积核, 所以, 深度是 2.

步幅 (stride): 控制同一深度里特征图的两个相邻单元所对应输入区域之间的距离. 图 11.7 的步幅是 2. 如果步幅小的话 (如步幅为 1), 相邻单元对应的输入区域重叠部分会多一些; 反之, 步幅大, 则重叠区域变少. 图 11.8 中的两幅子图展示了步幅为 1 和 2 的区别.

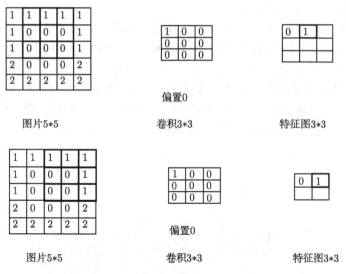

图 11.8   步幅分别为 1 和 2

补零 (zero-padding): 通过在输入单元周围补零来改变输入单元的整体大小, 从而控制输出单元的空间大小. 图 11.7 中, 在 5×5 的图像周围补 0, 使之成为 7×7 的输入.

给定深度、步幅和补零数值后, 卷积层输出数据的尺寸 $L_2 \times H_2 \times D_2$ (即卷积层得到的特征图, 其宽度 L_2、高度 H_2 和深度 D_2) 就可以确定. 特征图的个数就是深度, 也就是卷积核的个数 K, 即 $D_2 = K$; 宽度的计算公式为

$$L_2 = (L_1 - F + 2P)/S + 1,$$

其中, L_1 是卷积前图像的宽度, F 是卷积核的宽度, P 是补零的圈数, S 是步幅的步长; 高度也可类似计算

$$H_2 = (H_1 - F + 2P)/S + 1,$$

其中, H_1 是卷积前图像的高度.

卷积层输出的计算公式是

$$a_{i,j}^l = f \left(\sum_{d=0}^{D-1} \sum_{m=0}^{F-1} \sum_{n=0}^{F-1} w_{m,n,d}^l x_{i+m-1,j+n-1,d} + b^l \right), \tag{11.4.1}$$

其中, D 表示输入通道 (图 11.7 输入的是彩图, 有 3 条通道, 所以 $D = 3$), $x_{m,n,d}$ 表示输入数据的第 d 条通道上第 m 行 n 列的值, $w_{m,n,d}^l$ 表示第 l 个卷积核的第 d 层上第 m 行 n 列的值, b^l 为偏置项, f 表示激活函数.

卷积层具有三个显著特点.

(1) 稀疏交互 (sparse interactions): 在卷积层中神经元只与输入数据的一个局部区域连接. 称该局部连接区域为神经元的感受野 (receptive field). 从公式 (11.4.1) 可知, 输出 $a_{i,j}$ 只与 $x_{i-1+m,j-1+n,d}$ ($d = 1, \cdots, D; m, n = 1, \cdots, F$) 有关. 这种结构保证了训练好的每个卷积核只对局部输入模式产生最强烈的响应. 这与全连接有着本质的不同. 但经过多层卷积层的神经元堆积后, 由于逐层递增, 这些卷积层又具有了全局性 (能对更大输入区域产生响应, 如图 11.9 所示).

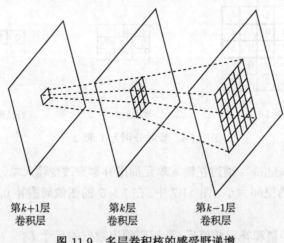

第 $k+1$ 层　　　　　第 k 层　　　　　第 $k-1$ 层
卷积层　　　　　　　卷积层　　　　　　卷积层

图 11.9　多层卷积核的感受野递增

(2) 参数共享 (parameter sharing): 在全连接深度神经网络中, 隐层中每个神经元的权值都可以是不一样的. 这使得网络中参数的数量非常庞大. 但在卷积层中, 卷积核对上一层的输入数据都是相同的, 也就是说不同感受野采用的是相同的权

值. 从公式 (11.4.1) 可知, 参数 $w_{m,n,d}^l$ 和 b^l 与输出位置 i, j 无关. 共享权值可以极大地减少待学习的自由参数的个数, 从而提高了学习效率.

(3) 等变表示 (equivariant representations): 如果一个函数 $f(x)$ 的自变量以某种方式改变时, 函数值也会以相同的方式改变, 那么称该函数 $f(x)$ 具有等变 (equivariant) 性质. 如图 11.10, 函数 $f(x)$ 的自变量 x 按照函数 $g(x)$ 确定的规则进行变化时, 函数值 $f(x)$ 也按照同样的 $g(x)$ 方式进行变化, 也就是

$$f(g(x)) = g(f(x)).$$

称函数 $f(x)$ 对函数 $g(x)$ 是等变的. 卷积运算就具有等变性. 例如, 卷积运算对平移变换是等变的, 即先对图像 $I(x, y)$ 做平移变换, 再做卷积运算, 与先对图像 I 做卷积运算, 再做平移变换, 所得到的结果是一样的.

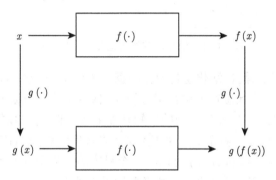

图 11.10 函数的等变性质

在处理图像时, 第一层的卷积隐层需进行图像的边缘检测, 这对后面进一步特征提取很有帮助. 相同的边缘散落在图像的各处, 正是由于卷积运算对平移变换的等变性质, 可以对整个图像进行参数共享. 当然, 卷积对其他的一些变换并不是天然等变的, 例如, 对于图像的放缩或者旋转变换.

11.4.3 池化层

池化 (pooling) 也称为降采样 (down-sampled), 也是一种特征提取的局部操作. 池化层的输入一般来源于上一个卷积层的输出, 经过池化层后可以非常有效地缩小参数矩阵的尺寸, 从而减少后面的卷积层或者全连接层中的参数数量. 最常用的池化操作有最大池化 (max pooling) 和平均池化 (mean pooling). 图 11.11 显示了感受野为 2×2, 步幅为 2 的最大池化和平均池化. 最大池化在输入数据的局部取其最大值作为输出值; 平均池化是取局部数据的均值作为输出值.

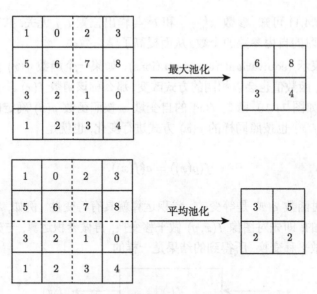

图 11.11 池化层的最大池化和平均池化

从图 11.11 可以看出, 池化层将保持数据的深度不变. 它在减少下一层参数的同时, 对不同位置的小尺度特征进行聚合统计, 保留了输入数据大尺度上的主要特征. 这种不同尺度上的处理与人脑的认知功能非常类似, 在浅层上得到局部特征, 在深层上得到相对的全局特征[16]. 也正是基于多尺度的想法, 后续发展的空间金字塔池化 (spatial pyramid pooling) 方法将一个尺度的池化变成了多个不同尺度上的池化, 获取图像中的多尺度信息, 让网络架构可以处理任意大小的图像输入, 提高模型的适用能力, 具有非常重要的意义.

11.4.4 卷积神经网络的网络架构

卷积神经网络可以由若干卷积层、池化层、全连接层组成. 图 11.12 展示了卷积神经网络一种常用的基本架构: 首先, 一个卷积层 (可以多个卷积层) 叠加一个池化层; 然后, 重复这个结构多次 (图 11.12 中重复了两次); 最后, 叠加多个全连接层 (图 11.12 中叠加了两个全连接层).

如图 11.12 所示, 输入层为输入图像的数据, 深度为 1. 第一层是卷积层, 有 3 个卷积核, 得到了 3 个特征图. 卷积核的个数 (3) 是一个超参数, 也就是说, 卷积核的个数是事先根据问题的特点或者其他性质事先设定的. 当然可以在卷积层中采用更多的卷积核, 提取更多的特征. 但如果卷积核太多的话, 那么会大大增加未知量的数目, 导致计算量的急增. 第二层是池化层, 得到尺寸更小的 3 个特征图. 然后重复这样的结构一次. 不同的是第三层的卷积层采用了 5 个卷积核, 得到 5 个特征图. 最后两层是全连接层. 第五层的全连接层的每个神经元和上一层 5 个特征图的每个神经元相连. 第六层的全连接层 (即输出层) 的每个神经元, 则和第五层全连接层的每个神经元相连, 得到了整个网络的输出.

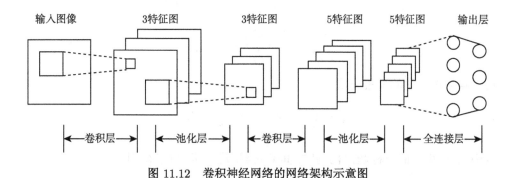

图 11.12 卷积神经网络的网络架构示意图

从图 11.12 可以看出, 在卷积神经网络中卷积层的层结构和全连接神经网络的层结构是不同的. 卷积神经网络每层的神经元是按照三维排列, 有宽度、高度和深度的; 全连接神经网络每层的神经元是按照一维排列的.

11.4.5 权值的训练

对于深度神经网络模型, 梯度下降法最主要的运算是利用反向传播算法对误差项进行计算. 而在卷积神经网络中, 由于卷积层和池化层的存在, 反向传播算法的具体公式有所变化.

首先考虑卷积层. 假设输入的是二维图像数据, 卷积层的步幅和深度都取 1, 不考虑补零. 这些假设只是为了阐述的方便, 其他情况的卷积层可以在此基础上直接推广. 用 $\delta_{i,j}^{(l)}$ 表示第 l 层第 i 行第 j 列的误差项, $w_{i,j}^{(l)}$ 表示第 $l-1$ 层到第 l 层卷积核的第 i 行第 j 列的权值, $b^{(l-1)}$ 表示第 l 层的偏置项, $z_{i,j}^{(l)}$ 表示第 l 层第 i 行第 j 列神经元的输入, $f^{(l)}$ 表示第 l 层的激活函数. 第 l 层第 i 行第 j 列的输出 $a_{i,j}^{(l)}$ 为

$$z_{i,j}^{(l)} = \sum_{p=0}^{F-1} \sum_{q=0}^{F-1} a_{i+p,j+q}^{(l-1)} w_{p,q}^{(l-1)} + b^{(l-1)} = (a^{(l-1)} * W^{(l-1)})(i,j) + b^{(l-1)},$$

$$a_{i,j}^{(l)} = f^{(l)}(z_{i,j}^{(l)}),$$

其中 F 是卷积核的宽度. 根据误差项的定义和链式法则, 有

$$\delta_{i,j}^{(l)} = \frac{\partial J}{\partial z_{i,j}^{(l)}} = \frac{\partial J}{\partial a_{i,j}^{(l)}} \frac{\partial a_{i,j}^{(l)}}{\partial z_{i,j}^{(l)}},$$

其中 J 为损失函数. 再由于

$$\frac{\partial J}{\partial a_{i,j}^{(l)}} = \sum_p \sum_q \frac{\partial J}{\partial z_{p,q}^{(l+1)}} \frac{\partial z_{p,q}^{(l+1)}}{\partial a_{i,j}^{(l)}} = \sum_p \sum_q \delta_{p,q}^{(l+1)} w_{i-p,j-q}^{(l)},$$

$$\frac{\partial a_{i,j}^{(l)}}{\partial z_{i,j}^{(l)}} = \frac{\partial f(z_{i,j}^{(l)})}{\partial z_{i,j}^{(l)}} = f'(z_{i,j}^{(l)}),$$

可以得到误差项的递推公式

$$\delta_{i,j}^{(l)} = \sum_p \sum_q \delta_{p,q}^{(l+1)} w_{i-p,j-q}^{(l)} f'(z_{i,j}^{(l)}),$$

其中当 δ 和 w 的下标超出范围时, 其值取零. 进一步, 可以得到

$$\frac{\partial J}{\partial w_{i,j}^{(l)}} = \sum_p \sum_q \delta_{p,q}^{(l+1)} a_{i+p,j+q}^{(l)},$$

$$\frac{\partial J}{\partial b^{(l)}} = \sum_p \sum_q \delta_{p,q}^{(l+1)}.$$

接着考虑池化层. 由于不涉及权重等参数, 只需要计算误差项的传递公式即可. 如果池化层采用的是最大池化, 那么

$$z_{i,j}^{(l+1)} = \max_{p,q}\{z_{p,q}^{(l)}\},$$

其中 p, q 是池化层输出 $z_{i,j}^{(l+1)}$ 所对应的感受野中所有神经单元的位置下标. 因此, 感受野中神经单元 $z_{p,q}^{(l)}$ 值最大的那个神经元所在位置是其误差项会传递的位置, 而其余位置上的误差项是不会传递的, 其值都为 0. 图 11.13 显示了池化层的最大池化运算. 右边子图中数字 6 所在位置的误差项会传递到上一层 (左边子图) 的数字 6 位置上的误差项, 而阴影处的其余三个位置 1, 0, 5 上的误差项都为 0.

图 11.13　池化层的最大池化运算

如果池化层采用的是平均池化, 那么误差项传递公式要复杂一些:

$$\left[\delta_{p,q}^{(l)}\right]_{d\times d} = \frac{1}{d^2} \delta_{i,j}^{(l+1)} E_{d\times d},$$

其中 $E_{d \times d}$ 表示所有元素都是 1 的 $d \times d$ 矩阵, $\left[\delta_{p,q}^{(l)}\right]_{d \times d}$ 表示由元素 $\delta_{p,q}^{(l)}$ 构成的矩阵, p, q 是池化区域内神经元的位置下标, d 为池化区域的宽度. 写成矩阵向量形式为

$$\delta^{(l)} = \frac{1}{d^2} \delta^{(l+1)} \otimes E_{d \times d},$$

其中 $\otimes$ 表示克罗内克积 (Kronecker product). 图 11.14 显示了池化层的平均池化运算. 右边子图中数字 3 所在位置的误差项会均匀分配传递到上一层 (左边子图) 阴影标出位置上的误差项.

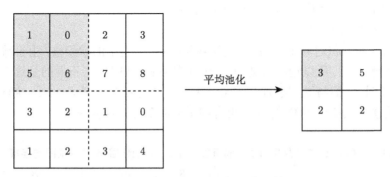

图 11.14 池化层的平均池化运算

11.4.6 LeNet-5 卷积神经网络

"LeNet-5" 卷积神经网络是美国工程院院士 LeCun 等在他们 1998 年的论文 [77] 里首次提出的, 并在手写体字符识别中取得了很好的效果, 从而备受关注. 图 11.15 显示了 LeNet-5 卷积神经网络的架构[77].

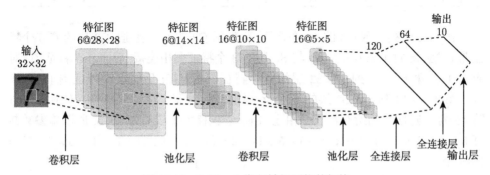

图 11.15 LeNet-5 卷积神经网络的架构

LeNet-5 除了输入层, 还有 7 层, 分别是卷积层、池化层、卷积层、池化层、全连接层、全连接层和输出层. 下面逐一介绍图 11.15 里的每一层.

(1) INPUT 层–输入层.

输入层输入的数据是尺寸统一归一化为 32×32 的手写图像.

(2) C1 层–卷积层.

对输入图像进行第一次卷积运算. 使用 6 个 5×5 大小的卷积核, 得到 6 个 28×28 大小的特征图, 其中 28 是由 $32 - 5 + 1$ 计算得到的. 由于卷积核的大小为 5×5, 外加一个偏置, 总共就有 $6 \times (5 \times 5 + 1) = 156$ 个参数.

(3) S2 层–池化层.

卷积之后紧接着是池化层. 采用 2×2 采样窗口上的平均池化, 得到了 6 个 14×14 的特征图, 其中 14 是由 28/2 计算得到.

(4) C3 层–卷积层.

第二次的卷积运算采用与 C1 层相同的 5×5 大小的卷积核. 由于输入的是 14×14 的特征图, 所以输出的是 10×10 的特征图. 与 C1 层不同的是这里将输出 16 个特征图, 它们与 S2 层–池化层 6 个特征图的连接方式见表 11.1. 这种不对称的组合连接方式能减少参数, 同时也有利于提取多种组合特征.

表 11.1　C3 层–卷积层中 16 个特征图与 S2 层–池化层 6 个特征图的连接方式

	0	1	2	3	4	5	6	7	8	9	10	11	12	13	14	15
0	X				X	X	X			X	X	X	X		X	X
1	X	X				X	X	X			X	X	X	X		X
2	X	X	X				X	X	X			X		X	X	X
3		X	X	X			X	X	X	X			X		X	X
4			X	X	X			X	X	X	X		X	X		X
5				X	X	X			X	X	X	X		X	X	X

表 11.1 的列表示 C3 的 16 个特征, 行表示 C2 的 6 个特征. C3 层的前 6 个特征图 (对应表 11.1 第 0 ~ 5 列) 与 S2 层的 3 个特征图相连接; 后面 6 个特征图 (对应表 11.1 第 6 ~ 11 列) 与 S2 层的 4 个特征图相连接; 后面 3 个特征图 (对应表 11.1 第 12 ~ 14 列) 与 S2 层的 4 个特征图相连接; 最后 1 个特征图 (对应表 11.1 第 15 列) 与 S2 层的所有特征图相连. 由于卷积核大小依然为 5×5, 所以总参数共有 $6 \times (3 \times 5 \times 5 + 1) + 6 \times (4 \times 5 \times 5 + 1) + 3 \times (4 \times 5 \times 5 + 1) + 1 \times (6 \times 5 \times 5 + 1) = 1516$ 个.

(5) S4 层–池化层.

第二次的池化层, 采样窗口大小仍然是 2×2, C3 层 16 个 10×10 的特征图分别进行平均池化后得到 16 个 5×5 的特征图.

(6) C5 层–全连接层.

C5 层的神经单元个数是 120 个. 由于 S4 层的 16 个特征图的大小为 5×5, 所以仍然采用大小相同的 5×5 卷积核. 经卷积后形成大小为 1×1 的 120 个数. 事实上, 这等价于将 $16 \times 5 \times 5$ 输入数据拉成一个向量, 该向量与 120 个神经单元进行全连接. 总共有 $(16 \times 5 \times 5 + 1) \times 120 = 16 \times 5 \times 5 \times 120 + 120 = 48120$ 个参数.

(7) F6 层–全连接层.

F6 层有 84 个神经单元, 与 C5 层的 120 个神经单元进行全连接. 总共有 $(120 + 1) \times 84 = 10164$ 个参数.

(8) OUTPUT 层–输出层.

OUTPUT 层也是全连接层, 共有 10 个神经单元, 在手写数字识别中分别代表数字 0 到 9, 有 $84 \times 10 = 840$ 个参数.

从图 11.15 的 LeNet-5 网络架构可以看出, 卷积层和池化层等模块的存在, 能够方便和清晰地分析卷积神经网络模型的整体框架结构, 也方便构建更深层复杂的卷积神经网络. 例如, AlexNet, 它与 LeNet-5 类似, 但具有更多的层模块和复杂的结构.

11.5 循环神经网络

在前馈式神经网络模型中, 从输入层到隐含层再到输出层, 层与层之间是按顺序串联的, 每层之间的节点是无连接的. 但不少问题需要更好地处理序列的信息, 例如, 在自然语言处理中, 句子的单词不是孤立的. 要预测句子的下一个单词, 需要用到前面的单词信息. 显然这种前后有关联的结构是前馈式神经网络模型无法处理的. 为此, 出现了循环神经网络 (recurrent neural network, RNN), 具体表现为网络会对前面的信息进行记忆, 并应用于当前输出的计算中.

11.5.1 简单循环神经网络

简单循环网络 (simple recurrent network, SRN) 是一种特殊的只有一个隐层的循环神经网络, 是 Elman 于 1990 年首次提出的[52]. 图 11.16 的左边子图显示了一个简单循环神经网络, 其中 x 是输入, s 代表隐层, o 是输出, U, V, W 是权值矩阵. 而右边子图是左子图中模型的具体展开形式. x_t, s_t, o_t 都是向量. 输入层 x_t 到隐层 s_t 是全连接, 连接权值矩阵为 U; 隐层 s_t 到输出层 o_t 也是全连接, 连接权值矩阵为 V; $t - 1$ 时刻的隐层 s_{t-1} 到 t 时刻的隐层 s_t 还是全连接, 连接权值矩阵为 W.

给定一个输入序列 $\{x_t\}_{t=1}^{L} = \{x_1, \cdots, x_L\}$, 从图 11.16 可以看出, 在时刻 t, 隐层的输入除了 x_t 以外, 还有上一时刻 $t - 1$ 时的激活值 s_{t-1}. 显然这与前面的前馈

神经网络模型有区别, 可以表示为

$$o_t = g(Vs_t + b_0), \tag{11.5.1}$$

$$s_t = f(z_t), \tag{11.5.2}$$

$$z_t = Ux_t + Ws_{t-1} + b_1, \tag{11.5.3}$$

其中 g 和 f 是激活函数. 权值矩阵 U, V, W 和 b_0, b_1 在所有步骤中都是一样的. 因为每个步骤执行相同任务, 只是使用不同的输入, 所以大大减少了需要学习的参数量.

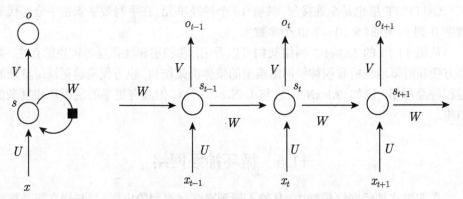

图 11.16　简单循环神经网络和它的展开形式

将 z_t 代入到 s_t 的表达式中, 得到

$$s_t = f(Ux_t + Ws_{t-1} + b_1) = h(s_{t-1}, x_t).$$

通常都令 $s_0 = 0$. 上式可以看成一个离散动力系统, 即按照一定的规则随时间演变的系统. 其中 h 或者 f 为演变规则, s_t 是状态, 所有状态组成的集合为状态空间 (或者相空间). 给定演变规则和输入, 可以得到任何时刻的状态,

$$s_t = f(b_1 + Ux_t + Ws_{t-1})$$
$$= f(b_1 + Ux_t + Wf(b_1 + Ux_{t-1} + \cdots)).$$

可以看出 s_t 含有所有先前步骤中发生事件的信息, 这就是网络的 "记忆". 需要说明的是, 通常情况下 s_t 无法从太多先前时间步骤中获得信息, 也就是说 s_t 只具有短记忆.

简单循环神经网络中, 隐层 s_t 受到前一时刻隐层 s_{t-1} 的影响. 如果隐层 s_t 还受到后一时刻隐层 s_{t+1} 的影响, 那么可以得到双向循环神经网络, 如图 11.17 所示.

简单循环神经网络中只有一个隐层. 如果进一步深化, 构造两个以上隐层, 那么可以得到深度循环神经网络模型, 如图 11.18 所示.

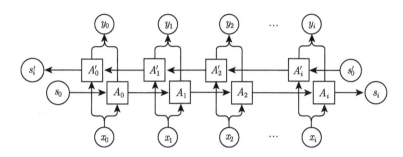

图 11.17 双向循环神经网络

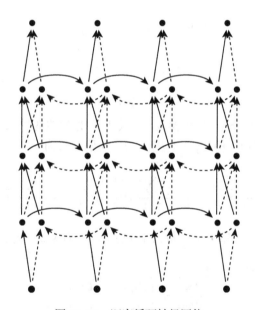

图 11.18 深度循环神经网络

11.5.2 基于时间的反向传播算法

循环神经网络的参数仍然通过梯度下降算法进行训练, 其中涉及误差项的计算时, 也采用反向传播算法, 只是 RNN 的误差项不仅取决于当前时间步上的计算量, 还与先前时间步上的计算量有关, 被称为基于时间的反向传播 (back propagation through time, BPTT) 算法. 下面以简单循环神经网络为例进行介绍.

若 x 和 z 为 n 维向量, f 为可微函数, 则 $z_i = f(x_i)$ $(i = 1, \cdots, n)$ 可记为 $z = f(x)$; 向量函数 z 关于向量变量 x 的偏导数简记为

$$\frac{\partial z}{\partial x} = \begin{bmatrix} \dfrac{\partial z_1}{\partial x_1} & \cdots & \dfrac{\partial z_1}{\partial x_n} \\ \vdots & & \vdots \\ \dfrac{\partial z_n}{\partial x_1} & \cdots & \dfrac{\partial z_n}{\partial x_n} \end{bmatrix}.$$

给定训练数据 $\{x_t\}_{t=1}^{L}$ 和相应时刻的标签 $\{\hat{y}_t\}_{t=1}^{L}$. 定义 t 时刻对 k 时刻输入 z_k 的误差项为

$$\delta_t^k = \frac{\partial J_t}{\partial z_k}.$$

记 t 时刻的代价函数为

$$J_t(V, U, W, b_0, b_1) = L(\hat{y}_t, o_t).$$

总的代价函数为

$$J = \sum_{t=1}^{L} J_t.$$

对于 J 求梯度等于对每个 J_t 求梯度. J_t 关于 k 时刻的变量求偏导数, 如果 $k > t$, 那么其偏导数显然为 0. 例如, J 对权值 w_{ij} 的偏导数为

$$\frac{\partial J}{\partial w_{ij}} = \sum_{t=1}^{L} \frac{\partial J_t}{\partial w_{ij}} = \sum_{t=1}^{L} \sum_{k=1}^{t} \sum_{l} \frac{\partial J_t}{\partial z_{k,l}} \frac{\mathrm{d}z_{k,l}}{\mathrm{d}w_{ij}} = \sum_{t=1}^{L} \sum_{k=1}^{t} \frac{\partial J_t}{\partial z_{k,i}} \frac{\mathrm{d}z_{k,i}}{\mathrm{d}w_{ij}}.$$

上式中 $\dfrac{\mathrm{d}z_{t,l}}{\mathrm{d}w_{ij}}$ 表示 z_t 的第 l 个分量关于 w_{ij} 求导, 而 s_{t-1} 视为与 w_{ij} 无关的常量. 由公式 (11.5.3), 可知

$$\frac{\mathrm{d}z_{t,l}}{\mathrm{d}w_{ij}} = \begin{cases} 0, & l \neq i, \\ s_{t-1,j}, & l = i. \end{cases}$$

另外, 根据 δ_t^k 的定义, $\dfrac{\partial J_t}{\partial z_{k,i}}$ 是它的第 i 个分量, 所以

$$\frac{\partial J}{\partial w_{ij}} = \sum_{t=1}^{L} \sum_{k=1}^{t} (\delta_t^k)_i\, s_{t-1,j}$$

或者

$$\frac{\partial J}{\partial W} = \sum_{t=1}^{L} \sum_{k=1}^{t} \delta_t^k (s_{t-1})^{\mathrm{T}}. \tag{11.5.4}$$

接着来推导 δ_t^k 的反向递推关系. 根据 J_t 的定义, 有

$$\left(\delta_t^k\right)^{\mathrm{T}} = \left(\frac{\partial J_t}{\partial z_t}\right)^{\mathrm{T}} \frac{\partial z_t}{\partial z_k} = \left(\frac{\partial J_t}{\partial z_t}\right)^{\mathrm{T}} \frac{\partial z_t}{\partial z_{t-1}} \cdots \frac{\partial z_{k+1}}{\partial z_k},$$

其中 $\dfrac{\partial z_t}{\partial z_{t-1}}$ 为方阵, $\dfrac{\partial z_t}{\partial z_{t-1}}\dfrac{\partial z_{t-1}}{\partial z_{t-2}}$ 为两个矩阵的乘积. 进一步利用链式法则可得

$$\frac{\partial z_t}{\partial z_{t-1}} = \frac{\partial z_t}{\partial s_{t-1}}\frac{\partial s_{t-1}}{\partial z_{t-1}}.$$

将公式 (11.5.3) 写成矩阵向量形式

$$\begin{bmatrix} z_{t,1} \\ z_{t,2} \\ \vdots \\ z_{t,n} \end{bmatrix} = Ux_t + \begin{bmatrix} w_{11} & w_{12} & \cdots & w_{1n} \\ w_{21} & w_{22} & \cdots & w_{2n} \\ \vdots & \vdots & & \vdots \\ w_{n1} & w_{n2} & \cdots & w_{nn} \end{bmatrix} \begin{bmatrix} s_{t-1,1} \\ s_{t-1,2} \\ \vdots \\ s_{t-1,n} \end{bmatrix} + b_1,$$

其中 $z_{t,i}$ $(i = 1, \cdots, n)$ 表示 z_t 的第 i 个分量. 容易得到

$$\frac{\partial z_t}{\partial s_{t-1}} = W.$$

再根据公式 (11.5.2), 有

$$\frac{\partial s_{t-1}}{\partial z_{t-1}} = [f'(z_{t-1})] := \begin{bmatrix} f'(z_{t-1,1}) & 0 & \cdots & 0 \\ 0 & f'(z_{t-1,2}) & \cdots & 0 \\ \vdots & \vdots & & \vdots \\ 0 & 0 & \cdots & f'(z_{t-1,n}) \end{bmatrix}.$$

将

$$\frac{\partial z_t}{\partial z_{t-1}} = W\left[f'(z_{t-1})\right]$$

代入 δ_t^k, 有

$$\left(\delta_t^k\right)^{\mathrm{T}} = \left(\delta_t^t\right)^{\mathrm{T}} \prod_{i=k}^{t-1} W\left[f'(z_i)\right]. \tag{11.5.5}$$

因为简单循环神经网络只有一层隐层, 所以前面只计算了误差项沿着时间的传递方式. 但如果有多于一层的隐层, 那么还需要计算误差项沿着层之间的传递方式. 这完全类似于前馈神经网络中误差项的计算, 就不再叙述了. 从公式 (11.5.4) 和 (11.5.5) 可以看出 BPTT 算法, 在参数的更新所涉及的梯度计算中, 也需要一个完整的正向计算 (如计算所有的 s_t) 和反向计算 (如 δ_t^k 的反向递归推导).

11.5.3   梯度消失和梯度爆炸

RNN 有一个缺点就是容易在训练中发生梯度消失和梯度爆炸问题. 由公式 (11.5.5), 可以推出

$$\|\delta_t^k\| \leqslant \|\delta_t^t\| \prod_{i=k}^{t-1} \|W\| \| [f'(z_i)] \|$$

$$\leqslant \|\delta_t^t\| (\beta_W \beta_f)^{t-k},$$

其中 β_W 和 β_f 分别是 $\|W\|$ 和 $\| [f'(z_i)] \|$ 的上界. 若 $\beta_W \beta_f > 1$, 当 $t - k \to \infty$ 时, 会造成网络系统的梯度爆炸问题; 若 $\beta_W \beta_f < 1$, 当 $t - k \to \infty$ 时, 会造成网络系统的梯度消失问题. 所以当每个时序训练数据的长度较大或者某时刻较小, 即 $t \gg k$ 时, 损失函数关于隐层变量的梯度比较容易出现消失或爆炸的问题 (也称长期依赖问题).

为了解决这个问题, 提出了改进的循环神经网络模型, 例如, 长短时记忆网络 (long short-term memory, LSTM) 和门控循环单元 (gated recurrent unit, GRU).

11.5.4   长短时记忆网络 *

长短时记忆网络 (LSTM) 是时间递归神经网络 (RNN) 的一种变体, 适合于处理和预测时间序列中间隔和延迟相对较长的重要事件. LSTM 的主要思想是在隐层中增加一个用来储存长期信息的单元状态 (cell state), 记为 c, 如图 11.19 所示, 同时引入了线性连接, 从而更好地捕捉时序数据中间隔较强的依赖关系.

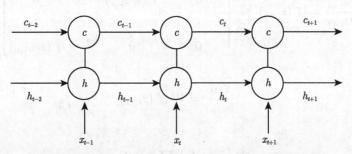

图 11.19   长短时记忆网络 (LSTM) 增加了单元状态 C

从图 11.19 可以看到, 在 t 时刻有三个输入: 上一时刻的输出值 c_{t-1}, 上一时刻的单元状态 h_{t-1}, 当前时刻的输入 x_t; 有两个输出 h_t 和 c_t. 事实上, LSTM 用一个模块化结构 (图 11.20 中的 A) 替代了 RNN 简单的隐层神经元.

为了实现信息的保护和控制, LSTM 引入了门 (gate) 的概念. 它是一个全连接层, 输出是一个向量, 每个分量是 0 到 1 的实数, 然后将该输出向量乘上某个需要

控制的向量. 假设门为 $g(x)$, 其中输入为向量 x, 需要控制的量为 s, 那么使用门来控制的表达式为

$$g(x) \odot s = \sigma(Wx + b) \odot s.$$

如果 $g(x) = 0$, 那么门没有让 s 通过; 如果 $g(x) = 1$, 那么门让 s 全额度通过; 如果 $0 < g(x) < 1$, 那么门只让 s 部分额度通过 (这里的 0 和 1 是向量, σ 是 Sigmoid 函数, W 为权值, b 为偏置). 因此, 门 $g(x)$ 的作用就是控制 s 的通过量.

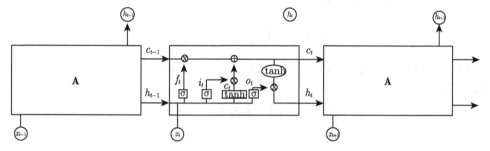

图 11.20 LSTM 中的模块化结构替代隐层神经元

LSTM 采用了三个门 (图 11.21): 输入门 (input gate)、遗忘门 (forget gate) 和输出门 (output gate).

(1) 遗忘门 f_t: 决定上一时刻的单元状态 c_{t-1} 有多少保留到 c_t 中, 表示为

$$f_t = \sigma(W_f x_t + U_f h_{t-1} + b_f).$$

(2) 输入门 i_t: 决定输入 x_t 有多少保留到 c_t 中, 表示为

$$i_t = \sigma(W_i x_t + U_i h_{t-1} + b_i).$$

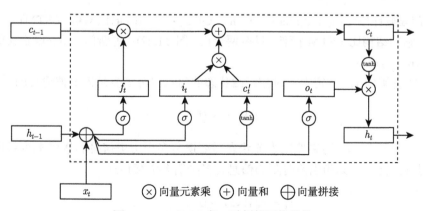

图 11.21 LSTM 在 t 时刻的网络结构

(3) 输出门 o_t: 决定单元状态 c_t 有多少保留到当前输出值 h_t 中, 表示为

$$o_t = \sigma(W_o x_t + U_o h_{t-1} + b_o).$$

上面三个门中的 W_f, W_i, W_o 是输入层到隐层的权值参数, U_f, U_i, U_o 是隐层到隐层的自循环权值参数, b_f, b_i, b_o 是偏置项.

　　LSTM 的工作原理可分为三个步骤: 第一, 根据上一时刻的输出和当前时刻的输入计算当前输入的单元状态 $\tilde{c}_t$,

$$\tilde{c}_t = \tanh\left(W_c x_t + U_c h_{t-1} + b_c\right).$$

同样, W_c 是输入层到隐层的权值参数, U_c 是隐层到隐层的自循环权值参数, b_c 是偏置项.

　　第二, 有了 $\tilde{c}_t$ 就可以给出当前隐层单元的单元状态

$$c_t = f_t \odot c_{t-1} + i_t \odot \tilde{c}_t.$$

LSTM 用遗忘门和输入门两个门来控制单元状态 c_t 保留多少历史信息和多少新信息.

　　第三, 利用输出门控制多少内部记忆将保留到隐层单元的输出中,

$$h_t = o_t \odot \tanh(c_t).$$

　　LSTM 有 4 组: W_f, U_f, b_f; W_i, U_i, b_i; W_o, U_o, b_o; W_c, U_c, b_c 共 12 个参数需要训练. 其训练的主要思想同 RNN 的基于时间的反向传播算法基本一样, 这里不再重复了.

11.5.5　门限循环单元 *

　　门限循环单元 (gated recurrent unit, GRU)是长短时记忆网络 (LSTM) 的一种变体. 它的结构比 LSTM 简便, 只有两个门 (图 11.22): 更新门 (update gate)和重置门 (reset gate).

　　(1) 重置门 r_t: 决定上一时刻隐藏状态的信息中有多少是需要被遗忘的,

$$r_t = \sigma(W_r x_t + U_r h_{t-1} + b_r).$$

　　(2) 更新门 z_t: 用来控制当前状态需要遗忘多少历史信息和接受多少新信息. 也就是说, 前一时刻和当前时刻的信息有多少需要继续传递,

$$z_t = \sigma(W_z x_t + U_z h_{t-1} + b_z).$$

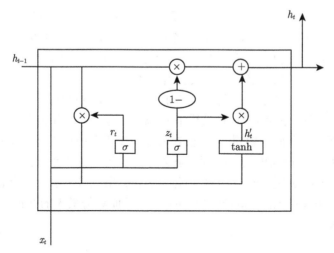

图 11.22　门限循环单元的更新门和重置门

GRU 使用了重置门来控制候选状态 $\tilde{h}_t$ 中有多少信息是从历史信息得到的,

$$\tilde{h}_t = \tanh(W_h x_t + r_t \odot U_h h_{t-1} + b_h).$$

如果重置门 r_t 接近于 0, 那么上一个隐含状态信息将几乎被丢弃; 如果接近于 1, 则上一个隐含状态信息大多会继续保留. 虽然 GRU 没有 LSTM 的细胞状态, 但是它有一个记忆内容. 当前时刻的记忆内容由两部分组成, 一部分是使用重置门储存过去相关的重要信息, 另一部分是加上当前时刻输入的重要信息.

隐含状态 h_t 使用更新门 z_t 来对上一个隐含状态 h_{t-1} 和候选隐含状态 $\tilde{h}_t$ 进行更新,

$$h_t = (1 - z_t) \odot h_{t-1} + z_t \odot \tilde{h}_t.$$

GRU 有 3 组 $W_r, U_r, b_r; W_z, U_z, b_z; W_h, U_h, b_h$ 共 9 个参数需要训练, 其训练的主要思想也同基于时间的反向传播算法基本一样.

11.6　强化学习 *

11.6.1　什么是强化学习?

强化学习 (reinforcement learning, RL), 又称为增强学习、再励学习, 是指从环境状态到行为映射的学习, 使系统行为从环境中获得累积奖励值最大的一种机器学习方法. 强化学习的思想源于行为心理学 (behavioural psychology)的研究, 是从控制理论、统计学、心理学等相关学科发展而来的. 1911 年美国心理学家爱德华·李·桑代克 (Edward Lee Thorndike) 提出了效果法则 (law of effect): 某个情境下动物产生某种反应时, 若反应的结果让动物感到舒服, 则此时的情境和反应就会结合起来, 加强了联系 (强化). 以后在类似的情境下, 这个反应就容易再现. 相反, 若产生的反应让动物感觉不舒服, 就会减弱与此情景的联系, 以后在类似的情景下, 这个反应将很难再现. 例如, 小狗叼回主人扔出的飞盘而获得肉骨头, 将使 "主人扔出飞盘时" 这个情景和 "叼回飞盘" 这个反应加强联系, 而 "获得肉骨头" 的效用将使小狗记住 "叼回飞盘" 的反应. 这种试错 (rail and error) 学习方法使得动物通过不同行为的尝试而获得奖励或惩罚, 来学会在特定情境下选择所期望的反应. 也就是说, 在给定情境下, 得到奖励的行为会被 "强化", 而受到惩罚的行为会被 "弱化". 这也是强化学习的核心机制: 机器或叫智能体 (agent), 用试错来学会在给定的环境状态 (environment state) 下选择最佳动作 (action), 从而获得最大的回报 (rewards). 如图 11.23 所示.

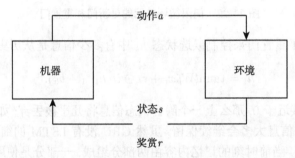

图 11.23   强化学习图示

正是因为强化学习的以上机制, 不同于监督学习、非监督学习的学习方式, 在机器学习当中, 强化学习常被视为与监督学习、非监督学习并列的另一大类①.

为了说明强化学习的实施流程, 我们以 "走迷宫" 的例子[88] 帮助理解智能体、环境、动作及奖赏的概念 (迷宫示意图见图 11.24):

(1) 智能体指的是穿过迷宫的物体;

(2) 环境为迷宫;

(3) 状态是当前智能体在迷宫所处位置;

(4) 智能体通过由一个状态转移至另一状态来执行动作;

(5) 当智能体的行为没有受到障碍物阻隔, 将得到正面奖励; 相反地, 将得到负面奖励;

(6) 目标是穿过迷宫, 最终到达目的地.

---

① 半监督学习可视为综合监督学习、非监督学习的方式.

图 11.24   迷宫

11.6.2   强化学习的不同的环境

对于强化学习的理解的一个重要方面是对于 "环境" 这个概念的理解, 首先罗列强化学习的环境的不同角度的分类:

(1) 确定性环境与随机性环境;

(2) 完全可观测环境与部分可观测环境;

(3) 离散环境与连续环境;

(4) 情景环境与非情景环境;

(5) 单智能体环境与多智能体环境.

环境的多样性一定程度上也反映了强化学习对构建一个问题所面临的挑战, 我们需有此概念, 需要判断问题的环境究竟是什么.

11.6.3   强化学习的几个有代表性的算法及理论基础

强化学习在数学上会涉及动态规划 (dynamic programming)、巴拿赫不动点 (Banach fixed point) 等理论基础. 强化学习的理论及算法可参见 [106], 该书被视为强化学习方向的经典之作[①]. 在论述强化学习时, 一般会提及 K-摇臂赌博机 (K-armed bandit) 及讨论探索–利用困境 (exploration-exploitation dilemma) 对之影响; 也会提及马尔可夫决策过程 (Markov decision process, MDP), 这是有模型情形下强化学习的基础性理论所在, 参见 [32].

强化学习是一个大家族, 包含了众多算法, 其中代表性算法包括:

(1) 通过行为的价值来选取特定行为的方法, 例如, 使用表格学习的 Q-学习 (Q-learning)、SARSA 算法 (State-Action-Reward-State-Action algorithm);

(2) 使用多层神经网络学习的深度 Q 网络 (Deep Q Network, DQN);

---

① 此书第二版未正式出版, 仍在更新中, 并可在 http://incompleteideas.net/book/the-book-2nd.html 下载该书预印版.

(3) 直接输出行为的策略梯度 (policy qradients);

(4) 在虚拟环境中学习的有模型强化学习算法等.

在学习强化学习时, 常会遇到一些相关名词, 对它们的理解及思辨是构建强化学习算法的关键. 我们将这些相关名词整理如下, 并构成对强化学习算法的分类:

(1) 免模型 (model-free) 与有模型 (model-based);

(2) 基于概率与基于价值;

(3) 回合更新与单步更新;

(4) 同策略 (policy on) 与异策略 (policy off);

(5) 在线学习与离线学习等.

11.6.4　强化学习的相关应用

强化学习已经广泛应用在游戏、机器人控制、计算机视觉、自然语言处理和推荐系统 (如个性化教育) 等领域.

特别值得一提的是, Google DeepMind 团队研发的围棋程序阿尔法狗 (AlphaGo) 在 2016 年和 2017 年分别战胜了围棋世界冠军李世石和柯洁. AlphaGo 为何如此强大, 关键在于它将强化学习与深度学习结合起来. 随着 AlphaGo 的成功, 强化学习已成为当下机器学习中最热门的研究领域之一.

除此之外, 强化学习在制造业、库存管理中均有应用, Bonsai 公司[①] 整理和罗列了强化学习在各种不同场景下的应用. 这里给出几个经典的例子[②]:

(1) DeepMind 的 Google 工程师们正利用强化学习降低数据中心的能耗;

(2) 在金融领域, 摩根大通利用强化学习构建交易系统, 用于以可能的最快速度和最佳价格来执行交易;

(3) 机器学习自动化 (autoML), 如自动调参等.

11.6.5　强化学习的平台

强化学习的平台可用于在虚拟的环境中模拟、构建、渲染和测试强化学习算法, 大大提升了强化学习算法开发过程的友好性. 我们罗列强化学习的平台如下[95]:

(1) OpenAI Gym 和 Universe;

(2) DeepMind Lab;

(3) VizDoom;

(4) RL-Glue;

(5) Project Malmo.

---

① https://www.bons.ai/.

② 详细可参见博客 https://www.oreilly.com/radar/practical-applications-of-reinforcement-learning-in-industry/?imm_mid=0f9d5c&cmp=em-data-na-na-newsltr_ai_20171218.

如果你感兴趣, 不妨动手一试①. 很多时候, 强化学习的算法从构建一个游戏的智能开始.

11.6.6 强化学习的展望

虽然对于未来很多时候真地很难判断, 就像 AlphaGo 的横空出世, 对于强化学习的未来我们仅引一个例子: 杨强的报告 "深度学习→强化学习→迁移学习"②, 介绍了强化学习的一个前沿方向——**强化迁移学习 (reinforcement transfer learning)**. 强化迁移学习可实现迁移智能体学习到的知识, 就好比一个玩家学会了一个游戏, 那么他在另一相似的游戏里也可以应用已学习的一些类似的策略.

最后, 我们给出学术界、业界似乎形成的一个观点——强化学习的远景是光明的, 但实现过程中一定充满了挑战和乐趣.

11.7 深度学习在人工智能中的应用

11.7.1 深度学习在无人驾驶汽车领域的应用

互联网技术的迅猛发展给汽车工业带来了革命性的变化. 高精度地图、精准定位和智能识别等高新科技的发展, 共同推动了无人驾驶汽车技术的发展. 无人驾驶汽车又称为自动驾驶汽车, 是智能汽车的一种. 它依靠人工智能、视觉计算、雷达、监控装置和定位系统协同合作, 让电脑在没有人的主动指令下, 自动安全地操控汽车来实现无人驾驶. 无人驾驶技术可以有效地减少交通事故, 特别是可以避免由于驾驶员失误造成的交通事故, 例如, 酒后驾驶、恶意驾驶等; 而且可以充分提高汽车利用效率, 使不会驾驶汽车的成年人, 以及儿童和老年人都能受益.

20 世纪 70 年代初, 美国、英国、德国等发达国家便开始进行无人驾驶汽车的研究. Google 是较早涉足这一领域的公司, 所研发的无人驾驶技术具有世界公认的较高的水平. Google X 实验室于 2007 年开始筹备无人驾驶汽车的研发, 并于 2010 年宣布开始研发自动驾驶汽车. Waymo 作为 Alphabet 公司 (Google 母公司) 旗下的一家子公司, 于 2017 年 11 月宣布, 将对不配备安全驾驶员的无人驾驶汽车进行测试. 2018 年 7 月, Waymo 宣布其自动驾驶车队在公共道路上的路测里程已达 800 万英里 (约 1287.5 万公里). 我国从 20 世纪 80 年代末开始进行无人驾驶技术的研究工作. 百度公司和国防科技大学等企业或院校的无人驾驶汽车技术走在国内研发的前列. 1992 年国防科技大学成功研制出中国第一辆真正意义上的红旗系列无人驾驶汽车. 2005 年, 首辆城市无人驾驶汽车在上海交通大学研制成功. 2015 年 12

---

① 当然最好掌握一些基础的 python 知识, 以及学习一些网络课程, 如 https://morvanzhou.github.io/tutorials/machine-learning/reinforcement-learning/.

② 博客链接 https://www.pianshen.com/article/2637524620/.

月, 百度公司的无人驾驶汽车在北京首次实现了城市、环路及高速道路混合路况下的全自动驾驶. 2020 年 10 月自动驾驶出租车已经在北京的部分区域开放. 近年来, 国内外各大型车企和 IT 公司都纷纷加入无人驾驶汽车的研究, 使无人驾驶技术有了突飞猛进的发展.

无人驾驶汽车通过车载雷达或者激光测距仪等传感器将车辆周边信息和图像数据传给计算机智能系统, 由它进行快速的识别和判断处理, 产生智能性决策, 并反馈给驾驶操控系统, 如图 11.25 所示. 毫无疑问, 人工智能和大数据计算算法是无人驾驶技术的核心部分, 而机器学习是无人驾驶技术成功的基础.

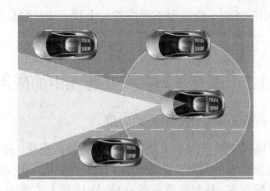

图 11.25　无人驾驶汽车雷达等传感器

无人驾驶领域中大量丰富的图像信息需要处理, 深度学习能最大限度地发挥其优势. 主要有三方面的工作:

(1) 物体识别 (object recognition) (图 11.26);

图 11.26　无人驾驶汽车的物体识别

(2) 可行驶区域检测 (free space detection) (图 11.27);

图 11.27 无人驾驶汽车的可行驶区域检测

(3) 行驶路径预测 (path prediction) (图 11.28).

图 11.28 无人驾驶汽车的行驶路径预测

近年来, 随着深度学习的快速发展, 利用深度学习实现无人驾驶技术取得了很大的突破. Lecun 等在 2016 年首次提出了 Siamese 网络, 类似人类的视角, 汽车左边摄像机获取的左视图和右边摄像机获取的右视图, 两幅图像同时输入, 利用深度神经网络计算出两幅图像之间的差异来判断周围物体的远近, 从而合理操控汽车实现无人驾驶. 同一年, 英伟达 (NVIDIA) 公司通过卷积神经网络将前置摄像头的原始像素映射到自动驾驶汽车的转向命令. 该卷积神经网络一共含 9 层隐含层 (1 个归一化层、5 个卷积层和 3 个全连接层), 在最少的训练数据的情况下, 系统学会在有或没有车道标记的道路和高速公路上驾驶. 作为开发高级驾驶辅助系统的先行者, Mobileye 公司将自动驾驶分为感知、高精地图和驾驶决策三个步骤. 每个步骤又可分为多个模块, 每个模块对应一个人工监督的神经网络. 例如, 在环境模型方面, 通过深度神经网络识别当前行驶车道的左右车道线, 提供道路的语义特征描述; 在驾驶决策模型中, 利用深度学习进行驾驶过程中的时序性训练, 实现短时预测.

毫无疑问, 深度学习技术带来的高精度、高效能、高智能大大促进了无人驾驶车辆系统在目标检测、行驶决策、路径预测等多个核心领域的发展.

11.7.2 深度学习在自然语言处理领域的应用

自然语言处理 (natural language processing, NLP) 是人工智能和语言学领域的分支学科, 涉及语言学、计算机科学、数学等多门学科. 它主要探讨如何使计算机理解人类语言中的句子或词义, 从而实现人与计算机之间用自然语言进行有效通信和交流, 因此具有重要的科学意义. 然而, 自然语言具有歧义性、动态性和非规范性, 语言理解通常需要丰富的知识和一定的推理能力, 这些都给自然语言处理带来了极大的挑战.

早期自然语言的研究集中采用基于规则的方法, 虽然解决了一些简单的问题, 但是无法从根本上去理解并实用化. 直到 20 世纪 70 年代, 统计机器学习的出现, 极大地推动了自然语言处理的发展, 形成了一个新的研究领域: 统计自然语言处理. 不过, 传统的机器学习方法在自然语言处理的诸多方面都存在问题. 例如, 为获得标注数据, 传统方法需要雇用语言学专家进行烦琐的人工标注. 人工标注不但费时费力, 还很难获得大规模、高质量的数据, 严重影响研究结果; 而且, 在传统的自然语言处理模型中, 往往需要人工来设计模型所需特征以及特征组合. 这又需要开发人员对问题有深刻的理解和丰富的经验.

随着机器学习方法的发展, 特别是深度学习技术的蓬勃发展和广泛应用, 基于深度学习的自然语言处理已经取得显著进展. 下面重点介绍 "机器翻译", 它是自然语言处理中一个重要的子领域.

机器翻译 (machine translation, MT) 是利用计算机把一种自然源语言转变为另一种自然目标语言, 也称为机器自动翻译. 20 世纪 80 年代之前, 机器翻译主要是基于规则的, 所以被称为基于规则的机器翻译 (rule based machine translation, RBMT). 它依赖于语言学的发展, 包括形态分析 (morphological analysis)、句法分析 (syntactic analysis)、语义分析 (semantic analysis) 等. 到了 20 世纪 90 年代, 基于统计的机器翻译开始兴盛. 统计机器翻译系统的任务是在所有可能的目标语言的句子中寻找概率最大的对应句子作为翻译结果, 是基于对已有的文本语料库的分析来生成翻译结果.

进入 21 世纪以后, 随着人工智能的兴起, 基于深度学习的机器翻译取得了很大的进展. 将深度学习与机器翻译结合主要存在以下两种形式.

第一种是在传统模型中引入深度学习模型. 以统计机器翻译为主体, 使用深度学习改进其中的语言模型、翻译模型或词语对齐等关键模块. 2003 年加拿大计算机教授 Bengio 等提出了基于神经网络的语言模型[38]. 该语言模型是一个简单的三层神经网络 N-gram 模型 (一种统计语言模型), 通过输入的前 $n-1$ 个单词, 来预测第 n 个单词的概率分布.

2014 年 Devlin 等在神经概率语言模型 (neural probabilistic language model, NPLM) 的基础上, 用联合模型 (joint model) 的方法同时对源语言 (将要被翻译的句子) 和目标语言 (翻译生成的句子) 进行建模[46]. 由于神经网络联合模型能够使用丰富的上下文信息, 所以模型结果的准确性相对于传统的统计机器翻译方法有显著的提升. 该工作也得到了 2014 年计算语言学协会 (Annual Meeting of the Association for Computational Linguistics) 年会的最佳论文奖.

第二种是完全基于深度学习方法的端到端神经机器翻译 (end-to-end neural machine translation, NMT). 与传统机器翻译方法不同, NMT 用深度神经网络直接将源语言文本映射成目标语言文本, 不再需要人工设计的词语对齐、短语切分、特征等, 过程简单且能够获得与传统方法相媲美甚至更佳的结果. 2013 年, Kalchbrenner 和 Blunsom 首先提出了端到端的神经机器翻译[73]. 他们采用了编码 - 解码的新结构, 对给定的源语言句子使用 CNN 将其编码为一个连续和稠密的向量, 然后使用 RNN 解码转换为目标语言句子. 显然, 深度学习神经网络可以获取自然语言之间的非线性映射关系. 而且由于采用了 RNN, 他们的 NMT 具有能够捕获历史信息和处理长句子的优点. 然而, 梯度消失和梯度爆炸问题使得他们的 NMT 最初并没有获得理想的翻译性能.

为此, 2014 年, Google 公司的 Sutskever 等将长短时记忆网络 (LSTM) 引入到端对端的神经机器翻译中. 由于 LSTM 通过门的设计方法解决了梯度消失和梯度爆炸问题, 能够较好地捕获长距离依赖. 他们在编码和解码时, 都采用了 RNN, 解决了输入输出序列长度不同的问题 (如图 11.29 所示, "ABC" 为源语言, "WXYZ" 为目标语言), 从而提出了序列到序列 (sequence to sequence) 的学习方法, 使得神经机器翻译的性能得到了大幅度提升, 获得了比传统统计机器翻译更好的准确率[105].

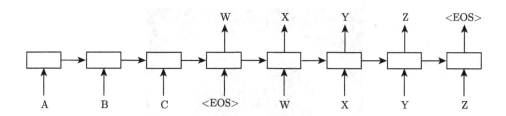

图 11.29　序列到序列神经机器翻译模型[105]

后来, Bahdanau 等在序列到序列的机器翻译模型的基础上, 加入了注意力机制[35]. 所谓注意力, 是指当解码器在生成单个目标语言词时, 仅有小部分的源语言词是相关的, 绝大多数源语言词都是无关的. 这种机制的主要作用就是, 允许解码器在每一步输出时使用原文的不同部分, 尤为重要的是让模型根据输入的句子和已经生成的内容决定使用哪部分内容, 从而可以大幅提高机器翻译的准确性.

目前, 基于深度学习的机器翻译仍然是最热门的研究领域之一, 各种改进机制和新方法层出不穷. 其中不少技术和方法已经在实际生活中得到应用, 使得机器翻译变得性能高、智能高, 造福于社会.

11.7.3　深度学习在医疗健康领域的应用

　　由于近三十年来医学影像技术迅猛发展, 包括 MR, CT 等医学成像技术让医疗水平得到了很大的提升, 医学影像分析成为现代医疗活动中不可缺少的一个环节. 但传统的影像识别依靠人工分析, 放射科医师每年需要处理大量的影像数据, 不仅工作效率低, 而且还可能出现识别误差. 通过人工智能深度学习技术, 可以有效地解决上述问题. 目前, 深度学习在医学影像分析方面已经有许多成功的应用, 例如, 肺癌、肺小结节检测, 病理切片检测, 皮肤癌检测, 视网膜病变检测等. 下面以肺癌影像识别为重点进行介绍.

　　肺癌是当前人类致死率较高的癌症之一, 其主要原因是肺癌在早期阶段没有明显症状, 不易被发觉. 大多数的肺癌患者在临床诊断时已经处于中晚期甚至出现转移病症, 失去了最佳的治疗机会. 如果能早期发现, 肺癌患者 5 年生存率可从 15% 提高到 60% 以上. 由于肺癌早期常常以肺结节的形式表现, 所以通过无痛苦、无创伤的医学影像肺结节检测成了癌症早发现的主要手段. 特别是低剂量肺 CT 筛查为肺癌早期诊断提供了一种有效的首选方法. 但肺结节类别众多, 大小和形态都没有明显的规律, 还容易与其他正常组织相连难以分辨, 给传统的肺结节 CT 识别造成了较大的困难 (图 11.30). 传统的肺结节检测需要人工设计的特征来描述并检测肺结节, 例如, 三维轮廓特征, 形状特征和纹理特征等[113]. 但肺结节形状、大小和纹理复杂度高、可变性大, 人工设计的特征无法有效区分, 导致检测结果较差.

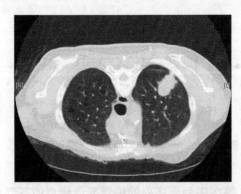

图 11.30　胸腔肺部 CT 平扫影像

　　近年来, 深度学习技术在计算机辅助诊疗中发挥日益重要的作用. 肺结节的研究分析主要有两个部分. 一部分是肺结节检测. 例如, 在 2016 年 Dou 等提出了用一种三维卷积神经网络来筛除假阳性结节[49]. 与二维卷积神经网络相比, 三维的卷积神经神经网络能捕捉更多的空间信息, 能提取更丰富的图像特征, 在一定程度上降低了假阳性肺结节的检出率. 然而, 该方法只采用了三层卷积层的浅网络结构, 未能充分利用深度学习的优势. 在 2017 年, Ding 等提出了一种基于深度卷积神

经网络 (deep convolutional neural networks, DCNNs) 的新型 CAD 系统, 用于精确的肺结节检测[47]. 他们首先在基于区域的快速卷积神经网络 (Faster Region-based Convolutional Neural Network, Faster R-CNN) 中引入反卷积结构, 用于候选结节的检测. 然后, 运用三维的 DCNNs 减少假阳性. 该 CAD 系统在 LUNA16 数据集上取得了 92% 以上的高检测灵敏度.

另一部分是肺结节分类. 例如, 在 2015 年, Shen 等提出了一个多尺度卷积神经网络 (MCNN) 的分层学习框架. 通过从交替堆叠层中提取鉴别特征来捕获肺结节的异质性, 利用不同尺度共享权重的多尺度卷积神经网络进行肺结节斑块分类[102]. 在 2016 年, Shen 等又提出了基于 CNN 的转移学习模型. 利用多源 CT 数据来学习恶性肺结节可转移的深层特征, 并用于肺结节的分类和肺癌的恶性预测[101]. 2017 年 Hussein 等使用三维 CNN 和图正则化稀疏表示 (graph regularized sparse representation) 的多任务学习框架对肺结节进行分类[69]. 在三维 CNN 上学习肺结节属性 (如钙化、球形、分叶状等) 所对应的特征, 提高结节分类的准确性.

还有就是将这两个部分结合在一起建立完整的肺癌 CT 诊断系统. 例如, 2017 年 Zhu 等构建了一个全自动肺癌 CT 诊断系统 "DeepLung"[125], 将三维网络分别用于肺结节的检测和肺结节的分类. 在检测上, 使用三维 Faster R-CNN 结合类似 U-net 的编码 - 解码结构来有效地学习结节特征. 在分类上, 采用三维双路径网络 (double path network, DPN) 和梯度增强机 (gradient boosting machine, GBM). 他们在 LUNA16 和 LIDC-IDRI 数据集上的实验表明, 该诊断系统已经达到甚至超过有一定经验的放射科医生水平.

习 题 11

11.1 说明单层感知器不能解决异或 (xor) 逻辑问题, 参阅文献 [85].

11.2 推导单层感知器的反向传播算法 (BP 算法).

11.3 用单层感知器训练一分类器, 参数初值选 0, 学习率为 1, 计算出训练后的参数值. 训练样本如下:

第一类: $\{(0.8, 0.6, 0), (0.9, 0.7, 0.3), (1.0, 0.8, 0.5)\}$;

第二类: $\{(0, 0.2, 0.3), (0.2, 0.1, 1.3), (0.2, 0.8, 0.8)\}$.

11.4 以图 11.12 为框架, 编写一个卷积神经网络, 并在手写字符识别数据 MNIST 上进行测试 (MNIST 数据的下载请参阅第 12 章 12.3 节).

11.5 从网上下载或者自己编写一个 LeNet-5 神经网络, 并在手写字符识别数据 MNIST 上进行测试.

11.6* 推导 LSTM 的参数训练算法.

第12章 案例分析

12.1 金融数据分析案例

现代金融理论认为, 股票的预期收益是对股票持有者所承担风险的报酬. 多因子模型正是对于风险-收益关系的定量表达, 不同因子代表不同风险类型的预测变量. 在量化投资领域, 多因子模型是应用最为广泛的模型之一. 它的一般表达式如下

$$r_j = \sum_k X_{jk} f_k + u_j,$$

其中 r_j 表示股票 j 的收益率, X_{jk} 表示股票 j 在因子 k 上的因子载荷 (也叫因子暴露或风险敞口), f_k 表示第 k 个因子, u_j 表示股票 j 的残差收益率.

由上述表达式可以看出, 多因子模型即多元线性回归模型, 它定量刻画了股票的预期收益率与每个因子之间的线性关系. 然而不少情形里这种关系是非线性的. 越来越多的机器学习模型被尝试应用于量化投资领域. 接下来, 我们尝试利用随机森林模型去挖掘股票收益率与因子之间的关系.

1. 因子选择

建立随机森林模型时, 需要选择因子作为输入特征. 由于金融数据具有低信噪比的特性, 需要对所选因子进行检验. 考察所选因子的 "质量", 筛选出对股票收益率有解释力的因子, 称之为 "有效因子". 对于有效因子的识别, 常见的方法有回归法, 计算因子 IC 值等. 我们将采用这两种方法对 PB (市净率 = 股价/账面价值) 因子进行检验.

先采用 IC 值法. 因子的 IC 值是指因子在第 T 期的暴露度与 $T+1$ 期的股票收益率之间的相关系数. 考察的是当期因子和下期收益率之间的相关性, 即

$$\mathrm{IC}_d^T = \mathrm{corr}(\boldsymbol{R}^{T+1}, \boldsymbol{d}^T),$$

其中 IC_d^T 表示因子 d 在第 T 期的 IC 值, $\boldsymbol{R}^{T+1}$ 表示所有个股在第 $T+1$ 期的收益率向量, $\boldsymbol{d}^T$ 表示所有个股第 T 期在因子 d 上的暴露.

常用的因子 IC 值的评价方法有:

(1) IC 值序列的均值——因子显著性 (一般大于 0.02 即认为显著);

(2) IC 值序列的标准差——因子稳定性;

(3) IR 比率 (IC 值序列均值与标准差的比值)——因子有效性 (一般大于 0.3 即认为有效);

(4) IC 值累计曲线——随时间变化是否稳定;

(5) IC 值序列大于零的占比——因子作用方向是否稳定.

采用 2011~2017 年中国股市全 A 股的月度数据, 计算出每一期 (即每月) 的 PB 因子 IC 值, 然后计算出因子 IC 值评价方法所需要的指标, 结果如下:

(1) IC 值序列的均值为 0.0280;

(2) IC 值序列的标准差为 0.0839;

(3) IR 比率为 0.334;

(4) IC 值累计曲线见图 12.1;

(5) IC 值序列大于零的占比为 0.64.

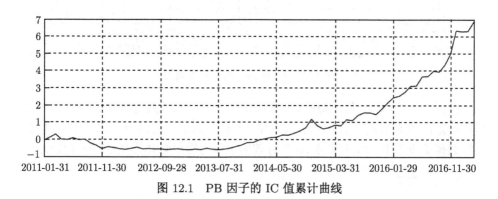

图 12.1   PB 因子的 IC 值累计曲线

接下来采用回归法, 假设所有数据都已经过标准化处理. 回归法所使用的模型为

$$r_i^{T+1} = \sum_j X_j^T f_{ji}^T + X_d^T d_i^T + u_i^T,$$

其中 r_i^{T+1} 表示股票 i 在第 $T+1$ 期的收益率, d_i^T 表示股票 i 在第 T 期时在因子 d 上的暴露度, f_{ji}^T 表示股票 i 在第 T 期第 j 个行业因子上的暴露度, X_j^T 表示第 T 期第 j 个行业因子的收益率, X_d^T 表示第 T 期因子 d 的收益率, u_i^T 表示股票 i 在第 T 期的残差收益率. 在所有截面期 T, 对因子 d 进行回归分析, 能够得到该因子收益率序列和对应的 t 值序列. t 值是回归系数 X_d^T 的 t 检验统计量, t 值的绝对值大于临界值说明该因子是统计显著的, 即该因子是真正影响收益率的一个因素. 一般 t 值绝对值大于 2, 我们就认为 X_d^T 是统计显著的.

采用与 IC 值法同样的数据对 PB 因子进行回归分析 (t 值序列图见图 12.2), 计算出回归法的评价指标如下:

(1) t 值序列绝对值的平均值为 4.104;

(2) t 值序列绝对值大于 2 的占比 (判断因子的显著性是否稳定) 为 0.64;

(3) 因子收益率序列平均值为 0.010;

(4) 因子收益率序列的均值零假设检验的 t 值为 4.756;

(5) t 值序列均值的绝对值除以 t 值序列的标准差为 0.481.

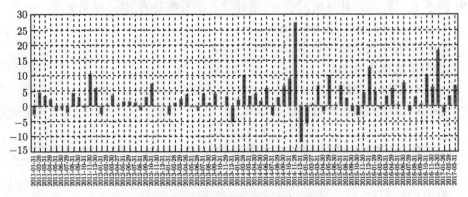

图 12.2　PPB 因子的 t 值序列图

根据因子 IC 值法和回归法计算结果, 认为 PB 因子具有统计显著性和有效性且作用方向较为稳定, 所以认为 PB 因子为有效因子. 类似 PB 因子的识别过程, 最终选择了市盈率、市净率等 70 个有效因子作为随机森林模型的输入特征.

2. 模型构建

模型构建的一般步骤如图 12.3 所示.

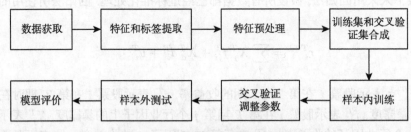

图 12.3　随机森林模型构建示意图

如图 12.3 所示, 随机森林模型的构建方法包含下列步骤:

(1) 数据获取.

(a) 股票池: 全 A 股.

(b) 时间区间: 2011-01-31 至 2017-03-31.

(2) 特征和标签提取: 每月的最后一个交易日, 计算之前所选的 70 个因子值,作为样本的原始特征; 计算下一个月的个股收益, 作为样本标签.

(3) 特征预处理.

(a) 中位数去极值: 设第 T 期某因子在所有个股上的暴露度序列为 D_i, D_M 为该序列的中位数, D_{M1} 为序列 $|D_i - D_M|$ 的中位数, 将序列 D_i 中所有大于 $D_M + 5D_{M1}$ 的数重设为 $D_M + 5D_{M1}$, 将序列 D_i 中所有小于 $D_M - 5D_{M1}$ 的数重设为 $D_M - 5D_{M1}$.

(b) 缺失值处理: 得到新的因子暴露度序列之后, 将因子暴露度缺失的地方设为同行业个股的平均值.

(c) 标准化: 将因子暴露度序列减去其均值, 除以标准差, 得到一个新的近似服从 $N(0,1)$ 分布的序列.

(4) 训练集和交叉验证集合成.

在每个月末, 选取下月收益排名前 30% 的股票作为正例 $(y = 1)$, 后 30% 的股票作为负例 $(y = 0)$. 在量化投资实际应用中, 我们只关注涨幅排名靠前 (买入做多) 和涨幅排名靠后 (卖出做空) 的股票, 对于每个截面期剩余 40% 的股票作删除处理, 不进行训练.

将当前年份往前推 72 个月的样本进行合并, 随机选取 90% 的样本作为训练集, 余下 10% 的样本作为交叉验证集, 当前年份的数据作为测试集. 不同年份的训练集样本的具体选取方式如图 12.4 所示.

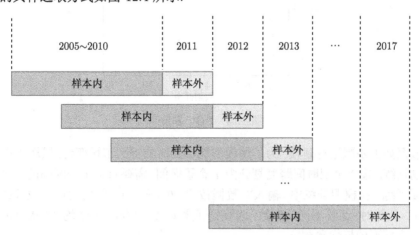

图 12.4 不同年份训练集选取方式 (文后附彩图)

(5) 样本内训练: 使用随机森林模型对训练集进行训练. 考虑到将回测区间按年份划分为 7 个区间, 所以需要对每个子区间的不同训练集重复训练.

(6) 交叉验证调整参数: 利用每个子区间随机选取的训练集进行训练. 训练完成后, 使用该模型对交叉验证集进行预测. 选取交叉验证集的 AUC(定义见后) 最高的一组参数作为模型的最优参数.

(7) 样本外测试: 确定最优参数后, 以第 T 期所有样本预处理后的特征观测值作为模型的输入, 得到每个样本的第 $T+1$ 期的预测值. 然后与真实值进行比较, 计算测试集的准确率、AUC 等衡量模型性能的指标值.

AUC是衡量分类器性能的一个常用指标, 在前面章节没有提过, 现在来简单介绍它. 先引入 ROC, 这个名字来自通信领域, 是 receiver operating characteristics 的缩写. ROC 曲线是二维平面 $[0,1]\times[0,1]$ 上的一条曲线, 横坐标采用假阳性率 (false positive rate), 纵坐标采用真阳性率 (true positive rate). 假阳性率是指真实分类为 0 但预测分类为非 0 的比例, 真阳性率是指真实分类为非 0 且预测分类也为非 0 的比例. 这两个比例都是阈值的函数, 但在 ROC 曲线图中阈值这个变量并不显示. 一条理想的 ROC 曲线会紧贴 $[0,1]\times[0,1]$ 的左上角, 如图 12.5 所示. AUC 是英文 area under the ROC curve 的缩写, 指 ROC 曲线与横坐标所围成的面积, 取值介于 0 和 1 之间. AUC 越大, 表示分类器性能越好.

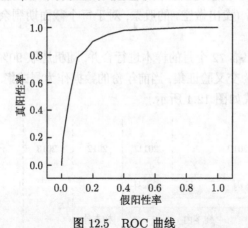

图 12.5　ROC 曲线

按照如上步骤进行建模. 为了使模型能够及时捕捉到市场变化, 采用 7 个阶段的滚动训练. 按年份把时间跨度划分为 7 个子区间, 需要对每个子区间的不同训练集重复训练. 在模型训练中, 输入的数据按照 90% 与 10% 的比例拆分成训练集与验证集. 训练时, 调整不同的参数, 选取验证集上 AUC (或 AUC 均值) 最高的一组参数作为模型的最优参数.

每次训练完, 模型的测试必须选用训练样本外的数据. 测试样本选取一年的数据. 最终测试集的准确率, AUC 等模型性能指标如图 12.6 所示.

从图 12.6 可知, 随机森林模型的测试集的平均准确率为 57%, 平均 AUC 为 0.6, 具备对股票收益率良好的预测能力. 随机森林防止过拟合能力较强, 能很好地适应金融数据信噪比低的特性. 如果能挖掘到大量低相关性的有效因子 (这也是金融领域中量化多因子模型最重要的工作), 可以尝试采用对样本拟合能力更强、偏差更小的模型, 如 AdaBoost 方法.

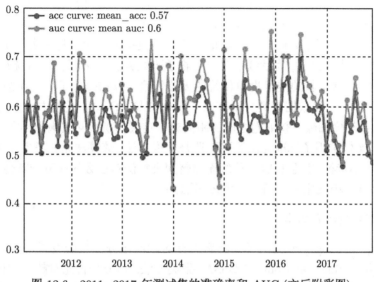

图 12.6 2011~2017 年测试集的准确率和 AUC (文后附彩图)

12.2 高维稀疏单细胞 RNA 测序数据的聚类研究

12.2.1 背景介绍

基因表达是研究生命活动的基础和关键步骤. 测定基因表达水平对于研究生物体发育、组织分化、肿瘤形成机理等生物学、医学问题都具有极其重要的作用. 王曦等[23] 认为, 在分子生物学层面, 基因从 DNA 转录成 RNA, 所以检测 RNA 的表达量是量化研究基因表达的关键方法. Marioni 等[81] 认为, 传统的 "批量"RNA 测序方法 (RNA-seq) 一次性处理成千上万个细胞, 因此后续的分析结果只能得到这些细胞变异的平均效应 (batch effect), 忽视了大量细胞个体层面上的信息, 难以鉴别单个细胞之间基因表达的差异. 这些是分子生物学进一步发展中技术层面上的障碍. 大量的研究证实, 单细胞层面的异质性普遍存在于生物组织中. 2009 年, Tang 等[107] 指出, 高通量测序技术的发明使得单细胞 RNA 测序 (scRNA-seq) 成为可能, 从而为细胞异质性的研究提供了有力的工具. 在这个过程中, 精确至单个细胞的基因转录数据为辨别单细胞转录组特征差异提供了有力的工具. 在现代分子生物学研究领域, 不同于传统 "批量"RNA-seq 主要反映一群细胞中数量占优势的细胞亚群的信息, 忽略数量占劣势的细胞亚群, scRNA-seq 技术则能够显示所有细胞的转录组特征, 从而使得后续深入分析成为可能. 例如, 借助这项技术, 研究人员已经发现了大量新的功能亚群, 极大地促进了学者们对生物体内部各项机能的了解. 以 Stubbington 等在免疫系统方面的研究为例, 不同免疫细胞构成了极其复杂的细胞生态网络去维持和保护功能组织的正常运行, 单细胞 RNA 测序技术和相应的计算方法, 使得刻画免疫系统内在特征成为可能, 从而解码免疫系统的自适应结构. 在这个过程中, 如何针对一组单细胞测序数据进行无监督聚类分析, 从而探究该群细胞的内在结构, 为后续的分子生物学研究提供指导, 是关键且极具价值的一步. 同时, 这项崭新的技术也对传统的无监督聚类算法提出了新的挑战, 这是因为单细胞 RNA 测序数据聚类分析有以下四个难点: ① 测序过程中存在技术噪声; ② 测序数据高度稀疏; ③ 细胞之间的距离难以定义; ④ 不同细胞子群之间的差异度不同. 本案例采用了标准化两阶段无监督聚类算法. 该算法充分考虑了单细胞测序数据的上述特征, 并且克服了传统无监督聚类算法对参数的高度依赖性, 从而为单细胞 RNA 测序数据提供了有力的分析工具.

12.2.2　研究目标和内容

Zhang 和 Song[123] 提出了一种新的针对超高维分类稀疏变量的单属性增强 (boosting on a single attribute, BOSSA) 聚类方法. 该方法首先对超高维稀疏变量进行特定的标准化. 在这个过程中, 基于隐变量提升的标准化方法, 很好地处理技术噪声, 对高度稀疏的测序数据进行转换. 基于本书第 6 章介绍的聚类分析, 作者提出了两种聚类方法.

(1) BOSSA 相似度聚类算法 (BOSSA-SC). 不同于以往每个数据点只能属于一类的聚类方法, 该方法考虑了聚类的重叠性. 首先将相似度矩阵中两两之间都具有较高相似性的数据点聚为一类. 随后的假设检验过程将较为相似的类别融合在一起, 并给出类别数目的估计值. 该方法的创新之处在于, 从高度稀疏数据的相似度出发, 充分考虑到数据点属于不同类别的可能性, 从而克服了高度稀疏数据在聚类上的困难.

(2) BOSSA 层次聚类算法 (BOSSA-HC). 该算法通过一个线性变换将上述相似矩阵转换为距离矩阵, 结合层次聚类算法进行聚类. 在确定聚类数目时, 它采用了 BOSSA-SC 给出的类别数目估计值的建议.

首先, 采用 BOSSA 标准化方法对数据进行标准化, 以去除测序过程中引入的技术噪声. 同时对单细胞本身具有的高稀疏性进行转换, 深入刻画单细胞表达的特征. 进一步, 考虑到单细胞数据中往往存在着不同差异度的细胞子群, 我们提出两阶段聚类方法. 在第一阶段, 基于稀疏数据高斯核距离进行降维, 并在低维空间完成自动无监督聚类工作, 以此在不依赖参数的情形下得到稳定大类的分群结果. 而第二阶段则是针对部分第一阶段得到的大类进行再聚类. 对内部具有高异质性的大群进行更为细致的聚类工作, 从而达到识别具有不同差异度细胞子群的目的, 实现对细胞群的多角度分析. 例如, 在分子生物学领域, 神经大类的细胞之间的异质性更为复杂, 远高于其他大类的细胞群. 在这种情况下, 一次性聚类所得到的结果往往无法区分神经大类的细胞子群, 同时还过度区分其他大类的细胞子群. 此外, 我们提出两阶段无监督聚类方法还能够很好地克服传统无监督聚类算法对参数的依赖性, 因此具有较高的普适性.

12.2.3　数据标准化

1. 传统标准化方法

单细胞 RNA-seq 得到的数据代表了单个细胞内, 各个基因被检测到的计数结果. 数据中往往存在着广泛的稀疏性, 以及计数值本身的离散性, 这些都为后续的分析造成了一定的障碍. 举例来说, 在 Pollen 等[94] 发表的一篇关于单细胞 RNA-seq 的论文中, 测序结果包含 301 个大脑皮层细胞和 27310 个基因. 在这个 301×27310 的矩阵中, 每个元素代表了每百万次测序中, 检测到的特定基因的次数的标准化的结果. 该组数据所采取的标准化方法是利用基因 i 在单个细胞 j 中的相对表达数量 R_{ij} 来替代原始计数结果 E_{ij}:

$$R_{ij} = \frac{E_{ij}}{\sum\limits_{i=1}^{m} E_{ij}}.$$

此外, Yip 等[122] 基于标准差和偏斜系数提出了 Linnorm 标准化方法. 一方面, 为了计算偏斜度, 该方法只能选择至少在 3 个细胞表达量不为 0 的基因. 此外, 不同于大部分的 RNA-seq 数据采用对数转换方法 $\log 2(x+1)$, Linnorm 作为单细胞 RNA-seq 的标准化方法, 引入了转换系数, 使得转换后的数据尽可能少地包含技术噪声. Linnorm 通过不断提高过滤条件, 删除方差和偏差过大的基因, 使得剩余基因中至少有 1/3 的基因满足负二项分布. 然而, 作为单细胞 RNA-seq 数据标准化方法, 它底层的假设依旧来自传统的 "批量" RNA-seq 数据的负二项分布假设, 忽视了单细胞群本身的异质性.

2. 因变量提升标准化方法

这种标准化方法是基于增强稀疏单一属性方法 (boosting on sparse singal attributes, BOSSA). 该方法的提出源于一个朴素的想法, 在不同的细胞中, 基因是否表达所造成细胞之间的异质性, 应该大于基因表达量的多少所体现的异质性. 然而, 目前的大部分标准化方法只关注于减少 DNA 百万倍扩增造成的技术噪声, 进而缩小非 0 的基因表达量. 在这个过程中, 在特定细胞中表达量为 0 的数值始终不发生变化. 因此, 大部分标准化方法都使得在某个基因上表达量为 0 的细胞和非 0 细胞之间的距离被缩小了. 同时, 在这一过程中, 因为只消除了非 0 表达量背后的技术噪声, 数据的稀疏性依旧存在, 而高度稀疏的数据会对距离的计算造成困扰.

以下看一个例子. 在图 12.7 中, 每个子图都有 8 个点. 点代表细胞, 点的颜色代表细胞所属的类别, x 轴和 y 轴分别代表各个细胞基因的表达量. 可以看到, 原始数据中蓝色类别的细胞分布在图的左下方 (点 $1, 2, 3, 4$), 红色类别的细胞分布在图的右上方 (点 $5, 6, 7, 8$). 由于基因表达的稀疏性, 基于欧氏距离的层次聚类算法给出的结果是将细胞聚为 3 类: 如图 12.8(a) 所示, 1, 3 为一类, 2, 4 为一类, 剩下的 $5 \sim 8$ 为一类. 而基于对数标准化的数据给出的分类结果, 如图 12.8(b) 所示, 也不尽如人意, 无法将 $1 \sim 4$ 分为一类. 然而, 经过隐变量提升标准化后的数据可以得到正确的聚类结果, 如图 12.8(c). 原因在于, 从图 12.7 中看到, 这里所采用的标准化方法, 将整体数据的重心移到了 0 附近, 在消除数据的稀疏性的同时, 扩大了0 和非 0 基因表达量之间的差距. 实际数据处理结果, 也证实了 BOSSA 标准化方法在处理高维稀疏单细胞 RNA-seq 数据上的优越性.

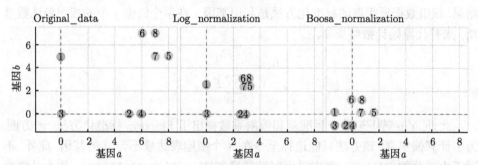

图 12.7　左: 原始稀疏表达数据; 中: 经 log 变换得到的结果; 右: 基于隐变量提升标准化方法得到的结果 (文后附彩图)

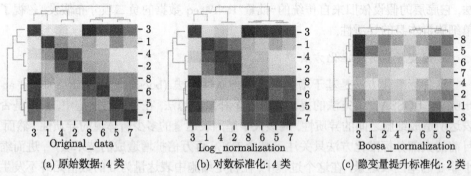

(a) 原始数据: 4 类　　　　　(b) 对数标准化: 4 类　　　　　(c) 隐变量提升标准化: 2 类

图 12.8　基于不同标准化方法得到的无监督聚类结果 (正确分类结果为 2 类) (文后附彩图)

ρ 的大小体现了该数据点的密集程度, δ 则体现了该数据点到其余密度大于该点密度的数据点的最短距离, 即到其他潜在中心点的最短距离. 合理的聚类中心是具有高密度 ρ 和高 δ 的数据点, 如图 12.9 所示.

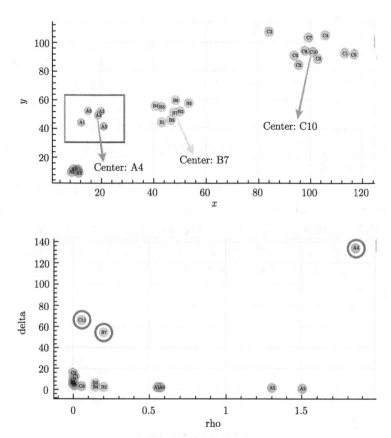

图 12.9 上: 原始数据, 第一类位于左下角, 第二类位于中间, 第三类位于右上角, 不同颜色代表不同的聚类结果; 下: 每一点所对应的局部密度 rho(ρ) 和与密度高于该点的数据点之间的最短距离 delta(δ) (文后附彩图)

12.2.4 基于隐变量标准化两阶段单细胞无监督类

单细胞 RNA 测序数据可以逐步揭示细胞群中的异质性和功能多样性, 但是也对无监督聚类这一方法提出了新的挑战. 最近的研究证实了新的功能细胞亚群可以借由分析单细胞 RNA 测序数据发现. 然而, 很多相关的分析手段最初是用来处理传统的"批量"RNA 测序数据的, 其数据的构成是一群细胞基因测序结果的平均值. 因此, 这些方法的模型假设等都不再适用于单细胞 RNA 测序数据. 例如, 在新的数据中, RNA 百万级扩增所造成的技术噪声, 以及测序结果中大量的稀疏性都对单细胞 RNA 数据无监督聚类分析造成了障碍. 我们充分考虑并克服了单细胞测序数据分析的下述难点: 测序过程中存在的技术噪声; 高维测序数据的稀疏性; 细胞之间的距离难以定义; 识别具有不同差异度的细胞子群.

本案例针对第 6 章中介绍的无监督聚类算法, BOSSA-SC 以及 BOSSA-HC 进行改进, 提出了基于隐变量标准化两阶段无监督聚类算法. 在采用 BOSSA 标准化方法, 去除技术噪声的基础上, 通过改进 BOSSA 聚类过程中距离的定义, 降低了原有无监督聚类方法对参数的依赖, 提供一种更为稳健的无监督聚类方法. 同时, 为了更好地识别细胞群中具有不同程度异质性的亚群, 提出了两阶段无监督聚类方法. 一方面, 该算法降低了原始算法对参数的依赖性; 另一方面, 该算法能够有效识别具有不同差异度层次的子群, 借助更为细致的无监督聚类结果, 充分挖掘细胞子群背后的生物学意义.

从图 12.10 可以看出, 当基因的稀疏程度较低, 大部分细胞上都可以检测到该基因的表达时 (例如稀疏度为 20%), 如果两个细胞在这个基因上同时不表达, 则表明这两个细胞具有较高的正相似性. 而当基因的稀疏程度较高时 (例如 80%), 两个细胞同时不表达背后的相似性便降低了. 得益于经过 BOSSA 变化后的数据, 在图 12.11 中, 原先为 0 的数据随着稀疏性下降, 逐渐变小; 原先为 1 的数据, 则随着稀疏性的上升, 逐渐变大.

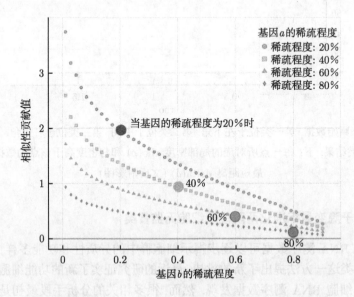

图 12.10   不同稀疏性的基因背后, 基因同时不表达对两个细胞相似性的贡献 (文后附彩图)

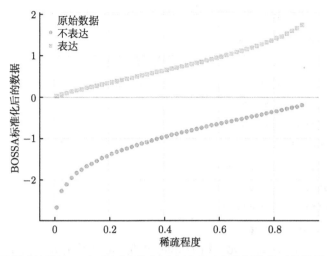

图 12.11　不同稀疏性的情况下, 基因表达和不表达所对应的标准化后的数据 (文后附彩图)

12.3　手写数字识别

开源标准数据集——MNIST 数据集由美国国家标准及技术协会 (National Institute of Standards and Technology, NIST) 建立. 其中训练集 (training set) 由来自 250 个不同人的手写的数字构成, 50%是高中学生, 50%来自人口普查局 (the census bureau) 的工作人员. 测试集 (test set) 也是同样比例的手写数字数据. 该数据集可通过下面链接下载: http://deeplearning.net/data/mnist/mnist.pkl.gz

12.3.1　MNIST 数据的说明和导入

mnist.pkl.gz 文件包含 50000 个训练 (train) 数据、10000 个验证 (validation) 数据、10000 个测试 (test) 和这些数据的标签. 将 mnist.pkl.gz 文件直接放在自己的目录里面, 使用 Python 读取和解析 mnist.pkl.gz.

建立 Python 文件 "LoadData.py":

```
import pickle
import gzip


def load_data():
    with gzip.open('./mnist.pkl.gz') as ndata:
        training_data, valid_data, test_data = pickle.load(ndata)
    return training_data, valid_data, test_data
```

在 Python 行命令下输入:

```
>>> import LoadData
>>> training_data, valid_data, test_data = LoadData.load_data()
```
training_data, valid_data, test_data 分别存放着 mnist.pkl.gz 的训练集、校验集和测试集, 它们的大小为 $50000 \times 784, 10000 \times 784, 10000 \times 784$, 其中 $784 = 28 \times 28$ 为长宽都是 28 的图像像素点数.

```
>>> type(training_data)
<type 'tuple'>
>>> type(training_data[0])
<type 'numpy.ndarray'>
>>> type(training_data[1])
<type 'numpy.ndarray'>
```
可以看出 training_data 是二元元组 (tuple) 类型, 每个元是 numpy.array 类型.

```
>>> training_data[0].shape
(50000, 784)
>>> training_data[1].shape
(50000,)
>>> training_data
(array([[ 0.,  0.,  0., ...,  0.,  0.,  0.],
       [ 0.,  0.,  0., ...,  0.,  0.,  0.],
       [ 0.,  0.,  0., ...,  0.,  0.,  0.],
       ...,
       [ 0.,  0.,  0., ...,  0.,  0.,  0.],
       [ 0.,  0.,  0., ...,  0.,  0.,  0.],
       [ 0.,  0.,  0., ...,  0.,  0.,  0.]],
dtype=float32),
       array([5, 0, 4, ..., 8, 4, 8]))
```
training_data 的第一个数组存放的是训练图片的数据, 每一行为一个手写数字的图像数据; 第二个数组存放的是按行对应的图像的标签, 即 0 到 9 中的数字. 如图 12.12 所示, 第一个数组的第一行是右边第二个数组第一行标签 "2" 的图像数据.

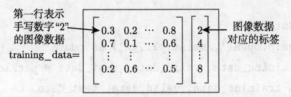

图 12.12   手写数字的训练数据结构

可以用 Python Imaging Library 的图像处理标准库来显示训练数据中的某个数字图片. 将下面的代码放到 "LoadData.py" 的最后面.

```
from PIL import Image
def show_data(training_data,numb):
    I = training_data[0][numb]
    I.resize((28, 28))
    im = Image.fromarray((I*256).astype('uint8'))
    im.show()
    return
```

在 Python 行命令下输入:

```
>>> reload(LoadData)
<module 'LoadData' from 'LoadData.py'>
>>> training_data, valid_data, test_data = LoadData.load_data()
>>> LoadData.show_data(training_data,2)
```

上述命令显示了 MNIST 数据集第 2 行标签为 "4" 的数据手写数字 "4" 的结果, 如图 12.13 所示. 如果要显示其他行的图像数据, 只要修改最后一行命令中的数字 "2" 即可.

图 12.13 MNIST 数据集第 2 行标签为 "4" 的数据

如果要保存显示的图片, 可以用

```
im.save('Mnist_dat_2.jpg', 'jpeg')
```

为了方便下面的一些识别算法, 我们提供了另外一种数据存放格式. 训练集的数据全部放到一个列表 training_input 中, 同时改为按列来存放, 如图 12.14 所示.

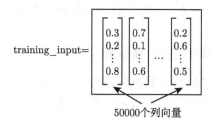

图 12.14 MNIST 数据集按列存放数据

对于标签数据, 改用 one-hot 编码, 即 10 个元素的向量形式表示, 除了一个元素是 1 外, 其余元素为 0. 而 1 所在位置表示所属的类别. 例如, 1 位于向量的第一位, 则表示属于第一类 (数字 1); 1 位于第十位表示第十类 (数字 0). 将训练数据的所有标签放到一个列表 training_labels 中, 如图 12.15 所示.

这样, training_data 的数据分别存放到 training_input 和 training_labels 中. 例如, training_data 中左边数组的第一行数据 (图 12.12), 按列放在 training_input 的第一列 (图 12.14); training_data 中右边数组的第一行数据 "2" 改成列向量数据, 放在 training_labels 的第一列 (图 12.15).

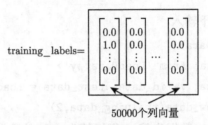

图 12.15　MNIST 数据的标签改成 one-hot 编码, 10 个元素的

向量形式, 按列存放

最后 zip 函数将 training_input 和 training_labels 组合成一个列表 training_data. 它是一个有 50000 个元素的列表, 每个元素是一个二元元组, 每个元组又含有一个 training_inputs 和一个 training_labels 的元素, 如图 12.16 所示.

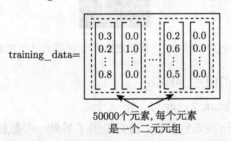

图 12.16　MNIST 数据改成一个有 50000 个元素的列表,

每个元素是一个二元元组, 数据都是按列存放

12.3.2　MNIST 手写数字神经网络识别

本节的任务是使用 MNIST 数据库训练一个可以准确识别手写数字的神经网络模型. 神经网络代码的核心是 Network 类. 定义一个 Network 对象:

```
import numpy as np
```

```
import random

class NeuralNet(object):
    # 初始化神经网络, sizes是神经网络的层数和每层神经元个数
    def _init_(self, sizes):
        self.sizes_ = sizes
        self.num_layers_ = len(sizes)   #层数
        #随机初始化偏置和权重, 都初始化为正态分布随机数
        self.weights = [np.random.randn(y, x) for x,
            y in zip (sizes[:-1], sizes[1:])]
        self.biases = [np.random.randn(y, 1) for y in
            sizes[1:]]
```

代码中的 sizes 包含各个层的神经元的数量. 例如, 如果想创建一个如图 12.17 所示的神经网络, 输入层有 784 个神经元, 隐藏层有 15 个神经元, 最后输出层有 10 个神经元. 可以这样设置 Network 对象:

```
net = NeuralNet([784, 15, 10])
```

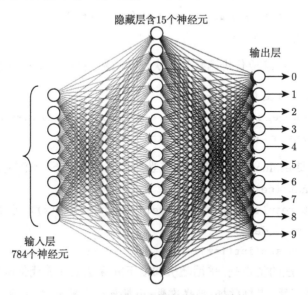

图 12.17　从输入到和输出的网络结构

代码中的 weights 和 biases 是神经网络的权重和偏移量. 使用 Numpy 的 random.randn 函数来生成均值为 0, 标准偏差为 1 的正态随机数 (构成的向量或者矩阵) 来初始化. 由于网络的第一层是输入层, 这一层的神经元没有偏移量, 因此偏

移量的长度是 sizes[1 :].

定义激活函数: Sigmoid 函数和它的导数.

```
# Sigmoid函数, 激活函数 def sigmoid(self, z):
    return 1.0/(1.0+np.exp(-z))


# Sigmoid函数的导函数
def sigmoid_prime(self, z):
    return self.sigmoid(z)*(1-self.sigmoid(z))
```

代码中的 z 可以是一个 (Numpy 类型的) 向量或者数组. 在 Sigmoid 函数里 np.exp $(-z)$ 会依次应用到 z 数组的每个元素上.

还需要在 Network 类中定义一个 feedforward 方法. 就是给神经网络一个输入 x, 返回对应的输出 $f(x)$. 在这个例子里, $f(x)$ 返回的是一个长度为 10 的向量, 它是一个类别指示函数, 即说明输入 x 是属于 0 到 9 中的哪个数字.

```
def feedforward(self, x):
    # 返回对应 x 输入的输出
    for b, w in zip(self.biases, self.weights):
        x = sigmoid(np.dot(w, a)+b)
    return x
```

在这个例子中, 选取代价函数为二次误差函数, 它对于 x 的导数很容易计算.

```
 # 输出层cost函数对于 x 的导数
 def cost_derivative(self,output_activations,y):
     return output_activations-y
```

我们还需要 evaluate 函数来说明在当前权重和偏置下, 预测的准确性.

```
def evaluate(self,test_data):
    test_result=[(np.argmax(self.feedforward(x)),y) for (x,y) in
        test_data]
    return sum(int(i==j) for (i,j) in test_result)
```

神经网络方法的重点是, 采用随机梯度下降算法来计算代价函数的极小值.

```
#随机梯度下降(训练数据,迭代次数,小批量样本数量,学习率,是否有测试集)
def SGD(self,training_data,epochs,mini_batch_size,learning_rate,
    test_data=None):
    if test_data:
        len_test=len(test_data)
```

```
    n=len(training_data)  #训练数据大小
    #迭代过程
    for j in range(epochs):
        print "Epoch {0}:".format(j)
        random.shuffle(training_data)
        #mini_batches是训练数据分割之后的数据列表
        mini_batches=[training_data[k:k+mini_batch_size] for k in
            range(0,n,mini_batch_size)]

        #每个mini_batch都更新一次,重复完整个数据集
        for mini_batch in mini_batches:
            self.update_mini_batch(mini_batch, eta)

        if test_data:
            print "{0}/{1}".format(self.evaluate(test_data),len_
            test)
```

随机梯度下降函数有 5 个传入参数: 训练数据、迭代次数、小批量样本数量、学习率、是否有测试集. 每次 epoch 迭代中, 先用 random.shuffle 将数据顺序打乱, 按事先规定的批量数 mini_batch_size 将打乱顺序的训练数据分割为一个个小批量训练样本, 放在 mini_batches 中. 对每个小批量样本 mini_batch 更新权重和偏置. 更新由下面的 update_mini_batch 函数来完成.

```
    #每个mini_batch都更新一次权重和偏置
    def update_mini_batch(self, mini_batch, eta):
        #存储CostF对于各个参数的偏导
        #格式和self.biases和self.weights是一模一样的
        nabla_b = [np.zeros(b.shape) for b in self.biases]
        nabla_w = [np.zeros(w.shape) for w in self.weights]
        eta=learning_rate/len(mini_batch)

        #mini_batch中的一个实例调用梯度下降得到各个参数的偏导
        for x,y in mini_batch:
            #从一个实例得到的梯度
            delta_nabla_b,delta_nabla_w = self.backprop(x,y)
          nabla_b = [nb+dnb for nb,dnb in zip(nabla_b,delta_nabla_b)]
          nabla_w = [nw+dnw for nw,dnw in zip(nabla_w,delta_nabla_w)]
```

```
    #每一个mini_batch更新一下参数
    self.biases = [b-eta*nb for b,nb in zip(self.biases,nabla_b)]
  self.weights = [w-eta*nw for w,nw in zip(self.weights,nabla_w)]
```

随机梯度下降算法中的梯度计算可用反向传播算法 (back propagation algorithm) 快速求得.

```
#反向传播算法来快速计算代价函数CostF的梯度
def backprop(self,x,y):
    #存储代价函数CostF对于各个参数的偏导
    #格式和self.biases和self.weights是一模一样的
    nabla_b = [np.zeros(b.shape) for b in self.biases]
    nabla_w = [np.zeros(w.shape) for w in self.weights]

    #前向过程
    activation = x
    activations = [x]   #存储所有的激活值,一层一层的形式
    zs = []             #存储所有的中间值(weighted sum)
    for w,b in zip(self.weights,self.biases):
        z = np.dot(w,activation)+b
        zs.append(z)
        activation = sigmoid(z)
        activations.append(activation)

    #反向过程
    #输出层error
    delta=self.cost_derivative(activations[-1],y)*sigmoid_prime
        (zs[-1])
    nabla_b[-1] = delta
    nabla_w[-1] = np.dot(delta,activations[-2].transpose())

    #中间隐藏层
    for l in range(2,self.numOfLayers):
        delta = np.dot(self.weights[-l+1].transpose(),delta)
                *sigmoid_prime(zs[-l])
        nabla_b[-l] = delta
```

```
        nabla_w[-1] = np.dot(delta,activations[-1-1].transpose())

    return nabla_b, nabla_w
```

z 是每一输入, 存在 zs 列表中. activation 是每个输入的激活值, 存在 activations 列表中. 最后一个 for 循环就是梯度的反向推导过程.

最后写两个函数用于测试数据的预测和结果统计.

```
# 测试数据的预测
def predict(self, data):
    value = self.feedforward(data)
    return value.tolist().index(max(value))


# 测试数据的结果统计
def show_results(self,data):
    #准确率
    correct = 0;
    for ef in data:
        if self.predict(ef[0]) == ef[1]:
            correct += 1

print "correct rate: ", float(correct)/len(data)
```

执行上述代码.

```
>>> import neuralnet as nn
>>> net = nn.NeuralNet([784, 15, 10])
>>> import mnistloader
>>> train_set,valid_set,test_set = mnistloader.data_wrapper()
```

执行随机梯度下降法进行训练.

```
>>> net.SGD(train_set, 10, 40, 3.0, test_data=test_set)
Epoch 0: 8336 / 10000
Epoch 1: 8746 / 10000
Epoch 2: 8873 / 10000
Epoch 3: 8976 / 10000
Epoch 4: 9035 / 10000
Epoch 5: 9059 / 10000
Epoch 6: 9081 / 10000
Epoch 7: 9121 / 10000
```

```
    Epoch 8: 9156 / 10000
    Epoch 9: 9181 / 10000
```

可能执行时得到的结果与上面不同, 这是因为初值的选择是随机的.

显示对测试数据的预测精确度.

```
>>> net.show_results(test_set)
correct rate:   0.9181
```

也可以将上述代码写入主函数中

```
if __name__ == '__main__':
    INPUT = 28*28
    OUTPUT = 10
    net = NeuralNet([INPUT, 8, OUTPUT])

    train_set,valid_set,test_set = mnistloader.data_wrapper()

    # training_data是训练数据(x, y);epochs是训练次数;mini_batch_
    # size是每次训练样本数;eta 是learning rate
    epochs = 10
    mini_batch_size = 40
    eta = 3.0
    net.SGD(train_set, epochs, mini_batch_size, eta,)
    net.show_results(test_set)
```

上面的程序用了 15 个隐藏神经元, 30 次的训练次数. 在笔记本上运行, 大概只需要几分钟时间. 最后的精确度可以达到 90% 左右. 事实上, 可进一步调整隐藏神经元的数量、训练次数, 小批量样本数以及学习率来获得更高的精度.

参 考 文 献

[1] 陈希孺, 王松桂. 近代回归分析——原理方法及应用. 合肥: 安徽教育出版社, 1987.

[2] 程学旗, 靳小龙, 王元卓, 郭嘉丰, 张铁赢, 李国杰. 大数据系统和分析技术综述. 软件学报, 2014, 25(9): 1889-1908.

[3] 高惠璇. 应用多元统计分析. 北京: 北京大学出版社, 2005.

[4] 郭志懋, 周傲英. 数据质量和数据清洗研究综述. 软件学报, 2002, 13(11): 2076-2082.

[5] 何清, 庄福振. 基于云计算的大数据挖掘平台. 中兴通讯技术, 2013, 19(4): 32-38.

[6] 何书元. 应用时间序列分析. 北京: 北京大学出版社, 2003.

[7] 胡勤. 人工智能概述. 电脑知识与技术, 2010, 6(13): 3507-3509.

[8] 李航. 统计学习方法. 北京: 清华大学出版社, 2012.

[9] 林正炎, 白志东. 概率不等式. 北京: 科学出版社, 2006.

[10] 林正炎, 陆传荣, 苏中根. 概率极限理论基础. 2 版. 北京: 高等教育出版社, 2015.

[11] 林正炎, 苏中根, 张立新. 概率论. 3 版. 杭州: 浙江大学出版社, 2014.

[12] 林建忠. 回归分析与线性统计模型. 上海: 上海交通大学出版社, 2018.

[13] 刘明吉, 王秀峰, 黄亚楼. 数据挖掘中的数据预处理. 计算机科学, 2000, 27(4): 54-57.

[14] 梅长林, 王宁. 近代回归分析方法. 北京: 科学出版社, 2012.

[15] 孟小峰, 慈祥. 大数据管理: 概念、技术与挑战. 计算机研究与发展, 2013, 50(1): 146-169.

[16] 欧高炎, 朱占星, 董彬, 鄂维南. 数据科学导引. 北京: 高等教育出版社, 2017.

[17] 宋金玉, 陈爽, 郭大鹏, 王内蒙. 数据质量及数据清洗方法. 指挥信息系统与技术, 2013, 4(5): 63-70.

[18] 苏中根. 随机过程. 北京: 高等教育出版社, 2016.

[19] 孙志军, 薛磊, 许阳明, 王正. 深度学习研究综述. 计算机应用研究, 2012, 29(8): 2806-2810.

[20] 唐年胜, 李会琼. 应用回归分析. 北京: 科学出版社, 2014.

[21] 王松桂, 陈敏, 陈立萍. 线性统计模型: 线性回归与方差分析. 北京: 高等教育出版社, 1999.

[22] 王松桂, 史建红, 尹素菊, 吴密霞. 线性模型引论. 北京: 科学出版社, 2004.

[23] 王曦, 汪小我, 王立坤, 冯智星, 张学工. 新一代高通量 RNA 测序数据的处理与分析. 生物化学与生物物理进展, 2010, 37(8): 834-846.

[24] 吴喜之, 刘苗. 应用时间序列分析. 北京: 机械工业出版社, 2014.

[25] 行智国. 统计学与数据挖掘的比较分析. 统计教育, 2002, 9(6): 6-8.

[26] 薛毅, 陈立萍. 统计建模与 R 软件. 北京: 清华大学出版社, 2007.

[27] 游士兵, 张佩, 姚雪梅. 大数据对统计学的挑战和机遇. 珞珈管理评论, 2013, (2): 165-171.

[28] 张良均, 陈俊德, 刘名军, 陈荣. 数据挖掘: 实用案例分析. 北京: 机械工业出版社, 2013.

[29] 张文彤. SPSS 统计分析基础教程. 3 版. 北京: 高等教育出版社, 2017.

[30] 周纪芗. 回归分析. 上海: 华东师范大学出版社, 1993.

[31] 周可, 王桦, 李春花. 云存储技术及其应用. 中兴通讯技术, 2010, 16(4): 24-27.

[32] 周志华. 机器学习. 北京: 清华大学出版社, 2016.

[33] Aloise D, Deshpande A, Hansen P, Popat P. NP-hardness of Euclidean sum-of-squares clustering. Machine Learning, 2009, 75(2): 245-248.

[34] Bakin S. Adaptive regression and model selection in data mining probems. Spectrochimica Acta Part A Molecular & Biomolecular Spectroscopy, 1999, 81(1): 8-13.

[35] Bandana D, Cho K H, Bengio Y. Neural machine translation by jointly learning to align and translate. arXiv, [arXiv:1409.0473]. https://arxiv.orglabs/1409.0473.

[36] Belkin M, Niyogi P. Laplacian eigenmaps for dimensionality reduction and data representation. Neural Computation, 2003, 15(6): 1373-1396.

[37] Bengio Y, Delalleau O. On the expressive power of deep architectures // Kivinen J, Szepesvári C, Ukkonen E, Zeugmann T. Algorithmic Learning Theory. ALT 2011. Lecture Notes in Computer Science, 18-36. Berlin, Heidelberg: Springer, 2011.

[38] Bengio Y, Ducharme R, Vincent P. A neural probabilistic language model. Journal of Machine Learning Research, 2003(3): 1137-1155.

[39] Bengio Y, Lecun Y. Scaling learning algorithms towards AI // Bottou L, Chapelle O, Decoste D, Weston J. Large-Scale Kernel Machines, 321-358. Cambridge, Massachusetts: MIT Press, 2007.

[40] Chen K, Zheng W M. Cloud computing: System instances and current research. Journal of Software, 2009, 20(5): 1337-1348.

[41] Ching W K, Huang X, Ng M K, Siu T K. 马尔可夫链: 模型、算法与应用. 2 版. 陈曦, 译. 北京: 清华大学出版社, 2015.

[42] Cichocki A, Zdunek R, Amari S-i. Csiszár's divergences for non-negative matrix factorization: family of new algorithms // Rosca J, Erdogmus D, Príncipe J C, Haykin S. Independent Component Analysis and Blind Signal Separation. ICA. Lecture Notes in Computer Science, vol 3889. Berlin, Heidelberg: Springer, 2006: 32-39.

[43] Cover T, Hart P. Nearest neighbor pattern classification. IEEE Transactions on Information Theory, 1967, 13(1): 21-27.

[44] Cox T, Cox M. Multidimensional Scaling. 2nd ed. Boca Raton: Chapman and Hall, 2001.

[45] Cuesta H. 实用数据分析. 刁晓纯, 陈堰平, 译. 北京: 机械工业出版社, 2014.

[46] Devlin J, Zbib R, Huang Z, Lamar T, Schwartz R, Makhoul J. Fast and robust neural network joint models for statistical machine translation // Proceedings of the 52nd Annual Meeting of the Association for Computational Linguistics, 1370-1380. Baltimore, Maryland, USA. 2014.

[47] Ding J, Li A, Hu Z, Wang L. Accurate pulmonary nodule detection in computed tomography images using deep convolutional neural networks // Descoteaux M, Maier-Hein L, Franz A, Jannin P, Collins D, Duchesne S. Medical Image Computing and Computer-Assisted Intervention formatstring MICCAI 2017. Cham: Springer, 2017: 559-567.

[48] Donoho D L, Grimes C E. Hessian eigenmaps: Locally linear embedding techniques for high-dimensional data. Proceedings of the National Academy of Arts and Sciences, 2003, 100(10): 5591-5596.

[49] Dou Q, Chen H, Yu L, Qin J, Heng P-A. Multilevel contextual 3-D CNNs for false positive reduction in pulmonary nodule detection. IEEE Transactions on Biomedical Engineering, 2017, 64(7): 1558-1567.

[50] Efron B, Hastie T, Johnstone I, Tibshirani R. Least angle regression. The Annals of Statistics, 2004, 32(2): 407-499.

[51] Efron B, Tibshirani R. An Introduction to the Bootstrap. New York: Chapman and Hall, 1993.

[52] Elman J L. Finding structure in time. Cognitive Science, 1990, 14(2): 179-211.

[53] Erdös P, Rényi A. On the evolution of random graphs. Publ. Math. Inst. Hung. Acad. Sci., 1960, 5(1): 17-61.

[54] Fan J, Gijbels I. Local Polynomial Modelling and Its Applications. London: Chapman and Hall, 1996.

[55] Fan J, Li R. Variable selection via nonconcave penalized likelihood and its oracle properties. Journal of the American Statistical Association, 2001, 96(456): 1348-1360.

[56] Forte R M. 预测分析 R 语言实现. 吴今朝, 译. 北京: 机械工业出版社, 2017.

[57] Francesco C, Cochinwala M, Ganapathy U, Lalk G, Missier P. Telcordia's database reconciliation and data quality analysis tool // Abbadi A E, Brodie M L, Chakravarthy S. Proceedings of the 26th International Conference on Very Large Data Bases, 615-618. Cairo: Morgan Kaufmann, 2000.

[58] Frey B. Graphical Models for Machine Learning and Digital Communication. Cambridge: MIT Press, 1998.

[59] Hastie T, Tibshirani R, Friedman J. The Elements of Statistical Learning. New York: Springer, 2002.

[60] James G, Witten D, Hastie T, Tibshirani R. An Introduction to Statistical Learning with Applications in R. New York: Springer, 2013.

[61] Gareth J, Witten D, Hastie T, Tibshirani R. 统计学习导论. 王星, 等译. 北京: 机械工业出版社, 2015.

[62] Goodfellow I, Bengio Y, Courville A. Deep Learning. Cambridge: MIT Press, 2016.

[63] Hand D J, Daly F, Lunn A D, McConway K J, Ostrowski E. A Handbook of Small Data Sets. London: Chapman and Hall, 1994.

[64] He K, Zhang X, Ren S, Sun J. Deep residual learning for image recognition. 2016 IEEE Conference on Computer Vision and Pattern Recognition, 2016: 770-778.

[65] Hernández M A, Stolfo S J. Real-world data is dirty:Data cleansing and the merge/purge problem. Data Mining and Knowledge Discovery, 1998, 2(1): 9-37.

[66] Hinton G E, Roweis S T. Stochastic neighbor embedding. Advances in Neural Information Processing Systems, 2003, 15: 833-840.

[67] Hinton G E, Salakhutdinov R R. Reducing the dimensionality of data with neural networks. Science, 2006, 313(5786): 504-507.

[68] Huang J, Ma S, Zhang C H. Adaptive LASSO for sparse high-dimensional regression. Statistica Sinica, 2008, 18(4): 1603-1618.

[69] Hussein S, Cao K, Song Q, Bagci U. Risk stratification of lung nodules using 3d cnn-based multi-task learning // Niethammer M et al. Information Processing in Medical Imaging. IPMI. Lecture Notes in Computer Science, vol. 10265: 249-260. Cham: Springer, 2017.

[70] Hyvärinen A. Survey on independent component analysis. Neural Computing Surveys, 1999, 2: 94-128.

[71] James G, Witten D, Hastie T, Tibshirani R. An Introduction to Statistical Learning. New York: Springer, 2013.

[72] Jolliffe I T. Principal Component Analysis. New York: Springer, 1986.

[73] Kalchbrenner N, Blunsom P. 2013. Recurrent continuous translation models // Proceedings of the 2013 conference on Empirical Methods in Natural Language Processing, 1700-1709. Seattle, Washington, USA, 2013.

[74] Knight K, Fu W. Asymptotics for lasso-type estimators. Annals of Statistics, 2000, 28(5): 1356-1378.

[75] Kumar V, Grama A, Gupta A, Karypis G. Introduction to Parallel Computing. Redwood City: Benjamin/Cummings, 1994.

[76] Law C W, Chen Y, Shi W, Smyth G K. Voom: Precision weights unlock linear model analysis tools for RNA-seq read counts. Genome Biology, 2014, 15(2): R29.

[77] LeCun Y, Bottou L, Bengio Y, Haffner P. Gradient-based learning applied to document recognition. Proceedings of the IEEE, 1998, 86(11): 2278-2324.

[78] Lee D D, Seung H S. Learning the parts of objects by non-negative matrix factorization. Nature, 1999, 401(6755): 788-791.

[79] Lee D D, Seung H S. Algorithms for non-negative matrix factorization // NIPS'00 Proceedings of the 13th International Conference on Neural Information Processing Systems, 2000, 535-541.

[80] Maaten L V D, Hinton G E. Visualizing data using t-SNE. Journal of Machine Learning Research, 2008, 9: 2579-2605.

[81] Marioni J C, Mason C E, Mane S M, Stephens M, Gilad Y. RNA-seq: An assessment

of technical reproducibility and comparison with gene expression arrays. Genome Research, 2008, 18(9): 1509-1517.

[82] McCulloch W S, Pitts W. A logical calculus of the ideas immanent in nervous activity. Bulletin of Mathematical Biophysics, 1943, 5(4): 115-133.

[83] Mika S, Schölkopf B, Smola A, Müller K R, Scholz M, Rätsch G. Kernel PCA and de-noising in feature spaces // Proceedings of the 1998 conference on Advances in neural information processing systems II, 1999, 536-542.

[84] Milgram S. Behavioral study of obedience. The Journal of Abnormal and Social Psychology, 1963, 67(4): 371-378.

[85] Minsky M, Papert S A. Perceptrons: An Introduction to Computational Geometry. Cambridge: MIT Press, 1987.

[86] Myers R. Classical and Modern Regression with Applications. Boston: PWS Publishers, 1986.

[87] Nadaraya E A. On estimating regression. Theory of Probability and Its Applications, 1964, 9(1): 141-142.

[88] Nandy A, Biswas M. Reinforcement Learning: With Open AI, TensorFlow and Keras Using Python. Berkeley, CA: Apress, 2017.

[89] Neal R M, Hinton G E. A view of the em algorithm that justifies incremental, sparse, and other variants // Jordan M I. Learning in Graphical Models. NATO ASI Series (Series D: Behavioural and Social Sciences). Dordrecht: Springer, 1998, 89: 355-368.

[90] Osuna E, Freund R, Girosi F. An improved training algorithm for support vector machines // Neural Networks for Signal Processing VII. Proceedings of the 1997 IEEE Signal Processing Society Workshop, Amelia Island, FL, USA, 1997: 276-285.

[91] Paatero P. Least squares formulation of robust non-negative factor analysis. Chemometrics and Intelligent Laboratory Systems, 1997, 37(1): 23-35.

[92] Paatero P. The multilinear engine: A table-driven least squares program for solving multilinear problems, including the n-way parallel factor analysis model. Journal of Computational and Graphical Statistics, 1999, 8(4): 854-888.

[93] Paatero P, Tapper U. Positive matrix factorization: A non-negative factor model with optimal utilization of error estimates of data values. Environmetrics, 1994, 5(2): 111-126.

[94] Pollen A A, Nowakowski T J, Shuga J, et al. Low-coverage single-cell mRNA sequencing reveals cellular heterogeneity and activated signaling pathways in developing cerebral cortex. Nature Biotechnology, 2014, 32(10): 1053-1058.

[95] Ravichandiran S. Hands-On Reinforcement Learning with Python: Master Reinforcement and Deep Reinforcement Learning Using OpenAI Gym and TensorFlow. Birmingham: Packt Publishing Ltd, 2018.

[96] Rivest R, Cormen T, Leiserson C, Stein C. Introduction to Algorithms. Cambridge:

MIT Press, 2001.

[97]   Rosenblatt F. The perceptron-a perceiving and recognizing automaton. Report 85-460-1, Cornell Aeronautical Laboratory, 1957.

[98]   Roweis S T, Saul L. Nonlinear dimensionality reduction by locally linear embedding. Science, 2000, 290: 2323-2326.

[99]   Saul L K, Roweis S T. Think globally, fit locally: Unsupervised learning of low dimensional manifolds. Journal of Machine Learning Research, 2003, 4: 119-155.

[100]   Schölkopf B, Smola A. Learning with Kernels. Cambridge: MIT Press, 2001.

[101]   Shen W, Zhou M, Yang F, Dong D, Yang C, Zang Y, Tian J. Learning from experts: Developing transferable deep features for patient-level lung cancer prediction // Ourselin S, Joskowicz L, Sabuncu M, Unal G., Wells W. Medical Image Computing and Computer-Assisted Intervention-MICCAI 2016. MICCAI 2016. Lecture Notes in Computer Science, vol 9901: 124-131. Cham: Springer, 2016.

[102]   Shen W, Zhou M, Yang F, Yang C, Tian J. Multi-scale convolutional neural networks for lung nodule classification // Ourselin S, Alexander D, Westin C F, Cardoso M. Information Processing in Medical Imaging. IPMI 2015. Lecture Notes in Computer Science, vol 9123: 588-599. Cham: Springer, 2015.

[103]   Sirovich L, Kirby M. Low-dimensional procedure for the characterization of human faces. Journal of the Optical Society of America A, 1987, 4(3): 519-524.

[104]   Sun J, Boyd S, Xiao L, Diaconis P. The fastest mixing Markov process on a graph and a connection to a maximum variance unfolding problem. SIAM Review, 2006, 48(4): 681-699.

[105]   Sutskever I, Vinyals O, Le Q V. Sequence to sequence learning with neural networks. NIPS'14 Proceedings of the 27th International Conference on Neural Information Processing Systems, 2014, 2: 3104-3112.

[106]   Sutton R S, Barto A G. Reinforcement Learning: An Introduction. Cambridge: MIT Press, 1998.

[107]   Tang F, Barbacioru C, Wang Y, et al. mRNA-Seq whole-transcriptome analysis of a single cell. Nature Methods, 2009, 6(5): 377-382.

[108]   Tang J. Research and application of the cloud computation storage system. Computer Knowledge and Technology, 2009, 5(20): 5337-5338.

[109]   Tenenbaum J B. Mapping a manifold of perceptual observations. Advances in Neural Information Processing Systems, 1998, 10: 682-688.

[110]   Tenenbaum J B, de, Silva V, Langford J C. A global geometric framework for nonlinear dimensionality reduction. Science, 2000, 290: 2319-2323.

[111]   Tibshirani R. Regression shrinkage and selection via the lasso. Journal of the Royal Statistical Society: Series B (Statistical Methodology), 1996, 58(1): 267-288.

[112]   Tibshirani R, Saunders M, Rosset S, Zhu J, Knight K. Sparsity and smoothness

via the fused lasso. Journal of the Royal Statistical Society: Series B (Statistical Methodology), 2005, 67(1): 91-108.

[113] Torres E L, Fiorina E, Pennazio F, et al. Large scale validation of the M5L lung CAD on heterogeneous CT datasets. Medical Physics, 2015, 42(4): 1477-1489.

[114] Vincent P, Bengio Y, Paiement J F. Learning eigenfunctions of similarity: Linking spectral clustering and kernel PCA. Technical Report, No. 1232, Montréal Canada: Universite de Montréal, 2003.

[115] Wang H, Leng C. Unified LASSO estimation via least square approximation. Journal of the American Statistical Association, 2007, 102(479): 1039-1048.

[116] Watson G S. Smooth regression analysis. Sankhyā, 1964, 126(4): 359-372.

[117] Watts D J, Strogatz S H. Collective dynamics of 'small-world' networks. Nature, 1998, 393: 440-442.

[118] Weber A. Agrarpolitik im Spannungsfeld der Internationalen Ernaehrungspolitik. Kiel: Institut fuer Agrarpolitik und Marktlehre, 1973.

[119] Weinberger K Q, Saul L K. Learning a kernel matrix for nonlinear dimensionality reduction // Proceedings of the Twenty First International Conference on Machine Learning, 2004: 839-846.

[120] Weinberger K, Saul L. Unsupervised learning of image manifolds by semidefinite programing. Proceedings of the IEEE Conference on Computer Vision and Pattern Recognition, 2004: 988-995.

[121] Williams C K I. On a connection between kernel PCA and metric multidimensional scaling. Machine Learning, 2002, 46(1-3): 11-19.

[122] Yip S H, Wang P, Kocher J P A, Sham P C, Wang J. Linnorm: Improved statistical analysis for single cell RNA-seq expression data. Nucleic Acids Research, 2017, 45(22): e179.

[123] Zhang P, Song P X K. Cluster analysis of categorical data with ultra sparse features. 2018. (Manuscript)

[124] Zhao P, Yu B. Stagewise Lasso. Journal of Machine Learning Research, 2017, 8: 2701-2726.

[125] Zhu W, Liu C, Fan W, Xie X. Deeplung: 3D deep convolutional nets for automated lung nodule detection and classification. IEEE Winter Conference on Applications of Computer Vision (WACV), 2018: 673-681.

[126] Zou H. The adaptive lasso and its oracle properties. Journal of the American Statistical Association, 2006, 101(476): 1418-1429.

[127] Zou H, Hastie T. Regularization and variable selection via the elastic net. Journal of the Royal Statistical Society: Series B (Statistical Methodology), 2005, 67(2): 301-320.

附录 A R 语言简介

R 语言是用于统计分析、绘图的语言和操作环境, 属于 GNU 系统的一个自由、免费、源代码开放的软件, 是一个用于统计计算和统计制图的工具.

A.1 特 点

R 语言最早主要由新西兰奥克兰大学的 Ross Ihaka 和 Robert Gentleman 研发, 随即成为 GNU 的项目之一. 现在由 "R 开发核心团队" 负责.

R 语言作为一种统计分析软件, 集统计分析与图形显示于一体. 它可以运行于 UNIX, FreeBSD, Windows 和 MacOS 等操作系统上, 具有以下特点:

(1) R 语言是完全免费、开放源代码的. 可以在它的官方网站及其镜像上下载任何有关的安装程序、工具包及其源代码、文档资料等.

(2) R 语言的语法通俗易懂, 很容易学会, 而且可以编制自己的函数进行扩展。

(3) R 语言提供了各种各样的数据处理和分析技术, 几乎任何数据分析过程都可以在 R 中完成. 而且它能从多个数据源导入数据, 包括文本文件、数据库等. 和其他统计软件、编程语言和数据库之间也有很好的接口.

(4) R 语言具有很强的可视化功能. 一方面, R 语言中有各种绘图函数, 可以得到各式各样的图形结果. 另一方面, 计算结果可以直接保存为 JPG, BMP, PNG 等图片格式, 还可以保存为 PDF 文件.

(5) R 语言具有各式各样的 GUI (graphical user interface, 图形用户界面) 工具, 如 RStudio, Rattle, Red-R, Deducer, R Commander 等, 其中 RStudio 较常用.

(6) R 社区由全球大量维护者共同维护, 几乎每天都有人为 R 社区贡献新的方法和统计计算案例.

A.2 安装和运行

我们主要讨论在 MacOS 操作系统下 R 语言的安装和运行. 其他操作系统, 如 Windows 或者 Linux, 可能需要做少量的调整.

首先从网站下载 "Mac OS X" 的 pkg 安装文件. 如图 A.0 所示. 当前的最新版本是 (2020 年 10 月 10 日) 4.0.3 版本. 对下载的 "R-4.0.3.pkg" 做 md5 校验确保文件的完整性. 单击运行, 根据提示完成安装. 如果遇到提示 "来自身份不明开发者"

而无法正确安装的, 可以在 "系统偏好设置" 的 "安全性与隐私" 中降低安装允许权限的等级. 在 R 软件正确安装完成后, 再恢复回原来的权限等级.

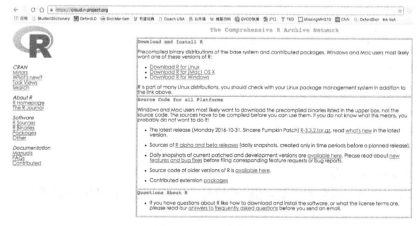

图 A.0 R 语言的下载

启动 启动 R 软件有三种方式:

(1) 单击桌面上的 R 语言快捷图标 (图 A.1), 启动 R.

(2) 从 Finder 的应用程序中, 选择 R 语言快捷图标, 启动 R.

(3) 在终端中 (terminal), 输入 "R", 启动 R.

图 A.1 R 语言的图标

前两种方式会出现一个 "R Console" 控制台窗口, 第三种方式会在当前终端窗口启动一个交互式程序. 这两种情形下, R 都是通过交互模式工作, 即输入命令行并按下 Enter 键, 就能运行该命令并输出相关结果. 然后等待下一次输入. 当 R 在准备输入状态时, 会显示的提示符是一个 ">" 符号.

退出 "R Console" 控制台窗口, 可以直接关闭窗口方式退出, 也可以在提示符 ">" 后输入 "q()" 退出.

```
> q()
```

不管哪种方式退出, R 都会提示是否需要保存数据. 若键入 "yes" 或者 "y", 则会保存数据退出. 若键入 "no" 或者 "n", 则不保存数据退出. 若键入 "cancel" 或者 "c", 则会不退出重新返回 R 会话.

A.3 帮助命令和帮助工具

如想得到命令 "numeric" 的使用说明, R 可以使用 "help" 命令或者加 "?" 得到函数的帮助.

```
> help(numeric)
```

或者

```
> ?numeric
```

对于有特殊含义的字符, 可以加上双引号或者单引号, 得到该字符的使用说明. 如关键字 if.

```
> help("if")
```

或者

```
> ?"if"
```

在联网的情况下, 可以用下面的命令

```
> help.start()
```

启动一个网页浏览器, 通过超链接访问帮助页, 得到 HTML 格式的帮助.

A.4   RStudio

下面介绍 RStudio, 相对 R 来说它提供了更好的编程体验. RStudio 有 Windows, Mac 和 Linux 版本. 对于 Windows 用户, RStudio 适用于 Windows Vista 及更高版本. 按照以下步骤安装 RStudio.

登录到网址 https://www.rstudio.com/products/rstudio/download/, 在 "支持的平台的安装程序" 部分中, 根据操作系统选择并单击 RStudio 安装程序. 单击后开始下载, 根据提示单击 "下一步", 直到下载完成. 要启动 RStudio, 单击其桌面图标或使用 "搜索窗口" 访问该程序. RStudio 的界面如图 A.2 所示.

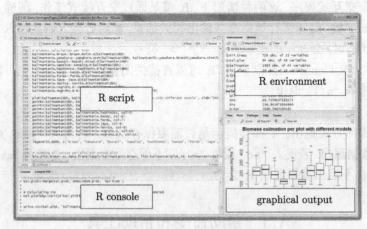

图 A.2   RStudio 的界面

(1) R 控制台 (R console): 此区域显示运行的代码输出, 此外还可以直接在控制台中编写代码, 但是直接在 R 控制台中输入的代码无法保留.

(2) R 脚本 (R script): 顾名思义是用来编写代码的. 要运行这些代码只需选择代码行, 然后按 Ctrl+Enter 键. 或者可以单击 R 脚本右上角的 "运行" 按钮.

(3) R 环境 (R environment): 此空间显示添加的外部元素集、包括数据集、变量、向量、函数等. 要检查数据是否已在 R 中正确加载, 可查看此区域.

(4) 图形输出 (graphical output): 此空间显示在探索性数据分析期间创建的图形. 这里还可以选择包以及嵌入式 R 帮助文档.

如何安装 R 包　　R 的优势在于它强大的包. 在 R 中, 大多数数据处理任务可以通过两种方式执行: 使用 R 包和 R 基本函数. 要安装软件包, 只需在控制台中键入:

```
install.packages("包名")
```

对于第一次使用的用户, 可能会出现选择 CRAN 镜像 (国家/地区服务器) 的弹出窗口, 选择相应的镜像并单击 OK 键. 或者使用下拉菜单选择相应的镜像进行安装. 注意: 可以直接在控制台中键入此内容, 然后按 "回车" 或在 R 脚本中单击 "运行".

R 中的基本计算　　要熟悉 R 的编码环境, 可从一些基本计算开始. R 控制台也可以用作交互式计算器. 在控制台中键入以下内容:

```
> x <- 8 + 7
> x
> 15
```

一旦创建了一个变量, 就不再直接得到输出 (例如计算器), 除非在下一行调用此变量或者赋值的同时外面使用圆括号. 变量可以是字母, 字母加数字或特殊字符, 但不能以数字开头.

A.5　R 编程要点

R 有五个基本或 "原子" 类对象. 什么是对象? R 中看到或创建的所有内容都是对象. 向量、矩阵、数据框, 甚至变量都是一个对象. 这些对象具有各自的属性, 可视为其 "标识符", 也就是一个恰当地标识它们的名称或数字. 对象具有以下属性:

(1) 名称, 维度名称;

(2) 尺寸;

(3) 类型;

(4) 长度,

可以使用 attributes() 函数访问对象的属性.

R 的对象有 5 个基本类型:

(1) 字符;

(2) 数值 (实数);

(3) 整数 (整数);

(4) 复数;

(5) 逻辑 (真/假).

R 中的数据结构　　R 具有各种类型的 "数据结构", 包括向量 (数值、整数等)、矩阵、数据框和列表.

向量　　R 中最基本的数据结构称为向量, 可以使用 vector() 创建一个空向量. 向量必须包含相同类型的对象.

例如, 可以使用 c() 创建不同类型的向量.

```
> a <- c(1.8, 4.5)    # 数值
> b <- c(1 + 2i, 3 - 6i) # 复数
> d <- c(23, 44)      # 整数
> e <- vector("logical", length = 5)
```

也可以混合不同类型的对象. 当向量中混合了不同类型的对象时会发生强制转换, 使不同类型的对象 "转换" 为一个类型. 例如,

```
> qt <- c("Time", 24, "October", TRUE, 3.33)  # 字符
> ab <- c(TRUE, 24) # 数值
> cd <- c(2.5, "May") # 字符
```

要检查任何对象的类型, 使用 class("vector name") 函数.

```
> class(qt)
  "character"
```

要转换向量的类型, 可以使用 as. 命令.

```
> bar <- 0:5
> class(bar)
> "integer"
> as.numeric(bar)
> class(bar)
> "numeric"
> as.character(bar)
> class(bar)
> "character"
```

同样, 可以更改任何向量的类型. 但是如果尝试将 "字符" 向量转换为 "数值", 有些情况会产生 NA. 因此应该小心使用此命令.

列表 列表是 R 中最灵活的一种数据结构, 可以包含不同数据类型不同长度的元素. 例如,

```
> my_list <- list(22, "ab", TRUE, 1 + 2i)
> my_list
[[1]]
[1] 22
[[2]]
[1] "ab"
[[3]]
[1] TRUE
[[4]]
[1] 1+2i
```

可见, 列表的输出与向量不同. 双括号 [[1]] 显示列表的第一个元素, 依此类推. 因此可以根据索引提取列表元素. 例如,

```
> my_list[[3]]
> [1] TRUE
```

注意这是一个向量. 也可以使用 [] 单方括号. 但是这会返回列表元素及其索引号, 它本身又是一个列表. 例如,

```
> my_list[3]
> [[1]]
   [1] TRUE
```

矩阵 当向量引入带有行和列的性质 (即维度属性) 时, 它就变为矩阵. 矩阵由行和列坐标表示. 它是一个二维数据结构, 由同一类型的元素组成. 例如, 创建一个包含 3 行和 2 列的矩阵:

```
> my_matrix <- matrix(1:6, nrow=3, ncol=2)
> my_matrix
   [,1] [,2]
[1,]  1  4
[2,]  2  5
[3,]  3  6
> dim(my_matrix)
[1] 3 2
> attributes(my_matrix)
```

```
$dim
[1] 3 2
```

可以使用 dim() 或 attributes() 命令获取矩阵的维数. 要从矩阵中提取特定元素, 只需使用上面显示的索引即可. 例如,

```
> my_matrix[,2]    # 提取第二列
> my_matrix[,1]    # 提取第一列
> my_matrix[2,]    # 提取第二行
> my_matrix[1,]    # 提取第一行
```

还可以从向量创建矩阵. 要做的就是稍后用 dim() 分配维度. 例如,

```
> age <- c(23, 44, 15, 12, 31, 16)
> age
[1] 23 44 15 12 31 16
> dim(age) <- c(2,3)
> age
     [,1] [,2] [,3]
[1,] 23 15 31
[2,] 44 12 16
> class(age)
[1] "matrix"
```

还可以使用 cbind() 和 rbind() 函数连接两个向量. 但需确保两个向量具有相同长度的元素. 如果不是, 它将返回 NA 值.

```
> x <- c(1, 2, 3, 4, 5, 6)
> y <- c(20, 30, 40, 50, 60, 70)
> cbind(x, y)
> cbind(x, y)
     x   y
[1,] 1  20
[2,] 2  30
[3,] 3  40
[4,] 4  50
[5,] 5  60
[6,] 6  70
> class(cbind(x, y))
[1] "matrix"
```

数据框　这是数据结构系列中最常用的成员, 用于存储表格数据. 它与矩阵不

同. 在矩阵中每个元素必须具有相同的类型, 但是在数据框中可以放置包含不同类型的向量. 因此, 数据框也是一个列表. 每次读取 R 中的数据时, 它都将以数据框的形式存储. 例如,

```
> df <- data.frame(name = c("ash", "jane", "paul", "mark"), score
    = c(67, 56, 87, 91))
> df
name score
1 ash 67
2 jane 56
3 paul 87
4 mark 91
> dim(df)
[1] 4 2
> str(df)
'data.frame': 4 obs. of 2 variables:
$ name : Factor w/ 4 levels "ash","jane","mark",..: 1 2 4 3
$ score: num 67 56 87 91
> nrow(df)
[1] 4
> ncol(df)
[1] 2
```

df 是数据框的名称. dim() 将数据框的维度返回为 4 行和 2 列. str() 返回数据框的结构, 即存储在数据框中的变量列表. nrow() 和 ncol() 分别返回数据框的行数和列数.

这里看到 "name" 是一个因子变量, "score" 是数字. 在数据科学中, 变量可以分为两类: 连续和分类.

连续变量是可以采用任何形式的变量, 例如, 1, 2, 3.5, 4.66 等. 分类变量是仅采用离散值的变量, 例如, 2, 5, 11, 15 等. 在 R 中, 分类值由因子表示. 在 df 中, name 是具有 4 个级别的因子变量. 因子或分类变量在数据集中经过特殊处理.

R 中缺失值是预测建模中最痛苦但至关重要的部分之一. R 中的缺失值由 NA 和 NaN 表示.

```
> df[1:2,2] <- NA  # 在df的第一、二行，第二列插入NA
> df
name score
1 ash NA
```

```
2 jane NA
3 paul 87
4 mark 91
> is.na(df)   # 检测数据集中的NA并返回逻辑值
name score
[1,] FALSE TRUE
[2,] FALSE TRUE
[3,] FALSE FALSE
[4,] FALSE FALSE
> table(is.na(df))   # 返回逻辑值列表
FALSE TRUE
6     2
> df[!complete.cases(df),]   # 返回包含缺失值的所有行
name  score
1 ash  NA
2 jane NA
```

缺失值会妨碍数据集中的正常计算. 例如, 假设想要计算得分的平均值, 由于有两个缺失值, 因此无法直接完成.

```
mean(df$score)
[1] NA
> mean(df$score, na.rm = TRUE)
[1] 89
```

na.rm = TRUE 参数的使用告诉 R 忽略 NA 并计算所选列 (得分) 中剩余的平均值. 要删除数据框中含有 NA 值的行, 可以使用 na.omit:

```
> new_df <- na.omit(df)
> new_df
name score
3 paul 87
4 mark 91
```

R 中的控制结构   顾名思义, 控制结构 "控制" 函数内部编写的代码/命令流. 函数是一组多个命令, 用于自动执行重复编码的任务.

例如, 有 10 个数据集, 想要找到每个数据集中存在的 "年龄" 列的平均值, 可以通过两种方式完成: 一种是将代码写入计算平均值 10 次, 另一种是创建一个函数并将数据集传递给它.

if, else   此结构用于测试条件. 以下是语法:

```
if (<condition>){
        ## 做点什么
} else {
        ## 另外做点什么
}
```

例如,

```
# 初始化一个变量
N <- 10
# 检查是否这个变量乘以5大于40
if (N * 5 > 40){
        print("This is easy!")
} else {
        print ("It's not easy!")
}
[1] "This is easy!"
```

for   当循环执行固定次数时使用此结构. 通常用于迭代对象的元素 (列表、向量).

```
for (<search condition>){
        ## 做点什么
}
```

例如,

```
# 初始化一个向量
y <- c(99, 45, 34, 65, 76, 23)
# 显示这个向量的前4个元素
for(i in 1:4){
    print (y[i])
}
[1] 99
[1] 45
[1] 34
[1] 65
```

while   首先测试一个条件, 并且只有在条件为真时才执行. 执行循环后, 再次测试条件.

```
# 初始化一个条件
Age <- 12
```

```
# 检测是否年龄小于17
while(Age < 17){
        print(Age)
        Age <- Age + 1
}
[1] 12
[1] 13
[1] 14
[1] 15
[1] 16
```

还有其他控制结构:

(1) **repeat**   执行一个无限循环;

(2) **break**   打破了循环的执行;

(3) **next**   允许跳过循环中的迭代;

(4) **return**   退出函数.

R 的自定义函数   R 的函数包含函数名、关键词 function 以及若干参数, 参数可以提供缺省值. 例如,

```
mean.and.sd <- function(x){
    av <- mean(x)
    sdev <- sd(x)
    c(mean=av, SD=sdev)
    }
> distance <- c(148, 182, 173, 166, 109, 141, 166)
> mean.and.sd(distance)
 mean SD
155.00 24.68


mean.and.sd <- function(x = rnorm(10)){
    av <- mean(x)
    sdev <- sd(x)
    c(mean=av, SD=sdev)
    }
> mean.and.sd()
mean  SD
0.6576272 0.8595572
```

更一般地, 可以返回一个结果列表, 方便使用变量名调用. 例如,

```
mean.and.sd <- function(x = rnorm(10)){
   av <- mean(x)
   sdev <- sd(x)
   return(list(mean=av, SD=sdev))
}

> mean.and.sd()
$mean
[1] -0.01229921

$SD
[1] 0.619101
```

有用的 R 包　在 CRAN 上列出的大约 7800 个软件包中, 本书列出了数据科学中一些最强大和最常用的软件包.

(1) 导入数据: R 提供了广泛的包用于导入任何格式的数据, 如 .txt, .csv, .json, .sql 等. 要快速导入大型数据文件, 建议安装和使用 data.table, readr, RMySQL, sqldf, jsonlite.

(2) 数据可视化: R 也有内置的绘图命令. 它们很适合创建简单的图形. 但是在创建高级图形时变得复杂. 因此, 可以安装 ggplot2.

(3) 数据操作: R 有一些数据处理包. 这些包允许快速执行基本和高级计算, 包括 dplyr, plyr, tidyr, lubridate, stringr. 可查看关于 R 中数据操作包的完整教程.

(4) 建模/机器学习: 对于建模, R 中的包非常强大, 足以满足创建机器学习模型的所有需求, 例如, randomForest, rpart, gbm 等.

附录 B   Python 语言介绍

Python 语言是一种解释型、面向对象、动态数据类型的高级程序设计语言. Python 是由 Guido van Rossum 于 1989 年底开发, 第一个公开发行版发行于 1991 年.

Python 已经成了最受欢迎的程序设计语言, 由其简洁性、易读性以及可扩展性为人称道. 2018 年 3 月, 该语言作者在邮件列表上宣布 Python 2.7 将于 2020 年 1 月 1 日终止支持. 我们将对 Python 3 进行语言介绍, 但不是 Python 语言的全面教程, 着重介绍大家关注的一些方面.

B.1   基 础 介 绍

B.1.1   获取 Python

我们可以从 Python.org 下载 Python. 但是如果还没有下载 Python, 则建议安装 Anaconda 发行版, 它已经包含了需要做数据科学的大部分库. 就当前而言, 最新稳定版本的 Python 3 是 3.5. 虽然很多数据科学项目还在使用 Python 2, 但是毫无疑问, Python 3 才是主流趋势.

首先是确保安装 pip, 它是一个 Python 软件包管理器, 允许我们轻松安装第三方软件包. 同样值得一提的是 IPython, 它是一个更好的 Python shell (如果已经下载并安装了 Anaconda, 那么它应该包含了 pip 和 IPython).

B.1.2   独特的格式

在很多语言中, 使用大括号来分隔代码块, 但是 Python 中则是使用了缩进. 如下面代码,

```
for i in [1, 2, 3, 4, 5]:
    print (i)                # first line in "for i" block
    for j in [1, 2, 3, 4, 5]:
        print (j)            # first line in "for j" block
        print (i + j)        # last line in "for j" block
    print (i)                # last line in "for i" block
print ("done looping")
```

这使得 Python 代码非常易读, 但是这也意味着在我们面对 Python 格式时需要非常小心. 空格符在实际运算中会被省略, 这对于一些比较冗长的计算过程非常有帮助.

```
long_winded_computation = (1 + 2 + 3 + 4 + 5 + 6 + 7 + 8 + 9 + 10
                           + 11 + 12 + 13 + 14 + 15 + 16 + 17 +
                           18 + 19 + 20)
```

而且在一定程度上也使得代码更容易阅读.

```
list_of_lists = [[1, 2, 3], [4, 5, 6], [7, 8, 9]]
easier_to_read_list_of_lists = [ [1, 2, 3],
                                 [4, 5, 6],
                                 [7, 8, 9] ]
```

同样也可以使用反斜线来表明下一行内容是上一行的继续. 我们经常如下做.

```
two_plus_three = 2 + \
                 3
```

使用如此特殊格式的 Python 语言导致的一个后果是, 很难复制粘贴代码到 Python Shell 中去, 往往会有 "IndentationError" 之类的错误.

IPython 具有神奇的粘贴功能, 可以粘贴剪贴板中所有的空格符以及其他字符, 这也许是使用 IPython 的一个好理由.

B.1.3 模块

Python 的有些功能默认是不加载的, 这包括了 Python 语言自身的一些功能, 以及自己下载的一些功能. 如果想要使用这样功能, 那么需要使用加载包含这些功能的模块.

一个比较简单加载模块的办法如下.

```
import numpy
my_array = numpy.array([[1,2,3],[4,5,6],[7,8,9]])
```

这里 numpy 包是 Python 在数据科学中最常用的模块之一, 它可以提供任意维数的 array 项目, 对 array 进行快速的数组操作, 在线性代数、傅里叶变换以及随机数等方面都有很大的作用. 这里创建了一个名为 my_array 的 array 对象.

如果在代码中, 发现已经有一个名为 re 的对象, 那么可以考虑如下方式, 避免名称重复带来的问题. 实际上, 对于 numpy 这个模块, 也常用 np 来代表.

```
import numpy as np
my_array = np.array([[1,2,3],[4,5,6],[7,8,9]])
```

当然如果觉得模块名比较笨拙, 打字非常多令人感到不便时, 也可以对模块名称进行比较大的改动. 例如, 对于 matplotlib 这个常用来进行数据可视化的模块, 一

种通用的惯例就是

```
import matplotlib.pyplot as plt
```

如果只需要某个模块中的部分特性, 那么可以选择只在模块中导入它们本身.

```
from collections import defaultdict, Counter
lookup = defaultdict(int)
my_counter = Counter()
```

当然可以把模块中所有的内容导入命名空间中. 这样有可能会覆盖之前命名的变量名.

```
match = 10
from re import *    # uh oh, re has a match function
print (match)       # "<function re.match>"
```

B.1.4   函数

函数是一种定义了输入 0 个或更多输入从而得到相应输出的规则. 在 Python 中, 通常用 def 定义函数.

```
def double(x):
"""
this is where you put an optional docstring
that explains what the function does.
for example, this function multiplies its input by 2
"""
    return x * 2
```

Python 中的函数是一个 class, 即对象. 所以我们可以把它传给变量, 或者作为其他函数的输入.

```
def apply_to_one(f):
"""calls the function f with 1 as its argument"""
    return f(1)
my_double = double   # refers to the previously defined function
x = apply_to_one(my_double) # equals 2
```

创建简短的匿名函数或者 lambda 是容易的.

```
y = apply_to_one(lambda x: x + 4)       # equals 5
```

尽管我们建议使用 def, 但是确实是可以把 lambda 赋给其他变量, 但不建议这样做.

```
another_double=lambda x: 2 * x          # don't do this
def another_double(x): return 2 * x    # do this instead
```

函数的参数是可以给默认值的, 如果你想给予一个其他的参数值, 那么就在需要的时候给定好了.

```
def my_print(message="my default message"):
    print(message)
my_print("hello")      # prints 'hello'
my_print()             # prints 'my default message'
```

有些时候指定参数名是有必要的,

```
def subtract(a=0, b=0):
    return a - b
subtract(10, 5)        # returns 5
subtract(0, 5)         # returns -5
subtract(b=5)          # same as previous
```

在实际项目中, 我们可能会创建很多函数.

B.1.5　字符串

字符串可以用单引号或者双引号框起来, 但是要保证前后两个引号格式是统一的.

```
single_quoted_string = 'data science'
double_quoted_string = "data science"
```

Python 中使用了反斜杠来编码特殊的字符, 例如,

```
tab_string = "\t"      # represents the tab character
len(tab_string)        # is 1
```

如果希望使用反斜杠作为反斜杠本身的话, 那么可以通过 "r" 来创建 raw strings.

```
not_tab_string = r"\t"     # represents the characters '\' and 't'
len(not_tab_string)        # is 2
```

可以通过三层引号来创建多行的字符串.

```
multi_line_string = """This is the first line.
and this is the second line
and this is the third line"""
```

B.1.6　异常处理

当编码出错时, Python 会抛出一个异常. 如果不进行处理的话, 那么将会导致代码运行停止. 我们可以通过使用 try 和 except 来捕捉异常并进行处理, 参见 B.1.8.

尽管在许多语言中, "异常" 认为是不好的, 但是在 Python 代码中不必在意. 它会让代码变得更易于处理各种情况, 在检查参数时它更是经常使用的方法.

B.1.7   列表

在 Ptyhon 中经常使用的基础数据结构是列表, 它与其他语言中的数组是类似的, 但是在 Python 中的列表上添加了一些功能, 使得更易进行操作.

```
integer_list = [1, 2, 3]
heterogeneous_list = ["string", 0.1, True]
list_of_lists = [ integer_list, heterogeneous_list, [] ]
list_length = len(integer_list)      # equals 3
list_sum = sum(integer_list)         # equals 6
```

而且可以使用方括号来获取或者设置该列表中的指定元素.

```
x = range(10)        # is the list [0, 1, ···, 9]
zero = x[0]          # equals 0, lists are 0-indexed
one = x[1]           # equals 1
nine = x[-1]         # equals 9, 'Pythonic' for last element
eight = x[-2]   # equals 8, 'Pythonic' for next-to-last element
x[0] = -1            # now x is [-1, 1, 2, 3, ···, 9]
```

同样可以使用方括号来对列表进行切分.

```
first_three = x[:3]              # [-1, 1, 2]
three_to_end = x[3:]            # [3, 4, ···, 9]
one_to_four = x[1:5]           # [1, 2, 3, 4]
last_three = x[-3:]            # [7, 8, 9]
without_first_and_last = x[1:-1] # [1, 2, ···, 8]
copy_of_x = x[:]                # [-1, 1, 2, ···, 9]
```

在 Python 中, 用 in 这个算子来查看元素是否存在于列表中.

```
1 in [1, 2, 3]        # True
0 in [1, 2, 3]        # False
```

这样会逐个检查 list 中的元素来查看你所想要对比的元素是否在其中, 意味着除非你不在乎时间, 或者你明确知道这个列表比较小, 一般来说不建议使用这种方法.

当然, 连接列表是非常简单的.

```
x = [1, 2, 3]
x.extend([4, 5, 6])       # x is now [1,2,3,4,5,6]
```

如果不想改变 x 本身, 可以考虑对 list 使用加法, 也能达到同样的效果.

```
x = [1, 2, 3]
y = x + [4, 5, 6]   # y is [1, 2, 3, 4, 5, 6]; x is unchanged
```

在很多情况下, 我们使用 append 把单个元素添加到列表中去.

```
x = [1, 2, 3]
x.append(0)         # x is now [1, 2, 3, 0]
y = x[-1]           # equals 0
z = len(x)          # equals 4
```

B.1.8 元组

元组 (tuple) 几乎可以说是列表的不可改变的兄弟, 拥有绝大多数和列表同样的特性, 但不能改变自身的就是元组. 一般来说, 可以使用圆括号而不是方括号来指定元组.

```
my_list = [1, 2]
my_tuple = (1, 2)
my_list[1] = 3 # my_list is now [1, 3]
try:
    my_tuple[1] = 3
except TypeError:
    print ("cannot modify a tuple")
```

通常元组是函数返回值的默认表现形式.

```
def sum_and_product(x, y):
    return (x + y),(x * y)
sp = sum_and_product(2, 3)       # equals (5, 6)
s, p = sum_and_product(5, 10)    # s is 15, p is 50
```

元组以及列表可以用于多个赋值.

```
x, y = 1, 2      # now x is 1, y is 2
x, y = y, x      # Pythonic way to swap variables; now x is 2,
    y is 1
```

B.1.9 字典

另外一个比较基础的数据结构是字典. 它使键与值一一对应, 从而使得我们可以通过给定的键快速取值.

```
empty_dict = {}  # Pythonic
empty_dict2 = dict()                    # less Pythonic
grades = { "Joel" : 80, "Tim" : 95 }  # dictionary literal
```
可以通过方括号来把键括起来取值.
```
joels_grade = grades["Joel"]          # equals 80
```
如果键不在字典中, 这样的获取会得到一个 KeyError.
```
grades = { "Joel" : 80, "Tim" : 95 }
try:
    kates_grade = grades["Kate"]
except KeyError:
    print ("no grade for Kate!")
```
当然可以检查键是否存在.
```
joel_has_grade = "Joel" in grades  # True
kate_has_grade = "Kate" in grades  # False
```
当所要查询的键不在字典中时, 可以指定字典返回一个默认的值, 而不是报错.
```
joels_grade = grades.get("Joel", 0)   # equals 80
kates_grade = grades.get("Kate", 0)   # equals 0
no_ones_grade = grades.get("No One")  # default default is None
```
同样可以使用方括号把键括起来来指定相应的值.
```
grades["Tim"] = 99   # replaces the old value
grades["Kate"] = 100   # adds a third entry
num_students = len(grades)   # equals 3
```
经常使用字典作为展现数据结构的方式.
```
tweet = {
"user" : "joelgrus",
"text" : "Data Science is Awesome",
"retweet_count" : 100,
"hashtags" : ["#data", "#science", "#datascience", "#awesome",
    "#yolo"]
}
```
除了指定键来寻找特定的值外, 可以查看所有的键、值以及项目.
```
tweet_keys = tweet.keys()  # list of keys
tweet_values = tweet.values()   # list of values
tweet_items = tweet.items()   # list of (key, value) tuples
"user" in tweet_keys   # True, but uses a slow list in
```

```
"user" in tweet    # more Pythonic, uses faster dict in
"joelgrus" in tweet_values
```

字典的值必须是不可改变的对象. 特别地, 不可以用列表作为键的值. 如果需要一个由多个元素组成的键, 可以考虑使用元组或者使用某种方式转化为字符串这些不可改变的量.

1. 默认字典

如果想要计算某个文件中单词的个数, 一个比较显然的想法就是使用一个字典. 字典的键为单词, 其对应的值就是计算的个数. 检查每个单词, 如果单词已经存在于字典中, 就增加它的个数, 否则就在字典中添加它.

```
word_counts = {}
for word in document:
    if word in word_counts:
        word_counts[word] += 1
    else:
        word_counts[word] = 1
```

同样可以考虑使用 try, except 来寻找键.

```
word_counts = {}
    for word in document:
        try:
            word_counts[word] += 1
        except KeyError:
            word_counts[word] = 1
```

第三种方法则是使用 get, 这对不存在的键的操作更加优雅.

```
word_counts = {}
for word in document:
    previous_count = word_counts.get(word, 0)
    word_counts[word] = previous_count + 1
```

一个问题是, 为什么默认字典是有用的? 默认字典就像一个普通的字典, 但当试图查找一个不包含的键时, 默认字典会在字典中添加它. 为了使用默认字典, 必须从包中导入它们.

```
from collections import defaultdict
word_counts = defaultdict(int)    # int() produces 0
for word in document:
    word_counts[word] += 1
```

这对列表、字典甚至是自己创建的函数都是有效的.

```
dd_list = defaultdict(list)   # list() produces an empty list
dd_list[2].append(1)   # now dd_list contains {2: [1]}
dd_dict = defaultdict(dict)   # dict() produces an empty dict
dd_dict["Joel"]["City"] = "Seattle"   # { "Joel" : { "City" :
    Seattle"}}
dd_pair = defaultdict(lambda: [0, 0])
dd_pair[2][1] = 1   # now dd_pair contains {2: [0,1]}
```

这个默认字典在我们想要统计一些结果信息, 但是又不想每次都要检查相应的词是否存在时是十分有效的.

2. 计数器

计数器将一系列的值进行计数, 返回的结果是一个字典. 我们将主要用它来创建直方图.

```
from collections import Counter
c = Counter([0, 1, 2, 0])   # c is (basically) { 0 : 2, 1 : 1, 2 :
    1 }
```

这可以使得计数问题非常简单.

```
word_counts = Counter(document)
```

一个计数器实例有一个非常通用的方法.

```
# print the 10 most common words and their counts
for word, count in word_counts.most_common(10):
    print (word, count)
```

B.1.10　集合

还有一个主要数据结构是集合, 用于表现不同的元素的集合.

```
s = set()
s.add(1)   # s is now { 1 }
s.add(2)   # s is now { 1, 2 }
s.add(2)   # s is still { 1, 2 }
x = len(s)   # equals 2
y = 2 in s   # equals True
z = 3 in s   # equals False
```

使用集合的原因有两种, 第一种原因是在集合上有非常快的计算, 如果有一个很大的项目集合, 而我们希望对其中的成员进行测试, 那么集合比列表合适很多,

```
stopwords_list = ["a","an","at"] + hundreds_of_other_words +
    ["yet", "you"]
"zip" in stopwords_list    # False, but have to check every element
stopwords_set = set(stopwords_list)
"zip" in stopwords_set    # very fast to check
```

第二种原因则是发现集合中的不同元素.

```
item_list = [1, 2, 3, 1, 2, 3]
num_items = len(item_list)    # 6
item_set = set(item_list)    # {1, 2, 3}
num_distinct_items = len(item_set)    # 3
distinct_item_list = list(item_set)    # [1, 2, 3]
```

但在实际处理中, 我们使用集合的频率远远低于字典和列表.

B.1.11 控制流

在很多语言中, 使用 if 语句可以做一个条件选择, Python 中也是.

```
if 1 > 2:
    message = "if only 1 were greater than two…"
elif 1 > 3:
    message = "elif stands for 'else if'"
else:
    message = "when all else fails use else (if you want to)"
```

同样可以在使用 if 后直接加 else 的语句.

```
parity = "even" if x \% 2 == 0 else "odd"
```

Python 中有 while 循环.

```
x = 0
while x < 10:
    print (x, "is less than 10")
    x += 1
```

尽管很多时候, 我们使用 for 和 in 来做循环,

```
for x in range(10):
    print (x, "is less than 10")
```

但是如果有更复杂的逻辑, 还可以使用 continue 和 break.

```
for x in range(10):
    if x == 3:
        continue    # go immediately to the next iteration
```

```
        if x == 5:
            break    # quit the loop entirely
    print (x)
```
在以上语句中, 最终会输出 0,1,2,4.

B.1.12   事实性与布尔值

和其他语言一样, 在 Python 中布尔值也是经常被使用的, 但它们在 Python 中是大写的形式.
```
one_is_less_than_two = 1 < 2    # equals True
true_equals_false = True == False    # equals False
```
Python 中使用 None 来表示不存在的值, 这与其他语言中的 null 是类似的.
```
x = None
print (x == None)    # prints True, but is not Pythonic
print (x is None)    # prints True, and is Pythonic
```
Python 允许在使用布尔值的地方使用任何值, 以下都是表示 "False" 的.

False, None, [ ](空列表), " " (空字符串), set() (空集合), 0, 0.0 等.

因为绝大多数的对象都认为是 True 的, 所以允许我们使用 if 语句来判断对象是否是空列表、空字典或者空字符串等, 如果不采用这种判断有时候也许会出现比较棘手的情况.
```
s = some_function_that_returns_a_string()
if s:
    first_char = s[0]
else:
    first_char = ""
```
有一个简单的表达方式可以达到同样的效果.
```
first_char = s and s[0]
```
如果第一个值是 True 的话, 将会返回第二个值, 否则就返回第一个值.

Python 中有 all 函数, 它将以一个列表作为输入, 只有全部输入为 True 时才会返回 True, 否则返回 False; Python 中也有 any 函数, 只要输入中有一个是 True 就会 True, 如果全是 False 则会返回 False.
```
all([True, 1, { 3 }])    # True
all([True, 1, {}])    # False, {} is falsy
any([True, 1, {}])    # True, True is truthy
all([])    # True, no falsy elements in the list
any([])    # False, no truthy elements in the list
```

B.2 非基础部分

这一节将关注一些相对来说更为复杂的 Python 语言特性, 它们对于我们在处理数据中会有很大的帮助.

B.2.1 排序

每个 Python 的列表都有一种排序的方法. 如果不希望列表是随机排列的, 那么就可以使用 sorted 函数, 会得到一个新的列表.

```
x = [4,1,2,3]
y = sorted(x)   # is [1,2,3,4], x is unchanged
x.sort()   # now x is [1,2,3,4]
```

默认情况下, sort 和 sorted 函数是使得列表中的元素按照从小到大的顺序排列的.

如果希望元素是按照从大到小的顺序排列, 那么可以指定 reverse=True 这个参数. 如果希望元素排序按照所希望的函数, 那么可以指定 key 这个参数来实现.

```
# sort the list by absolute value from largest to smallest
x = sorted([-4,1,-2,3], key=abs, reverse=True) # is [-4,3,-2,1]
# sort the words and counts from highest count to lowest
wc = sorted(word_counts.items(),
key=lambda (word, count): count,
reverse=True)
```

B.2.2 列表生成器

在具体操作中, 经常会希望把列表转换为另外一个列表, 有时候是希望选定指定的元素, 有时候则是要对元素进行一些加减乘除的转换. 在 Python 中的实现方式是用列表生成器.

```
even_numbers = [x for x in range(5) if x % 2 == 0]   # [0, 2, 4]
squares = [x * x for x in range(5)]   # [0, 1, 4, 9, 16]
even_squares = [x * x for x in even_numbers]   # [0, 4, 16]
```

同样可以把列表转换成为字典或者集合.

```
square_dict = { x : x * x for x in range(5) }
# { 0:0, 1:1, 2:4, 3:9, 4:16 }
square_set = { x * x for x in [1, -1] }   # { 1 }
```

如果不需要使用列表中的值, 可以使用下划线来代替变量.

```
zeroes=[0 for_in even_numbers]# has the same length as even_numbers
```

列表生成器可以使用多个 for 循环.

```
pairs = [(x, y)
for x in range(10)
for y in range(10)]    # 100 pairs (0,0) (0,1) ... (9,8), (9,9)
```

而且后面的 for 可以使用前面 for 的结果.

```
increasing_pairs = [(x, y)   # only pairs with x < y,
for x in range(10)   # range(lo, hi) equals
for y in range(x + 1, 10)]   # [lo, lo + 1, ···, hi - 1]
```

B.2.3　生成器和迭代器

列表有一个问题就是容易造成浪费. 例如, 在 Python2 中, range(1000000) 会创建一个包含 1000000 个元素的列表 (在 Python3 中已经是惰性序列了). 如果每次只需要处理一个元素, 那么这样会非常容易造成资源的浪费, 甚至可能会使内存溢出. 如果只需要部分元素, 那么把列表全部元素计算出来是巨大的浪费. 这时就推荐使用生成器和迭代器了.

生成器, 它的值在需要时才会生成. 一种创建生成器的方法是利用函数和 yield 算子.

```
def lazy_range(n):
"""a lazy version of range"""
    i = 0
    while i < n:
        yield i
        i += 1
```

接下来的循环会持续地使用 yield 产生的数据直到不再有数据产生.

```
for i in lazy_range(10):
    do_something_with(i)
```

这样就可以创建一个无限的序列.

```
def natural_numbers():
"""returns 1, 2, 3, ..."""
    n = 1
    while True:
        yield n
        n += 1
```

但是在一般情况下, 这种无限序列应该使用某种逻辑中断它, 而不是让它一直迭代下去.

另一种创建生成器的方法则是使用包含在圆括号中的列表生成器.

```
lazy_evens_below_20 = (i for i in lazy_range(20) if i % 2 == 0)
```

可以回想一下, 每个字典都有一个返回其键值对的 items() 方法. 也可以使用 iteritems 方法, 在迭代时, 它会产生相应的键值对.

B.2.4 随机数

在数据科学中, 会频繁地产生随机数, 这时就需要使用 random 包.

```
four_uniform_randoms = [random.random() for _ in range(4)]
# [0.8444218515250481, # random.random() produces numbers
# 0.7579544029403025, # uniformly between 0 and 1
# 0.420571580830845, # it's the random function we'll use
# 0.25891675029296335] # most often
```

这个包实际上会产生伪随机数. 可以使用 random.seed 来确定该随机数的产生状态, 下次如果想要重现结果的时候, 只需要指定这个 random.seed 就可以了.

```
random.seed(10)      # set the seed to 10
print(random.random())   # 0.57140259469
random.seed(10)      # reset the seed to 10
print(random.random())   # 0.57140259469 again
```

有些时候, 我们会使用 random.randrange 函数, 这个函数接受 1 到 2 个参数, 然后返回所选择范围内的结果.

```
random.randrange(10)# choose randomly from range(10) = [0,1,···,9]
random.randrange(3, 6)# choose randomly from range(3, 6) = [3,4,5]
```

有一些方法是十分方便的, 例如, 使用 random.shuffle 可以使得一个列表中的元素随机排列.

```
up_to_ten = range(10)
random.shuffle(up_to_ten)
print(up_to_ten)
# [2,5,1,9,7,3,8,6,4,0] (your results will probably be different)
```

如果希望从列表中随机选取一个元素, 可以使用 random.choice 来完成.

```
my_best_friend = random.choice(["Alice", "Bob", "Charlie"])
    # "Bob" for me
```

如果希望从一个列表中进行无放回抽样随机选取部分元素 (不允许有重复元素), 那么可以使用 random.sample 函数.

```
lottery_numbers = range(60)
winning_numbers = random.sample(lottery_numbers, 6)
    # [16, 36, 10, 6, 25, 9]
```

相应地, 如果希望进行的是有放回抽样, 那么可以对 random.choice 进行多次重复取样.

```
four_with_replacement = [random.choice(range(10))
for_in range(4)]
# [9, 4, 4, 2]
```

B.2.5   正则表达式

正则表达式提供了一种搜索文本的方法, 它行之有效, 但是详细的使用方法是比较复杂的. 所以这里不对正则表达式做详细的介绍, 只给出一些如何在 Python 中使用的例子.

```
import re
print all([   # all of these are true, because
not re.match("a", "cat"),  # * 'cat' doesn't start with 'a', False
re.search("a", "cat"),    # * 'cat' has an 'a' in it, True
not re.search("c", "dog"), # * 'dog' doesn't have a 'c' in it,
    False
3 == len(re.split("[ab]", "carbs")), # * split on a or b to['c',
    'r', 's'], True
"R-D-" == re.sub("[0-9]", "-", "R2D2")# * replace digits with
    dashes, True ])   # prints True
```

B.2.6   面对对象编程

与其他语言一样, Python 允许定义封装数据的类以及对它们进行相应操作的函数. 有时会使用它们从而使得代码更加简洁明了, 通过构建一个有大量注释的例子来解释它们可能是最简单的.

如果想象我们当前没有在 Python 中的内置数据对象集合 Set, 而想要创建自己集合 Set 类.

我们的类应该有什么呢? 给定一个 Set 的示例, 需要能够向其中添加元素, 删除元素, 检查它是否包含指定的元素. 我们将会创建所有的成员函数并在后面使用它们.

```
# by convention, we give classes PascalCase names
class Set:
# these are the member functions
# every one takes a first parameter "self" (another convention)
# that refers to the particular Set object being used
```

```
        def __init__(self, values=None):
        """This is the constructor.
        It gets called when you create a new Set.
        You would use it like
        s1 = Set()   # empty set
        s2 = Set([1,2,2,3])   # initialize with values"""
            self.dict={} #each instance of Set has its own dict property
            # which is what we'll use to track memberships
            if values is not None:
                for value in values:
                    self.add(value)
        def __repr__(self):
        """this is the string representation of a Set object
        if you type it at the Python prompt or pass it to str()"""
            return "Set: " + str(self.dict.keys())
        # we'll represent membership by being a key in self.dict with
        value True
        def add(self, value):
            self.dict[value] = True
        # value is in the Set if it's a key in the dictionary
        def contains(self, value):
            return value in self.dict
        def remove(self, value):
            del self.dict[value]
```

接下来可以如下使用.

```
    s = Set([1,2,3])
    s.add(4)
    print(s.contains(4))    # True
    s.remove(3)
    print(s.contains(3))    # False
```

B.2.7 函数工具

当函数进行传递时, 有时候我们想要部分使用原有函数来创建新的函数. 例如下面的例子, 有一个函数需要两个变量传入.

```
    def exp(base, power):
```

```
        return base ** power
```
我们希望使用这个函数来创建一个叫做 two_to_the 函数, 其输入是一个参数, 输出则是 exp(2,power). 我们可以进行这样一个定义.
```
    def two_to_the(power):
        return exp(2, power)
```
另外一个方法是使用 functools.partial 函数.
```
from functools import partial
two_to_the = partial(exp, 2)    # is now a function of one variable
print(two_to_the(3))    # 8
```
也可以使用 partial 函数, 通过指定它们的名字来填充其参数.
```
square_of = partial(exp, power=2)
print(square_of(3))    # 9
```
在函数传递中间插入参数, 往往会比较杂乱. 所以经常避免这样做. 可以使用 map, reduce 和 filter 函数, 这些函数可以对列表元素进行操作.
```
    def double(x):
    return 2 * x
xs = [1, 2, 3, 4]
twice_xs = [double(x) for x in xs]    # [2, 4, 6, 8]
twice_xs = map(double, xs)    # same as above
list_doubler = partial(map, double) #*function* that doubles a list
twice_xs = list_doubler(xs)    # again [2, 4, 6, 8]
```
可以使用 map 结合其他多个参数输入函数, 来处理多个列表. 下面的例子是利用输入两个参数的 multiply 函数来处理含有两个元素的列表.
```
    def multiply(x, y): return x * y
products = map(multiply, [1, 2], [4, 5]) # [1 * 4, 2 * 5]=[4, 10]
```
filter 函数对列表中的元素可以同样处理, 但是一般使用 if 函数来保证 if 函数的条件是 True.
```
    def is_even(x):
    """True if x is even, False if x is odd"""
        return x \% 2 == 0
x_evens = [x for x in xs if is_even(x)] # [2, 4]
x_evens = filter(is_even, xs) # same as above
list_evener = partial(filter, is_even) # *function* that filters a
        list
x_evens = list_evener(xs) # again [2, 4]
```

而 reduce 函数则是结合一个列表中的前两个元素进行操作, 其结果与第三个元素进行计算, 然后以此类推, 最后得到一个结果.

```
x_product = reduce(multiply, xs)    # = 1 * 2 * 3 * 4 = 24
list_product = partial(reduce, multiply)# *function* that reduces
    a list
x_product = list_product(xs)    # again = 24
```

B.2.8 枚举

有时候希望同时得到列表元素值以及它们对应的索引. 在其他语言中往往采用如下两种形式来得到想要的结果.

```
# not Pythonic
for i in range(len(documents)):
    document = documents[i]
    do_something(i, document)
# also not Pythonic
i = 0
for document in documents:
    do_something(i, document)
    i += 1
```

Python 中的解决方法则是使用 enumerate 函数. 它将会产生相应的一个元组. 一个元组由索引和元素组成, 往往是 (索引, 元素) 的形式.

```
for i, document in enumerate(documents):
    do_something(i, document)
```

同样地, 如果只想要索引的话, 那么可用下面的方法

```
for i in range(len(documents)): do_something(i) # not Pythonic
for i, _ in enumerate(documents): do_something(i) # Pythonic
```

B.2.9 压缩和解压缩

经常需要把两个或者多个列表进行压缩. zip 函数可以把多个列表转化成为一个列表, 而其中每个元素是之前多个列表对应元素组成的一个元组.

```
list1 = ['a', 'b', 'c']
list2 = [1, 2, 3]
zip(list1, list2)    # is [('a', 1), ('b', 2), ('c', 3)]
```

如果列表是不同长度的, 那么 zip 函数将会在较短的那个列表停止时停止, 也可以使用 unzip 一个列表对其进行反压缩.

```
pairs = [('a', 1), ('b', 2), ('c', 3)]
letters, numbers = zip(*pairs)
```
这里的星号相当于是进行了反压缩的操作. 如果进行如下操作, 也会得到同样的结果.
```
zip(('a', 1), ('b', 2), ('c', 3))
```
会返回 $[('a', 1), ('b', 2), ('c', 3)]$.

这样的参数使用方法同样可应用于其他函数.
```
def add(a, b): return a + b
add(1, 2)    # returns 3
add([1, 2])   # TypeError!
add(*[1, 2])   # returns 3
```
这是一个非常有用的技巧.

B.2.10　可变参数中的 args 和 kwargs

考虑创建一个高阶函数. 输入一个函数 f, 然后返回一个新的函数, 其返回结果是 f 返回值的两倍.
```
def doubler(f):
    def g(x):
        return 2 * f(x)
    return g
```
这在某些情况下是有效的.
```
def f1(x):
    return x + 1
g = doubler(f1)
print g(3)   # 8 (== ( 3 + 1) * 2)
print g(-1)   # 0 (== (-1 + 1) * 2)
```
但是, 当参数传递超过一个后, 就会出现问题.
```
def f2(x, y):
    return x + y
g = doubler(f2)
print g(1, 2) # TypeError: g() takes exactly 1 argument (2 given)
```
需要一种新的方式, 可以指定一个函数能够传递任意个参数进去. 可以使用前面提到的 args 和 kwargs 来实现.
```
def magic(*args, **kwargs):
    print("unnamed args:", args)
```

```
    print("keyword args:", kwargs)
magic(1, 2, key="word", key2="word2")
# prints
# unnamed args: (1, 2)
# keyword args: {'key2': 'word2', 'key': 'word'}
```

这意味着, 定义一个函数, args 是一个没有命名参数名字的元组, 而 kwargs 则是一个定义了参数名字的字典. 同样可以考虑另外一种参数传递方式.

```
def other_way_magic(x, y, z):
    return x + y + z
x_y_list = [1, 2]
z_dict = { "z" : 3 }
print(other_way_magic(*x_y_list, **z_dict))   # 6
```

可以利用这个技巧来做一些事情. 但是一般情况下, 用来产生高阶函数时, 可以接受任意有限个参数.

```
    def doubler_correct(f):
    """works no matter what kind of inputs f expects"""
        def g(*args, **kwargs):
        """whatever arguments g is supplied, pass them through to
            f"""
            return 2 * f(*args, **kwargs)
        return g
g = doubler_correct(f2)
print(g(1, 2))   # 6
```

B.3 机器学习常用 module 介绍

B.3.1 Scikit-learn

Scikit-learn 是一个开源项目, 这意味着它可以自由使用和发布, 任何人都可以轻松获得源代码. 它包含许多最先进的机器学习算法, 以及有关网站上每种算法的全面文档. 可以参照 http://scikit-learn.org/stable/documentation.

Scikit-learn 是最重要的机器学习 Python 库. 它在工业界和学术界被广泛使用. 有关于 Scikit-learn 在线的大量教程和代码片段. Scikit-learn 可以与其他一些 Python 工具很好地协作.

Scikit 学习依赖于另外两个 Python 包: NumPy 和 SciPy. 对于绘图和交互式开发, 还应该安装 matplotlib, IPython 和 Jupyter Notebook.

B.3.2　Jupyter Notebook

Jupyter Notebook 是一个在浏览器中运行代码的交互式环境. 它是探索性数据分析的绝佳工具, 并被数据科学家广泛使用. 虽然 Jupyter Notebook 支持许多编程语言, 但我们只需要 Python 支持. Jupyter Notebook 可以很容易地将代码、文本和图像进行统一的展现.

B.3.3　NumPy

NumPy 是 Python 中科学计算的基本包之一. 它包含多维数组, 高等数学函数的功能如线性代数运算和傅里叶变换, 以及伪随机数发生器.

NumPy 数组是 Scikit-learn 中的基本数据结构. Scikit-learn 需要以 NumPy 数组的形式存在于数据中. 所使用的任何数据都必须转换到一个 NumPy 数组中. NumPy 的核心功能是 "ndarray", 意味着它是 n 维的, 并且数组的所有元素必须是相同的类型. 一个 NumPy 数组看起来像这样.

```
import numpy as np
x = np.array([[1, 2, 3], [4, 5, 6]])
print(x)
#array([[1, 2, 3],
#[4, 5, 6]])
```

B.3.4　SciPy

SciPy 是 Python 中科学计算功能的集合. 除其他功能外, 它还提供高等数学、线性代数、数学函数优化、信号处理、特殊数学函数和统计分布.

Scikit-learn 从 SciPy 收集的实现其算法的函数中总结了经验. SciPy 对我们来说最重要的部分是 scipy.sparse, 它提供了稀疏矩阵, 这是 Scikit-learn 中用于数据的另一种表示形式. 如果数组的大部分元素为零, 那么稀疏矩阵是最佳的选择.

```
from scipy import sparse
# create a 2d numpy array with a diagonal of ones, and zeros
    everywhere else
eye = np.eye(4)
print("Numpy array:\n%s" % eye)
# convert the numpy array to a scipy sparse matrix in CSR format
# only the non-zero entries are stored
sparse_matrix = sparse.csr_matrix(eye)
```

```
print("\nScipy sparse CSR matrix:\n%s" % sparse_matrix)
Numpy array:
[[ 1.  0.  0.  0.]
 [ 0.  1.  0.  0.]
 [ 0.  0.  1.  0.]
 [ 0.  0.  0.  1.]]
Scipy sparse CSR matrix:
  (0, 0)  1.0
  (1, 1)  1.0
  (2, 2)  1.0
  (3, 3)  1.0
```

B.3.5 matplotlib

matplotlib 是 Python 中的主要科学绘图库. 它提供了可视化的功能, 例如, 折线图、直方图、散点图等. 它在可视化数据和分析的任何方面都为我们提供帮助.

```
%matplotlib inline
import matplotlib.pyplot as plt
# Generate a sequence of integers
x = np.arange(20)
# create a second array using sinus
y = np.sin(x)
# The plot function makes a line chart of one array against another
plt.plot(x, y, marker="x")
```

B.3.6 pandas

pandas 是一个用于数据分析的 Python 库. 它是围绕一个名为 DataFrame 的数据结构构建的, 该数据结构在 R 语言 DataFrame 之后建模. 简言之, pandas 中的 DataFrame 是一张表格, 类似于 Excel 电子表格. pandas 提供了很多方法来修改和操作这个表, 特别是它允许类似 SQL 的查询和表链接. pandas 提供的另外一个有价值的工具能够从各种各样的文件格式和数据库中获取, 如 SQL, Excel 文件和逗号分隔值 (CSV) 文件.

以下是一个使用字典创建 DataFrame 的例子.

```
import pandas as pd
# create a simple dataset of people
data = {'Name': ["John", "Anna", "Peter", "Linda"],
```

```
'Location' : ["New York", "Paris", "Berlin", "London"],
'Age' : [24, 13, 53, 33]
}
data_pandas = pd.DataFrame(data)
```

索　引

彩　　图

实际支出比例

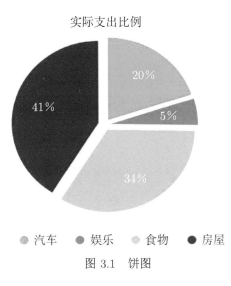

● 汽车　● 娱乐　● 食物　● 房屋

图 3.1　饼图

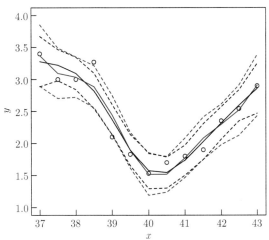

图 4.6　三次样条 (红色实线) 与自然样条 (蓝色实线), 结点个数 $K = 3$

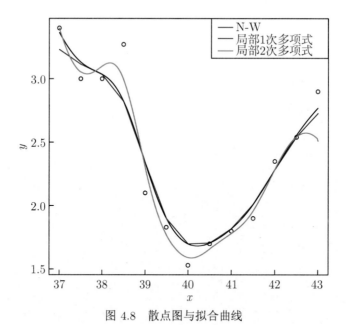

图 4.8 散点图与拟合曲线

窗宽 $h = 0.5$, 高斯核函数. 红、蓝、绿三色线分别表示局部 0 次、1 次、2 次拟合曲线

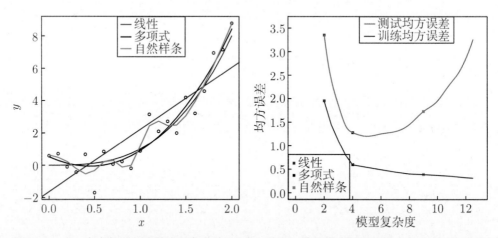

图 4.10 左: 真实的回归函数为黑色曲线, 红色、蓝色、绿色线分别由线性、多项式和自然样条方法拟合得到; 右: 训练均方误差与测试均方误差曲线

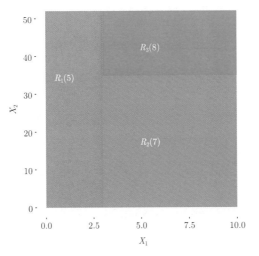

图 5.2　根据图 5.1 将工人划分为三个区域, 对应的年薪预测值分别为: 5, 7, 8

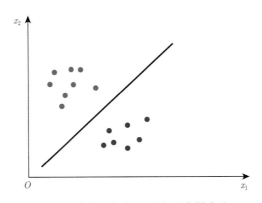

图 5.12　存在分割超平面将两类样本分开

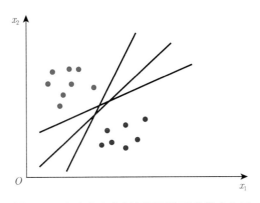

图 5.13　存在多个分割超平面将两类样本分开

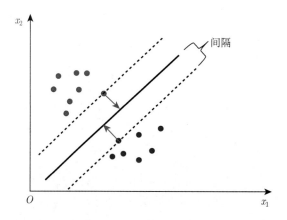

图 5.14　黑色直线为两类样本的最大间隔超平面, 两条黑色虚线为间隔面

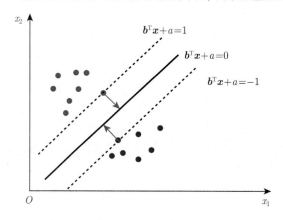

图 5.15　黑色直线为两类样本的最大间隔超平面

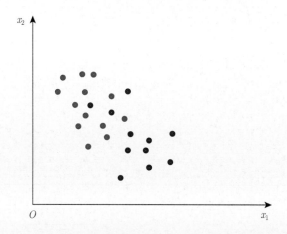

图 5.16　两类样本不能被超平面分开, 最大间隔分类器不可用

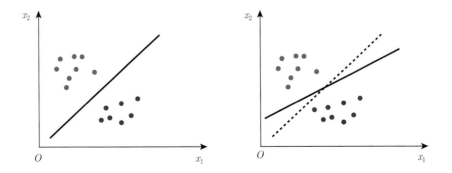

图 5.17   左: 黑色实线为最大间隔超平面; 右: 额外增加了一个红色的观测, 导致最大间隔超平面发生移动. 实线是新的最大间隔超平面, 虚线是没有增加红色观测时的最大间隔超平面

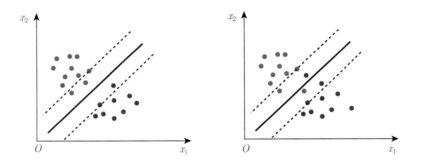

图 5.18   左: 小部分观测落在了间隔面错误的一侧; 右: 小部分观测落在了间隔面错误的一侧, 甚至还有两个观测点落在了超平面错误的一侧

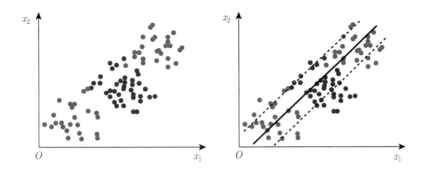

图 5.19   左: 线性不可分的样本; 右: 支持向量分类器的分类效果

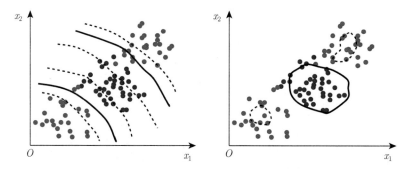

图 5.20　左：使用多项式核函数的 SVM; 右：使用径向核函数的 SVM

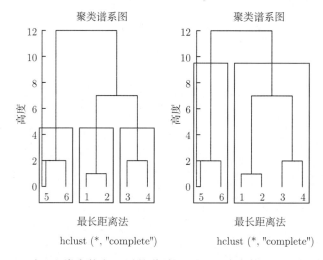

图 6.4　左：取类个数为 3 时的谱系图; 右：取类个数为 2 时的谱系图

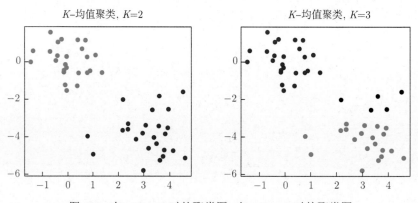

图 6.6　左：$K = 2$ 时的聚类图; 右：$K = 3$ 时的聚类图

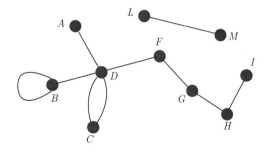

图 6.12　无向图

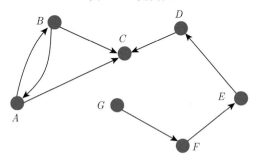

图 6.13　有向图

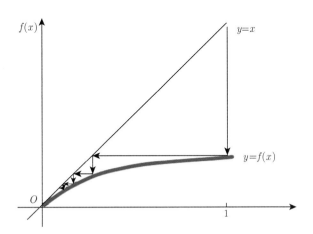

图 6.17　概率传播示意图

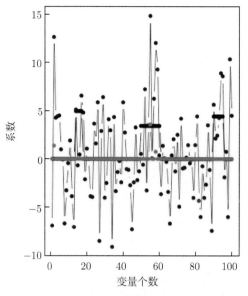

图 7.10　单变量回归模型

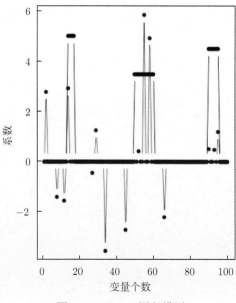

图 7.11　Lasso 回归模型

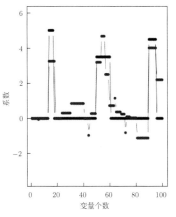

图 7.12 Fusion 模型

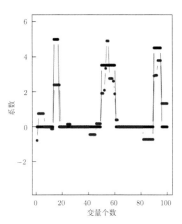

图 7.13 Fused Lasso 回归模型

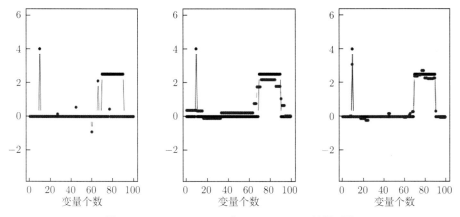

图 7.14 Lasso, Fusion 和 Fused Lasso 结果对比

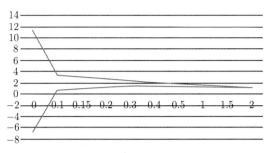

图 7.15　表 7.2 对应的图

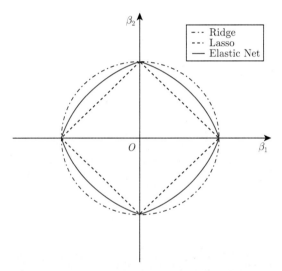

图 7.17　Lasso, Ridge 和 Elastic Net 几何表示

图 7.21　LLE 背后的直觉

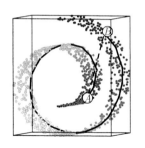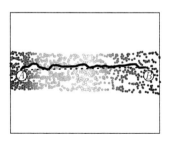

图 7.22 左: 从瑞士卷中采样的两个输入图案 A 和 B 之间的欧几里得和测地距离的比较. 欧几里得距离是在输入空间中从 A 到 B 的直线测量的; 测地距离通过最短路径 (粗体) 估算, 该路径仅直接连接 $k = 12$ 个最近邻居. 右: 由 Isomap 计算的低维表示, 用于从瑞士卷中采样的 $n = 1024$ 个输入、输出之间的欧几里得距离与输入之间的测地距离相匹配

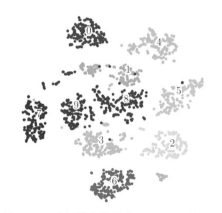

图 7.27 手写数字数据的 t-SNE 二维表示

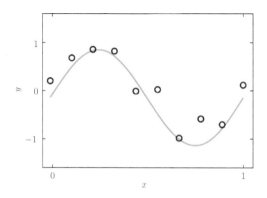

图 7.28 模拟数据

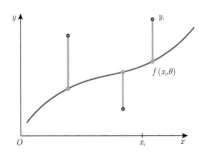

图 7.29 残差值

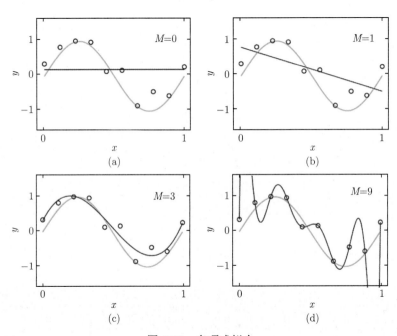

图 7.30 多项式拟合

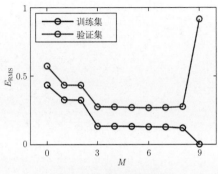

图 7.31 模型复杂度

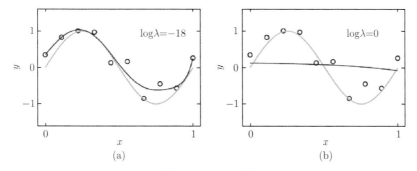

图 7.32　L_2 正则

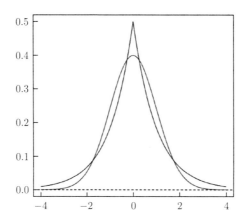

图 7.33　正态分布和拉普拉斯分布

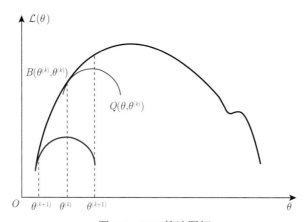

图 8.1　EM 算法图解

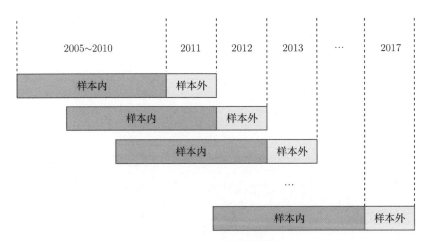

图 12.4　不同年份训练集选取方式

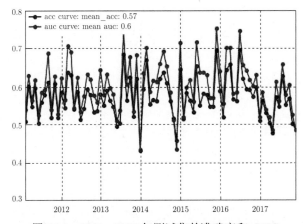

图 12.6　2011~2017 年测试集的准确率和 AUC

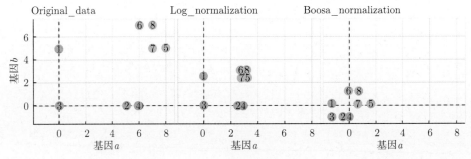

图 12.7　左：原始稀疏表达数据；中：经 log 变换得到的结果；右：基于隐变量提升标准化方
法得到的结果

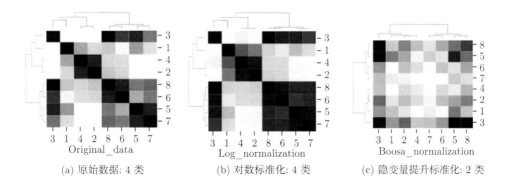

(a) 原始数据: 4 类   (b) 对数标准化: 4 类   (c) 隐变量提升标准化: 2 类

图 12.8　基于不同标准化方法得到的无监督聚类结果 (正确分类结果为 2 类)

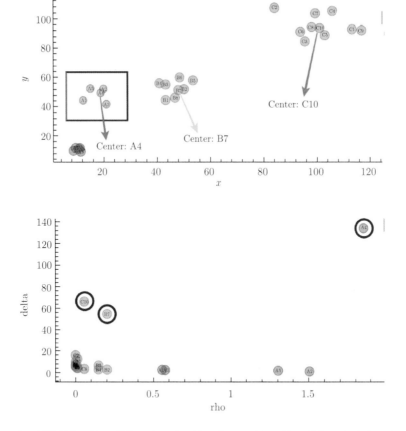

图 12.9　上: 原始数据, 第一类位于左下角, 第二类位于中间, 第三类位于右上角, 不同颜色代表不同的聚类结果; 下: 每一点所对应的局部密度 rho(ρ) 和与密度高于该点的数据点之间的最短距离 delta(δ)

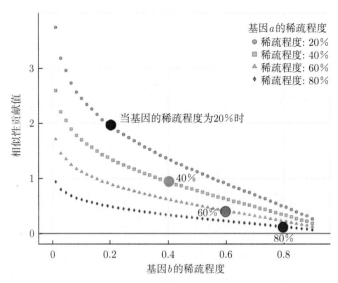

图 12.10　不同稀疏性的基因背后, 基因同时不表达对两个细胞相似性的贡献

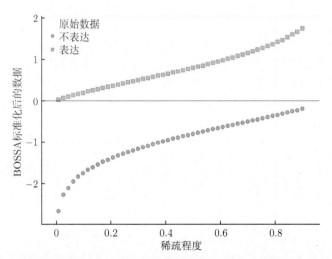

图 12.11　不同稀疏性的情况下, 基因表达和不表达所对应的标准化后的数据